PHP、MySQL 和JavaScript

入门经典（第6版）

【美】朱莉·C·梅洛尼（Julie·C·Meloni）著

李军 译

人民邮电出版社

北京

图书在版编目（ＣＩＰ）数据

PHP、MySQL和JavaScript入门经典：第6版 ／（美）
朱莉・C・梅洛尼（Julie・C・Meloni）著；李军译. --
北京 ：人民邮电出版社，2018.8
ISBN 978-7-115-48349-2

Ⅰ．①P… Ⅱ．①朱… ②李… Ⅲ．①PHP语言—程序
设计②SQL语言—程序设计③JAVA语言—程序设计 Ⅳ.
①TP312.8②TP311.132.3

中国版本图书馆CIP数据核字(2018)第086235号

版权声明

◆ 著　　　　[美] 朱莉・C・梅洛尼（Julie·C·Meloni）

译　　　　李 军

责任编辑　陈冀康

责任印制　焦志炜

◆ 人民邮电出版社出版发行　　北京市丰台区成寿寺路 11 号

邮编　100164　　电子邮件　315@ptpress.com.cn

网址　http://www.ptpress.com.cn

固安县铭成印刷有限公司印刷

◆ 开本：787×1092　1/16

印张：34.25

字数：853 千字　　　　　　　2018 年 8 月第 1 版

印数：1 – 2 400 册　　　　　2018 年 8 月河北第 1 次印刷

著作权合同登记号　图字：01-2017-8613 号

定价：99.00 元

读者服务热线：(010)81055410　印装质量热线：(010)81055316
反盗版热线：(010)81055315
广告经营许可证：京东工商广登字 20170147 号

内容提要

本书针对 PHP、MySQL 和 JavaScript 的最新版本，结合 Web 开发的实际需求，介绍了编程和应用开发技能，并通过一些典型的项目案例，帮助读者开发出功能强大的 Web 应用。

本书分为 5 个部分和 4 个附录。第 1 部分 "Web 应用基础知识"，包括前 5 章，帮助读者理解 Web 上的通信，以便能够编写基本的 PHP 脚本，还介绍了 HTML、CSS 和 JavaScript 的基础知识。第 2 部分 "动态 Web 站点基础"，包括第 6 章到第 10 章，主要介绍 JavaScript 的语法和用法。第 3 部分 "提高 Web 应用程序的层级"，包括第 11 章到第 15 章，主要介绍 PHP 语言的基础知识，以及如何使用 cookies 和用户会话。第 4 部分 "将数据库整合到应用程序中"，包括第 16 章到第 18 章，介绍了使用数据库的通用知识，包括 SQL 基础知识，以及 MySQL 专有的函数以及其他信息。第 5 部分 "应用开发基础"，包括第 19 章到第 22 章，专门介绍使用 PHP 和 MySQL 来执行一个特定的任务，综合应用了本书中的所有知识。附录部分介绍了 XAMPP、MySQL、Apache 和 PHP 的安装和配置。在每一章的最后，都有测验问题和额外的练习，帮助读者巩固所学的知识。

本书内容全面，讲解详细，由浅入深，实例丰富，可作为 PHP、MySQL、JavaScript 初学者的学习指南，也可作为 Web 开发技术人员的参考用书。

前　言

　　欢迎阅读本书。本书综合了《HTML、CSS 和 JavaScript 入门经典（第 2 版）》（《Sams Teach Yourself HTML, CSS & JavaScript All in One (Second Edition)》）和《PHP、MySQL 和 Apache 入门经典（第 5 版）》（《Sams Teach Yourself PHP, MySQL & Apache All in One (Fifth Edition)》）中最有用的部分，根据技术上所发生的必然的变化更新了内容，并为你打下 Web 应用"全栈"开发的基础。

　　示例提供了这种基础。本书通过展示那些层层构建的代码，解释代码的细节，并且给出示例的输出（也就是在你计算机的屏幕上看上去是什么样子），从而帮助你加深对 HTML、CSS、JavaScript 和 PHP（以及和 MySQL 的数据库交互）的理解。

　　本书的目标并不是让你成为这些技术中的某一方面的专家，而是让你具备开发现代的、符合标准的 Web 应用程序的基础技能。需要特别注意如下几点。

> ➢　本书中的每一个示例都经过了 HTML5 和 CSS3 验证。

> ➢　本书中的所有示例，在每一种主流的 Web 浏览器的最新版本中进行了兼容性测试。这些浏览器包括 Apple Safari、Google Chrome、Microsoft Internet Explorer、Mozilla Firefox 和 Opera。你将先学习和过去的版本的兼容性，当然这也是为将来做好准备。

> ➢　所有的 PHP 代码都能在 PHP 7 下正确运行，但是向下兼容到 PHP 5.6.x，因为仍然有数以千计的 Web 托管服务提供商使用后者。

　　正是因为注意了这些基本问题，本书之前的多个版本成了畅销书，而这一新版也不例外。不管你选择专门研究 HTML 和 CSS、JavaScript、PHP，还是要精通所有的这些技术，牢固的基础知识对你未来的开发工作都很关键。

　　本书只是你通向对技术开发的更高层级的理解的第一步，但并不意味着这是唯一的一步，记住这一点同样也很重要。在某件事情上成为专家，需要花 1 万小时的时间去练习，这可比你用来阅读本书的时间要长得多。

本书的目标读者

　　本书瞄准那些对万维网的概念有一般性了解的人，也就是说，知道有一个叫作万维网的东西，并且能够使用 Web 浏览器连接到网络上。这就够了，阅读本书不需要再具备其他的知识。

本书深入介绍 PHP 编程的那些章，也并不需要读者具备该语言的知识。然而，如果你已经拥有其他编程语言的经验，你会发现阅读起来更容易，因为你熟悉诸如变量、控制结构、函数、对象等类似的编程元素。类似的，如果你已经使用过 MySQL 之外的数据库，那么，你已经拥有了阅读和 MySQL 相关内容的牢固基础。

本书的内容结构

本书分为 5 个部分，每一个部分对应一组专门的主题。建议读者一章一章地按顺序阅读，每一章的内容都基于其前面一章的内容。

第 1 部分：Web 应用基础知识。这部分帮助你理解 Web 上的通信，以便能够编写基本的 PHP 脚本，还介绍了 HTML、CSS 和 JavaScript 的基础知识。即便你已经从基本知识的层面熟悉这些技术中的一种或多种，还是应该快速浏览一下这几章以进行温习。本书剩下的大多数内容，都构建在刚开始的这几章的基础之上。

第 2 部分：动态 Web 站点基础。这部分主要介绍 JavaScript 的语法和用法。在动态 Web 站点中，JavaScript 提供动态功能——HTML 和 CSS 通常只是负责实现漂亮的外观，而 JavaScript 要让内容动起来，至少在你加入 PHP 和数据库功能之前，JavaScript 要做到这一点。

第 3 部分：提高 Web 应用程序的层级。这部分跨越前端并且深入应用程序的后端。你将会学习 PHP 语言的基础知识，包括像数组和对象这样的结构性元素，然后学习如何让 cookies 和用户会话为你所用。和以前需要了解的关于表单的内容相比，在本书的这个部分所要学的内容更多。

第 4 部分：将数据库整合到应用程序中。这部分的各章介绍了使用数据库的通用知识，例如数据库规范化，以及使用 PHP 连接和使用 MySQL。这部分还包括 SQL 基础知识、MySQL 专有的函数以及其他信息。

第 5 部分：应用开发基础。这部分的各章专门介绍使用 PHP 和 MySQL 来执行一个特定的任务，综合应用了本书中的所有知识。项目包括创建一个讨论论坛、一个基本的网店和一个简单的日历。

在每一章的最后，都有几个测验问题，来测试你对所学的内容掌握得如何。额外的练习则提供了另一种方法来应用本章所学到的知识，并且指导你如何使用下一章中将要学习的新内容。

本书的资源

本书各章中的代码都可以通过异步社区（www.epubit.com）下载。

自己录入代码，在打字、产生错误以及烧脑的查找分号错误的任务等方面会有一些有用的体验。然而，如果你想要略过这些课程，并且只是把本书的工作代码上传到你的站点，也没问题。

本书的体例

本书使用不同的字体来区别代码和正文，也通过这种方法来帮你识别重要的概念。在本书中，代码、命令和你所输入的或者在计算机屏幕上看到的文本，都使用等宽字体。在正文中定义新术语的地方使用斜体。此外，特别的内容板块都带有图标。

> **注意：**
> 给出了和当前话题相关的一段有趣的信息。

> **提示：**
> 提出建议，或者教给你执行一项任务的简单方法。

> **警告：**
> 警告你潜在的缺陷并说明如何避免它们。

问与答、测验和练习

在每一章的最后，都有一个简短的问题和解答部分，会提出那种"答案显而易见"的问题。还有一个简短但完整的测验，让你能够进行测试，以确保理解了本章所介绍的所有内容。最后，还有一两个可选的练习题，让你有机会在继续往下阅读之前练习一下自己的新技能。

资源与支持

本书由异步社区出品，社区（https://www.epubit.com/）为您提供相关资源和后续服务。

配套资源

本书提供如下资源：

● 本书源代码。

要获得以上配套资源，请在异步社区本书页面中点击 配套资源 ，跳转到下载界面，按提示进行操作即可。注意：为保证购书读者的权益，该操作会给出相关提示，要求输入提取码进行验证。

提交勘误

作者和编辑尽最大努力来确保书中内容的准确性，但难免会存在疏漏。欢迎您将发现的问题反馈给我们，帮助我们提升图书的质量。

当您发现错误时，请登录异步社区，按书名搜索，进入本书页面，点击"提交勘误"，输入勘误信息，单击"提交"按钮即可。本书的作者和编辑会对您提交的勘误进行审核，确认并接受后，您将获赠异步社区的 100 积分。积分可用于在异步社区兑换优惠券、样书或奖品。

扫码关注本书

扫描下方二维码，您将会在异步社区微信服务号中看到本书信息及相关的服务提示。

与我们联系

我们的联系邮箱是 contact@epubit.com.cn。

如果您对本书有任何疑问或建议，请您发邮件给我们，并请在邮件标题中注明本书书名，以便我们更高效地做出反馈。

如果您有兴趣出版图书、录制教学视频，或者参与图书翻译、技术审校等工作，可以发邮件给我们；有意出版图书的作者也可以到异步社区在线提交投稿（直接访问www.epubit.com/selfpublish/submission 即可）。

如果您是学校、培训机构或企业，想批量购买本书或异步社区出版的其他图书，也可以发邮件给我们。

如果您在网上发现有针对异步社区出品图书的各种形式的盗版行为，包括对图书全部或部分内容的非授权传播，请您将怀疑有侵权行为的链接发邮件给我们。您的这一举动是对作者权益的保护，也是我们持续为您提供有价值的内容的动力之源。

关于异步社区和异步图书

"异步社区"是人民邮电出版社旗下 IT 专业图书社区，致力于出版精品 IT 技术图书和相关学习产品，为作译者提供优质出版服务。异步社区创办于 2015 年 8 月，提供大量精品 IT 技术图书和电子书，以及高品质技术文章和视频课程。更多详情请访问异步社区官网https://www.epubit.com。

"异步图书"是由异步社区编辑团队策划出版的精品 IT 专业图书的品牌，依托于人民邮电出版社近 30 年的计算机图书出版积累和专业编辑团队，相关图书在封面上印有异步图书的LOGO。异步图书的出版领域包括软件开发、大数据、AI、测试、前端、网络技术等。

异步社区

微信服务号

目　录

第 1 部分：Web 应用基础知识

第 1 章

理解 Web 的工作方式

在本章中，你将学习以下内容：

> WWW（World Wide Web，万维网）简史；

> 术语 Web 页面（web page）的含义是什么，为什么这个术语并不总会反映所涉及的全部内容；

> 怎样把内容从你的个人计算机发送到别人的 Web 浏览器上；

> 怎样选择 Web 托管提供商；

> 不同的 Web 浏览器和设备类型可能怎样影响内容；

> 怎样使用 FTP 把文件传输到 Web 服务器上；

> 应该把文件存放在 Web 服务器上的什么位置；

> 在不涉及 Web 服务器的情况下怎样分发 Web 内容。

在学习 HTML（Hypertext Markup Language，超文本标记语言）、CSS（Cascading Style Sheets，层叠样式表）和 JavaScript 的复杂知识之前（先不要说像 PHP 这样的后端编程语言），对这些技术有一个牢固的理解是很重要的，正是这些技术帮助把纯文本文件转换成你在计算机、平板电脑或智能手机上浏览 WWW 时看到的丰富的多媒体显示。

例如，如果不使用 Web 浏览器查看，那么包含标记和客户端代码（HTML、CSS 和 JavaScript）的文件将是无用的，并且除非使用 Web 服务器，否则除你之外的其他人将无法查看你的内容。Web 服务器使你的内容可供其他人使用，他们反过来又使用其 Web 浏览器导航到一个地址并等待服务器向自己发送信息。你将密切地参与这个发布过程，因为你必须创建文件，然后把它们放到服务器上，使得文件的内容第一时间可用，并且必须确保你的内容像预期的那样出现在最终用户面前。

1.1 HTML 和 WWW 简史

在月球上还没有任何人类足迹的时候，一些有远见的人决定去看看他们是否能够连接几个主要的计算机网络。我将和你分享它们的名称和故事（可以说非常丰富），这些事情的最终的结果是"所有网络之母"，我们称之为 Internet。

到 1990 年，通过 Internet 访问信息还相当具有技术性。事实上，它是如此困难，以至于那些拥有博士学位的物理学家们在尝试交换数据时也经常会遭受挫折。有这样一位物理学家，即现在非常著名的 Tim Berners-Lee 爵士，他设计了一种方式，可以通过超文本链接轻松地交叉引用 Internet 上的文本。

这不是一种新思想，但是他开发的简单 HTML 却成功地兴盛起来，而更多雄心勃勃的超文本项目步履维艰。超文本（Hypertext）最初意指以电子形式存储的文本，并且在页面之间具有交叉引用的链接。它现在是一个更宽泛的术语，指可以链接到其他对象的任何几何对象（文本、图像、文件等）。超文本标记语言（Hypertext Markup Language）是用于描述如何组织和链接文本、图形以及包含其他信息的文件的一种语言。

到 1993 年，全世界只有 100 台左右的计算机配备提供 HTML 页面。这些互连的页面称为 WWW（World Wide Web，万维网），并且人们编写了几个 Web 浏览器程序，以允许查看 Web 页面。由于 Web 日益普及，几个程序员不久之后编写了可以查看带有图形图像的文本的 Web 浏览器。从此，Web 浏览器软件的持续开发以及包括 HTML、CSS 和 JavaScript 在内的 Web 技术的标准化带领我们进入了今天的世界。在这个世界里，有超过 10 亿个 Web 站点提供数万亿（甚至更多）的文本和多媒体文件。

> **注意：**
> 有关 WWW 发展历史的更多信息，参见关于这个主题的维基百科的介绍。

上面几段文字实际上只是 Web 发展简史中的一个不同寻常的历史阶段的简短描述。今天的大学生从来也不了解 WWW 不存在的那段时间，以及永远在线的信息和无处不在的计算的思想对我们以后生活的各个方面产生深远的影响。学完本书时，你将把 Web 看作是任何人（而不仅限于少数的技术人员，如果你愿意的话，可以将其称为怪才）都可以掌握的技能，而不再把 Web 内容创建和管理视作只有少数怪才所拥有的一项技能。

1.2 创建 Web 内容

你可能注意到本书中使用的术语是"Web 内容"（Web content），而不是"Web 页面"（Web page），我们是有意这样做的。尽管我们谈论的是"访问 Web 页面"，但是实际的意思是"查看我们计算机上的一个地址上的所有文本和图像"。我们阅读的文本和查看的图像都是通过 Web 浏览器呈现的。浏览器将按照各个文件中的指示来呈现它们。

这些文件可以包含被 HTML 代码标记或包围的文本，告诉浏览器如何显示文本——作为标题、作为段落或者以项目列表显示等。一些 HTML 标记告诉浏览器显示图像或视频文件，而不是纯文本，由此得出以下结论：发送给 Web 浏览器的是不同类型的内容，因此仅仅称作

Web 页面将无法完全涵盖它们。我们在这里代之以 Web 内容这个术语，以涵盖完整的内容范围，包括文本、图像、音频、视频以及线上可以找到的其他媒体。

在后面几章中，你将学习链接到或直接创建在 Web 站点中发现的各类多媒体 Web 内容的基础知识，以及使用 PHP 通过服务端脚本创建动态内容的方法。此时，你只需记住你正在控制用户在访问你的 Web 站点时所查看的内容。从一个文件开始，其中包含要显示的文本或者告诉服务器给用户的 Web 浏览器发送一幅图形的代码，你将不得不规划、设计和实现最终构成 Web 状态（Web presence）的所有部分。正如你将在整本书中所学到的，它不是一个困难的过程，只要在学习过程中理解每一个小步骤即可。

就其最基本的形式而言，Web 内容开始于一个包含 HTML 标记的简单文本文件。在本书中，你将学习和创建符合标准的 HTML5 标记。编写符合标准的代码有很多的好处，其中一个好处是：将来代码需要在多种类型的浏览器和设备上工作的时候，你不必担心必须回顾代码以从根本上修改代码。相反，你的代码将（很可能）总是适用的，只要 Web 浏览器遵守标准并且做到向下兼容即可（在一段较长的时间内有望如此）。

1.3 理解 Web 内容递送

在许多不同的位置会发生多个过程，最终将产生你可以查看的 Web 内容。这些过程将发生得非常快（以毫秒级的速度），并且是在幕后发生的。换句话说，尽管我们可能认为我们所做的全部事情是打开 Web 浏览器，输入一个 Web 地址，并立即查看所请求的内容，后台的技术会代表我们努力地工作着。图 1.1 显示了浏览器与服务器之间的基本交互。

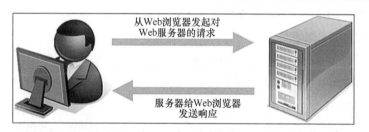

图 1.1

浏览器请求和服务器响应

不过，在看到所请求的站点的全部内容之前，这个过程将会涉及多个步骤，并且可能在浏览器与服务器之间会往返多次。

假设你想进行 Google 搜索，必然会在地址栏中输入"**www.google.com**"，或者从书签列表中选择 Google 书签。浏览器几乎立即就会显示如图 1.2 所示的内容。

图 1.2 显示了一个包含文本以及一幅图像（Google 标志）的 Web 站点。用于从 Web 服务器获取文本和图像并将其显示在屏幕上的过程可以简单地描述为如下几个步骤。

1．Web 浏览器对位于 www.google.com 地址上的一个 index.html 文件发送请求。index.html 文件不必是在地址栏中输入的地址的一部分，本章后面将会介绍关于 index.html 文件的更多知识。

2．在收到对特定文件的请求后，Web 服务器进程将在其目录内容中寻找特定的文件，打开它，并把该文件的内容发送回 Web 浏览器。

图 1.2

访问 www.google.com

3．Web 浏览器接收 index.html 文件的内容，该文件是用 HTML 代码标记的文本，并基于这些 HTML 代码呈现内容。在呈现内容时，浏览器将遇到用于 Google 标志的 HTML 代码，在图 1.2 中可以看到该标志。HTML 代码看起来如下所示：

```
<img alt="Google" height="92" width="272" id="hplogo" src="/images/branding/
googlelogo/2x/googlelogo_color_272x92dp.png">
```

这个图像的 HTML 代码是一个<img>标签，并且它提供了一些属性，告诉浏览器显示这个标志所必需的信息：文件源地址（src）、宽度（width）和高度（height）。在后面各章中，我们将会学习关于属性的更多知识。

4．浏览器查看<img>标签中的 src 属性，查找源位置。在这种情况下，可以在与浏览器获取 HTML 文件相同的 Web 地址（www.google.com）上的 images 目录中找到 googlelogo_color_272x92dp.png 图像。

5．浏览器请求位于 Web 地址 http://www.google.com/images/branding/googlelogo/2x/ googlelogo_color_272x92dp.png 的文件。

6．Web 服务器解释该请求，找到文件，并把该文件的内容发送给请求它的 Web 浏览器。

7．Web 浏览器在显示器上显示图像。

在 Web 内容递送过程的描述中可以看到，Web 浏览器不仅仅是充当用于查看内容的"相框"。浏览器将会依据文件中的 HTML 命令组合 Web 内容成分，并布置那些部分。

也可以在本地或者在你自己的硬盘驱动器上查看 Web 内容，从而无需 Web 服务器。获取和显示内容的过程与上述步骤列出的过程相同，其中浏览器将寻找并解释 HTML 文件的代码和内容，但是往返行程更短：浏览器将在你自己的计算机的硬盘驱动器上（而不是在远程机器上）寻找文件。如果文件中嵌入了任何基于服务器的编程语言，将需要 Web 服务器解释它们，但是这超出了本书的范围。实际上，无需拥有自己的 Web 服务器，你就可以顺利学完本书中关于 HTML、CSS 和 JavaScript 所有内容。但如果是这样的话，除你自己之外其他任何人都将无法查看你的杰作。

1.4 选择 Web 托管提供商

尽管刚才告诉你无须具有 Web 服务器也可以顺利地学完本书中关于 HTML、CSS 和 JavaScript 所有内容，我们还是建议你使用 Web 服务器继续学习下面的内容。你终究想要让自己的静态 Web 站点或动态 Web 站点能够公之于众，为此，本书附录部分介绍了如何在本地机器上安装完整的 Web 服务器和数据库以便进行个人开发。不要担心，获得托管提供商通常是一个快速、轻松并且相对廉价的过程。事实上，只需支付比这本书的定价稍微多一点的费用，就能获得你自己的域名和为期一年的 Web 托管。

如果在所选的搜索引擎中输入 **"web hosting provider"**（Web 托管提供商），将获得数百万条提示和无穷无尽的赞助性搜索结果（也称为广告）。如果不这样，许多 Web 托管提供商将从世界上消失，尽管事实可能并非如此。即使正在查看一个更便于管理的托管提供商列表，它也可能令人不知所措，尤其是当你只是想要寻找一个位置，来托管你自己或者你的公司或组织的简单 Web 站点的时候。

你想要在寻找提供商时缩小搜索的范围，并且选择最适合自己需要的提供商。针对 Web 托管提供商的一些选择标准如下。

➤ **可靠性/服务器"正常运行时间"**：如果具有一种在线状态（online presence），你希望确保人们实际上能够以一致的方式到达那里。

➤ **客户服务**：寻求多种方法用于联系客户服务的（电话、电子邮件、聊天），以及针对常见问题的在线文档。

➤ **服务器空间**：托管包将会包括足够的服务器空间以存放你计划在 Web 站点（如果有的话）中包括的所有多媒体文件（图像、音频、视频）吗？

➤ **带宽**：托管包将会包括足够的带宽从而可以满足所有人访问你的站点并下载文件，而无须额外付费吗？

➤ **域名购买和管理**：托管包将会包括域名吗，或者你必须单独通过托管账户购买和维护域名吗？

➤ **价格**：不要为托管支付过多的费用。你将会看到所提供的广泛价格，并且应该立即就想知道"它们有什么区别？"通常，它们之间的区别几乎与服务的质量无关，而只与公司的系统开销以及公司认为它可以怎样避免向人们收费有关。一个良好的经验法则是：如果每年为基本的托管包和域名支付 75 美元以上的费用，那么你支付的费用就可能太高了。

下面列出了 3 家可靠的 Web 托管提供商，它们的基本托管包以相对较低的费用提供丰富的服务器空间和带宽（以及域名和额外的好处）。如果你不中意其中任何一家 Web 托管提供商，至少可以使用它们基本的托管包描述，作为你货比三家的指导原则。

> **注意：**
> 本书作者多年来使用了所有这些提供商（后来还使用了其他一些提供商），推荐使用其中任何一家提供商都没有问题。作者主要使用 DailyRazor 作为 Web 托管提供商，对于高级开发环境则更是如此。

> ➤ **A Small Orange**：它的 Tiny 和 Small 托管包是新的 Web 内容发布者的完美起点。
> ➤ **DailyRazor**：甚至它的 Rookie 个人托管包也是全功能的和可靠的。
> ➤ **Lunarpages**：它的 Basic 托管包非常适合于许多个人和小企业的 Web 站点。

良好的托管提供商的一个特点是：它会提供一个 "控制面板"，让你管理自己账户的各个方面。图 1.3 显示了我自己在 DailyRazor 上的托管账户的控制面板。许多 Web 托管提供商都提供了这种特殊的控制面板软件，或者某种在设计上类似的控制面板——清楚标记的图标引导你执行任务以配置和管理账户。

图 1.3

一个示例控制面板

你可能永远也不需要使用控制面板，但是有这样一个控制面板可用将能够简化以下操作：安装数据库及其他软件、查看 Web 统计信息和添加电子邮件地址（以及许多其他的特性）。如果你能够遵循指导，在无需特殊培训的情况下就可以管理自己的 Web 服务器。

1.5　利用多种 Web 浏览器执行测试

刚才讨论了 Web 内容递送的过程以及如何获得 Web 服务器，现在回过头来讨论利用多种 Web 浏览器测试 Web 站点似乎有点奇怪。不过，在继续学习关于利用 HTML 和 CSS 创建 Web 站点的所有知识之前，要记住下面这句非常重要的话：你的 Web 站点的每位访问者将可能使用与你自己不同的硬件和软件配置，包括设备类型（台式机、笔记本电脑、平板电脑、智能手机）、屏幕分辨率、浏览器类型、浏览器窗口大小、连接的速度等。记住，当访问者查看你的站点时，你不能控制他们的任何行为。因此，在设置 Web 托管环境并准备好工作时，要考虑下载多种不同的 Web 浏览器，以便可以使用本地测试工具套件。下面让我解释为什么这一点很重要。

尽管所有的 Web 浏览器都会以相同的常规方式处理信息，但是它们当中的一些特定的区别将导致事情在不同的浏览器中看起来并不总是相同的，甚至相同 Web 浏览器的相同版本的用户也可能通过选择不同的显示选项和/或更改他们的浏览窗口的大小，以改变页面的显示方式。所有主流的 Web 浏览器都允许用户利用他们自己的选择覆盖 Web 页面作者指定的背景和字体。当页面第一次出现在人们的显示屏幕上时，屏幕分辨率、窗口大小和可选的工具栏也可能改变他们所看到的页面大小。你只能确保自己编写的是符合标准的 HTML 和 CSS。

> **注意：**
> 在第 3 章中，我们将学习一点响应式 Web 设计的概念，其中站点的设计将根据用户的行为和浏览环境（屏幕大小、设备等）自动转换和改变。

在任何情况下，都不要花时间创建只会在你自己的计算机上看起来完美无缺的最终设计——除非你想要在朋友的计算机上、大街上的咖啡店里的计算机上或者你的 iPhone 上查看它时面对失望。

应该总是在尽可能多的 Web 浏览器上，在标准的、便携的和移动的设备上，测试你的 Web 站点。

- ➢ 用于 Mac 的 Apple Safari。
- ➢ 用于 Mac、Windows 和 Linux/UNIX 的 Google Chrome。
- ➢ 用于 Windows 的 Microsoft Internet Explorer 和 Microsoft Edge。
- ➢ 用于 Mac、Windows 和 Linux/UNIX 的 Mozilla Firefox。

既然你已经建立了开发环境，或者对将来想要建立的开发环境至少有了某种想法，现在就让我们继续创建一个测试文件。

1.6　创建一个示例文件

在开始前，让我们看看程序清单 1.1。这个程序清单是一份简单的 Web 内容，其中包含几行 HTML 代码，用于在两行上以大号、加粗字母打印 "Hello World! Welcome to My Web Server."，并在浏览器窗口内居中显示它们。在继续学习本书后面的内容时，你将对这个文件内使用的 HTML 和 CSS 有更多的了解。

程序清单 1.1　示例 HTML 文件

```
<!DOCTYPE html>
<html>
  <head>
    <title>Hello World!</title>
  </head>
  <body>
    <h1 style="text-align: center">Hello World!<br>
    Welcome to My Web Server.</h1>
  </body>
</html>
```

为了利用这些内容，可以打开所选的文本编辑器，比如 Notepad（在 Windows 上）或 TextEdit（在 Mac 上）。不要使用 WordPad、Microsoft Word 或者其他全功能的字处理软件，因为这些程序创建的文件类型不同于我们用于创建 Web 内容的纯文本文件。

输入在程序清单 1.1 中的内容，然后使用 sample.html 作为文件名保存文件。.html 扩展名告诉 Web 服务器，你的文件的确是 HTML。当把文件内容发送给请求它的 Web 浏览器时，浏览器也会知道它是 HTML，并将相应地呈现它。

既然你已经有了一个要使用的示例 HTML 文件，并且希望把它放到某个地方，如 Web 托管账户，现在就让我们发布你的 Web 内容。

1.7 使用 FTP 传输文件

就像你迄今为止所学到的，必须把 Web 内容放到 Web 服务器上，使之可供其他人访问。这个过程通常是使用 FTP（File Transfer Protocol，文件传输协议）完成的。要使用 FTP，需要一个 FTP 客户端，这个程序用于把你的计算机上的文件传输到 Web 服务器上。

FTP 客户端需要 3 部分信息来连接到 Web 服务器，在你建立了账户之后，托管提供商将把下面这些信息发送给你。

➢ 你将连接到的主机名或地址。

➢ 你的账户的用户名。

➢ 你的账户的密码。

当你拥有了这些信息后，就准备好使用 FTP 客户端把内容传输到 Web 服务器。

1.7.1 选择 FTP 客户端

无论你使用的 FTP 客户端是什么，它们一般都会使用相同类型的界面。图 1.4 显示了一个 FireFTP 的示例，它是 Firefox Web 浏览器使用的 FTP 客户端。本地机器（你的计算机）的目录清单将出现在屏幕左边，远程机器（Web 服务器）的目录清单则出现在右边。通常会看到右箭头和左箭头按钮，如图 1.4 所示。右箭头把所选的文件从计算机发送到 Web 服务器上，左箭头则把文件从 Web 服务器发送到计算机上。许多 FTP 客户端还允许简单地选择文件，然后把那些文件拖放到目标机器上。

许多 FTP 客户端可以免费使用，但是也可以通过基于 Web 的 File Manager（文件管理）工具传输文件，该工具很可能是 Web 服务器的控制面板的一部分。不过，这种文件传输方法通常会在过程中引入更多的步骤，并且几乎不像在你自己的计算机上安装 FTP 客户端的过程那样流畅（或简单）。

下面列出了一些流行的免费 FTP 客户端。

➢ 用于 Mac 和 Windows 的 Classic FTP。

➢ 用于 Mac 的 Cyberduck。

➢ 用于 Mac 的 Fetch。

➤ 用于所有平台的 FileZilla。

➤ 用于所有平台的 FireFTPFirefox 扩展。

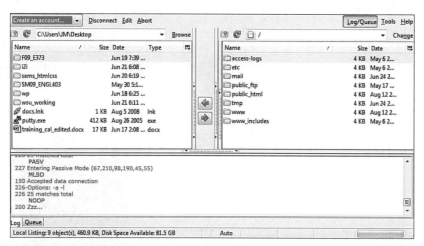

图 1.4

FireFTP 的界面

当选择一个 FTP 客户端并在计算机上安装它时，就准备好从 Web 服务器上传和下载文件。在下一节中，我们将使用程序清单 1.1 中的示例文件解释这个过程的工作方式。

1.7.2 使用 FTP 客户端

下面的步骤说明了如何使用 Classic FTP 连接到 Web 服务器并传输文件。不过，所有的 FTP 客户端都使用类似的（如果不是完全相同的）界面。如果理解了下面的步骤，就应该能够使用任何 FTP 客户端。记住，首先需要主机名、账户的用户名和账户的密码。

1．启动 Classic FTP 程序，并单击 Connect 按钮，将提示你填写要连接到的站点的相关信息，如图 1.5 所示。

2．填写图 1.5 所示的每个项目，如下所述。

➤ FTP Server 是需要向其发送 Web 页面的 Web 服务器的 FTP 地址，你的托管提供商将为你提供这个地址。它可能是 yourdomain.com，但是在签订服务合同时要检查所接收到的信息。

➤ 使用托管提供商提供的信息完成 User Name 框和 Password 框。

3．你可能要切换到 Advanced 选项卡，并修改以下可选的项目，如图 1.6 所示。

➤ Site Label 是你将用于称呼自己站点的名称。其他任何人都不会看到这个名称，因此可以输入你想要的任何名称。

➤ 可以更改 Initial Remote Directory on First Connection 和 Initial Local Directory on First Connection 的值，但是你可能要等待，直到你习惯了使用 FTP 客户端并且建立了工作流程再这么做。

图 1.5

在 Classic FTP 中连接到新的站点

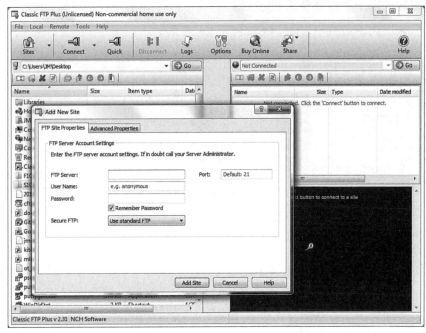

图 1.6

Classic FTP 中的 Advanced 连接选项

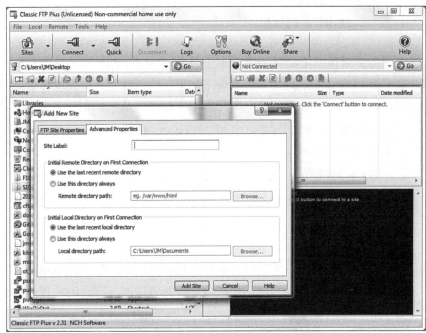

4．完成设置后，单击 Add Site 按钮保存设置。然后可以单击 Connect 按钮，建立一条与 Web 服务器的连接。

你将看到一个对话框，指示 Classic FTP 尝试连接到 Web 服务器。一旦成功连接，将会看到一个与图 1.7 类似的界面，其左边显示本地目录的内容，其右边显示 Web 服务器的内容。

5．现在应准备好将文件传输到 Web 服务器，剩余的全部工作是把目录改为所谓的 Web 服务器的文档根目录（Document Root）。Web 服务器的文档根目录被指定为 Web 内容的顶级目录，它是目录结构的起点，在本章后面，我们将了解关于它的更多信息。通常，这个目录命名为 public_html、www（因为 www 被创建为 public_html 的别名）或 htdocs。你自己不必创建这个目录，托管提供商将为你创建它。

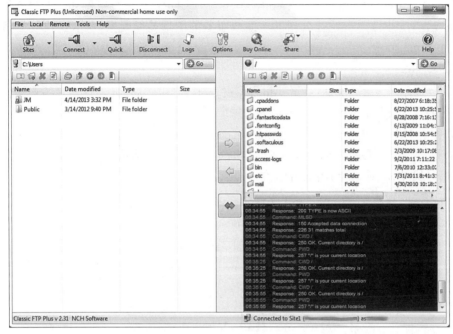

图 1.7

通过 Classic FTP 成功连接到远程 Web 服务器

双击文档根目录名称打开它。FTP 客户端界面的右边将显示该目录的内容（此时它可能是空的，除非 Web 托管提供商代表你在该目录中放置了占位符文件）。

6．这里的目标是把你以前创建的 sample.html 文件从你的计算机传输到 Web 服务器上。在 FTP 客户端界面的左边列出的目录中查找文件（如果需要，可以进行导航），并单击它一次，以高亮显示文件名。

7．单击 FTP 客户端界面中间的右箭头按钮，把文件发送到 Web 服务器。当文件传输完成时，客户界面的右边将会刷新，以显示发送到目的地的文件。

8．单击 Disconnect 按钮关闭连接，然后退出 Classic FTP 程序。

无论何时想通过 FTP 把文件发送到 Web 服务器上，从概念上讲都要采取这些类似的步骤。也可以使用 FTP 客户端在远程 Web 服务器上创建子目录。要使用 Classic FTP 创建子目录，可以单击 Remote 菜单，然后单击 New Folder 按钮。不同的 FTP 客户端具有不同的界面选项，来实现相同的目标。

1.8　了解在 Web 服务器上放置文件的位置

维护 Web 内容的一个重要方面是确定将如何组织该内容——这不仅便于用户查找，而且便于你维护服务器上的内容。把文件放在目录中有助于管理那些文件。

在 Web 服务器上命名和组织目录以及开发文件维护的规则完全取决于你自己。不过，在这个漫长的过程中，维护一个组织良好的服务器可以使其内容管理更高效。

1.8.1 基本的文件管理

在你浏览 Web 时，可能注意到当你在 Web 站点中导航时 URL 会改变。例如，如果查看一家公司的 Web 站点，并且单击通往公司的产品或服务的图形导航元素，URL 可能会从 http://www.companyname.com/ 变为 http://www.companyname.com/products/ 或 http://www.companyname.com/services/。

在上一节中，我使用了术语文档根目录（document root），但是没有真正解释它的有关含义。Web 服务器的文档根目录实质上是完整 URL 中的末尾斜杠。例如，如果域是 yourdomain.com，并且 URL 是 http://www.yourdomain.com/，那么文档根目录就是通过末尾斜杠（/）表示的目录。文档根目录是你在 Web 服务器上创建的目录结构的起点，Web 服务器将从这个位置开始寻找 Web 浏览器所请求的文件。

如果像前面所指示的那样把 sample.html 文件放在文档根目录中，将能够通过 Web 浏览器利用以下 URL 访问它：http://www.yourdomain.com/sample.html。

如果把这个 URL 输入到 Web 浏览器中，将会看到呈现的 sample.html 文件，如图 1.8 所示。

图 1.8

通过 Web 浏览器
访问的 sample.html
文件

不过，如果在文档根目录内创建一个新目录，并把 sample.html 文件放在该目录中，则将利用下面这个 URL 访问该文件：http://www.yourdomain.com/newdirectory/sample.html。

如果把 sample.html 文件放在一连接到你的服务器时最初就看到的目录中，也就是说，你没有改变目录并把文件放在文档根目录中，那么将不能从你的 Web 服务器利用任何 URL 访问 sample.html 文件。该文件仍然位于你称为 Web 服务器的机器上，但是由于文件不在文档根目录中，而服务器软件知道从文档根目录开始寻找文件，所以永远都没有人能够通过 Web 浏览器访问它。

底线就是：在开始传输文件之前，总是要导航到 Web 服务器的文档根目录。

对于图形和其他多媒体文件尤其如此。Web 服务器上的一个公共目录称为 images，正如你可能想到的，其中将存放所有的图像资源以便检索。其他流行的目录包括用于存放样式文件的 css（如果使用多个样式表文件的话），以及用于存放外部 JavaScript 文件的 js。此外，如果你知道在 Web 站点上将具有一个区域，访问者可以从中下载许多不同类型的文件，就可能直接把该目录命名为 downloads。

无论它是一个包含你的图片集合的 ZIP 文件，还是一个带有销售数字的 Excel 电子数据表，在 Internet 上发布不仅仅是 Web 页面的文件通常都是有用的。为了使一个不是 HTML 文件的文件在 Web 上可用，只需把该文件像一个 HTML 文件一样上传到 Web 站点，并遵循本章前面给出的关于上传文件的指导即可。在把文件上传到 Web 服务器之后，就可以创建一个指向它的链接（在第 2 章中将学习这方面的知识）。换句话说，Web 服务器不仅仅能提供 HTML 文件。

下面给出了一段示例 HTML 代码，在本书后面将学习关于它的更多知识。下面的代码将用于一个名为 artfolio.zip 的文件，它位于 Web 站点的 downloads 目录中，并且会显示链接文本"Download my art portfolio!"：

```
<a href="/downloads/artfolio.zip">Download my art portfolio!</a>
```

1.8.2 使用索引页面

当你想到索引时，可能会想起图书后面的索引，它告诉你在哪里寻找各个关键词和主题。Web 服务器目录中的索引文件可以用于此目的（如果你这样设计它的话）。事实上，索引这个名称最初就起源于此。

当人们导航到你的 Web 站点中的特定目录时，你希望他们把某一个页面视为默认的文件，而 index.html 文件（或者采用它通常的叫法即索引文件，index file），就是你给这个页面所提供的名称。

索引文件的另一个作用是：你的站点拥有一个索引页面，但是访问站点上的某个目录的用户并没有指定该页面，他仍然会登录到你的站点的该部分的（或者站点本身的）主页面。

例如，可以输入苹果公司的官方网址，并登录到 Apple 的 iPhone 信息页面上。

iPhone 目录中没有 index.html 页面，结果将依赖于 Web 服务器的配置。如果服务器配置成禁止目录浏览，用户在尝试访问不带有指定的页面名称的 URL 时将会看到一条"Directory Listing Denied"（"目录列表被拒绝"）消息。然而，如果服务器配置为允许目录浏览，用户将会看到那个目录中的文件列表。

你的托管提供商已经确定了这些服务器配置选项。如果你的托管提供商允许通过控制面板修改服务器设置，你就可以更改这些设置，使得服务器基于你自己的需要来响应请求。

索引文件不仅在子目录中使用，也在 Web 站点的顶级目录（或文档根目录）中使用。Web 站点的第一个页面——首页（home page）或主页（main page），或者无论如何你都希望用户在第一次访问你的域时所看到的 Web 内容——都应该被命名为 index.html，并且放在 Web 服务器的文档根目录中。这确保当用户在他们的 Web 浏览器中输入 **http://www.yourdomain.com/** 时，服务器将使用你打算让他们看到的内容来响应（而不是给他们提供"Directory Listing Denied"消息或者其他某种意外的后果）。

1.9 小结

本章介绍了使用 HTML 标记文本文件来生成 Web 内容的概念。我们应该获悉 Web 内容不仅仅是"页面"，Web 内容还包括图像、音频和视频文件。所有这些内容都存在于 Web 服务器上，这是一台通常远离你自己的计算机的远程机器。在你的计算机或其他设备上，你使用 Web 浏览器请求、获取并且最终在屏幕上显示 Web 内容。

我们学习了在确定 Web 托管提供商是否适应你的需求时要考虑的标准。在选择了 Web 托管提供商之后，就可以开始把文件传输到 Web 服务器，我们还学习了如何使用 FTP 客户端执行该操作。我们还学习了一点关于 Web 服务器目录结构和文件管理的知识，以及给定的 Web 服务器目录中的 index.html 文件的重要的用途。此外，我们还学习了可以在可移动媒体上分发 Web 内容，并且学习了如何动手构造文件和目录，以实现在不使用远程 Web 服务器的情况下查看内容的目标。

最后，我们学习了把工作成果放到 Web 服务器上后，在多种浏览器中对其进行测试的重要性。编写有效的、符合标准的 HTML 和 CSS 代码有助于确保你的站点对于所有的访问者看上去都是相似的，但是如果没有接收到来自开发团队之外的潜在用户的输入，那么仍然不应该进行设计——当你是设计团队中的一员时，获取其他人的输入甚至更重要！

1.10 问与答

Q：我查看了 Internet 上的一些 Web 页面的 HTML 源代码，它们看上去极难学习。我必须像一名计算机程序员那样思考，才能够学习这种材料吗？

A：尽管复杂的 HTML 页面看上去可能的确令人畏缩不前，但是学习 HTML 比学习实际的程序设计语言（如 C++ 或 Java）要容易得多。HTML 是一种标记语言，而不是程序设计语言，使用它标记文本，以便浏览器可以以某种方式呈现文本。与开发计算机程序相比，这是一组完全不同的思考过程。你实际上不需要任何作为计算机程序员的经验或技能，就能成为一名成功的 Web 内容作者。

许多商业 Web 站点背后的 HTML 代码看上去比较复杂的原因之一是：它们很可能是通过可视化 Web 设计工具创建的，该工具是一个"所见即所得"（what you see is what you get，WYSIWYG）编辑器，在某些情况下会使用其软件开发人员让它使用的任何标记（而在手工编码中，你可以完全控制得到的标记）。本书将从头开始介绍基本的编码，这通常会得到干净的、易于阅读的源代码。可视化 Web 设计工具倾向于使代码难以阅读，以及产生错综复杂且不符合标准的代码。

Q：运行你建议的所有测试将要花费比创建我的页面更长的时间！我不能利用时间较少的测试蒙混过去吗？

A：如果你的页面没有打算用于赚钱或者提供重要的服务，那么当它们在某些用户看来很滑稽或者偶尔会产生错误时，这可能不是一个大问题。在这种情况下，只需利用两种不同的浏览器测试每个页面，并且每天访问它一次。不过，如果需要展示专业的图像，除了进行严格的测试之外，将别无选择。

Q：说真的，谁在乎我是怎样组织我的 Web 内容的呢？

A：无论相信与否，你的 Web 内容的组织结构与搜索引擎和站点的潜在访问者密切相关。但是，总而言之，具有组织有序的 Web 服务器目录结构有助于跟踪内容，因为你很可能会频繁地更新内容。例如，如果你具有专门的目录用于存放图像或多媒体，就可以确切知道在哪里寻找你想更新的文件，而无须搜寻包含其他内容的目录。

1.11　测验

本测验包含一些问题和练习，可帮助读者巩固本章所学的知识。在查看后面的"解答"一节的内容之前，要尝试尽量回答所有的问题。

1.11.1　问题

1．你将需要把多少个文件存储在 Web 服务器上，用以产生单个 Web 页面，并且它上面具有一些文本和两幅图像？

2．在选择 Web 托管提供商时，要关注的一些特点是什么？

3．通过 FTP 连接到 Web 服务器需要哪 3 份信息？

4．index.html 文件的用途是什么？

5．Web 站点必须包括一种目录结构吗？

1.11.2　解答

1．将需要 3 个文件：一个用于 Web 页面本身，它包括文本和 HTML 标记，还有两个文件分别用于每一幅图像。

2．要关注可靠性、客户服务、Web 空间和带宽、域名服务、站点管理的额外事项和价格。

3．需要主机名、你的账户的用户名和你的账户的密码。

4．index.html 文件通常是用于 Web 服务器内的某个目录的默认文件。它允许用户访问 http://www.yourdomain.com/somedirectory/，而不必在末尾使用文件名，并且最终仍然会到达合适的位置。

5．不是。使用一种目录结构以进行文件组织完全取决于你自己，尽管强烈建议这样做，因为它可以简化内容维护。

1.11.3　练习

➢　有序地获得你的 Web 托管服务——你将在自己的计算机上通过在本地查看文件来学习本书中的各章内容？还是将使用 Web 托管提供商？注意，大多数 Web 托管提供商在你购买托管计划的当天就能使你正常运行自己的站点。

➢　如果你使用的是外部托管提供商，那么就使用 FTP 客户端，在 Web 站点的文档根目录内创建一个子目录。把 sample.html 文件的内容粘贴进另一个名为 index.html 的文件中，把<title>与</title>标签之间的文本更改成新的内容，并且把<h1>与</h1>标签之间的文本更改成新的内容。保存文件，并把它上传到新的子目录。使用 Web 浏览器导航到 Web 服务器上的新目录，并且会看到显示的是 index.html 文件中的内容。然后，使用 FTP 客户端，从远程子目录中删除 index.html 文件。利用 Web 浏览器返回到那个 URL，重新加载页面，并且查看在没有 index.html 文件的情况下服务器如何做出响应。

➢ 使用在上一个练习中创建的相同文件集，把这些文件放在一个可移动的媒体设备上，例如，CD-ROM 或 USB 设备。使用浏览器导航你的示例 Web 站点的这个本地版本，并且考虑一下要利用这个可移动媒体分发以便其他人能够使用它，你不得不做出怎样的说明。

第 2 章

构造 HTML 文档

在本章中，你将学习以下内容：

> ➤ 如何用 HTML 创建一个简单的 Web 页面；

> ➤ 如何包括每个 Web 页面必须具有的所有 HTML 标签；

> ➤ 如何在 Web 页面中使用链接；

> ➤ 如何利用段落和换行符组织页面；

> ➤ 如何利用标题组织内容；

> ➤ 如何使用 HTML5 的语义元素；

> ➤ 如何开始使用基本的 CSS。

在第 1 章中，我们基本了解了创建 Web 内容并且在线（或者在本地，如果还没有 Web 托管提供商的话）浏览它的幕后过程。在本章中，我们将言归正传，介绍必须出现在 HTML 文件中的各种元素，以使其在 Web 浏览器中适当地显示。

概括来讲，本章将快速总结 HTML 的基础知识，并给出一些实用的提示，帮助你作为 Web 页面开发人员充分利用好自己的时间。HTML5 元素可以让我们增强在标记过的文本中所提供的信息的语义（含义），在学习它们的时候，我们将开始更深入一点地研究它背后的理论。你将密切观察 6 个元素，它们构成了文档的稳定语义结构的基础，这 6 个元素是：<header>、<section>、<article>、<nav>、<aside>和<footer>。最后，我们将学习使用层叠样式表（Cascading Style Sheets, CSS）来改进 Web 内容的显示的基础知识，这允许我们设置很多的格式化特征，例如，包括准确字型控制、字母间距和行间距、边距以及页面边框等。

在本书余下的全部内容中，我们将看到在代码示例中如何适当地使用这些标签，因此在继续学习后面的内容之前，本章将确保你很好地领会了它们的含义。

2.1 从一个简单的 Web 页面开始

在第 1 章中，我们学习到 Web 页面只是一个被 HTML 代码标记（或包围）的文本文件，这些代码告诉浏览器如何显示文本。要创建这些文本文件，可以使用诸如"记事本"（在 Windows 上）或 TextEdit（在 Mac 上）之类的文本编辑器，不要使用"写字板"、Microsoft Word 或其他全功能的字处理软件，因为它们所创建的文件类型与我们用于创建 Web 内容的纯文本文件不同。

警告:

我们反复申明这一点，因为它对于结果和学习过程本身非常重要: 不要利用 Microsoft Word 或者任何其他 HTML 兼容的字处理器创建第一个 HTML 文件，其中大多数程序都试图以奇怪的方式为你重写 HTML 代码，这可能会把你完全搞糊涂。

此外，我还建议不要使用所见即所得（what you see is what you get，WYSIWYG）的图形编辑器，比如 Adobe Dreamweaver。你很可能发现，在开始学习 HTML 时，从一个简单的文本编辑器入手将更容易，并且更有教育意义。

在开始工作前，应该从你想要放在 Web 页面上的一些文本开始。

1. 查找（或者编写）几个关于你自己、你的家庭、你的公司、你的宠物或者你感兴趣的其他某个主题的文本段落。

2. 把这段文本另存为标准的 ASCII 纯文本。"记事本"（Windows 上的）和大多数简单的文本编辑器总是把文件另存为纯文本，但是如果使用另一个程序，则可能需要选择这种文件类型作为一个选项（在选择"文件"＞"另存为"命令之后）。

在学习本章的过程中，将给文本文件添加 HTML 标记（称为标签，tag），从而把它转变成在 Web 浏览器呈现最佳的 Web 内容。

在保存包含 HTML 标签的文件时，总是要给它们提供以.html 结尾的名称。这很重要。如果在保存文件时忘记了在文件名末尾输入.html，大多数文本编辑器都会给它提供某个其他的扩展名（比如.txt）。如果发生这种情况，当你尝试利用 Web 浏览器查看文件时，可能会找不到文件，即使找到文件，它肯定也不能正确地显示。换句话说，Web 浏览器期望 Web 页面文件具有.html 文件扩展名并且具有纯文本格式。

在访问 Web 站点时，还可能遇到文件扩展名为.htm 的页面，它是另一个可接受的文件扩展名。你还可能发现在 Web 上使用的其他文件扩展名，比如.jsp（Java Server Pages）、.asp（Microsoft Active Server Pages）或.php（PHP: Hypertext Preprocessor）。除了程序设计语言之外，这些文件中也包含 HTML，尽管这些文件中的程序代码是在服务器端编译的，并且你在客户端看到的一切都是 HTML 输出。但是如果查看源文件，你很可能会看到程序设计代码和标记代码错综复杂地交织在一起。在本书后面的各章中，我们将学习如何把 PHP 加入到 Web 站点中。

程序清单 2.1 显示了一段可以输入并保存的文本示例，用于创建一个简单的 HTML 页面。如果用 Web 浏览器打开这个文件，将会看到如图 2.1 所示的页面。你创建的每个 Web 页面都必须包括一个<!DOCTYPE>声明，以及<html></html>、<head></head>、<title></title>和
<body></body>标签对。

程序清单 2.1　<html>、<head>、<title>和<body>标签

```
<!DOCTYPE html>
<html lang="en">
  <head>
    <title>The First Web Page</title>
  </head>

  <body>
    <p>
      In the beginning, Tim created the HyperText Markup Language. The
      Internet was without form and void, and text was upon the face of
      the monitor and the Hands of Tim were moving over the face of the
      keyboard. And Tim said, Let there be links; and there were links.
      And Tim saw that the links were good; and Tim separated the links
      from the text. Tim called the links Anchors, and the text He
      called Other Stuff. And the whole thing together was the first
      Web Page.
    </p>
  </body>
</html>
```

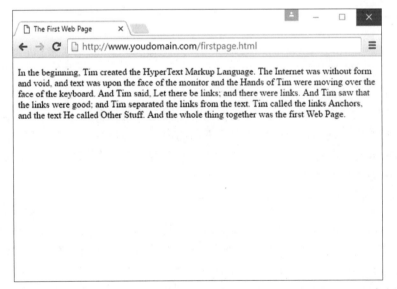

图 2.1

当把程序清单 2.1 中的文本另存为 HTML 文件并用 Web 浏览器查看它时，将只会显示实际的页面标题和正文文本

在程序清单 2.1 中，与在每个 HTML 页面中一样，以"<"开头且以">"结尾的单词实际上都是编码的命令。这些编码的命令称为 HTML 标签（HTML tag），因为它们给文本块"加了标签"，并且告诉 Web 浏览器它是什么类型的文本。这允许 Web 浏览器适当地显示文本。

文档中的第一行是文档类型声明：你声明（declare）它是 html（确切地讲是 HTML5），因为在<!DOCTYPE>标签中，html 是用于将文档声明为 HTML5 的值。

▼ TRY IT YOURSELF

创建并查看基本的 Web 页面

在学习程序清单 2.1 中使用的 HTML 标签的含义之前，你可能想准确地了解我将如何创建并查看文档本身。可遵循下面这些步骤。

1. 在 Windows 的 "记事本" 中（或者使用 MacintoshTextEdit 或你选择的另一个文本编辑器）输入程序清单 2.1 中的所有文本，包括 HTML 标签。

2. 选择 "文件" > "另存为" 命令，确保选择纯文本（或 ASCII 文本）作为文件类型。

3. 把文件命名为 **firstpage.html**。

4. 选择硬盘驱动器上想要用于保存 Web 页面的文件夹，并且记住你所选的文件夹，然后单击 "保存" 或 "确定" 按钮保存文件。

5. 现在启动你最喜爱的 Web 浏览器（仍然保持运行 "记事本"，以便可以轻松地在查看和编辑页面之间切换）。

在 Internet Explorer 中，选择 "文件" > "打开" 命令，并单击 "浏览" 按钮。如果使用的是 Firefox，则可选择 File > Open File 命令。然后导航到合适的文件夹，并选择 firstpage.html 文件。一些浏览器和操作系统也允许把 firstpage.html 文件拖放到浏览器窗口上以查看它。

你应该会看到图 2.1 中所示的页面。

▲

如果你已经获得了一个 Web 托管账户，此时就可以使用 FTP，把 firstpage.html 文件传输到 Web 服务器上。事实上，从本章往后，所有的说明都假定你有托管提供商并且熟悉通过 FTP 来回传送文件，如果不是这样，请在继续学习下面的内容之前回顾一下第 1 章的内容。此外，如果有意选择在本地（没有 Web 主机）处理文件，就要准备调整指导，以适应你的特定需求（比如忽略 "传输文件" 和 "输入 URL" 命令）。

> **注意：**
> 不需要连接到互联网，也可以查看存储在你自己的计算机上的 Web 页面。默认情况下，每次启动 Web 浏览器时，它都将尝试连接到互联网，这在大多数时间都是有意义的。不过，如果在硬盘驱动器上本地（脱机）开发页面，这可能会造成麻烦，并且会遇到页面未找到的错误。如果一天 24 小时都通过 LAN、线缆调制解调器、DSL 或 Wi-Fi 连接到互联网，这就是个尚无定论的问题，因为浏览器永远也不会抱怨脱机。否则，就要依赖于浏览器的类型采取合适的动作，可以检查浏览器的 Tools（"工具"）菜单下面的选项。

2.2　每个 Web 页面都必须具有的 HTML 标签

现在应该向你揭示 HTML 标签的秘密语言了。当你理解了这种语言，将具有远远超过其他人的创造力。不要告诉其他人，但它确实十分容易。

第一行代码是文档类型声明，在 HTML5 中，它非常简单，如下所示：

```
<!DOCTYPE html>
```

这个声明把文档标识为 HTML5，这确保 Web 浏览器可以预期会发生什么事情，并且准备好以 HTML5 呈现内容。

许多 HTML 标签具有两个部分：开始标签（opening tag）和结束标签（closing tag），其中前者指示文本块的开始位置，后者指示文本块的结束位置。结束标签开始于一个"/"（正斜杠），它位于"<"符号之后。

另一类标签是空标签（empty tag），它有所不同，因为它不包括一对匹配的开始标签和结束标签。相反，空标签只包含单个标签，它开始于"<"，结束于"/>"符号。尽管结尾斜杠在 HTML5 中不再是必需的，但是在老版本的 HTML 中，确实存在一些形式为"/>"的空标签。

下面快速概括介绍了这 3 个标签，只是为了确保你理解每个标签所起的作用。

➤ 开始标签是指示 HTML 命令开始的 HTML 标签，受命令影响的文本出现在开始标签之后。开始标签总是以"<"开头，以">"结尾，比如在<html>中。

➤ 结束标签是指示 HTML 命令结束的 HTML 标签，受命令影响的文本出现在结束标签之前。结束标签总是以"</"开头，以">"结尾，比如在</html>中。

➤ 空标签是在页面中发出 HTML 命令并且不会包围任何文本的 HTML 标签。空标签总是以"<"开头，以"/>"结尾，比如在
和<img />中。

注意：

你肯定会注意到，在程序清单 2.1 中，有一些额外的代码与<html>标签相关联。这种代码包含语言属性（lang），它用于指定与标签相关的额外信息。在这里，它指定 HTML 内的文本的语言是英语。如果要以不同的语言编写代码，可以用相关的语言标识符替换 en（用于英语）。

例如，程序清单 2.1 中的<body>标签告诉 Web 浏览器页面中的实际正文文本的开始位置，</body>则指示其结束位置。<body>与</body>标签之间的所有内容都出现在 Web 浏览器窗口的主要显示区域，如图 2.1 所示。

浏览器窗口的最上方（如图 2.1 所示）显示页面标题文本，它是位于<title>与</title>之间的任何文本。页面标题文本还会在浏览器的 Bookmarks（书签）或 Favorites（收藏夹）菜单上标识页面，这取决于你使用的是哪种浏览器。为页面提供页面标题很重要，以便页面的访问者可以正确地给它们建立书签以便将来引用，搜索引擎也使用页面标题来提供指向搜索结果的链接。

在你创建的每个 HTML 页面中，都将使用<body>和<title>标签对，因为每个 Web 页面都需要页面标题和正文文本。你还将使用<html>和<head>标签对，它们是程序清单 2.1 中显示的另外两个标签。把<html>放在文档的开始处可以直接表明文档是一个 Web 页面。末尾的</html>则表示 Web 页面结束了。

在页面内，有一个头部区域和一个主体区域。这两个区域分别通过<head>和<body>标签标识。其思想是：页面头部中的信息以某种方式描述页面，但实际上不会被 Web 浏览器显示出来。不过，放在主体中的信息会被 Web 浏览器显示。<head>标签总是出现在页面的 HTML 代码开始处附近，仅仅位于<html>开始标签之后。

提示：

你可能发现创建和保存"裸"页面（也称为骨架[skeleton]页面或模板[template]）很方便，它只具有 DOCTYPE 以及<html>、<head>、<title>和<body>开始标签和结束标签，类似于程序清单 2.1 中的文档。以后，无论何时想要创建一个新的 Web 页面，你都可以打开该文档作为起点，这样就可以使自己避免每次都要麻烦地输入所有那些必需的标签。

<title>标签对用于标明出现在页面的头部区域的页面标题，说它出现在头部区域，也就是说在开始<head>标签之后，并且在结束</head>之前。在后续的章节中，我们将学习其他的一些可以放在<head>和</head>之间的高级标题信息，例如用于格式化页面的样式表规则。

程序清单 2.1 中的<p></p>标签对包含了一个文本段落。只要有可能，就应该把文本块包含在合适的容器元素中，在本书后面，我们将学习关于容器元素的更多知识。

2.3　在 Web 页面中使用超链接

并没有规则说你必须在 Web 内容中包含链接，但是，当你发现一个 Web 站点甚至没有包含一个链接（不管这个链接是连接到相同域如 yourdomain.com、另一个域名、或者甚至是相同的页面）的时候，你一定会感到奇怪。Web 上链接随处可见，但是，理解一些链接"幕后的"细节也很重要。

当文件属于相同的域，你可以通过直接在<a>标签的 href 属性中提供文件的名称以链接到它们。属性（attribute）是和一个标签相关联的一段额外的信息，它提供了关于该标签的更多的细节。例如，<a>标签的 href 属性标明了你所要链接到的页面的地址。

当有几个页面的时候，或者当你开始用一个有组织的结构来管理站点中的内容的时候，你应该把文件放到目录（或者可以称之为文件夹）之中，而目录的名称反映出其中的内容。例如，所有的图像都应该放到一个 images 目录中，公司信息应该放到一个 about 目录中，诸如此类。不管你如何在自己的 Web 服务器中组织自己的目录，你可以使用相对地址，它包含了从一个页面找到另一个页面所需的足够信息。相对地址（relative address）说明从一个 Web 页面到另一个 Web 页面的路径，而相反，完全的互联网地址（或绝对地址）包含了完整的协议（http 或 https）以及域名（www.yourdomain.com）。

正如第 1 章所介绍的，Web 服务器的文档根目录是指定为 Web 内容的顶级目录的那个目录。在 Web 地址中，文档根目录用斜杠（/）表示。所有后续的目录层级，都使用相同类型的斜杠分隔开。如下面的例子所示：

```
/directory/subdirectory/subsubdirectory/
```

警告：

在 HTML 中，总是用斜杠（/）将目录隔开。不要使用反斜杠（\）来将目录隔开，通常在 Windows 中才这么用。记住，Web 上的一些内容都是向前移动的，因此使用斜杠。

假设你要在自己的文档根目录中创建一个名为 zoo.html 的页面，并且想要包含分别指向 elephants 子目录中名为 african.html 和 asian.html 的页面的链接。这两个链接应该如下所示：

```
<a href="/elephants/african.html">Learn about African elephants.</a>
<a href="/elephants/asian.html">Learn about Asian elephants.</a>
```

2.3.1 使用锚点链接到一个页面内部

<a>标签是负责 Web 上的超链接的标签，它的名字来自于单词 anchor（锚的意思），因为一个链接就是作为 Web 页面中的一个指定的位置。<a>标签可以用来将页面上的一个位置标记为一个锚点，使得你能够创建指向这个确切位置的一个链接。例如，页面的顶部可以标记为如下所示：

```
<a name="top"></a>
```

<a>标签通常使用 href 属性来指定一个超链接目标。<a href>就是所点击的对象，<a id>是当你单击超链接的时候将会去向哪里。在这个例子中，<a>标签仍然是指定了一个目标位置，但是并没有创建你能够看到的实际的链接。相反，<a>标签针对页面上标签所出现的具体位置给出了一个名称。必须包含这个<a>标签，并且必须给 id 属性一个唯一的名称，但是<a>和</a>之间不一定要有文本。

要链接到这个位置，可以使用如下的形式：

```
<a href="#top">Go to Top of Page</a>
```

2.3.2 链接到外部 Web 内容

到自己的站点内部的页面的链接和到外部 Web 内容的链接之间的唯一区别就是，当链接到站点之外的时候，需要包含到该内容的完整路径。完整地址在域名之前包括 http://，然后是到文件（例如，一个 HTML 文件、一个图像文件或一个多媒体文件）的完整路径名。

例如，要包含从你自己的 Web 页面中到 Google 的一个链接，可以在你的<a>链接中使用这种类型的绝对地址：

```
<a href="http://www.google.com/">Go to Google</a>
```

警告：
你可能已经知道了，在大多数 Web 浏览器中输入地址的时候，可以省略掉任何地址前面的 http://。然而，当你在 Web 页面的一个<a href>链接中输入 Web 地址的时候，不能够漏掉这个部分。

可以运用在前面的小节中所学的知识，创建一个链接，指向另一个页面上的具名的锚点。链接的锚点并不仅限于相同的页面。可通过包含地址或文件名，后面跟着一个#符号和锚点名称，从而链接到另一个页面上的一个具名的锚点。例如，如下的链接将会把你带到域名 www.takeme2thezoo.com（虚构的）上的 elephants 目录中的 african.html 页面中一个名为 photos 的锚点：

```
<a href="http://www.takeme2thezoo.com/elephants/african.html#photos">
Check out the African Elephant Photos!</a>
```

如果你要从 www.takeme2thezoo.com 域名上已有的另一个页面链接过来（实际上，因为你是站点的维护者），你的链接可以直接用如下形式：

```
<a href="/elephants/african.html#photos">Check out the
African Elephant Photos!</a>
```

正如我们所介绍过的，在这个实例中，http://和域名并不是必须的。

警告：

确保只是在<a href>链接标签中包含#符号。不要将#符号放到<a id>标签中，在这种情况下，到该名称的链接将会无效。

2.3.3　链接到一个 E-mail 地址

除了在页面之间链接和在单个页面的不同部分之间链接，<a>标签还能够链接到一个 E-mail 地址。这是让 Web 页面的访问者能够返回来和你交谈的最简单的方法。当然，你也可以只是向访问者提供你的 E-mail 地址，并且相信他们会将这个地址录入到自己所使用的任何的 E-mail 程序之中，但是这么做会增加出错的可能性。通过提供到你的 E-mail 地址的一个可点击的链接，可以使得访问者很轻松地给你发送电子邮件，并且杜绝了出现录入错误的机会。

到一个 E-mail 地址的 HTML 链接如下所示：

```
<a href="mailto:yourusername@yourdomain.com">Send me an
email message.</a>
```

"Send me an email message" 这句话会像任何其他的<a>链接一样地显示。

在简单地了解了超链接的世界之后，让我们回到关于内容组织和显示的话题上来。

2.4　利用段落和换行符组织页面

Web 浏览器在显示 HTML 页面时，它将会忽略换行符或者单词之间的空格数。例如，在图 2.2 上方显示的诗歌版本在所有单词之间只显示一个空格，即使在程序清单 2.2 中并不是这样输入它的。这是由于 HTML 代码中的额外空白会被自动缩减为一个空格。此外，当文本到达浏览器窗口的边缘时，它将自动换到下一行，而不管在原始的 HTML 文件中换行符出现在什么位置。

　　　程序清单 2.2　包含分段符和换行符的 HTML

```
<!DOCTYPE html>

<html lang="en">
  <head>
```

```
    <title>The Advertising Agency Song</title>
  </head>

  <body>
    <p>
      When your client's hopping mad,
      put his picture in the ad.

      If he still should prove refractory,
      add a picture of his factory.
    </p>
    <hr>
    <p>
      When your client's hopping mad,<br>
      put his picture in the ad.
    </p>
    <p>
      If he still should prove refractory,<br>
      add a picture of his factory.
    </p>
  </body>
</html>
```

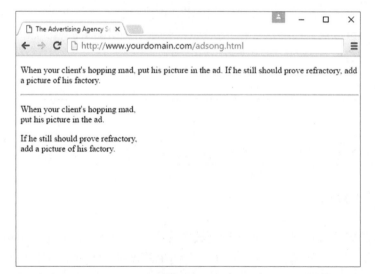

图2.2

当把程序清单 2.2 中的HTML显示为 Web 页面时，换行符和分段符只出现在
 和 <p> 标签所在的位置

　　如果你想控制换行符和分段符实际出现的位置，则必须使用 HTML 标签。当把文本包围在<p></p>容器标签内时，就假定在结束标签之后有一个换行符。在后面各章中，你将学习使用 CSS 控制换行符的高度。
标签在段落内强制进行换行。与你迄今为止见过的其他标签不同，
不需要结束标签</br>——它是前面讨论过的那些空标签之一。

　　程序清单 2.2 和图 2.2 中的诗歌显示了
和<p>标签，它们用于分隔广告代理歌曲的行和诗节。你还可能注意到程序清单中的<hr>标签，它可以导致水平标线出现在页面上（参见图 2.2）。利用<hr>标签插入水平标线还会导致换行，即使没有与其一起包括一个
标签。像
一样，<hr>水平标线标签是一个空标签，因此也不会有一个</hr>结束标签。

在 HTML 中格式化文本

自己动手试试把一段文本格式化为正确的 HTML。

1．把<html><head><title>My Title</title></head><body>添加到文本的开头（使用你自己的页面标题代替 "My Title"）。还要在页面顶部包括样板代码，以便满足标准 HTML 的要求。

2．在文本的末尾添加</body></html>。

3．在每个段落开头添加一个<p>标签，并在每个段落末尾添加一个</p>标签。

4．在任何想要单倍行距的位置使用
标签。

5．使用<hr>绘制水平标线，用于分隔主要的文本区域，或者在你想看到一根线条横跨页面的任意位置绘制它。

6．将文件另存为 mypage.html（使用你自己的文件名代替 mypage）。

7．在 Web 浏览器中打开文件，查看 Web 内容（如果具有 Web 托管账户，则可通过 FTP 把文件发送给它）。

8．如果有什么看起来不合适，可以回到文本编辑器中进行校正，并再次保存文件（如果具有 Web 托管账户，则可把文件发送给它）。然后需要单击浏览器中的 Reload / Refresh 按钮，查看所做的任何改变。

▲

警告：
如果使用字处理器创建 Web 页面，那么一定要以纯文本或 ASCII 格式保存 HTML 文件。

2.5 利用标题组织内容

在浏览 Internet 上的 Web 页面时，你将注意到其中许多页面都在顶部具有一个标题，它们比其余的文本更大、更粗。程序清单 2.3 是用于一个简单的 Web 页面的示例代码和文本，其中包含一个标题示例，它与正常的段落文本形成了鲜明对比。<h1>与</h1>标签之间的任何文本都将显示为大标题。此外，<h2>和<h3>用于创建逐渐变小的标题，依此类推，直到<h6>。

程序清单 2.3 标题标签

```
<!DOCTYPE html>

<html lang="en">
  <head>
    <title>My Widgets</title>
  </head>
```

```
<body>
  <h1>My Widgets</h1>
  <p>My widgets are the best in the land. Continue reading to
  learn more about my widgets.</p>

  <h2>Widget Features</h2>
  <p>If I had any features to discuss, you can bet I'd do
  it here.</p>

  <h3>Pricing</h3>
  <p>Here, I would talk about my widget pricing.</p>
  <h3>Comparisons</h3>
  <p>Here, I would talk about how my widgets compare to my
  competitor's widgets.</p>
</body>
</html>
```

> **注意：**
>
> 迄今为止，你可能理解了以下事实：HTML 代码通常会由它的编写者进行缩进，以呈现
> HTML 文档的不同部分之间的关系，并且便于阅读。这种缩进完全是自愿的——可以轻松
> 地把所有标签集中在一起，并且不使用空格或换行符，当在浏览器中查看时，它们看起来
> 仍然很好。缩进便于你快速查看充满代码的页面，并且理解它们是如何组成一个整体的。
> 缩进代码是另一个良好的 Web 设计习惯，并且最终会使页面更容易维护，对于你自己以及
> 可能接手你留下的工作的任何人来说，都是如此。

如图 2.3 所示，创建标题的 HTML 非常简单。在这个示例中，使用<h1>标签突出显示短
语"My Widgets"。为了创建最大的（1 级）标题，只需把<h1>标签放在你想用作标题的文本
的开头，并把</h1>标题放在它的末尾即可。对于稍小一点的（2 级）标题（heading），比如
其重要性比页面标题（title）低一些的信息，可以在文本周围使用<h2>和</h2>标签。对于其
重要性甚至不及 2 级标题的内容，可以在文本周围使用<h3>和</h3>标签。

不过，要记住：标题应该遵循内容的层次结构，只使用一个 1 级标题，在 1 级标题后面可
以具有一个（或多个）2 级标题，直接在 2 级标题后面使用 3 级标题等。不要落入给内容指定标
题只是为了使内容以某种方式显示的陷阱。作为替代，要确保合适地对内容进行分类（作为主标
题、次级标题等），同时使用显示样式使文本在 Web 浏览器中以特定的方式呈现。

理论上讲，还可以使用<h4>、<h5>和<h6>标签创建越来越不重要的标题，但是它们不是经常
使用。无论如何，Web 浏览器很少在这些标题与<h3>标题之间显示出显著的区别——尽管可以利
用你自己的 CSS 控制它，并且在显示内容时，通常不会需要 6 种标题级别来显示内容的层次结构。

记住页面标题（title）与标题（heading）之间的区别很重要。在日常英语中，这两个单词通
常可以互换使用，但是在谈论 HTML 时，<title>用于给整个页面提供一个标识名称，它不会显示
在页面自身上，而只会出现在浏览器窗口的标题栏上。一方面，标题标签可以使页面上的某些文
本在显示时进行视觉强调。每个页面只能有一个<title>，它必须出现在<head>与</head>标签内；
另一方面，可以根据需要具有许多<h1>、<h2>和<h3>标签，并且按你设想的那样以任意顺序排
列它们。不过，如前所述，应该使用标题标签紧密地控制内容的层次结构（只有一个<h1>标签
才符合逻辑），而不要把标题用作一种实现特殊外观的方式，因为这是 CSS 该做的事情。

图 2.3

在这个示例产品页
面上使用 3 种标题
级别显示内容的层
次结构

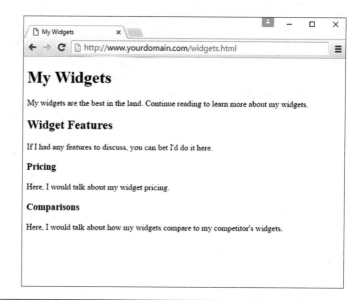

> **警告：**
>
> 不要忘记，放在 Web 页面头部中的任何内容都不打算在页面上显示出来，而页面主体中的
> 所有内容都打算被查看到。

窥探其他设计师的页面？

鉴于在许多流行的 Web 页面上存在时尚的视觉效果，有时也有一些吸引人的音频效果，你可能意识到本课程中讨论的简单页面只是 HTML 的冰山一角。既然你已经知道了基础知识，当你通过查看 Internet 上其他人的页面学习如此之多的剩余知识的时候，你会感到惊讶。可以在任何 Web 浏览器中单击右键并选择 View Source（"查看源文件"），查看任何页面的 HTML 代码。

如果你自己还不能解释某些 HTML 标签可以做什么或者如何准确地使用它们，也不要担心。随着你继续学习本书后面的内容，所有这些问题都将迎刃而解。不过，现在预览源代码将会展示你所认识的标签的实际应用，并且可以让你体验一下自己很快就能够对 Web 页面做些什么。

2.6 理解语义元素

HTML5 包括一些标签，它们可让你增强在标记过的文本中所提供信息的语义（含义）。不要像在 HTML 的早期时代所做的那样，简单地把 HTML 用作一种表示语言——当时把<b>用于粗体以及把<i>用于斜体的做法很常见，而现代 HTML 的目标之一是把表示与含义分隔开。虽然使用 CSS 提供表示的规则，但是 HTML 的编写者可以在他们的标记内为各个元素提供有意义的名称，不仅可以使用 ID 和类名（你将在本书后面学到），而且可以使用语义元素来实现这一点。

HTML5 中的一些可用的语义元素如下。

> ➤ **<header></header>**：这似乎是违反直觉的，但是是可以在单个页面内使用多个 <header>标签的。<header>标签应该用作介绍性信息的容器，因此在页面中只可能出现一次（很可能位于顶部），但是如果把页面内容分成多个区域，那么也可能多次使用它。任何容器元素都可以具有一个<header>元素，只需确保使用它包括关于其中包含的元素的介绍性信息即可。

> ➤ **<footer></footer>**：<footer>标签用于包含关于其所包含元素（页面或区域）的额外信息，比如版权和作者信息，或者指向相关资源的链接。

> ➤ **<nav></nav>**：如果站点具有导航元素，比如指向站点内或者甚至页面自身内的其他区域的链接，这些链接将位于<nav>标签内。通常可以在<header>标签的第一个实例中找到<nav>标签，这只是因为人们倾向于把导航系统放在顶部，并将其视作介绍性信息，但是并非必须如此。你可以把<nav>元素放在任意位置（只要它包括导航系统即可），并且可以根据需要在页面上具有许多<nav>元素（通常不超过两个，但是你可能另有用意）。

> ➤ **<section></section>**：<section>标签包含主题上相关的任何内容，它还可以包含一个用于介绍性信息的<header>标签，并且可能包含一个用于其他相关信息的<footer>标签。可以认为<section>带有比标准的<p>（段落）或<div>（分区）标签更多的含义，后面两个标签通常根本不会传达任何含义，而使用<section>可以传达它所包含的内容元素之间的关系。

> ➤ **<article></article>**：<article>标签就像是<section>标签，这是由于它可以包含<header>、<footer>以及其他的容器元素，比如段落和分区。但是<article>标签携带的额外含义是：它就像报纸或其他出版物中的文章一样。在发表的博客、新闻文章、评论及其他适合这种描述的项目周围可以使用这个标签。<article>与<section>之间的一个关键区别是：<article>是一个独立的作品体系，而<section>则是一个主题信息组。

> ➤ **<aside></aside>**：使用<aside>标签指示次级信息，如果<aside>标签位于<section>或<article>内，将会和那些容器有关系，否则将会和整个页面或站点本身有关系。把<aside>视作侧栏可能是有意义的——不管是针对页面上的所有内容，还是针对文章或信息的其他主题容器。

随着你不断练习使用它们，这些语义元素将变得更清晰。一般而言，使用语义元素是一个好主意，因为它们不仅为你自己以及阅读和处理你的标记的其他设计师和程序员提供了额外的含义，而且也为机器提供了额外的含义。Web 浏览器和屏幕阅读器将会对语义元素做出响应，它们将使用这些元素来确定文档的结构，屏幕阅读器将向用户报告更深层的含义，从而提高内容的可访问性。

理解 HTML5 语义元素的最佳方式之一是查看它们的实际应用，但是当这些元素的主要目的是提供含义（meaning）而不是设计时，这可能会有点困难。这并不是说不能给这些元素添加设计——当然可以，并且在后面的章节中将会这样做。但是，语义元素的"动作"是保存内容，并通过这样做来提供含义，如图 2.4 所示，它显示了用于基本 Web 页面的公共语义元素。

图 2.4

显示 Web 页面中的
基本语义元素

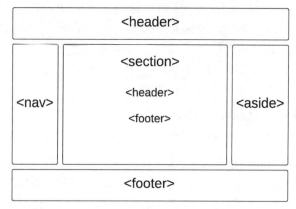

起初，你可能认为："当然，这是完全有意义的，并且标头出现在顶部，而脚注则出现在底部"，并且初看上去这对于理解语义元素自我感觉相当好——也应该如此！然后，再看一眼应该会提出一些问题：如果希望导航系统出现在标头下方的水平位置，则该怎么做？边注（根据其字面意义）必须位于页面一侧吗？如果不想要任何边注，则该如何？在主体区域内再次使用<header>和<footer>，则会发生什么事情？等等，不一而足！你可能会问的另一个问题是：<article>元素适合放在什么位置，在这个示例中没有显示它，但它是本章的一部分。

现在，概念化页面（确切地讲是你想创建的页面）该闪亮登场了。如果你理解想要标记的内容，并且理解你可以使用任何或所有的语义元素，或者根本就不使用它们，仍然可以创建有效的 HTML 文档，那么就可以开始以一种对页面和你自己（并且有望对你的读者）最有意义的方式组织页面的内容。

> **注意：**
> 尽管不需要使用语义元素来创建有效的 HTML 文档，仍然建议使用一个最小的集合，以便 Web 浏览器和屏幕阅读器可以确定文档的结构。屏幕阅读器能够向用户报告更深刻的含义，从而提高你的内容的可访问性（如果在 HTML 文档中给这条"注意"加标记，它将使用<aside>元素）。

在继续学习第 2 个示例之前，让我们看看图 2.4 中使用的元素，然后查看对各个元素本身的更深入地探索。在图 2.4 中，将在页面顶部看到一个<header>，并在底部看到一个<footer>——如前所述，非常直观。在页面左边使用的<nav>元素与用于导航的公共显示区域相匹配，而页面右边的<aside>元素则与用于辅助注释、引文、帮助文本以及用于获取关于内容的"for more information（更多信息）"链接的公共显示区域匹配。在图 2.5 中，你将看到其中一些元素改变了位置，不要担心——图 2.4 并不是语义标记的某种不可变的示例。

你在图 2.5 中看到的可能令人感到奇怪的内容是<section>元素内的<header>和<footer>。正如你稍后将学到的，<header>元素的作用是引入第二个示例，然后更深入地探讨各个元素本身。在图 2.4 中，你在页面顶部看到了一个<header>，并在页面底部看到了一个<footer>，如前所述，非常直观。在页面左边使用的<nav>元素与其后的内容匹配，<header>元素本身在文档大纲中不会传达任何级别。因此，可以根据需要使用许多<header>元素相应地标记内容，页面开头的<header>元素可能包含关于作为一个整体的页面的介绍性信息，<section>元素内的<header>元素可能非常容易，并且相应地包含关于其中的内容的介绍性信息。对于这个示例中的<footer>元素的多种外观来说，也是如此。

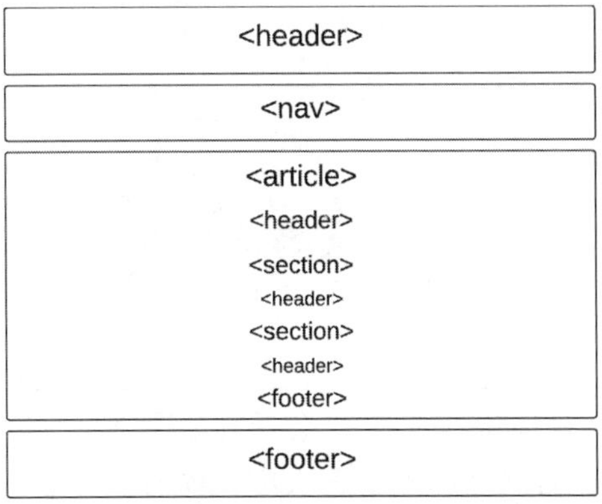

```
┌──────────────────────────────────────────────┐
│                  <header>                       │
└──────────────────────────────────────────────┘
┌──────────────────────────────────────────────┐
│                   <nav>                         │
└──────────────────────────────────────────────┘
┌──────────────────────────────────────────────┐
│                 <article>                       │
│                 <header>                        │
│                 <section>                       │
│                  <header>                       │
│                 <section>                       │
│                  <header>                       │
│                  <footer>                       │
└──────────────────────────────────────────────┘
┌──────────────────────────────────────────────┐
│                  <footer>                       │
└──────────────────────────────────────────────┘
```

图 2.5

使用嵌套的语义元素给内容添加更多的含义

让我们转向图 2.5，它移动了<nav>元素，还引入了<article>元素的使用。

在图 2.5 中，页面开头的<header>和<nav>元素以及页面底部的<footer>元素应该会给你完美的感觉。而且，尽管我们还没有谈论<article>元素，但是如果把它视作一个具有一些区域（甚至<section>）的容器元素，并且其中每个区域都有它自己的标题，那么图形中间的语义元素块也应该是有意义的。可以看到，没有单独一种方式用于概念化页面内容——对页面上的每种单独的内容都应该进行概念化。

如果标记了图 2.5 中所示的结构中的一些内容，它可能看上去就像程序清单 2.4。

程序清单 2.4　基本内容的语义标记

```html
<!DOCTYPE html>

<html lang="en">
  <head>
    <title>Semantic Example</title>
  </head>
  <body>
    <header>
        <h1>SITE OR PAGE LOGO GOES HERE</h1>
    </header>
    <nav>
        SITE OR PAGE NAV GOES HERE.
    </nav>
    <article>
      <header>
        <h2>Article Heading</h2>
      </header>
      <section>
        <header>
          <h3>Section 1 Heading</h3>
        </header>
        <p>Section 1 content here.</p>
      </section>
      <section>
        <header>
          <h3>Section 2 Heading</h3>
        </header>
        <p>Section 2 content here.</p>
```

```
        </section>
        <footer>
            <p>Article footer goes here.</p>
        </footer>
    </article>
    <footer>
        SITE OR PAGE FOOTER HERE
    </footer>
    </body>
</html>
```

如果在 Web 浏览器中打开这个 HTML 文档，将会看到如图 2.6 所示的内容—— 一个完全未编排样式的文档，但它具有语义含义（即使没有人可以"看到"它）。

图 2.6

程序清单 2.4 的输
出结果

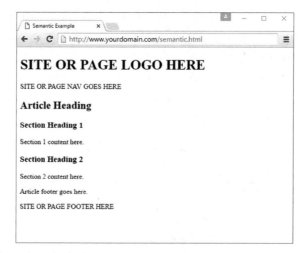

仅仅由于没有可见的样式，并不意味着含义丢失了。如本节前面所指出的，机器可以解释通过语义元素提供的文档结构。在图 2.7 中可以看到这个基本文档的大纲，它显示了这个文件在经过 http://gsnedders.html5.org/outliner/上的 HTML5 Outline 工具检查后的输出结果。

图 2.7

这个文档的大纲遵
循语义标记

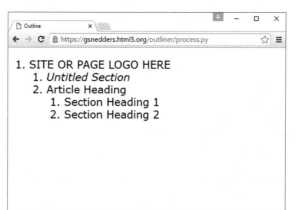

提示：

使用 HTML5 Outline 工具是检查你已经创建了标头、脚注和区域的一种良好方式，如果检查文档并在任意位置看到"无标题区域"，并且那些无标题的区域与<nav>或<aside>元素不匹配（它们对于包含标头具有更宽松的指导原则），那么你就要做一些额外的工作。

既然你已经见过了概念化文档中所表示信息的一些示例，就已经为开始标记那些文档做了更好的准备。下面几节将分别探讨各个语义元素。

2.6.1 以多种方式使用\<header\>元素

在最基本的层面上，\<header\>元素包含介绍性信息。该信息可能采用实际的\<h1\>（或其他级别）元素的形式，或者它可能只是\<p\>或\<div\>元素内包含的标志图像或文本。内容的含义本质上应该是介绍性的，以保证它包括在\<header\>\</header\>标签对内。

在本章迄今为止的示例中可以看到，\<header\>元素的公共位置位于页面的开始处。当以这种方式使用它时，包含标志或\<h1\>级别的页面标题就是有意义的，如下：

```
<header>
    <img src="acmewidgets.jpg" alt="ACME Widgets LLC">
</header>
```

或者甚至如下：

```
<header>
    <img src="acmewidgets.jpg" alt="ACME Widgets LLC">
    <h1>The finest widgets are made here!</h1>
</header>
```

两个代码段都有效地使用了\<header\>，因为它们内部包含的信息是对页面总体上的介绍。

在本章中还看到，不限于只使用一个\<header\>。你可以疯狂地使用\<header\>元素，只要它们充当介绍性信息的容器即可——程序清单 2.4 显示了为一个\<article\>内的多个\<section\>元素使用\<header\>元素，并且这是该元素的完全有效的用法：

```
<section>
  <header>
    <h3>Section 1 Heading</h3>
  </header>
  <p>Section 1 content here.</p>
</section>
<section>
  <header>
    <h3>Section 2 Heading</h3>
  </header>
  <p>Section 2 content here.</p>
</section>
```

\<header\>元素可以包含流式内容（flow content）类别中的其他任何元素，并且它也是其中一个成员。这意味着如果想要的话，\<header\>可以包含\<section\>元素，并且这是完全有效的标记。不过，在概念化内容时，首先要考虑嵌套类型是否有意义。

> **注意：**
> 一般来讲，流式内容（flow content）元素是包含文本、图像或其他多媒体嵌入式内容的元素；HTML 元素可以分为多个类别。
> 如果想要了解关于把元素分类进内容模型中的更多信息，可以参见 w3 官网的介绍。

<header>内所允许内容的唯一例外是：<header>元素不能包含其他<header>元素，也不能包含<footer>元素。类似地，<header>元素不能被包含在<address>或<footer>元素内。

2.6.2   理解<section>元素

<section>元素具有一个简单的定义：它是"文档的一个普通区域"，也是"内容的一个主题组，通常具有一个标题"。对我而言，这听起来十分简单，对你可能也是如此。因此，你可能很奇怪地发现：如果在所选的搜索引擎中输入"HTML5 中的区域与文章之间的区别"，将会查找到成千上万个条目介绍它们的区别，因为单纯的定义总会使人们感到不知所措。我们首先将讨论<section>元素，然后介绍<article>元素，并且希望避免似乎会使 Web 开发人员新手感到痛苦的任何误解。

在程序清单 2.4 中，你看到了一个在<article>内使用<section>的直观示例（在这里重复），在这个示例中，可以轻松地设想<section>包含一个"内容的主题组"，它们都具有自己的标题这一事实支持了这一设想：

```
<article>
    <header>
       <h2>Article Heading</h2>
    </header>
    <section>
       <header>
          <h3>Section 1 Heading</h3>
       </header>
       <p>Section 1 content here.</p>
    </section>
    <section>
       <header>
          <h3>Section 2 Heading</h3>
       </header>
       <p>Section 2 content here.</p>
    </section>
    <footer>
       <p>Article footer goes here.</p>
    </footer>
</article>
```

但是，下面这个示例完全有效地使用了<section>，并且看不到<article>元素：

```
<section>
    <header>
       <h1>Super Heading</h1>
    </header>
    <p>Super content!</p>
</section>
```

那么，开发人员该怎么做呢？比如说你具有一些普通的内容，你知道自己想把它们划分到一些区域中，它们都具有各自的标题。在这种情况下，可以使用<section>。如果只需要形象地划分无须额外标题的内容块（比如利用分段符），那么使用<section>就不合适了，可代之以使用<p>或<div>。

由于<section>元素可以包含任何其他的流式内容元素，并且可以被包含在其他任何流式内容元素内（<address>元素除外，本章稍后将介绍该元素），很容易明白的是：对于<section>元素的使用，如果具有通用的指导原则但是没有其他的限制，那么有时会误解它。

2.6.3 正确地使用<article>元素

我个人认为，关于使用<section>与<article>的许多误解都与<article>元素的名称有关。当我考虑一篇文章时，确切地讲，我考虑的是报纸或杂志中的文章。我不会自然地考虑"任何独立的作品体系"，这就是通常定义<article>元素的方式。HTML5 建议的规范把它定义为"文档、页面、应用程序或站点中的一个完整或自含式的作品，在理论上讲，它是可独立分发或重用的"，比如"论坛上的帖子、杂志或报纸中的文章、博客作品、用户提交的评论、交互式构件或小工具（gadget），或者其他任何独立的内容项目"。

换句话说，<article>元素可用于包含 Web 站点的整个页面（无论它是否是出版物中的一篇文章）、出版物中的实际文章、任意位置的博客帖子、论坛中的主题讨论的一部分、关于博客帖子的评论，以及作为显示你所在城市的当前天气的容器。因此，在搜索"HTML5 中的区域与文章之间的区别"时，得到成千上万条结果就毫不令人感到奇怪了。

一个良好的经验法则是，在尝试搞清楚何时使用<article>以及何时使用<section>时，只需回答下面的问题：这个内容自身有意义吗？如果是，那么无论内容对你来说看起来像什么（例如，一个静态 Web 页面，而不是《纽约时报》中的一篇文章），首先都要使用<article>元素。如果你发现自己对它进行了拆分，就要在<section>中执行该操作。如果你发现自己认为你的"文章"事实上是一个更大的整体的一部分，那么可以把<article>标签改为<section>标签，并且找到文档的开始位置，然后从此处通过在更高级别、更合适地放置<article>标签来包围文档。

2.6.4 实现<nav>元素

<nav>元素似乎是如此简单（<nav>意指导航，navigation），并且它最终也确实很简单，但是它也可能被错误地使用。在本节中，你将学习一些基本的使用方法，还要了解一些错误的使用方法以便避免这么做。如果你的站点在站点级或者在较长的内容页面中具有任何导航元素，就会有效地使用<nav>元素。

对于那种站点级导航，通常会在主<header>元素内找到<nav>元素，你不需要这样做，但是如果你希望导航内容是介绍性的（并且在模板中无所不在），就可以轻松地为主<nav>元素提出一个出现在主<header>元素内的充分理由。更重要的是，这是有效的 HTML（就像<header>之外的<nav>一样）——<nav>元素可以出现在任何流式内容中，也可以包含任何的流式内容。

下面的代码段显示了一个 Web 站点的主要的导航链接，它放置在一个<header>元素中：

```
<header>
    <img src="acmewidgets.jpg" alt="ACME Widgets LLC"/>
    <h1>The finest widgets are made here!</h1>
    <nav>
      <ul>
        <li><a href="#">About Us</a></li>
        <li><a href="#">Products</a></li>
        <li><a href="#">Support</a></li>
        <li><a href="#">Press</a></li>
      </ul>
    </nav>
</header>
```

在文档中，并不限制只使用一个<nav>元素。对于站点开发人员来说，在创建模板时同时包括进主导航系统和辅助导航系统是一种良好的做法。例如，你可能在页面顶部看到水平的主导航系统（通常包含在一个<header>元素内），然后在页面的左侧栏中看到垂直导航系统，它代表主要区域内的辅助页面。在这种情况下，只需简单地使用另一个<nav>元素，它不用包含在<header>元素内，但是以不同的方式放置和编排样式，以便除了语义之外还可以从视觉上把两类导航系统区分开。

记住，<nav>元素用于主要的导航内容——主导航系统和辅助导航系统都包括在内，还会包括页面内的内容的表格。对于<nav>元素的良好、有用的语义用法，不要简单地将其应用于每个链接，以允许用户到处导航。注意：我说的是"良好、有用的"语义用法，而不一定是"有效"使用——可以把<nav>应用于任何链接列表，依据 HTML 规范它将是有效的，因为链接是流式内容。但是利用<nav>元素包围指向社交媒体共享工具的链接列表不是特别有用——它不会添加含义。

2.6.5　何时使用<aside>元素

从本书中我提供的为数众多的提示和注意中可以看出，我非常喜欢最适合于在<aside>元素内标记的内容类型。<aside>元素意指包含与它周围的内容只是稍微有些关联的任何内容——额外的解释、指向相关资源的链接、醒目引文、帮助文本等。你可能把<aside>元素视作侧栏，但是要小心的是，不要像这样看待它：它只是可视化（visual）的侧栏或者位于页面侧边的栏，只不过其中可以插入想要的任何内容，而无论它是否与手头的内容或站点相关。

在图 2.8 中，可以看到<aside>中的内容如何用于创建醒目引文（pull quote），或者专门放在一边以吸引注意的内容摘要。在这里，<aside>用于突出显示文本中的一个重要区域，但它也可以用于定义术语或者指向相关文档的链接。

在确定是否使用<aside>元素时，可以考虑想要添加的内容。它与将包含<aside>的内容直接相关吗，比如文章中使用的术语的定义或者用于文章的相关链接的列表？如果你轻松地回答"是"，那就太好了！把<aside>用于核心内容。如果考虑在本身填满内容的包含元素之外包括一个<aside>元素，只需确保<aside>的内容与整体大体上合理相关并且没有把<aside>元素用于视觉效果即可。

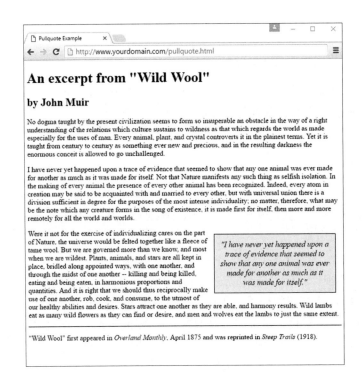

图 2.8

使用<aside>创建
有意义的醒目引文

2.6.6　有效地使用<footer>元素

与<header>元素相对应的元素是<footer>元素，它包含关于其包含元素的额外信息。
<footer>元素的最常见的应用是在页面底部包含版权信息，如下所示：

```
<footer>
    <p>&copy; 2017 Acme Widgets, LLC. All Rights Reserved.</p>
</footer>
```

与<header>元素类似，<footer>元素可以包含流式内容类别中的其他任何元素（其他
<footer>或<header>元素除外），并且它也是其中一员。此外，<footer>元素不能包含在<address>
元素内，但是<footer>元素可以包含<address>元素——事实上，<footer>元素是存放<address>
元素的常见位置。

在<footer>元素内放置有用的<address>内容是<footer>元素的最有效的应用之一（更不要
说<address>元素了），因为它提供了关于它所引用的页面或页面区域的特定上下文信息。下
面的代码段展示了在<footer>内使用<address>的情况：

```
<footer>
    <p>&copy; 2017 Acme Widgets, LLC. All Rights Reserved.</p>
    <p>Copyright Issues? Contact:</p>
    <address>
    Our Lawyer<br>
    123 Main Street<br>
    Somewhere, CA 95128<br>
    <a href="mailto:lawyer@example.com">lawyer@example.com</a>
```

```
        </address>
    </footer>
```

与<header>元素一样，不限于只使用一个<footer>元素。可以根据需要使用许多<footer>元素，只要它们是关于包含元素的额外信息的容器即可。程序清单 2.4 展示了将<footer>元素用于页面和一个<article>元素，它们二者都是有效的。

2.7　CSS 的工作方式

在前面的各节中，我们学习了 HTML 的基础知识，包括如何为所有的 Web 内容建立一个骨架式 HTML 模板。在本节中，我们将学习如何使用层叠样式表（Cascading Style Sheet，CSS）微调 Web 内容的显示。

样式表背后的概念很简单：创建一个样式表文档，指定字体、颜色、间距和其他特征，用于建立 Web 站点的独特外观。然后将每个应该具有那种外观的页面链接到样式表，而不是在每个单独的文档中重复指定所有那些样式。因此，当你决定更改公司官方字体或配色方案时，只需更改样式表中的一两个条目，即可同时修改所有的 Web 页面，而不必在所有的静态 Web 文件中更改它们。因此，样式表（stylesheet）是一个格式化指令组，可一次控制多个 HTML 页面的外观。

样式表允许设置大量的格式化特征，包括准确的字体控制、字间距和行间距以及边距和页面边框，等等，不一而足。样式表还允许以熟悉的单位指定尺寸及其他度量标准，比如英寸、毫米、磅和派卡（pica）。此外，你还可以使用样式表在 Web 页面上的任意位置精确定位图形和文本，可以通过特定的坐标或者相对于页面上的其他项目来进行。

简而言之，样式表带给 Web 一种高级的显示方式，并且它们是利用样式做到这一点的（这里再次重复了样式这种说法）。

注意：

如果具有 3 个或更多的 Web 页面共享（或者应该共享）类似的格式化和字体，当你阅读了本章内容后，就可能想为它们创建一个样式表。即使你选择不创建完整的样式表，也会发现直接在 Web 页面内对各个 HTML 元素应用样式是有用的。

样式规则（style rule）是一种格式化指令，可以应用于 Web 页面上的元素，比如文本段落或链接。样式规则由一个或多个样式属性以及它们关联的值组成。内部样式表（internal stylesheet）直接存放在 Web 页面内，而外部样式表（external stylesheet）则存在于单独的文档中，并通过一个特殊的标签直接链接到 Web 页面，稍后我们将介绍关于这个标签的更多知识。

层叠样式表（CSS）这个名称中的"层叠"部分是指对 HTML 文档中的元素应用样式表规则的方式。更确切地讲，CSS 样式表中的样式构成了一种层次结构，其中更具体的样式将覆盖更通用的样式。由 CSS 负责依据这种层次结构来确定样式规则的优先级，它将建立一种层叠效果。如果这听起来有点令人糊涂，只需把 CSS 中的层叠机制视作类似于基因遗传，其中一般的特点将从父母传递给孩子，但是更具体的特点则完全是孩子所特有的。基本样式规则是在整个样式表中应用的，但是可以被更具体的样式规则所覆盖。

> **注意:**
>
> 你可能注意到我在本章中相当多地使用了元素（element）这个术语（在本书余下部分也是这样做的）。元素仅仅只是 Web 页面中的一份信息（内容），如图像、段落或链接。标签用于标记元素，可以把元素视作标签，并且在标签内带有描述性信息（如属性、文本、图像等）。

一个快捷的示例应该有助于澄清事实。查看下面的代码，看看你是否可以断定文本的颜色将会发生什么事情：

```
<div style="color:green">
  This text is green.
  <p style="color:blue">This text is blue.</p>
  <p>This text is still green.</p>
</div>
```

在上面的示例中，我们通过 color 样式属性将绿色应用于<div>标签。因此，<div>标签中的文本将以绿色显示。由于两个<p>标签都是<div>标签的孩子，绿色文本样式将层叠到它们下方。不过，第一个<p>标签会覆盖颜色样式，并把它变成蓝色。最终的结果是：第一行（未被段落标签包围）是绿色，第一个正式的段落是蓝色，第二个正式的段落则会保留层叠的绿色。

如果你自己通过这段描述来创建它，并且最终未遭受挫折，那么要祝贺你——这就成功了一半。理解 CSS 不像理解火箭科学，实践得越多，它就会变得越清晰。真正的技巧是开发具有美感的设计，然后可以通过 CSS 将其应用于你的在线状态（online presence）。

像许多 Web 技术一样，CSS 已经演进了许多年。CSS 的原始版本称为 CSS1（Cascading Style Sheets Level 1，层叠样式表级别 1），创建于 1996 年。后来的 CSS2 标准创建于 1998 年，它在今天仍然在使用，所有现代的 Web 浏览器都支持 CSS2。最新的 CSS 版本是 CSS3，它建立在由其以前的版本打下的强大基础之上，但是添加了一些高级功能，用于增强在线体验。在整个本书中，你将学习核心 CSS，包括 CSS3 的新元素，它们适用于本书介绍的基本设计和功能。因此，当我在整本书中谈论 CSS 时，都指的是 CSS3。

本章余下的内容将很好地介绍 CSS 的基础知识，但这里并不是关于 CSS 的所有内容的详细参考。本书剩下的部分也不打算成为详细参考，它将伴随你学习构建动态 Web 应用程序的过程，给出 CSS 基本用法的众多示例。然而，你可以在从 Mozilla 的开发者社区找到针对开发者的一个 CSS 指南，它会给出使用 CSS 所能做的事情的所有相关细节。在你继续自己的 Web 开发旅程的时候，这个指南是一份宝贵的参考资料。

2.8 基本的样式表

尽管样式表具有强大的威力，但是它们非常容易创建。考虑图 2.9 和图 2.10 中显示的 Web 页面。这些页面共享了几个视觉属性，可以把它们放入一个公共样式表中。

> ➤ 它们为标题使用大号、加粗的 Verdana 字体，并为正文文本使用正常大小和粗细的 Verdana 字体。

> ➤ 它们使用了一幅名为 logo.gif 的图像，它浮动在内容内，并且出现在页面右边。

> ➤ 除了标题外，所有其他的文本都是黑色的，而子标题是紫色的。

> ➤ 它们在左边和上边都具有边距。

> ➤ 它们在文本行之间具有垂直空间。

> ➤ 它们包括一个脚注，它居中显示，并且采用较小的印刷字体。

图 2.9

这个页面使用样式表来微调文本和图像的外观和间距

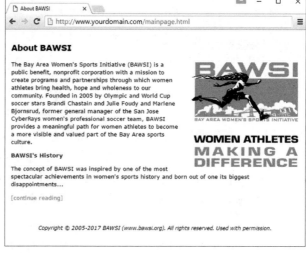

图 2.10

这个页面使用与图 2.9 中相同的样式表，从而维持了一致的外观和感觉

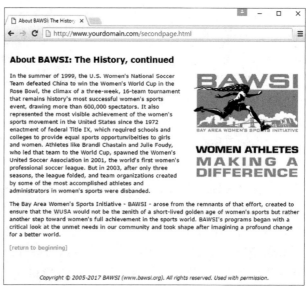

程序清单 2.5 显示了样式表中使用的 CSS，这些 CSS 用于指定这些属性。

程序清单 2.5　单个外部样式表

```
body {
  font-size: 10pt;
  font-family: Verdana, Geneva, Arial, Helvetica, sans-serif;
  color: black;
  line-height: 14pt;
  padding-left: 5pt;
  padding-right: 5pt;
```

```
    padding-top: 5pt;
}

h1 {
    font: 14pt Verdana, Geneva, Arial, Helvetica, sans-serif;
    font-weight: bold;
    line-height: 20pt;
}

p.subheader {
    font-weight: bold;
    color: #593d87;
}

img {
    padding: 3pt;
    float: right;
}

a {
    text-decoration: none;
}

a:link, a:visited {
    color: #8094d6;
}

a:hover, a:active {
    color: #FF9933;
}

footer {
    font-size: 9pt;
    font-style: italic;
    line-height: 12pt;
    text-align: center;
    padding-top: 30pt;
}
```

这最初看上去可能有许多代码，但是如果仔细观察，就会看到每一行代码中并没有许多信息。把各个样式规则放在它们自己的行上是相当标准的做法，有助于使样式表更容易阅读，但这只是一种个人偏好，也可以把所有的规则都放在一行上，只要保持用分号隔开每个规则即可（稍后将介绍更多相关知识）。谈到代码的可读性，关于这种样式表代码，也许你将注意到的第一件事是：它看起来一点也不像正常的 HTML 代码。CSS 完全使用它自己的语法来指定样式表。

当然，程序清单中也包括一些熟悉的 HTML 标签（尽管并非所有的标签都需要样式表中的一个条目）。正如你可能猜到的那样，样式表中的 body、h1、p、img、a 和 footer 指示将应用样式表的 HTML 文档中的对应标签。每个标签名后面的大括号描述了那个标签内的所有内容应该如何显示。

在这里，样式表指示所有的 body 文本都应该以 10 磅的大小和 Verdana 字体（如果可能的话）显示，并且颜色为黑色，行间距为 14 磅。如果用户没有安装 Verdana 字体，样式表中的字体列表就代表浏览器应该搜索要使用的字体的顺序：依次是 Geneva、Arial 和 Helvetica。如果所有这些字体都没有安装，浏览器将使用任何可用的默认 sans serif（无衬线）字体。此外，页面的左、右和上边距各有 5 磅。

　　<h1>标签内的任何文本都应该以 14 磅的大小和加粗的 Verdana 字体显示。而且，任何只使用<p>标签的段落都将继承通过主体元素指示的样式。不过，如果<p>标签使用名为 subheader 的特殊类，文本将以粗体显示，并且颜色为#593d87（紫色）。

　　程序清单 2.5 中的每个度量尺寸后面的 pt 都指磅（point）（每英寸有 72 磅）。如果你喜欢，也可以用英寸（in）、厘米（cm）、像素（px）或"字母 m 的宽度"（em）指定任何样式表度量尺寸。

　　你可能注意到程序清单中的每个样式规则都以分号（;）结尾。分号用于把样式表相互分隔开。因此，利用分号结束每个样式规则是一种习惯做法，以便你可以轻松地在它后面添加另一个样式规则。审阅程序清单 2.5 中的样式表的余下内容，查看应用于额外标签的表示格式化。不要担心，在整个本书中都将学习关于所有这些条目的更多知识。

注意：
利用样式表，可以根据自己的意愿指定字体大小，尽管一些显示设备和打印机将不会正确地处理大小超过 200 磅的字体。

　　要把这个样式表链接到 HTML 文档，可以在每个文档的<head>区域中包括一个<link>标签。程序清单 2.6 显示了图 2.9 中所示页面的 HTML 代码，它包含以下<link>标签：

```
<link rel="stylesheet" type="text/css" href="styles.css">
```

　　这假定样式表存储在与 HTML 文档相同的文件夹中的名为 styles.css 的文件下。只要 Web 浏览器支持样式表（并且所有的现代浏览器都支持），样式表中指定的属性就会应用于页面中的内容，而无需任何特殊的 HTML 格式化代码。这满足了 HTML 的目标之一，就是把 Web 页面中的内容与用于显示该内容所需的特定格式化分隔开。

程序清单 2.6　用于图 2.9 中所示页面的 HTML 代码

```
<!DOCTYPE html>

<html lang="en">
  <head>
    <title>About BAWSI</title>
    <link rel="stylesheet" type="text/css" href="styles.css">
  </head>
  <body>
    <section>

    <header>
    <h1>About BAWSI</h1>
    </header>

    <p><img src="logo.gif" alt="BAWSI logo">The Bay Area Women's
    Sports Initiative (BAWSI) is a public benefit, nonprofit
    corporation with a mission to create programs and partnerships
    through which women athletes bring health, hope and wholeness to
    our community. Founded in 2005 by Olympic and World Cup soccer
    stars Brandi Chastain and Julie Foudy and Marlene Bjornsrud,
    former general manager of the San Jose CyberRays women's
    professional soccer team, BAWSI provides a meaningful path for
```

```
women athletes to become a more visible and valued part of the
Bay Area sports culture.</p>

<p class="subheader">BAWSI's History</p>

<p>The concept of BAWSI was inspired by one of the most
spectacular achievements in women's sports history and born out
of one its biggest disappointments... </p>

<p><a href="secondpage.html">[continue reading]</a></p>
</section>


<footer>
Copyright &copy; 2005-2017 BAWSI (www.bawsi.org).
All rights reserved. Used with permission.
</footer>
</body>
</html>
```

提示：

在大多数 Web 浏览器中，可以通过打开.css 文件并选择"记事本"或另一个文本编辑器作为辅助应用程序查看文件，来查看样式表中的样式规则（要确定.css 文件的名称，可以查看链接到它的任何 Web 页面的 HTML 源代码）。要编辑自己的样式表，只需使用一个文本编辑器即可。

程序清单 2.6 中的代码很有趣，因为它不包含任何类型的格式化。换句话说，HTML代码中没有任何命令指示文本和图像将如何显示——没有颜色、没有字体，什么也没有。然而仍然会仔细地格式化页面并呈现给屏幕，这要归功于指向外部样式表 styles.css 的链接。这种方法的真正好处是：可以轻松地创建具有多个页面的站点，并且维持一致的外观和感觉。并且它还具有把页面的视觉样式隔离到单个文档（样式表）中的好处，这样进行一次更改就能够影响所有的页面。

注意：

并非所有的浏览器对 CSS 的支持都是毫无瑕疵的。要比较主流的浏览器对 CSS 的支持有何不同，可以查看网上的相关资料。

TRY IT YOURSELF

创建你自己的样式表

从头开始，创建一个名为 mystyles.css 的新文本文档，并为下面这些基本的 HTML 标签创建一些样式规则：<body>、<p>、<h1>和<h2>。在创建了样式表之后，创建一个包含这些基本标签的新 HTML 文件。尝试不同的样式规则，看看在样式表文件中利用一处简单的更改来修改段落中的整个文本块有多容易。

2.9 CSS 样式的基础知识

现在你已经基本了解了 CSS 样式表，以及它们如何基于描述 Web 页面中的信息外观的样式规则。本章中的下面几个小节快速概述了一些最重要的样式属性，并且允许你开始在自己的样式表中使用 CSS。

CSS 包括几种样式属性，它们用于控制字体、颜色、对齐方式和边距等，不一而足。CSS 中的样式属性可以一般可以分成两大类。

➤ 布局属性，由影响 Web 页面上的元素定位的属性组成，如边距、填充和对齐方式。

➤ 格式化属性，由影响 Web 站点内的元素的视觉显示的属性组成，如字体类型、大小和颜色。

2.9.1 基本的布局属性

CSS 布局属性确定了如何在 Web 页面上放置内容。最重要的布局属性之一是 display 属性，它描述了如何相对于其他元素显示一个元素。display 属性具有 4 个基本的值。

➤ **block**——在新行上显示元素，比如在一个新段落中。

➤ **list-item**——在新行上显示元素，并在其旁边带有一个列表项标记（项目符号）。

➤ **inline**——利用当前段落内联显示元素。

➤ **none**——不显示元素，它是隐藏的。

> **注意：**
> display 属性依赖于所谓相对定位（relative positioning）的概念，它意味着元素将相对于页面上的其他元素进行定位。CSS 还支持绝对定位（absolute positioning），它允许独立于其他元素把一个元素放在页面上的精确位置。在第 3 章中，我们将学习关于这些定位类型的更多知识。

如果形象地表示出每个元素在显示在 Web 页面上所占据的矩形区域——display 属性可以控制这个矩形区域的显示方式，将更容易理解 display 属性。例如，block 值将导致元素独自放在一个新行上，而 inline 值则把元素放在它前面的内容旁边。display 属性是可以在大多数样式规则中应用的少数几个样式属性之一。下面给出了一个如何设置 display 属性的示例：

```
display: block;
```

可以利用 width 和 height 属性控制用于元素的矩形区域的大小。和许多与大小相关的 CSS 属性一样，可以用多种不同的度量单位来指定 width 和 height 属性值。

➤ **in**——英寸。

➤ **cm**——厘米。

➤ **mm**——毫米。

➤ **%**——百分比。

➤ **px**——像素。

➤ **pt**——磅。

无论在样式表内怎样选择，都可以混用和匹配单位，但是在一组类似的样式属性中保持一致是一个好主意。例如，你可能想坚持为字体属性使用磅，并使用像素表示尺寸。下面给出了一个使用像素单位设置元素宽度的示例：

```
width: 200px;
```

2.9.2 基本的格式化属性

CSS 格式化属性用于控制 Web 页面上的内容的外观，与控制内容的物理定位相对应。最流行的格式化属性之一是 border 属性，它利用一个方框或者部分方框在元素周围建立一条可见的边界。注意：边框总是存在，这是由于总是为其预留了此空间，但是边框不会以你可以看见的方式出现，除非给它提供使其可见的属性（如颜色）。下面的 border 属性提供了一种描述元素边框的方式。

➤ **border-width**——边框边缘的宽度。

➤ **border-color**——边框边缘的颜色。

➤ **border-style**——边框边缘的样式。

➤ **border-left**——边框的左边。

➤ **border-right**——边框的右边。

➤ **border-top**——边框的上边。

➤ **border-bottom**——边框的下边。

➤ **border**——边框的所有边。

border-width 属性建立边框边缘的宽度，通常用像素表示，如下面的代码所示：

```
border-width: 5px;
```

毫不奇怪的是，border-color 和 border-style 属性分别用于设置边框的颜色和样式。下面给出了如何设置这两个属性的示例：

```
border-color: blue;
border-style: dotted;
```

可以把 border-style 属性设置为以下基本的值之一（在本书后面将会学习一些更高级的边框技巧）。

➤ **solid**——单线边框。

➤ **double**——双线边框。

➤ **dashed**——短划虚线边框。

> **dotted**——点线边框。

> **groove**——具有沟槽外观的边框。

> **ridge**——具有垄状外观的边框。

> **inset**——具有内嵌外观的边框。

> **outset**——具有外凸外观的边框。

> **none**——无边框。

> **hidden**——实际上等同于 none，因为没有边框显示。但是，如果两个元素彼此相邻，并且它们之间有折叠空间，hidden 会保证在带有一个隐藏边框的元素的区域之内不会出现一个折叠的、可见边框。

border-style 属性的默认值是 none，这就是元素为什么没有边框的原因，除非把边框属性设置为一种不同的样式。尽管 solid 是最常见的边框样式，也可以看到其他样式在使用。

border-left、border-right、border-top 和 border-bottom 属性允许单独为元素的每一边设置边框。如果想让边框在全部 4 条边上都显示相同的样式，可以只使用单个 border 属性，它期望以下通过空格隔开的样式：border-width、border-style 和 border-color。下面是使用 border 属性的一个示例，它把边框设置为包含两条（双）红线，这两条线的宽度总共为 10 像素：

```
border: 10px double red;
```

元素边框的颜色是利用 border-color 属性设置的，而元素的内部区域的颜色则是使用 color 和 background-color 属性设置的。color 属性设置元素中的文本（前景）的颜色，background-color 属性则设置文本后面的背景的颜色。下面给出了一个示例，显示了把两个颜色属性设置为预先定义的颜色：

```
color: black;
background-color: orange;
```

也可以利用十六进制值或者 RGB（Red Green Blue，红、绿、蓝）十进制值指定颜色，给这些属性分配自定义的颜色：

```
background-color: #999999;
color: rgb(0,0,255);
```

还可以轻松地控制 Web 页面内容的对齐方式和缩进。这是利用 text-align 和 text-indent 属性完成的，如下面的代码所示：

```
text-align: center;
text-indent: 12px;
```

在适当地对齐和缩进元素之后，就可能有兴趣设置它的字体。下面的基本字体属性可以设置与字体关联的多个参数。

> **font-family**——字体系列。

> ➤ **font-size**——字体的大小。

> ➤ **font-style**——字体的样式（normal 或 italic）。

> ➤ **font-weight**——字体的粗细（normal、lighter、bold、bolder 等）。

font-family 属性指定字体系列名称的优先级列表。使用优先级列表代替单个值，以便某种字体在给定的系统上不可用时可以提供替代选择。font-size 属性使用某个度量单位（通常是磅）指定字体的大小。最后，font-style 属性设置字体的样式，font-weight 属性则设置字体的粗细。下面给出了设置这些字体属性的一个示例：

```
font-family: Arial, sans-serif;
font-size: 36pt;
font-style: italic;
font-weight: normal;
```

既然你已经知道了相当多的样式属性以及它们的工作方式，现在可以回顾一下程序清单 2.5，并且查看它是否具有更多的意义。下面简要重述一下该样式表中使用的样式属性，你可以将其用作理解样式表如何工作的指南。

> ➤ **font**：可让你同时设置许多字体属性。可以指定通过逗号分隔的字体名称的列表，如果第一个字体名称不可用，就试试下一个，等等。还可以包括单词 bold 和/或 italic 或字体大小。此外，还可以利用 font-family、font-size、font-weight 和 font-style 单独设置其中每个字体属性。

> ➤ **line-height**——在出版领域也称为行距（leading）。它用于设置每个文本行的高度，通常以磅为单位。

> ➤ **color**——使用标准的颜色名称或十六进制颜色代码设置文本颜色。

> ➤ **text-decoration**——用于关闭链接的下划线，可以简单地将其设置为 none。也支持 underline、italic 和 line-through 这些值。

> ➤ **text-align**——将文本对齐到左边（left）、右边（right）或中间（center），以及利用 justify 值两端对齐文本。

> ➤ **padding**——给元素的左边、右边、上边和下边添加填充，可以用度量单位或页面宽度的百分比表示填充。如果想独立给元素的左边和右边添加填充，可以使用 padding-left 和 padding-right，也可以根据需要使用 padding-top 或 padding-bottom 给元素的上边或下边添加填充。在第 3 章中，我们将学习关于这些样式属性的更多知识。

2.10 使用样式类

无论何时，如果你希望页面上的一些文本看起来与其他文本有所不同，都可以创建一个规则，其作用相当于自建的 HTML 标签。你定义的每一类特殊格式化的文本称为样式类（style class）。样式类是一组自定义的格式化规范，可以应用于 Web 页面中的任何元素。

在向你展示样式类之前，需要快速回顾一下所学的内容并阐释一些 CSS 术语。首先，

CSS 样式属性(style property)是一种特定的样式,可以为其指定一个值,比如 color 或 font-size。可以使用选择器把样式属性和它们各自的值与 Web 页面上的元素关联起来,选择器(selector)用于标识应用样式的页面上的标签。下面给出了选择器、属性和值的示例,它们都包括在一个基本的样式规则中:

```
h1 { font: 36pt Courier; }
```

在这行代码中,h1 是选择器,font 是样式属性,36pt Courier 是值。选择器很重要,因为它意味着字体设置将应用于 Web 页面中的所有 h1 元素。但是,你可能想区分一些 h1 元素,那么该怎么办呢?答案在于样式类。

假设你想在文档中使用两种不同类型的<h1>标题,就可以把以下的 CSS 代码放在一个样式表中,从而为每种标题创建一个样式类:

```
h1.silly { font: 36pt 'Comic Sans'; }
h1.serious { font: 36pt Arial; }
```

注意,这些选择器在 h1 后面包括一个句点(.),其后接着一个描述性的类名称。要在两个样式类之间做出选择,可以使用 class 属性,如下所示:

```
<h1 class="silly">Marvin's Munchies Inc. </h1>
<p>Text about Marvin's Munchies goes here. </p>
```

注意,或者可以使用以下代码:

```
<h1 class="serious">MMI Investor Information</h1>
<p>Text for business investors goes here.</p>
```

当在 HTML 代码中引用样式类时,可以简单地在元素的 class 属性中指定类名称。在前一个示例中,单词 "Marvin's Munchies Inc." 将以 36 磅的 Comic Sans 字体显示,假定你在 Web 页面顶部包括了一个指向样式表的<link>,并且用户安装了 Comic Sans 字体。单词"MMI Investor Information" 则将以 36 磅的 Arial 字体显示。在程序清单 2.5 中,可以看到另一个使用类的示例,查找 subheader<p>类。

如果想创建可以应用于任何元素而不仅仅是标题或者其他一些特殊标签的样式类,则该怎么做? 在 CSS 中,可以简单地使用一个句点(.),其后跟着你构建的任何样式类名称以及你所选择的任何样式规范。这个类可以同时指定任何数量的字体、间距和边距设置。无论何时想要在页面中应用自定义的标签,只需使用一个 HTML 标签以及 class 属性,其后接着你创建的类名称即可。

例如,程序清单 2.5 中的样式表包括以下样式类规范:

```
p.specialtext {
  font-weight: bold;
  color: #593d87;
}
```

这个样式类通过如下的标签应用于程序清单 2.6 中:

```
<p class="specialtext">
```

提示:

当样式规则包括多个属性时,你可能会注意到编码风格中的变化。对于具有单独一种样式的样式规则,通常会看到属性放在与规则相同的行上,如下所示:

```
p.specialtext { font-weight: bold; }
```

不过,当样式规则包含多个样式属性时,如果每行列出一个属性,那么阅读和理解代码将要容易得多,如下所示:

```
p. specialtext {
  font-weight: bold;
  color:#593d87;
}
```

在程序清单 2.6 中,该标签与</p>结束标签之间的所有内容都将以加粗的紫色文本显示。

如果在你的样式表中,没有使用元素选择器,也就是说,该规则如下所示:

```
.specialtext {
  font-weight: bold;
  color: #593d87;
}
```

那么,任何元素都可以引用 specialtext 并且以紫色粗体显示,而不再只是一个<p>元素可以引用它。

使样式类如此有价值的是:它们把样式代码与 Web 页面分隔开,实际上允许你使得自己的 HTML 代码重点关注页面中的实际内容,而不是关注它将如何出现在屏幕上。这样,你就可以通过微调样式表,重点关注如何将内容呈现到屏幕上。你可能感到惊奇的是,样式表中相对较少的代码如何跨整个 Web 站点产生重大的影响,这使页面的维护和操纵要容易得多。

2.11 使用样式 ID

在创建自定义的样式类时,可以根据自己的意愿多次使用那些类——它们并不是独一无二的。不过,在一些情况下,你希望出于布局或格式化目的(或者二者兼顾)精确控制独特的元素。在这样的情况下,可以考虑使用 ID 代替类。

样式 ID(style ID)是一组自定义的格式化规范,只能应用于 Web 页面上的一个元素。可以跨一组页面使用 ID,但是在每个页面内每个时间只能使用一次。

例如,假设在所有页面的主体内具有一个页面标题。每个页面只有一个页面标题,但是所有页面本身都包括该页面标题的一个实例。下面给出了一个选择器的示例,它具有一个指定的 ID,以及一个属性和一个值:

```
p#title {font: 24pt Verdana, Geneva, Arial, sans-serif}
```

注意,这个选择器在"p"后面包括一个井字符号(#),其后接着一个描述性的 ID 名称。

在 HTML 代码中引用样式 ID 时，只需在元素的 id 属性中指定 ID 名称即可，如下所示：

```
<p id="title">Some Title Goes Here</p>
```

开始<和结束>标签之间的所有内容都将以 24 磅的 Verdana 文本显示——但是在任何给定的页面上只会出现一次。你通常会看到，出于布局的目的使用样式 ID 定义页面的特定部分，例如标头（header）区域、脚注（footer）区域、主体区域等。页面中的这类区域只会在每个页面上出现一次，因此使用 ID 是比使用类更合适的选择。

2.12 内部样式表和内联样式

在一些情况下，你可能希望指定只在一个 Web 页面中使用的样式。可以把样式表放在<style>和</style>标签之间，并直接在 HTML 文档中包括它。以这种方式使用的样式表必须出现在 HTML 文档的<head>中。无需<link>标签，并且不能从任何其他页面引用该样式表（除非把它也复制到那个文档的开始处）。这类样式表被称为内部样式表，在本章前面，你已经学过它了。

程序清单 2.7 显示了一个说明如何指定内部样式表的示例。

程序清单 2.7 具有内部样式表的 Web 页面

```
<!DOCTYPE html>

<html lang="en">
  <head>
    <title>Some Page</title>
    <style type="text/css">
      footer {
        font-size: 9pt;
        line-height: 12pt;
        text-align: center;
      }
    </style>
  </head>
  <body>
  ...
    <footer>
    Copyright 2017 Acme Products, Inc.
    </footer>
  </body>
</html>
```

在程序清单的代码中，footer 样式类是在内部样式表中指定的，它出现在页面头部。样式类现在可以在这个页面的主体内使用。事实上，在页面的主体中使用它来设置版权声明的样式。

如果你想创建一个将在单个页面内多次使用的样式规则，那么内部样式表就很方便。不过，在一些情况下，可能需要对一个特殊的元素应用独特的样式，这就需要内联样式规则，它允许只为页面的一小部分（比如单个元素）指定样式。例如，可以通过 style 属性在<p>、<div>或<span>标签内创建并应用样式规则。这类样式称为内联样式（inline style），因为它是在 HTML 代码的中间指定的。

注意：

<span>和</span>是伪标签，除了指定应用所添加的任何 style 属性的内容范围之外，它们自身不做其他任何事情。<div>与<span>之间的唯一区别是：<div>是一个块元素，因此将强制进行换行，而<span>则不然。因此，如果想修改出现在句子或段落中间的任意文本部分的样式，并且不进行任何换行，那么就应该使用<span>。

下面显示了一个示例 style 属性：

```
<p style="color:green">
  This text is green, but <span style="color:red">this text is
  red.</span>
  Back to green again, but...
</p>
<p>
  ...now the green is over, and we're back to the default color
  for this page.
</p>
```

这段代码利用<span>标签显示如何在内联样式规则中应用 color 样式属性。事实上，这个示例中的<p>标签和<span>标签都把 color 属性用作一种内联样式。color:red 样式属性将覆盖<span>与</span>标签之间的文本的 color:green 样式属性，理解这一点很重要。然后，在第二个段落中，将不会应用任何一种 color 样式，因为它是一个全新的段落，将遵循整个页面的默认颜色。

警告：

如果超越页面级调式的范围或者以一种受控的设置来尝试新事物，那么使用内联样式不被认为是一种最佳实践。最好的做法是使页面链接到在中心维护的样式表，以使得所做的更改会立即反映到使用它的所有页面中。

验证样式表

就像验证 HTML 或 XHTML 标记很重要一样，验证样式表也很重要。我们可以找到用于 CSS 的特定验证工具。可以把该工具指向一个 Web 地址，上传文件，或者把内容粘贴进所提供的表单字段中。最终的目标是得到如图 2.11 所示的结果：有效！

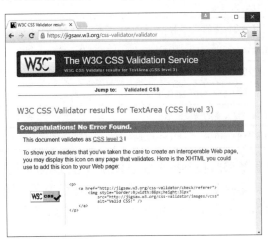

图 2.11

W3C CSS Validator 显示程序清单 2.5 的样式表内容中没有错误

2.13 小结

本章介绍了 Web 页面是什么以及它们如何工作的基础知识。我们学习了将编码的 HTML 命令包括在文本文件中，并且看到自己输入 HTML 文本要好于使用图形编辑器为你创建 HTML 命令，尤其是在你学习 HTML 时。

本章介绍了最基本、最重要的 HTML 标签。通过把这些编码的命令添加到任何纯文本文档中，可以快速把它转换成真正的 Web 页面。我们学习了创建 Web 页面的第一步是把几个必需的 HTML 标签放在开头和末尾，包括为页面添加页面标题。然后可以标记段落和行的结束位置，并且添加水平标线和标题（如果想要它们的话）。你还体验了 HTML5 中的一些语义标签，它们通过描述页面包含的内容的类型（而不仅仅是内容本身），用于提供额外的含义。表 2.1 总结了本章中介绍的所有标签。

表 2.1 本章中介绍的 HTML 标签

标签	作用
<html>...</html>	包围整个 HTML 文档
<head>...</head>	包围 HTML 文档的头部。在<html>标签对内使用
<title>...</title>	指示文档的页面标题。在<head>标签对内使用
<body>...</body>	包围 HTML 文档的主体。在<html>标签对内使用
<p>...</p>	包围段落，在段落之间跳过一行
 	指示换行符
<hr>	显示水平标线
<h1>...</h1>	包围 1 级标题
<h2>...</h2>	包围 2 级标题
<h3>...</h3>	包围 3 级标题
<h4>...</h4>	包围 4 级标题（很少使用）
<h5>...</h5>	包围 5 级标题（很少使用）
<h6>...</h6>	包围 6 级标题（很少使用）
<header>...</header>	包含介绍性信息
<footer>...</footer>	包含关于其包含元素的补充材料（通常是版权通知或作者信息）
<nav>...</nav>	包含导航元素
<section>...</section>	包含主题上类似的内容，比如一本书中的某一章或者一个页面的某个区域
<article>...</article>	包含一段独立的内容，比如新闻文章
<aside>...</aside>	包含关于其包含元素的辅助信息
<address>...</address>	包含与其最近的<article>或<body>元素相关的地址信息，通常包含在<footer>元素内

除了 HTML，我们还学习了能够同时控制很多的 HTML 页面显示的样式表。样式表还使你能够非常精确地控制 HTML 元素排版、空白和位置。我们还学习了，通过给几乎任何的 HTML 标签添加一个 style 属性，而不需要引用一个单独的样式表文档，就可以控制一个 HTML 页面的任何部分的样式。

我们还学习了在 Web 站点中包含样式表的 3 种主要的方法：使用扩展名为.css 的一个样式表文件，并将其连接到文档的<head>之中；在文档的头部，将一组样式规则集合放到<style>标签之中，以及在一个 HTML 标签中通过 style 属性直接放置规则（尽管最后这种方法并非可以长期使用的最佳实践）。表 2.2 概括了本章中介绍的标签及其属性。

表 2.2   本章中介绍的 HTML 标签和属性

标签/属性	作用
标签	
<a>	表示到当前文档中的一个位置或者到另一个文档的一个超链接
属性	
href="url"	所链接内容的地址
标签	
<style>...</style>	允许在文档内包括内部样式表，在<head>与</head>之间使用
属性	
type="contenttype"	Internet 内容类型（对于 CSS 样式表，总是使用"text/css"）
标签	
<link>	链接到外部样式表（或其他文档类型）。在文档的<head>区域中使用
属性	
href="url"	样式表的地址
type="contenttype"	Internet 内容类型（对于 CSS 样式表，总是使用"text/css"）
rel="stylesheet"	链接类型（对于样式表，总是使用"stylesheet"）
标签	
<span>...</span>	不做任何事情，但是会提供一个位置，用于放置 style 或其他属性（类似于<div>...</div>，但是不会导致换行）
属性	
style="style"	包括内联样式规范（可以用在<span>、<div>、<body>及其他大多数 HTML 标签中）

2.14 问与答

Q：我创建了 Web 页面，但是当我在 Web 浏览器中打开文件时，我看到的全是文本，包括 HTML 标签。有时，我甚至在页面顶部看到过怪异的天书一样的字符。我做错了什么？

A：你没有将文件另存为纯文本。尝试再次保存文件，要小心将其另存为 Text Only（"纯文本"）或 ASCII Text（"ASCII 文本"）。如果没有完全搞清楚如何让字处理器执行该操作，也不要紧张。只需代之以在"笔记本"或 TextEdit 中输入 HTML 文件，一切都应该会工作得很好（此外，总是要确保 Web 页面的文件名以.html 或.htm 结尾）。

Q：我在 Internet 上看到过一些 Web 页面在开始处没有<!DOCTYPE>或<html>标签。你说过，页面总是必须以这些标签开头，这是怎么回事？

A：如果你忘记了包括<!DOCTYPE>或<html>标签，许多 Web 浏览器将会原谅你，并且无论如何都会正确地显示页面。不过，包括它是一个非常好的主意，因为一些软件确实需要它，以将页面识别为有效的 HTML。此外，你还希望页面是真正的 HTML 页面，以使它们遵守最新的 Web 标准。

Q：我根本不需要使用语义标记吗？你不是在本章中一直都在说有没有它页面都是有效的吗？

A：是的，所有这些元素都不是有效的 HTML 文档所必需的。你不必使用其中任何标记，但是我强烈建议你不要只考虑把这些标记用于视觉显示，也要考虑用于语义含义。视觉显示对于屏幕阅读器毫无意义，但是语义元素可以通过这些机器传达大量的信息。

Q：假如我把一个样式表链接到我的页面，它指示所有的文本都应该是蓝色的，但是在页面中的某个位置有一个<span style="font-color:red">标签，那么这段文本将显示为蓝色还是红色？

A：红色。本地内联样式总是具有比外部样式表更高的优先级。位于页面顶部的<style>与</style>标签之间的任何样式规范也具有比外部样式表更高的优先级（但是其优先级不高于同一个页面中后面某个位置的内联样式）。这是我在本章前面所提到的样式表的层叠作用。可以把层叠样式表的作用视作开始于外部样式表，它会被内部样式表覆盖，后者又会被内联样式覆盖。

Q：可以把多个样式表链接到单个页面吗？

A：当然可以。例如，你可能具有一个用于格式化（文本、字体、颜色等）的样式表以及另一个用于布局（边距、填充、对齐等）的样式表，对这两个样式表都只包括一个<link>。从技术上讲，CSS 标准要求 Web 浏览器给用户提供一个选项，以便当通过多个<link>标签提供多个样式表时可以在它们之间做出选择。不过，在实际中，所有主流的 Web 浏览器都只简单地包括每个样式表，除非它具有 rel="alternate"属性。用于链接多个样式表的首选技术涉及使用特殊的@import 命令。下面显示了一个利用@import 导入多个样式表的示例：

```
@import url(styles1.css);
@import url(styles2.css);
```

与<link>标签类似，@import 命令必须放在 Web 页面的头部。

2.15　测验

本测验包含一些问题和练习，可帮助读者巩固本章所学的知识。在查看后面的"解答"一节的内容之前，要尝试尽量回答所有的问题。

2.15.1　问题

1. 每个 HTML 页面都需要哪 5 个标签？
2. 本章中讨论的哪个语义元素适合于包含在文章中使用的词语的定义？
3. 在<header>元素内必须使用<h1>、<h2>、<h3>、<h4>、<h5>或<h6>元素吗？
4. 在单个页面内可以具有多少个不同的<nav>元素？
5. 可以用多少种不同的方式确保将样式规则应用于内容？

2.15.2　解答

1．每个 HTML 页面都需要<html>、<head>、<title>和<body>标签（以及它们的结束标签</html>、</head>、</title>和</body>），在第一行还需要<!DOCTYPE html>标签。

2．<aside>元素适合于此任务。

3．否。除了另一个<header>元素或<footer>元素之外，一个<header>元素可以包含任何其他的流式内容。不过，标题元素（<h1>～<h6>）在<header>元素中不是必需的。

4．可以根据需要具有许多<nav>元素。诀窍是只"需要"少数几个<nav>元素（也许只需要用于主导航系统和辅助导航系统的<nav>元素），否则含义将会丢失。

5．有 3 种方式：外部、内部和内联。

2.15.3　练习

➢ 即使你阅读本书的主要目标是为你的企业创建 Web 内容，你也可能希望仅仅出于实践的目的而创建个人 Web 页面。输入几个段落，向全世界介绍你自己，并使用你在本章中学过的 HTML 标签，把它们转变成 Web 页面。

➢ 在整本书中，你将依照代码示例创建你自己的页面。现在花一点时间建立一个基本的文档模板，其中包含文档类型声明以及用于创建核心 HTML 文档结构的标签。这样，无论何时需要，都可以准备好复制并粘贴该信息。

➢ 为你的 Web 站点开发一个标准的样式表，并把它链接到你的所有页面中（为需要与它有所偏差的页面使用内部样式和/或内联样式）。如果你是在为一家公司工作，机会就很好，它已经为打印材料开发了字体和样式规范。获得这些规范的一份副本，并使公司的 Web 页面也遵循它们。

第 3 章

理解 CSS 方框模型和定位

在本章中，你将学习以下内容：

- ➢ 怎样概念化 CSS 方框模型；
- ➢ 怎样定位元素；
- ➢ 怎样控制元素的堆叠方式；
- ➢ 怎样管理文本流；
- ➢ 固定布局的工作方式；
- ➢ 流动布局的工作方式；
- ➢ 怎样创建固定/流动混合布局；
- ➢ 怎样考虑并开始实现一种响应性设计。

在上一章中，我们学习了与 HTML 和 CSS 的基本结构以及语法相关的很多知识。在本章中，我们将进一步学习 CSS 方框模型，这个模型是指导在屏幕上布局元素的幕后力量（不管是在桌面显示器还是移动设备上的显示）。

花一些时间重点关注并且练习使用方框模型很重要，因为如果你知道方框模型是如何工作的，在创建设计时就不会感到狂躁，然后就会意识到元素没有对齐或者它们似乎有点"偏"。你将知道，在大多数情况下，在某些方面（边距、填充、边框）需要进行一点调整。

你还将学习 CSS 定位，包括以一种三维的方式（而不是垂直方式）把元素彼此堆叠起来，以及使用 float 属性控制元素周围的文本流。然后，在这些知识的基础上，你将学习整体页面布局的类型：固定布局和流动布局。当然，还有可能要使用两种布局的组合，其中一些元素是固定的，而另一些元素是流动的。在本章的最后，我们还会简单介绍响应式 Web 设计，在编写本书的整个过程中，这都是一个重要的话题。

3.1 CSS 方框模型

HTML 中的每个元素都被视作一个"方框",无论它是一个段落、一个<div>,还是一幅图像等。方框具有一致的属性,无论我们是否看到了它们,也无论样式表是否指定了它们。它们总是存在的,作为设计师,我们在创建布局时必须牢记它们是存在的。

图 3.1 显示了方框模型的图形。方框模型描述了每个 HTML 块级元素对于边框、填充和边距所具有的潜力,确切地讲是指将如何应用边框、填充和边距。换句话说,所有的元素在元素的内容与边框之间都具有一些填充。此外,边框可能是或者不是可见的,但是用于它的空间是存在的,就像元素的边框与元素外面的其他任何内容之间具有边距一样。

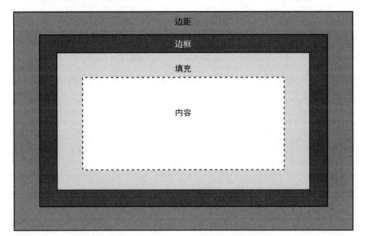

图 3.1

HTML 中的每个元素都是通过 CSS 方框模型表示的

这里还按照从外向里的顺序,给出了方框模型的另一种解释。

➢ 边距(margin)是元素外面的区域。它永远都没有颜色,总是透明的。

➢ 边框(border)扩展到元素周围,位于任何填充的外部边缘上。边框可以具有多种类型、宽度和颜色。

➢ 填充(padding)存在于内容周围,并且会继承内容区的背景色。

➢ 内容(content)被填充包围。

这里涉及一个比较棘手的部分:要知道元素的真正高度和宽度,就必须把方框模型的所有元素都考虑在内。回想一下第 2 章中的示例:尽管明确指示一个<div>应该是宽为 250 像素,高为 100 像素,那个<div>还是必须变得更大,以容纳使用的填充。

你已经知道如何使用 width 和 height 属性设置元素的宽度和高度。下面的示例显示了如何定义一个宽为 250 像素、高为 100 像素的<div>,并且它具有红色的背景和 1 像素的黑色边框:

```
div {
  width: 250px;
  height: 100px;
  background-color: #ff0000;
  border: 1px solid #000000;
}
```

图 3.2 显示了这个简单的<div>。

图 3.2

这是一个简单的
<div>

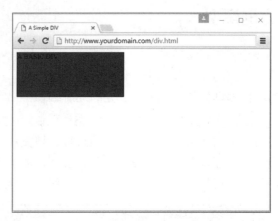

如果我们利用这些相同的属性定义第二个元素，但是还添加某种大小的 margin 和 padding 属性，那么将开始看到元素的大小如何变化。这是由于方框模型存在。

第二个<div>将定义如下，只给元素添加 10 像素的边距和 10 像素的填充：

```
div#d2 {
  width: 250px;
  height: 100px;
  background-color: #ff0000;
  border: 5px solid #000000;
  margin: 10px;
  padding: 10px;
}
```

图 3.3 所示的第二个<div>被定义为具有与第一个<div>相同的高度和宽度，但是在添加了边距和填充之后，包围元素本身的整个方框的总高度和总宽度要大得多。

图 3.3

这被认为是另一个
简单的<div>，但是
方框模型会影响第
二个<div>的大小

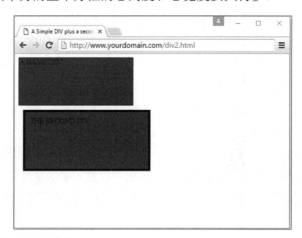

元素的总宽度（width）是以下属性值之和：

```
width + padding-left + padding-right + border-left + border-right +
margin-left + margin-right
```

元素的总高度（height）是以下属性值之和：

```
height + padding-top + padding-bottom + border-top + border-bottom +
margin-top + margin-bottom
```

因此，第二个<div>的实际宽度是 300（250 + 10 + 10 + 5 + 5 + 10 + 10），实际高度是 150（100 + 10 + 10 + 5 + 5 + 10 + 10）。

现在，我们可以开始看看方框模型如何影响你的设计了。假定你只有 250 像素的水平空间，但是你在每一边都想要 10 像素的边距、10 像素的填充和 5 像素的边框。为了利用你所具有的显示空间来容纳想要的内容，必须把<div>的 width 指定为仅仅 200 像素，使得 200 + 10 + 10 + 5 + 5 + 10 + 10 等于 250 像素的可用水平空间。

模型的数学运算也很重要。在动态驱动的站点或者用户交互驱动客户端显示（比如通过 JavaScript 事件）的站点中，服务器端或客户端代码可以动态地绘制和重绘容器元素。换句话说，你的代码将产生数字，但是必须提供界限。

既然你已经理解了方框模型的工作方式，就要在阅读本书剩下的内容和 Web 设计中始终牢记它。毕竟它将可以影响元素定位和内容流，而这些是我们接下来要探讨的两个主题。

3.2 详解定位

相对定位是 HTML 使用的默认定位类型，可以把相对定位视作类似于在西洋跳棋棋盘上跳棋子的布局：跳棋子从左到右排列，当到达棋盘边缘时，就移到下一行。利用 display 样式属性的 block 值编排样式的元素会自动放置在新行上，而 inline 元素则将被放置在与它们之前的那个元素相同的行上。例如，<p>和<div>标签被视作块元素，而<span>标签则被视作内联元素。

CSS 支持的另一种定位被称为绝对定位（absolute positioning），因为它允许设置 HTML 内容在页面上的精确位置。尽管绝对定位允许自由地精确指出元素出现的位置，但是其位置仍然是相对于出现在页面上的任何父元素的。换句话说，绝对定位允许指定元素的矩形区域相对于其父元素的区域的精确位置，它与相对定位差别很大。

由于可以自由地把元素放置在页面上想要的任何位置，当一个元素占据另一个元素使用的空间时，就可能会遇到重叠问题。没有什么能阻止你指定元素的绝对位置，以使得它们重叠。在这种情况下，CSS 依靠每个元素的 Z 索引来确定哪个元素位于顶部，以及哪个元素位于底部。在本章后面，我们将学习关于元素的 Z 索引的更多知识。现在让我们精确地探讨如何控制样式规则，是使用相对定位还是使用绝对定位。

特定的样式规则使用的定位类型（相对定位或绝对定位）是由 position 属性确定的，它能够具有以下四个值之一。

➢ **static**——根据内容的常规布局来默认定位。

➢ **relative**——相对于元素的常规位置，使用偏移量属性（后面将会介绍）来定位。

➢ **absolute**——元素相对于其最近的祖先元素定位，或者如果没有出现祖先元素的话，根据页面的常规流程来定位。

➢ **fixed**——该元素相对于视图是固定的，这种类型的定位用于随页面一起滚动的图像的定位（作为一个例子）。

在指定了定位的类型之后，可以使用以下属性提供特定的位置。

➢ **left**——左边的位置偏移量。

➢ **right**——右边的位置偏移量。

➢ **top**——顶部的位置偏移量。

➢ **bottom**——底部的位置偏移量。

你可能认为这些位置属性只对于绝对定位才是有意义的，但是它们实际上适用于两种类型的定位。例如，在相对定位下，一个元素的位置被指定为相对于该元素的原始位置的偏移量。因此，如果把元素的 left 属性设置为 25px，元素的左边将从它的原始（相对）位置移动 25 像素。绝对定位是相对于应用样式的元素的父元素指定的。因此，如果在绝对定位下把一个元素的 left 属性设置为 25px，那么元素的左边将出现在父元素左边缘的右边 25 像素处。另一方面，使用具有相同值的 right 属性将把元素定位于父元素右边缘的右边 25 像素处。

让我们回到色块示例上来，说明定位是如何工作的。在程序清单 3.1 中，4 个色块都指定了相对定位，在图 3.4 中可以看到，色块是垂直定位的。

程序清单 3.1　利用 4 个色块显示相对定位

```
<!DOCTYPE html>

<html lang="en">
  <head>
   <title>Positioning the Color Blocks</title>
    <style type="text/css">
    div {
      position: relative;
      width: 250px;
      height: 100px;
      border: 5px solid #000;
      color: black;
      font-weight: bold;
      text-align: center;
      }
     div#d1 {
      background-color: #ff0000;
      }
     div#d2 {
      background-color: #00ff00;
      }
     div#d3 {
      background-color: #0000ff;
      }
     div#d4 {
      background-color: #ffff00;
      }
    </style>
  </head>
  <body>
```

```
<div id="d1">DIV #1</div>
<div id="d2">DIV #2</div>
<div id="d3">DIV #3</div>
<div id="d4">DIV #4</div>
</body>
</html>
```

　　用于<div>元素本身的样式表条目把用于<div>元素的 position 样式属性设置为 relative。由于其余的样式规则都继承自<div>样式规则，因此它们将继承它的相对定位。事实上，其他样式规则之间的唯一区别在于它们具有不同的背景色。

> **注意：**
>
> 在图 3.4 中，<div>元素是一个接一个地显示的，这是你利用相对定位所期望达到的效果。但是，为了使事情变得更有趣，我们在这里会执行一些特定的操作，你可以把定位类型改为绝对定位，并且明确指定色块的放置方式。在程序清单 3.2 中，将把样式表条目更改为使用绝对定位，以安排色块。

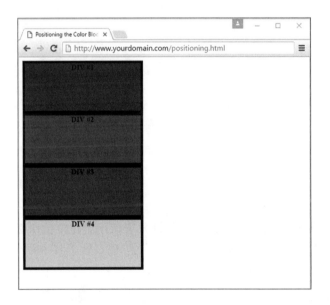

图 3.4

色块是垂直定位的，彼此堆叠在一起

程序清单 3.2　使用色块的绝对定位

```
<!DOCTYPE html>

<html lang="en">
 <head>
  <title>Positioning the Color Blocks</title>
   <style type="text/css">
   div {
    position: absolute;
    width: 250px;
    height: 100px;
    border: 5px solid #000;
    color: black;
    font-weight: bold;
```

```
      text-align: center;
     }
    div#d1 {
     background-color: #ff0000;
     left: 0px;
     top: 0px;
     }
    div#d2 {
     background-color: #00ff00;
     left: 75px;
     top: 25px;
     }
    div#d3 {
     background-color: #0000ff;
     left: 150px;
     top: 50px;
     }
    div#d4 {
     background-color: #ffff00;
     left: 225px;
     top: 75px;
     }
    </style>
  </head>
  <body>
     <div id="d1">DIV #1</div>
     <div id="d2">DIV #2</div>
     <div id="d3">DIV #3</div>
     <div id="d4">DIV #4</div>
  </body>
</html>
```

　　这个样式表把 position 属性设置为 absolute,它是样式表使用绝对定位所必需的。此外,还为每个继承的<div>样式规则设置了 left 和 top 属性。不过,也设置了其中每个规则的位置,使得元素彼此重叠地显示,如图 3.5 所示。

图 3.5

使用绝对定位显示
色块

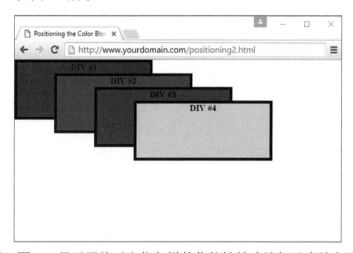

　　现在,我们讨论布局。图 3.5 显示了绝对定位怎样使你能够精确地把元素放在需要的位

置。它还展现了把元素排列成重叠的效果有多容易。你可能感到好奇的是：在元素重叠时，Web 浏览器怎样知道在顶部绘制哪些元素。下一节将介绍如何控制堆叠方式。

3.3　控制元素的堆叠方式

在某些情况下，你可能希望仔细控制元素在 Web 页面上彼此重叠的方式。z-index 样式属性使你能够设置元素的顺序，从而控制它们如何彼此堆叠。Z 索引（z-index）这个名称听起来可能有点奇怪，但它指的是指向计算机屏幕里面的第三维（Z 轴）的概念，另外两维是横穿屏幕的 X 轴和在屏幕上垂直向下的 Y 轴。考虑 Z 索引的另一种方式是考虑单独一本杂志在一堆杂志里的相对位置，其中更靠上的杂志比下面的杂志具有较高的 Z 索引。类似地，具有较高 Z 索引的重叠元素将出现在具有较低 Z 索引的元素上面。

z-index 属性用于设置一个数值，指示样式规则的相对 Z 索引。分配给 z-index 的数字只相对于样式表中的其他样式规则才是有意义的，这意味着为单个规则设置 z-index 属性并没有多大的意义。另一方面，如果为应用于重叠元素的多个样式规则设置 z-index 属性，具有更高 z-index 值的元素将出现在具有较低 z-index 值的元素上面。

> **提示：**
> 无论为一个样式规则设置什么 z-index 值，利用该规则显示的元素总会出现在其父元素的上面。

程序清单 3.3 包含色块样式表和 HTML 代码的另一个版本，它使用 z-index 设置来改变元素的自然重叠顺序。

程序清单 3.3　使用 z-index 改变色块示例中的元素的显示顺序

```
<!DOCTYPE html>

<html lang="en">
 <head>
  <title>Positioning the Color Blocks</title>
   <style type="text/css">
   div {
     position: absolute;
     width: 250px;
     height: 100px;
     border: 5px solid #000;
     color: black;
     font-weight: bold;
     text-align: center;
   }
   div#d1 {
    background-color: #ff0000;
    left: 0px;
    top: 0px;
    z-index: 0;
   }
   div#d2 {
    background-color: #00ff00;
```

```
        left: 75px;
        top: 25px;
        z-index: 3;
        }
      div#d3 {
        background-color: #0000ff;
        left: 150px;
        top: 50px;
        z-index: 2;
        }
      div#d4 {
        background-color: #ffff00;
        left: 225px;
        top: 75px;
        z-index: 1;
        }
    </style>
  </head>
  <body>
   <div id="d1">DIV #1</div>
   <div id="d2">DIV #2</div>
   <div id="d3">DIV #3</div>
   <div id="d4">DIV #4</div>
  </body>
</html>
```

这段代码与你在程序清单 3.2 中看到的代码相比，唯一的改变是：在每个编号的 div 样式类中添加了 z-index 属性。注意：第一个编号的 div 的 z-index 设置为 0，根据 z-index，这应该使之成为 z-index 值最低的元素，而第二个 div 则具有最高的 z-index 值。图 3.6 显示了利用这个样式表显示的色块页面，它清楚地显示了 z-index 如何影响显示的内容，并使得仔细控制元素的重叠成为可能。

图 3.6

使用 z-index 属性
改变色块的显示

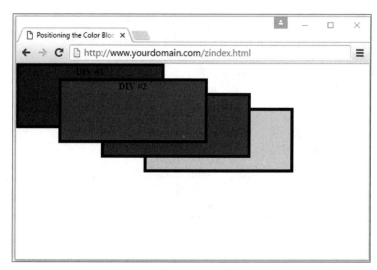

尽管示例显示色块是简单的<div>元素，z-index 样式属性仍然可以影响任何 HTML 内容，包括图像。

3.4 管理文本流

既然你已经见过了一些相对于其他元素来放置元素或者绝对地放置它们的示例，现在就应该再次讨论元素周围的内容流。概念上的当前行（current line）是一个用于在页面上放置元素的不可见的行。这一行涉及页面上的元素流，当在页面的水平和垂直方向上一个接一个地排列元素时，它就可以派上用场。元素流的一部分是页面上的文本流。当把文本与其他元素（如图像）混合在一起时，控制文本如何在那些其他的元素周围流动就很重要。

下面列出了用于控制文本流的一些样式属性。

➢ **float**——确定文本如何在元素周围流动。

➢ **clear**——阻止文本在元素周围流动。

➢ **overflow**——当元素太小以至于不能包含所有的文本时，控制文本的溢出。

float 属性控制文本如何在元素周围流动。它可以设置为 left 或 right，这些值确定相对于流动的文本把一个元素定位于何处。因此，把图像的 float 属性设置为 left，将把图像定位到流动文本的左边。

正如第 2 章中所介绍的，可以使用 clear 属性阻止文本流动到某个元素旁边，该属性可以设置为 none、left、right 或 both。它的默认值是 none，指示在流动文本时将不会对元素做任何特殊考虑。设置为 left 值将导致文本停止在元素周围流动，直到页面的左边没有元素为止；同样，right 值意味着文本不会在元素的右边流动；both 值则指示文本不会在元素的任何一边流动。

overflow 属性处理溢出文本，它指的是文本在其矩形区域内放不下，如果把元素的 width 和 height 设置得太小，就可能会发生这种情况。visible 设置可以自动扩大元素，使得溢出文本能够放入其中，这是该属性的默认设置。hidden 值将使元素保持相同的大小，并且允许溢出文本从视图中隐藏起来。也许最有趣的值是 scroll，它可以给元素添加滚动条，使得可以来回移动并查看文本。

3.5 理解固定布局

固定布局（或固定宽度的布局）就是指其中的页面主体被设置为特定宽度的布局，这个宽度通常受包含所有内容的主"包装器"元素控制。如果给包装器元素（如一个<div>）提供了一个 ID 值，比如 main 或 wrapper（尽管这个名称由你自己确定），那么就可以在样式表条目中设置包装器元素的 width 属性。

在创建固定宽度的布局时，最重要的决策是确定你希望包容的最低屏幕分辨率。多年来，800 像素×600 像素成为了 Web 设计师的"最小公分母"，导致典型的固定宽度大约是 760 像素。不过，对于非移动浏览器，使用 800 像素×600 像素的屏幕分辨率的人数现在不到 4%。鉴于此，许多 Web 设计师考虑将 1024 像素×768 像素作为当前的最低屏幕分辨率，因此如果他们创建固定宽度的布局，那么固定宽度通常为 800~1000 像素。

警告：

记住，Web 浏览器窗口包含了非可视的区域，包括滚动条。因此，如果你的目标是一个宽 1024 像素的屏幕分辨率，你实际上不能使用所有的 1024 个像素。

创建固定宽度布局的主要原因是可以精确控制内容区域的外观。不过，如果用户在访问你的固定宽度的站点时使用的屏幕分辨率比你设计站点时所牢记的分辨率更小或者大得多，那么他们将会遇到滚动条（如果他们的分辨率更小的话）或者大量的空白（如果他们的分辨率更大的话）。今天，在大多数流行的 Web 站点中很难找到固定宽度的布局，因为站点设计师知道他们需要迎合可能最大范围的受众（因此不会对浏览器大小做出设定）。不过，固定宽度的布局仍然被广泛采用，尤其是被使用具有严格模板的内容管理系统的站点管理员采用。

图 3.7 显示了这样一个站点，它用于圣何塞州立大学（大学的 Web 站点通常使用严格的模板和内容管理系统，因此这是一个很容易找到的示例）。它具有一个宽度固定为 960 像素的包装器元素。在图 3.7 中，浏览器窗口在 960 像素的宽度下有少许内容会被遮挡起来。在图像的右边，挡住了一些重要的内容（在图形底部，在浏览器中出现了一个水平滚动条）。

图 3.7

在较小屏幕中的固定宽度的示例

不过，图 3.8 显示了当浏览器窗口的宽度大于 1400 像素时站点的外观：你会在主体内容两边看到许多空白（或"实际空间"），一些人认为它们不美观，令人生厌。

图 3.8

在较大屏幕中的固定宽度的示例

除了首先决定创建固定宽度的布局之外，还要确定是使固定宽度的内容左对齐还是居中放置。使内容左对齐将只在右边留下额外的空间，使内容区域居中则会在两边都留下额外的空间。不过，居中至少可以看起来比较均衡，而左对齐设计最终可能看上去像一个较小的矩形挤入浏览器的角落，这依赖于用户显示器的大小和分辨率。

3.6　理解流动布局

流动布局——也称为流式布局（fluid layout）——是指页面的主体不使用指定宽度（以像素为单位）的布局，尽管它可能封闭在使用百分比宽度的主"包装器"元素中。流动布局背后的思想是：它可以非常有用，并且即使用户具有非常小或非常宽的屏幕，它仍然可以保持总体的设计美感。

图 3.9、图 3.10 和图 3.11 显示了 3 个实际应用的流动布局的示例。

在图 3.9 中，浏览器窗口的宽度大约是 745 像素。这个示例展示了一个合理的、最小化的屏幕宽度（在水平滚动条出现之前）。实际上，在浏览器宽度变为 735 像素的时候，滚动条才出现。另一方面，图 3.10 展示了一个非常小的浏览器窗口（宽度小于 600 像素）。

图 3.9

在相对较小的屏幕中查看的流动布局

在图 3.10 中，我们可以看到一个水平滚动条。在页面内容的标头区域，标志图形正开始接替文本，并出现在它们的顶部。但是页面的大部分内容仍然相当有用。页面左边的信息性内容仍然清晰易读，并且与右边的输入表单分享可用的空间。

图 3.11 显示了在非常宽的屏幕中查看这个相同页面的效果。在图 3.11 中，浏览器窗口的宽度大约是 1200 像素。有大量的空间可以让页面上的所有内容铺展开。之所以能够实现这种流动布局，是因为所有的设计元素都具有指定的百分比宽度（而不是固定宽度）。这样，布局就可以利用所有可用的浏览器实际空间。

初看上去，流动布局方法似乎像是最佳的方法——毕竟，谁不希望利用所有可用的屏幕实际空间呢？但是，充分利用空间与将内容排的密密麻麻之间有一条明显的界线。太多的内容会令人窒息，而开阔的空间中，如果内容不足，则会令人感觉平淡。

图 3.10

在非常小的屏幕中
查看的流动布局

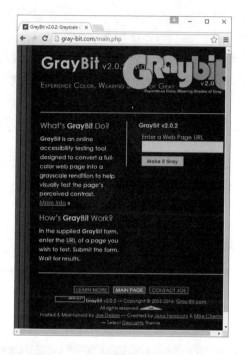

图 3.11

在一个较宽的屏幕
中查看的流动布局

　　纯粹的流动布局可能给人留下相当深刻的印象，但它需要进行大量的测试，以确保它在广泛的浏览器中和变化的屏幕分辨率下都是有用的。你可能没有时间和精力创建这样的设计。在这种情况下，合理的折衷是实现固定/流动混合布局，或者一种完全响应性的设计，在本章后面，我们将会学到它。

3.7　创建固定/流动混合布局

　　固定/流动混合布局是指包含两类布局元素的布局。例如，你可以具有一种流动布局，它在主体区域内包括固定宽度的内容区域，或者作为锚点元素（比如左边的栏或者顶部的导航条）。你甚至可以创建一个固定的内容区域，使其像框架一样工作，其中内容区域将保持固定，甚至在用户滚动经过内容时也是如此。

3.7.1 从基本的布局结构开始

在这个示例中，你将学习创建一个流动的模板，但它在主体区域的两侧具有两个固定宽度的栏（主体区域是第三栏，如果你这样认为的话，那么它只是比其他两栏要宽得多）。模板还具有清楚划定的标头和脚注区域。程序清单 3.4 显示了这种布局的基本 HTML 结构。

程序清单 3.4　基本的固定/流动混合布局结构

```
<!DOCTYPE html>

<html lang="en">
  <head>
    <title>Sample Layout</title>
    <link href="layout.css" rel="stylesheet" type="text/css">
  </head>

  <body>
    <header>HEADER</header>
    <div id="wrapper">
      <div id="content_area">CONTENT</div>
      <div id="left_side">LEFT SIDE</div>
      <div id="right_side">RIGHT SIDE</div>
    </div>
    <footer>FOOTER</footer>
  </body>
</html>
```

首先，注意，利用<link>标签链接到用于这种布局的样式表，而不是将其包括在模板中。由于模板将用于多个页面，你将希望能够以尽可能组织有序的方式控制模板的元素显示。这意味着只能在一个位置（样式表中）更改那些元素的定义。

接下来，注意基本的 HTML 代码：极其基本。说实话，这个基本的 HTML 结构可以用于固定布局、流动布局或者你在这里看到的固定/流动混合布局，因为使之成为固定、流动或混合布局的所有实际的样式设置都发生在样式表中。

对于程序清单 3.4 中的 HTML 结构，你实际上具有想包括在站点中的内容区域的标识。这种规划对于任何开发都是至关重要的，在考虑将要使用的布局类型之前，必须知道想要包括什么，更不用说将应用于该布局的特定样式了。

> **提示：**
> 我在这个示例中使用了具有命名标识符的元素代替语义元素，比如<section>或<nav>，因为我在以尽可能简单的方式展示要点，而不受内容本身的束缚。不过，如果你知道左边的<div>将用于保留导航，就应该使用<nav>标签，而不要使用其 id 为 left_side 的<div>元素，但是，内容可能最终没有显示于任何对象的左边，由此这种类型的命名可能会变得有问题，因此，最好是根据目的而不是外观来命名。

在这个阶段，layout.css 文件只包括下面这个条目：

```
body {
    margin: 0;
```

```
  padding: 0;
}
```

对 margin 和 padding 使用一个 0 值，这就允许整个页面都用来放置元素。

如果查看程序清单 3.4 中的 HTML 代码，并自言自语地说道："但是那些<div>元素将不带任何样式地彼此堆叠起来"，那么你是正确的。如图 3.12 所示，这里没有提及任何布局。

图 3.12

一个基本的 HTML 模板，其中没有对容器元素应用任何样式

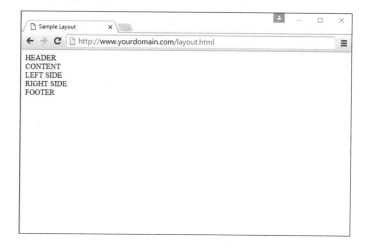

3.7.2　在固定/流动混合布局中定义两栏

我们可以从容易的事情开始。由于这个布局被认为是流动的，我们知道放在标头和脚注区域中的任何内容都将扩展到浏览器窗口的宽度，而无论该窗口可能有多窄或者有多宽。

向样式表中添加以下代码，给标头和脚注区域都提供 100%的宽度，以及相同的背景色和文本颜色：

```
header, footer {
  float: left;
  width: 100%;
  background-color: #7152f4;
  color: #ffffff;
}
```

现在，事情变得有点棘手了。我们必须在页面的两边定义两个固定的栏，还要在页面中间定义一栏。在这里使用的 HTML 代码中，注意一个名为 wrapper 的<div>元素，它包围了这两栏，在样式表中将这个元素定义如下：

```
#wrapper {
  float: left;
  padding-left: 200px;
  padding-right: 125px;
}
```

两个填充定义实质上为页面左、右两边的两个固定宽度的栏预留空间。左栏的宽度将是 200 像素，右栏的宽度则是 125 像素，并且每一栏都将具有不同的背景色。但是，如果 HTML 仍然没

有编排样式，如图 3.12 所示，我们还必须相对于将放置项目的位置来定位它们。这意味着向用于其中每一栏的样式表条目中添加 position:relative。此外，我们还指示<div>元素应该浮动到左边。

但是，就 left_side<div>而言，我们还表明希望最右边的边距与边缘之间的距离在 200 像素内（这包括了将被定义为 200 像素宽的栏）。我们还希望左边的边距是一个完全为负的边距，这将把它拖入合适的位置（你稍后将会看到）。right_side<div>没有包括一个用于 right 的值，但它确实在右边包括了一个负的边距：

```
#left_side {
  position: relative;
  float: left;
  width: 200px;
  background-color: #52f471;
  right: 200px;
  margin-left: -100%;
}

#right_side {
  position: relative;
  float: left;
  width: 125px;
  background-color: #f452d5;
  margin-right: -125px;
}
```

此时，让我们还定义内容区域，使得它具有白色的背景，占据 100%的可用区域，并且相对于其位置浮动到左边：

```
#content_area {
  position: relative;
  float: left;
  background-color: #ffffff;
  width: 100%;
}
```

此时，基本的布局应该如图 3.13 所示，各个部分的轮廓很清晰。

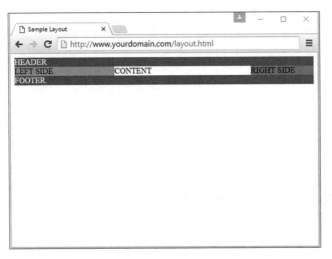

图 3.13

添加一些样式后的基本 HTML 模板

不过，如果把窗口调整到某个宽度以下，这个模板就会出现一个问题。由于左栏的宽度是 200 像素，右栏的宽度是 125 像素，并且你希望内容区域中至少会有一些文本，可以想象：如果窗口的宽度只有 350～400 像素，那么这个页面将会破坏。在下一节中将处理这个问题。

3.7.3　设置布局的最小宽度

尽管用户不太可能利用显示宽度在 400 像素以下的桌面浏览器访问你的站点，但是这个示例在本章讨论的范围内起到其特定的作用。你可以进行推断并广泛地应用该信息，甚至在固定/流动混合站点中，在某个时间，你的布局也会崩溃，除非对它做某些事情。

要做的"某些事情"之一是使用 CSS min-width 属性。该属性用于设置元素的最小宽度，不包括填充、边框或边距。图 3.14 显示了当把 min-width 属性应用于<body>元素时所发生的事情。

图 3.14

调整到 400 像素以下并且应用了最小宽度的基本 HTML 模板

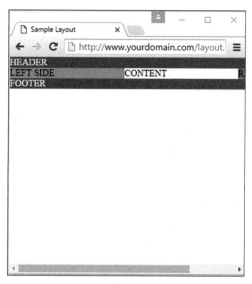

图 3.14 显示了屏幕在滚动到右边后的右栏的一小部分，但是当布局调整到最小宽度以下时，它并没有支离破碎。在这里，最小宽度是 525 像素：

```
body {
  margin: 0;
  padding: 0;
  min-width: 525px;
}
```

在这个示例中会显示水平滚动条，因为浏览器窗口本身的宽度小于 500 像素。当窗口的宽度稍大于 525 像素时，滚动条将会消失。

3.7.4　在固定/流动混合布局中处理栏高度

除了一个问题之外，这个示例一切都很好，这个问题就是：它没有内容。当把内容添加到不同的元素中时，更多的问题出现了。如图 3.15 所示，栏将变得足够高，以容纳它们所包含的内容。

图 3.15

栏变得与它们所包含的内容一样高

> **提示：**
> 由于我们超越了基本的布局示例，并且我还冒失地从标头和脚注中删除了背景色和文本颜色属性，这就是这个示例不再在非常暗的背景上显示白色文本的原因。此外，我还在 <footer> 元素中居中显示了文本，它现在具有浅灰色的背景。

由于不能指望用户的浏览器具有特定的高度或者内容总是具有相同的长度，你可能认为这将导致固定/流动混合布局出现问题。事实并非如此。如果稍微深入考虑一下，就可以应用另外几种样式，把各个部分组合在一起。

首先，在用于 id 分别为 left_side、right_side 和 content_area 的元素的样式表条目中添加以下声明：

```
margin-bottom: -2000px;
padding-bottom: 2000px;
```

这些声明添加了荒谬的填充，并给所有这 3 个元素的底部分配了太大的边距。你还必须给样式表中的脚注元素定义添加 position:relative，使得尽管有这种荒唐的填充，脚注仍然是可见的。

此时，页面看上去如图 3.16 所示——仍然不是我们所想要的，但是更接近了。

为了裁剪掉所有多余的颜色，可以在用于包装器 ID 的样式表中添加以下代码：

```
overflow: hidden;
```

图 3.17 显示了最终的结果：一种固定宽度/流动混合布局，并且具有必要的栏间距。我还随意地编排了导航链接的样式，并且调整了欢迎消息周围的边距，在程序清单 3.6 中，我们可以查看完整的样式表。

图 3.16

不管栏中有多少内容，彩色区域现在都将是可见的

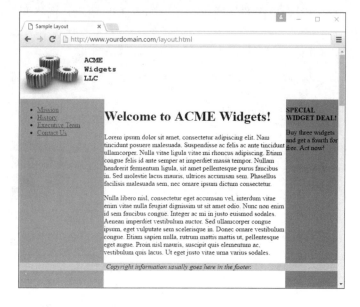

图 3.17

祝贺你！它是固定宽度/流动混合布局（尽管你会希望对那些颜色进行一些处理！）

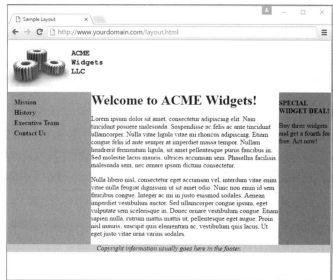

完整的 HTML 代码出现在程序清单 3.5 中，程序清单 3.6 则显示了最终的样式表。

程序清单 3.5　基本的固定/流动混合布局结构（带有内容）

```html
<!DOCTYPE html>

<html lang="en">
  <head>
    <title>Sample Layout</title>
    <link href="layout.css" rel="stylesheet" type="text/css">
  </head>

  <body>
    <header><img src="acmewidgets.jpg" alt="ACME Widgets
      LLC"/></header>
```

```
    <div id="wrapper">
      <div id="content_area">
       <h1>Welcome to ACME Widgets!</h1>
       <p>Lorem ipsum dolor sit amet, consectetur adipiscing elit.
        Nam tincidunt posuere malesuada. Suspendisse ac felis ac ante
        tincidunt ullamcorper. Nulla vitae ligula vitae mi rhoncus
        adipiscing. Etiam congue felis id ante semper at imperdiet
        massa tempor. Nullam hendrerit fermentum ligula, sit amet
        pellentesque purus faucibus in. Sed molestie lacus mauris,
        ultrices accumsan sem. Phasellus facilisis malesuada sem, nec
        ornare ipsum dictum consectetur.</p>
       <p>Nulla libero nisl, consectetur eget accumsan vel, interdum
        vitae enim vitae nulla feugiat dignissim ut sit amet odio.
        Nunc non enim id sem faucibus congue. Integer ac mi in justo
        euismod sodales. Aenean imperdiet vestibulum auctor. Sed
        ullamcorper congue ipsum, eget vulputate sem scelerisque in.
        Donec ornare vestibulum congue. Etiam sapien nulla, rutrum
        mattis mattis ut, pellentesque eget augue. Proin nisl mauris,
        suscipit quis elementum ac, vestibulum quis lacus. Ut eget
        justo vitae urna varius sodales. </p>
      </div>
      <div id="left_side">
        <ul>
        <li><a href="#">Mission</a></li>
        <li><a href="#">History</a></li>
        <li><a href="#">Executive Team</a></li>
        <li><a href="#">Contact Us</a></li>
        </ul>
      </div>
      <div id="right_side">
        <p><strong>SPECIAL WIDGET DEAL!</strong></p>
        <p>Buy three widgets and get a fourth for free. Act now!</p>
      </div>
    </div>
    <footer>Copyright information usually goes here in the
    footer.</footer>
  </body>
</html>
```

程序清单 3.6　用于固定/流动混合布局的完整样式表

```
body {
  margin: 0;
  padding: 0;
  min-width: 525px;
}

header {
  float: left;
  width: 100%;
}
```

```
footer {
  position: relative;
  float: left;
  width: 100%;
  background-color: #cccccc;
  text-align: center;
  font-style: italic;
}

#wrapper {
  float: left;
  padding-left: 200px;
  padding-right: 125px;
  overflow: hidden;
}

#left_side {
  position: relative;
  float: left;
  width: 200px;
  background-color: #52f471;
  right: 200px;
  margin-left: -100%;
  margin-bottom: -2000px;
  padding-bottom: 2000px;
}

#right_side {
  position: relative;
  float: left;
  width: 125px;
  background-color: #f452d5;
  margin-right: -125px;
  margin-bottom: -2000px;
  padding-bottom: 2000px;
}

#content_area {
  position: relative;
  float: left;
  background-color: #ffffff;
  width: 100%;
  margin-bottom: -2000px;
  padding-bottom: 2000px;
}

h1 {
  margin: 0;
}

#left_side ul {
  list-style: none;
```

```
  margin: 12px 0px 0px 12px;
  padding: 0px;
}

#left_side li a:link, #nav li a:visited {
  font-size: 12pt;
  font-weight: bold;
  padding: 3px 0px 3px 3px;
  color: #000000;
  text-decoration: none;
  display: block;
}

#left_side li a:hover, #nav li a:active {
  font-size: 12pt;
  font-weight: bold;
  padding: 3px 0px 3px 3px;
  color: #ffffff;
  text-decoration: none;
  display: block;
}
```

3.8 考虑响应性 Web 设计

2010 年，Web 设计师 Ethan Marcotte 创造了术语响应性 Web 设计（Responsive Web Design），它指的是一种 Web 设计方法，构建于我们刚刚学过一点的流式设计的基础之上。响应性 Web 设计的目标是：无论用于查看 Web 内容的设备类型和大小是什么，都很容易查看、阅读和导航它们。换句话说，计划创建响应性 Web 站点的设计师正在这样做，以确保在大型桌面显示器、小型智能手机或中型平板电脑上查看站点的受众能够得到相似的感受和有用性。

响应性设计基于流式（流动）网格布局，与你在本章前面学过的非常相似，但是做了几处修改和增补。首先，那些网格布局总是应该采用相对单位（而不是绝对单位）。换句话说，设计师应该使用百分比（而不是像素）来定义容器元素。

第二，所有的图像都应该是灵活的（这是我们在以前的章节中没有讨论的）。对于这一点，我的意思是不要为每一幅图像使用特定的高度和宽度，而要使用相对百分比，使得图像总会显示在包含它们的（相对大小的）元素内。

最后，花一些时间为每种媒体类型开发特定的样式表，并且使用媒体查询基于媒体类型利用这些不同的规则，才能够控制针对多种用途创建错综复杂的样式表。随着你对响应式设计的实践进步和理解的加深（而这些已经超出了本书的学习范围），你将学会以更多有意义的方式来渐进增强你的布局。

可以像下面这样指定样式表的链接：

```
<link rel="stylesheet" type="text/css"
    media="screen and (max-device-width: 480px)"
    href="wee.css">
```

在这个示例中，media 属性包含一种类型和一个查询：类型是 screen，查询部分是

（max-device-width: 480px）。这意味着如果尝试呈现内容的设备具有一个屏幕，并且水平分辨率（设备宽度）小于 480 像素——与智能手机一样，那么就加载名为 wee.css 的样式表，并且使用在其中找到的规则呈现内容。

当然，本书中的几个短段落并不能证明响应性 Web 设计是完全合理的。在你自己打下了本书中讲述的 HTML5 和 CSS3 的稳固基础后，我强烈建议你阅读 Marcotte 的图书《Responsive Web Design》。此外，本书第 22 章讨论的几个 HTML 和 CSS 框架也利用了响应性设计的原理，它们构成了一个用于构建响应性站点的非常好的起点，并利用流式网格、图像调整大小和媒体查询对其进行修修补补，使之能够实现这个目标。

3.9　小结

本章开始时讨论了 CSS 方框模型，以及将边距、填充和边框考虑在内时如何计算元素的宽度和高度；然后继续讨论了元素的绝对定位，并且介绍了使用 z-index 属性进行定位。你学习了几个极好的样式属性，它们使你能够控制页面上的文本流。

接下来，你看到了 3 种主要的布局类型（固定布局、流动布局和固定/流动混合布局）的一些实际的示例。在 3.7 节中，你看到了一个扩展的示例，它引领你通过了创建一种固定/流动混合布局的过程，其中 HTML 和 CSS 都正确地经过了验证。记住，创建布局的最重要的部分是搞清楚你认为可能需要在设计中考虑到的内容区域。

最后，向你介绍了响应性 Web 设计的概念，这个主题本身足够编写一本书。这里提供了相关的简要信息，比如使用流式网格布局、响应性图像和媒体查询，这样你就掌握了一些基本的概念，可以自己开始进行测试。

3.10　问与答

Q：我怎样确定何时使用相对定位以及何时使用绝对定位？

A：尽管对于使用相对定位或绝对定位没有固定的准则，但是一般的思想是：仅当希望对如何定位内容施加更精细的控制时，才需要绝对定位。这涉及以下事实：绝对定位使你能够把内容定位到精确的像素上，而相对定位就其定位内容的方式而言可预测性要低得多。这并不是说相对定位不能很好地在页面上定位元素，只是说绝对定位更精确。当然，这也使得绝对定位潜在地更容易受到变化的屏幕大小的影响，而这是你确实无法控制的。

Q：如果我没有指定两个彼此重叠的元素的 z-index，我怎样才能知道哪个元素将出现在上面？

A：如果没有为重叠的元素设置 z-index 属性，那么在 Web 页面中后显示的元素将出现在上面。有一种方式可以很容易地记住这一点：考虑 Web 浏览器是在从 HTML 文档中读取每个元素时在页面上绘制它的，在文档后面读取的元素将被绘制在前面读取的那些元素上面。

Q：我听说过弹性布局（elastic layout）的概念，它与流动布局有什么区别？

A：弹性布局是指当用户调整文本的大小时，其内容区域也会调整大小的布局。弹性布局使用 em（"字母 m 的宽度"），它固有地与文本和字体大小成正比。em 是一个印刷度量单位，等于当前字体的磅数大小。当在弹性布局中使用 em 时，如果用户使用 Ctrl 键和鼠标滚轮强制增加或减小文本大小，那么包含文本的区域也会成比例地增加或减小。

Q：你花了许多时间讨论流动布局和混合布局，它们比纯粹的固定布局更好吗？

A："更好"是一个主观用语，在本书中，关注的是符合标准的代码。大多数设计师将告诉你滚动布局要花更长的时间创建（和完善），但它可以增强有用性，因此值得这样做，尤其是当它可以导致响应性设计时。那么何时不值得这样做呢？如果你的客户没有意见，并且按统一费率（而不是按小时）给你付费，就不需要采用这种布局。在这种情况下，你只是为了展示自己的技能（不过，对你来说可能值得这样做）。

3.11　测验

本测验包含一些问题和练习，可帮助读者巩固本章所学的知识。在查看后面的"解答"一节的内容之前，要尝试尽量回答所有的问题。

3.11.1　问题

1．相对定位与绝对定位之间的区别是什么？

2．哪个 CSS 样式属性控制元素彼此重叠的方式？

3．min-width 的作用是什么？

3.11.2　解答

1．在相对定位中，内容是依据页面流显示的，其中每个元素都物理地出现在 HTML 代码中位于它前面的元素之后。另一方面，绝对定位允许设置内容在页面上的精确位置。

2．z-index 样式属性控制元素彼此重叠的方式。

3．min-width 属性用于设置元素的最小宽度，不包括填充、边框或边距。

3.11.3　练习

➢　通过创建一系列具有不同边距、填充和边框的元素，练习处理 CSS 方框模型的复杂状况，并且查看这些属性如何影响它们的高度和宽度。

➢　图 3.17 显示了完成的固定/流动混合布局，但是要注意几个要改进的区域：右栏中的文本周围没有任何空白，并且主体文本与任何一个栏之间没有任何边距，此外，脚注条有一点稀疏，等等。花一些时间修正这些设计元素。

➢　使用上一个练习中修正的代码，尝试使之具有响应性，并且只使用你在本章中学到的简短信息。要使模板可以在智能手机或其他小型设备上查看，仅仅把容器元素转换成相对大小就应该要走一段很长的路，但是媒体查询和替代样式表肯定不会对其产生不良影响。

第 4 章

理解 JavaScript

在本章中，你将学习以下内容：

➢ 什么是 Web 脚本编程以及它适用于什么；

➢ 脚本编程和程序设计之间有何区别（以及相似之处）；

➢ JavaScript 是什么以及它来自于何处；

➢ 怎样在 Web 页面中包括 JavaScript 命令；

➢ JavaScript 可以为 Web 页面做什么；

➢ 开始和结束脚本；

➢ 格式化 JavaScript 语句；

➢ 脚本能够怎样显示结果；

➢ 在 Web 文档内包括脚本；

➢ 在浏览器中测试脚本；

➢ 把脚本移到单独的文件中；

➢ 用于避免 JavaScript 错误的语法规则；

➢ JSON 是什么以及怎样使用它；

➢ 处理脚本中的错误。

WWW（World Wide Web，万维网）开始时是一种纯文本的媒介——最初的浏览器甚至不支持 Web 页面内的图像。从那些早期的日子起，Web 走过了一段很长的路。今天的 Web 站点除了有用的内容之外，还包括丰富的视觉和交互式特性：图形、声音、动画和视频。Web

脚本编程语言（如 JavaScript）是给 Web 页面增加趣味性以及用新的方式与用户交互的最容易的方式之一。实际上，要将你已经在之前各章中所学到的静态 HTML 转变为某些动态内容的，下一个步骤就是使用 JavaScript。

本章的第一部分介绍了 Web 脚本编程和 JavaScript 语言的概念。随着本章内容的逐渐深入，你将学习如何直接在 HTML 文档中包括 JavaScript 命令，以及在浏览器中查看页面时将如何执行脚本。你将处理一个简单的脚本，编辑它，并在浏览器中测试它，同时还将学习涉及创建和使用 JavaScript 脚本的基本任务。

4.1 学习 Web 脚本编程的基础知识

你已经知道了如何使用一种类型的计算机语言：即 HTML。你使用 HTML 标签来描述你希望怎样格式化文档，浏览器会服从你的命令并且把格式化的文档显示给用户。但是，由于 HTML 是一种简单的文本标记语言，它不能响应用户、做出决策或者自动执行重复性任务。像这样的交互式任务需要更先进的语言：程序设计语言或者脚本编程（scripting）语言。

尽管许多程序设计语言很复杂，但是脚本编程语言一般比较简单。它们具有简单的语法，可以利用最少量的命令执行任务，并且容易学习。JavaScript 就是一种使你能够把脚本编程与HTML 结合起来创建交互式 Web 页面的 Web 脚本编程语言。

下面列出了可以利用 JavaScript 做的几件事。

➤ 在浏览器的状态栏或者警告框中，把消息作为 Web 页面的一部分显示给用户。

➤ 验证表单的内容或者执行计算（例如，在输入物品数量时，订货表单可以自动显示累计的总金额）。

➤ 制作图像的动画，或者创建在把鼠标移到其上时将会发生变化的图像。

➤ 创建与用户交互的广告条，而不只是简单地显示一幅图。

➤ 检测浏览器支持的功能，并且只有在浏览器支持这些功能的时候，才执行一些高级功能。

➤ 检测安装的插件，如果需要某个插件就通知用户。

➤ 修改 Web 页面的全部或者一部分内容，而无须用户重新加载它。

➤ 显示从远程服务器获取的数据，或者与之交互。

脚本和程序

电影或游戏都遵循剧本——演员要表演的动作（或台词）列表。Web 脚本为 Web 浏览器提供了相同类型的指令。JavaScript 中的脚本涵盖了从单独一行代码到工业规模的应用程序（在任何一种情况下，JavaScript 脚本通常都在浏览器内运行）。

一些程序设计语言在可以执行前，必须编译（compile）或转换成机器代码。另一方面，JavaScript 是一种解释型语言（interpreted language），浏览器会执行所遇到的每一行脚本。

解释型语言是一个主要的优点：编写或更改脚本非常简单。更改 JavaScript 脚本就像更改典型的 HTML 文档一样容易，并且一旦在浏览器中重新加载了文档，更改就会生效。

4.2 JavaScript 如何适应 Web 页面

使用\<script\>标签，可以把短小的脚本（在这里只有一行代码）添加到 Web 文档中，如程序清单 4.1 所示。\<script\>标签告诉浏览器开始把文本视作脚本，\</script\>结束标签告诉浏览器返回到 HTML 模式。在大多数情况下，除了在\<script\>标签内之外，将不能在 HTML 文档中使用 JavaScript 语句。例外情况是事件处理程序，本章后面将会介绍。

程序清单 4.1 带有简单脚本的简单的 HTML 文档

```
<!DOCTYPE html>

<html lang="en">
  <head>
    <title>A Spectacular Time!</title>
  </head>

  <body>
    <h1>It is a Spectacular Time!</h1>
    <p>What time is it, you ask?</p>
    <p>Well, indeed it is: <br>
    <script type="text/javascript">
    var currentTime = new Date();
    document.write(currentTime);
    </script>
    </p>
  </body>
</html>
```

JavaScript 的 document.write 语句（你将在后面学习关于它的更多知识）可以发送输出，作为 Web 文档的一部分。在这个示例中，它将显示文档的修改日期，如图 4.1 所示。

图 4.1

使用 document. write
语句显示当前日期

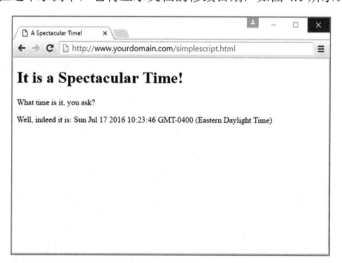

在这个示例中，我们把脚本放在 HTML 文档的主体内。实际上有 4 个不同的位置可以使用脚本。

➢ **在页面的主体中**：在这个示例中，我们把脚本放在 HTML 文档的主体内。实际上有 4 个不同的位置可以使用脚本。

➢ **在页面头部中的<head>标签之间**：不应该把头部中的脚本用于在 HTML 文档的 <head>区域内创建输出，因为这可能导致形态不佳并且无效的 HTML 文档，但是 这些脚本可以被这里以及别处的其他脚本引用。<head>区域通常用于函数——可 以作为单个单元使用的 JavaScript 语句组。在第 9 章中，我们将学习关于函数的更 多知识。

➢ **在 HTML 标签**（如**<body>**或**<form>**）**内**：这称为事件处理程序（event handler），它使脚本能够处理 HTML 元素。在事件处理程序中使用 JavaScript 时，无需使用 <script>标签。在第 9 章中，我们将学习关于事件处理程序的更多知识。

➢ **完全在单独的文件内**：JavaScript 支持使用包含脚本的带有.js 扩展名的文件；可以 通过在<script>标签中指定一个文件来包括它们。虽然使用.js 扩展名是一个惯例，但 是脚本实际上可以具有任何文件扩展名，或者根本没有扩展名。

4.2.1　使用单独的 JavaScript 文件

在创建更复杂的脚本时，你将很快发现 HTML 文档变得很大并且难以理解。为了避免这 个问题，可以使用一个或多个外部 JavaScript 文件。这些文件带有.js 扩展名，并且包含 JavaScript 语句。

外部脚本受所有现代的浏览器支持。为了使用外部脚本，可以在<script>标签中指定其文件名，如下所示，不要忘了使用结束标签</script>。

```
<script type="text/javascript" src="filename.js"></script>
```

由于把 JavaScript 语句放在单独的文件中，因此在<script>开始标签和结束标签之间无需 任何内容——事实上，它们之间的任何内容都将被浏览器忽略。

可以使用文本编辑器创建.js 文件。它应该包含一条或多条 JavaScript 命令，并且只包含 JavaScript 代码——不包括<script>标签、其他 HTML 标签或者 HTML 注释。把.js 文件保存 在与引用它的 HTML 文档相同的目录中。

> **提示：**
> 外部 JavaScript 文件具有一个独特的优点：可以从两个或更多的 HTML 文档链接到同一个.js 文件。由于浏览器将把这个文件存储在它的缓存中，因此这可以减少显示 Web 页面所花的 时间。

4.2.2　使用基本的 JavaScript 事件

你可以利用 JavaScript 做的许多有用的事情都涉及与用户交互，这意味着响应事件 （event）——例如，单击某个链接或按钮。可以在 HTML 标签内定义事件处理程序，告诉浏 览器如何响应事件。例如，程序清单 4.2 定义了一个按钮，当单击它时将显示一条消息。

程序清单 4.2 一个简单的事件处理程序

```
<!DOCTYPE html>

<html lang="en">
  <head>
    <title>Event Test</title>
  </head>

  <body>
    <h1>Event Test</h1>
    <button type="button"
            onclick="alert('You clicked the button.');">
            Click Me!</button>

  </body>
</html>
```

在全书中的多个地方，我们将学习关于 JavaScript 的事件模型以及如何创建简单和复杂的事件处理程序的更多知识。在学习第 11 章的时候，在某些情况下，我们甚至会为了更好的动态体验而调用 PHP 脚本。

4.3 探索 JavaScript 的能力

如果你花了一些时间浏览 Web，无疑会看到 JavaScript 的许多示例在使用中。下面简要描述了 JavaScript 的一些典型的应用。

4.3.1 验证表单

表单验证是 JavaScript 的另一种常见的应用，尽管 HTML5 的表单验证特性也在这里抢了 JavaScript 的许多风头。一个简单的脚本就可以读取用户输入到表单中的值，并且确保它们具有正确的格式，如邮政编码、电话号码和电子邮件地址。这类客户端验证使用户能够修正常见的错误，而无需等待来自 Web 服务器的响应，以告诉他们表单提交是无效的。

4.3.2 特殊效果

最容易、最讨厌的 JavaScript 应用之一是创建吸引注意力的特殊效果——例如，在浏览器的状态栏中滚动消息，或者使页面的背景色闪光。

这些技术幸运地不落俗套，但是由于 W3C DOM 和最新的浏览器的出现，利用 JavaScript 创建一些更令人印象深刻的效果是可能的——例如，在页面上创建可以拖放的对象，或者在幻灯片放映中创建图像之间的渐隐过渡效果。一些开发人员结合使用 HTML5、CSS3 和 JavaScript，创建了全功能的交互式游戏。

4.3.3 远程脚本调用（AJAX）

长时间以来，JavaScript 的最大限制是无法使之与 Web 服务器通信。例如，可以使用它来验证电话号码具有正确的位数，但是不能基于电话号码在数据库中查找用户的位置。

　　然而现在，你的脚本无须加载页面即可从服务器获取数据，或者把数据发回给服务器以进行保存。这些特性统称为 AJAX（Asynchronous JavaScript And XML，异步 JavaScript 和 XML）或者远程脚本调用（remote scripting）。在第 11 章中，我们将学习如何开发 AJAX 脚本。

　　如果你使用过 Google 的 Gmail 邮件应用程序、Facebook，或者允许你评论故事、给最喜爱的选项投票或参与民意调查的任何在线新闻站点，那么你已经见过了 AJAX 的实际应用。它们都使用远程脚本调用展示一个可以响应的用户界面，该界面与后台的服务器协同工作。

4.4　基本概念

　　有几个基本概念和术语是你在全书中都会遇到的。在下面几节中，你将学习 JavaScript 的基本构件。

4.4.1　语句

　　语句（statement）是 JavaScript 程序的基本单元。语句是一段执行单个动作的代码。例如，下面 4 条语句创建了一个新的 Date 对象，然后把当前的时、分和秒的值分别赋予名为 hours、mins 和 secs 的变量。然后就可以在其他的 JavaScript 代码使用这些变量了。

```
now = new Date();
hours = now.getHours();
mins = now.getMinutes();
secs = now.getSeconds();
```

　　尽管语句通常只是一行 JavaScript 代码，但这不是一条规则——可以（并且相当常见）把一条语句分拆在多行上，或者在单独一行中包括多条语句。

　　分号标记语句的末尾，但是如果在语句后面开始新的一行，那么也可以省略分号——如果这是你的编码风格的话。换句话说，下面这些是 3 条有效的 JavaScript 语句：

```
hours = now.getHours()
mins = now.getMinutes()
secs = now.getSeconds()
```

　　不过，如果把多条语句合并进单独一行中，则必须使用分号隔开它们。例如，下面的代码行是有效的：

```
hours = now.getHours(); mins = now.getMinutes(); secs = now.getSeconds();
```

　　下面的代码行则是无效的：

```
hours = now.getHours() mins = now.getMinutes() secs = now.getSeconds();
```

　　同样，你的编码风格总是取决于你自己，但是，我个人建议你总是使用分号来结束语句。

4.4.2　把任务与函数相结合

函数是被视作单个单元的 JavaScript 语句组。函数是我们在 PHP 中也经常使用的一个术语。使用函数的语句称为函数调用（function call）。例如，你可能创建一个名为 alertMe 的函数，它将在被调用时产生一个报警，如下：

```
function alertMe() {
    alert("I am alerting you!");
}
```

在调用这个函数时，将弹出一个 JavaScript 提示框，并且显示文本 "I am alerting you!"。

函数可以带有参数（圆括号内的表达式），告诉它们要做什么。此外，函数可以给等待的变量返回一个值。例如，下面的函数调用提示用户做出响应，并把它存储在 text 变量中：

```
text = prompt("Enter some text.")
```

创建你自己的函数是有用的，这是由于以下两个主要的原因：第一，你可以把脚本的逻辑部分隔开，以使得它更容易理解；第二，并且更重要的是，你可以多次或者利用不同的数据使用函数，以避免重复的脚本语句。

> **注意**:
> 本书有一整章都专门用于介绍如何在 JavaScript 和 PHP 中创建和使用函数。

4.4.3　变量

变量是容器，可以存储数字、文本字符串或者另一个值。例如，下面的语句创建了一个名为 food 的变量，并给它赋予值 "cheese"：

```
var food = "cheese";
```

JavaScript 变量可以包含数字、文本字符串和其他值。在第 7 章中，我们将更深入地学习关于它们的更多知识。在第 12 掌中，我们将学习 PHP 中的变量的知识。

4.4.4　了解对象

JavaScript 还支持对象（object）。像变量一样，对象可以存储数据，但是它们可以同时存储两份或更多的数据。正如你将在本书中所有特定于 JavaScript 的章节中所学到的，使用内置对象及其方法是 JavaScript 的基础——它是该语言的工作方式之一，即通过提供一组你可以执行的预先确定的动作。例如，你在本章前面看到的 document.write 功能，实际上属于以下情形：使用 document 对象的 write 方法把文本输出给浏览器，以进行最终的呈现。

存储在对象中的数据项被称为对象的属性（property）。例如，可以使用对象存储地址簿里人员的信息。每个人员对象的属性可能包括名字、地址和电话号码。

你将希望非常熟悉与对象相关的语法，因为你将相当频繁地看到对象，即使你没有构建自己的对象。你肯定会发现自己使用内置的对象，并且你导入使用的任何 JavaScript 库的很大一部分成分都很可能是由对象构成的。JavaScript 使用点号来隔开对象名称和属性名称。例如，对于名为 Bob 的人员对象，属性可能包括 Bob.address 和 Bob.phone。

对象还可以包括方法（method），它们是用于处理对象的数据的函数。例如，我们用于地址簿的人员对象可能包括一个 display() 方法，用于显示人员的信息。用 JavaScript 的术语讲，语句 Bob.display() 将显示 Bob 的详细信息。

如果这听起来让人觉得糊涂，也不要担心——在本书后面将更详细地探讨对象。目前，你只需知道一些基础知识。JavaScript 支持 3 类对象。

> 内置对象（built-in object）被构建到 JavaScript 语言中。我们已经遇到过其中一个这样的对象，即 Date。其他内置对象包括 Array、String、Math、Boolean、Number 和 RegExp。

> DOM（Document Object Model，文档对象模型）对象（DOM object）代表浏览器和当前 HTML 文档的多种成分。例如，你在本章前面使用的 alert() 函数实际上是 window 对象的一个方法。

> 自定义对象（custom object）是你自己创建的对象。例如，就像本节前面所提到的，你可以创建一个 Person 对象。

4.4.5 条件语句

尽管当某件事情发生时，事件处理程序会通知你的脚本（并且潜在地会通知用户），你还是可能想在脚本运行时自己检查某些条件。例如，你可能希望自己验证用户是否在 Web 表单中输入了有效的电子邮件地址。

JavaScript 支持条件语句（conditional statement），它们使你能够回答像这样的问题。典型的条件语句使用 if 语句，如下面这个示例中所示：

```
if (count == 1) {
    alert("The countdown has reached 1.");
}
```

这将比较变量 count 与常数 1，如果它们相同，就向用户显示一条报警消息。在你的大多数脚本中，很可能会使用像这样的一个或多个条件语句，第 8 章将专门介绍这个概念。

4.4.6 循环语句

JavaScript（以及大多数其他的程序设计语言）的另一个有用的特性是：能够创建循环语句（loop）或者能够重复执行若干次的语句组。例如，下面这些语句将把相同的报警显示 10 次，这将使用户极为恼怒，但它却展示了循环是如何工作的：

```
for (i=1; i<=10; i++) {
    alert("Yes, it's yet another alert!");
}
```

for 语句是 JavaScript 用于循环的多种语句之一。人们认为计算机很擅长做这类事情，即执行重复性任务。正如第 8 章将会介绍的，你将在许多脚本中使用循环语句，它们比在这个示例中的用法要有用得多。

4.4.7 事件处理程序

正如前面所提到的，并非所有的脚本都位于<script>标签内。你也可以把脚本用作事件处理程序（event handler）。尽管这可能听起来像是一个复杂的程序设计术语，但它实际上只是意味着：事件处理程序是处理事件的脚本。我们已经学习了一点关于事件的知识，但是这里以及第 9 章要介绍的事件的相关知识要更难一些。

在现实生活中，事件是针对你发生的某件事情。例如，你写在日历上的事情就是事件：如"牙科医生预约"或者"Fred 的生日"。你还会在你的生活中遇到一些非预定的事件：如交通罚单、IRS 审计或者亲戚的意外到访。

无论事件是预定的还是非预定的，你都可能具有处理它们的正常方式。你的事件处理程序可能包括如下一些事情："当 Fred 的生日到来时，给他送一份礼物吧"或者"当亲戚意外到访时，关掉灯并假装没有人在家"。

JavaScript 中的事件处理程序是类似的：它们告诉浏览器当某个事件发生时要做什么。JavaScript 处理的事件不像你处理的事件那样令人兴奋——它们包括诸如"当单击鼠标键时"和"当页面完成加载时"之类的事件。然而，它们是 JavaScript 环境的非常有用的一部分。

许多 JavaScript 事件（比如你以前见过的单击鼠标）是由用户引发的。你的脚本不会按固定的顺序做事情，它可以响应用户的动作。其他事件不直接涉及用户，例如，当 HTML 文档完成加载时触发一个事件。

每个事件处理程序都与特定的浏览器对象相关联，并且可以在定义对象的标签中指定事件处理程序。例如，图像和文本链接具有事件 onmouseover，当鼠标指针移到对象上时它就会发生。下面给出了带有一个事件处理程序的典型的 HTML 图像标签：

```
<img src="button.gif" onmouseover="highlight();">
```

可以把事件处理程序指定为 HTML 标签内的属性，并且在引号内包括用于处理事件的 JavaScript 语句。这是函数的理想应用，因为函数名比较短且简明扼要，并且可以引用整个语句系列。

事件处理程序是在定义链接的<a>标签内利用以下 onclick 属性定义的：

```
onclick="alert('A-ha! An Event!');"
```

当点击链接时，这个事件处理程序将使用 DOM 内置的 window 对象的 alert 方法显示一条消息。在点击 OK 按钮取消报警之后，浏览器将继续转到 URL 上。在更复杂的脚本中，你通常将定义自己的函数来充当事件处理程序。

在本书中将使用其他的事件处理程序，并且在第 9 章中将更全面地介绍它们。

使用事件处理程序

下面给出了事件处理程序的一个简单的示例，它可让你练习建立一个事件，以及在不使用<script>标签的情况下处理 JavaScript。程序清单 4.3 显示了一个 HTML 文档，它包括一个简单的事件处理程序。

程序清单 4.3　带有简单的事件处理程序的 HTML 文档

```
<!DOCTYPE html>

<html lang="en">
  <head>
    <title>Simple Event Handler Example</title>
  </head>

  <body>
    <h1>Simple Event Handler Example</h1>
     <P><a href="http://www.google.com/"
           onclick="alert('A-ha! An Event!');">Go to Google</a>
     </P>
  </body>
</html>
```

在单击 OK 按钮取消报警之后，浏览器将沿着<a>标签内定义的链接前进。你的事件处理程序也可能阻止浏览器沿着链接前进，如第 9 章所述。

4.4.8　首先运行哪个脚本

在 Web 文档内，实际上可以具有多个脚本：在单个文档内可以使用一组或多组<script>标签、外部 JavaScript 文件以及许许多多的事件处理程序。对于所有这些脚本，你可能感到迷惑的是浏览器怎样知道首先执行哪个脚本。好在这是以一种逻辑方式实现的。

➢ HTML 文档的<head>区域内的<script>标签组将首先被处理，而无论它们是包括嵌入式代码还是引用 JavaScript 文件。由于<head>区域内的这些脚本不能在 Web 页面中产生输出，因此，最好在这里定义要使用的函数。

➢ HTML 文档的<body>区域内的<script>标签组将在<head>区域内的那些<script>标签组之后执行，同时加载并显示 Web 页面。如果页面主体中有两个或更多的脚本，它们将按顺序执行。

➢ 当事件处理程序的事件发生时，就执行相应的事件处理程序。例如，当 Web 页面的主体加载时，将执行 onload 事件处理程序。由于<head>区域是在任何事件之前加载的，因此可以在那里定义函数，并在事件处理程序中使用它们。

4.5 JavaScript 语法规则

JavaScript 是一种简单的语言，但是需要小心地正确使用它的语法（syntax），即定义如何使用该语言的规则。本书的余下部分介绍了 JavaScript 语法的许多方面，但是你现在可以开始牢记几个基本规则，在学习本书各章内容时以及在工作时都要记住它们。

4.5.1 大小写敏感性

JavaScript 中的几乎所有内容都要区分大小写（case sensitive），这意味着不能互换地使用小写和大写字母。下面列出了几个一般的规则。

➢ JavaScript 关键字（如 for 和 if）总是小写的。

➢ 内置对象（如 Math 和 Date）是首字母大写的。

➢ DOM 对象名称通常是小写的，但是它们的方法则通常使用大写和小写字母的组合，除第一个单词之外的所有其他单词的首字母采用大写形式，如 setAttribute 和 getElementById。

当心存疑虑时，可以遵照本书或其他 JavaScript 参考书中使用的准确大小写形式。如果使用了错误的大小写，浏览器通常会显示一条错误消息。

4.5.2 变量、对象和函数名称

在定义你自己的变量、对象或函数时，可以选择它们的名称。名称可以包括大写字母、小写字母、数字和下划线（_）字符。这些名称必须以字母或下划线开头。

可以选择在变量名称中使用大写字母还是小写字母，但是要记住 JavaScript 是区分大小写的。score、Score 和 SCORE 将被视作 3 个不同的变量。每次引用一个变量时，一定要使用相同的名称。

4.5.3 保留字

针对变量名称的另外一条规则是：它们绝对不能是保留字（reserved word），其中包括构成 JavaScript 语言（如 if 和 for）、DOM 对象名称（如 window 和 document）以及内置对象名称（如 Math 和 Date）的单词。

在 Mozilla 的开发者社区，可以看到 JavaScript 保留字的列表。

4.5.4 空白

空白（程序员称之为白空，whitespace）会被 JavaScript 忽略。可以在一行内包括空格和制表符，或者包括空白行，而不会引发错误。空白通常可以使脚本更容易阅读，因此在使用

它时不要犹豫。

4.6 使用注释

JavaScript 注释（comment）使你能够在脚本内包括进注解。如果别人需要理解脚本，或者你自己在中断一段较长的时间后尝试理解它，那么简短的注解就是有用的。要在 JavaScript 程序中包括注释，可以用两个斜杠开始一行，如下面这个示例中所示：

```
// this is a comment.
```

你也可以在一行的中间利用两个斜杠开始注释，这对于给脚本加注释是有用的。在这种情况下，一行中位于斜杠之后的所有内容都会被视作注释，并且会被浏览器忽略。例如，下面的代码行就是有效的 JavaScript 语句，其后接着一条注释，解释代码中将发生什么事情：

```
a = a + 1; // add 1 to the value of the variable a
```

JavaScript 还支持 C 语言风格的注释，它以/*开头，并以*/结尾。这些注释可以扩展到多行上，如下面的示例所示：

```
/* This script includes a variety
of features, including this comment. */
```

由于注释内的 JavaScript 语句将会被忽略，因此这类注释经常用于注释掉代码段。如果你在调试脚本时想暂时忽略一些 JavaScript 代码行，就可以在该代码段开头添加/*，并在末尾添加*/。

4.7 关于 JavaScript 的最佳实践

既然你已经学习了编写有效的 JavaScript 代码的一些非常基本的规则，那么遵循几个最佳实践（best practice）也是一个好主意。下面的实践可能不是必需的，但是如果开始就把它们整合进开发过程中，将会使你自己和其他人避免一些令人头痛之事。

➢ 慷慨地使用注释——这些注释将使你的代码更容易被其他人理解，并且在你以后编辑代码时也可以使你自己更容易理解它们。它们也可用于标记出脚本的主要区域。

➢ 在每一条语句末尾都使用分号并且在每一行只使用一条语句——尽管你在本章中学过，不必使用分号来结束语句（如果使用换行的话），但是使用分号并且在每一行只使用一条语句将使你的脚本更容易阅读，也更容易调试。

➢ 只要有可能，就要使用单独的 JavaScript 文件——把大块的 JavaScript 代码分隔开可以使调试更容易，还可以鼓励你编写可以重用的模块化脚本。

➢ 避免特定于浏览器——随着学习关于 JavaScript 的更多知识，你将学到一些只能在一种浏览器中工作的特性。除非绝对需要，否则要避免使用它们，并且总在多种浏览器中测试你的代码。

➢ 保持 JavaScript 是可选的——不要在站点上使用 JavaScript 执行必不可少的功能，例如主导航链接。只要有可能，不使用 JavaScript 的用户也应该能够使用你的站点，尽管它可能不是非常有吸引力或者不太方便。这种策略称为渐进增强（progressive enhancement）。

还有更多的最佳实践，它们涉及 JavaScript 更高级的方面。随着你逐步学习后面的章节，并且随着时间的推移以及你与其他人在 Web 开发项目上合作，你将学到关于这些高级方面的详细知识。

4.8 理解 JSON

尽管 JSON（JavaScript Object Notation，JavaScript 对象表示法）不是核心 JavaScript 语言的一部分，但是事实上它是一种构造和存储信息的常见方式，这些信息是由客户端上的基于 JavaScript 的功能使用或创建的。现在是熟悉 JSON（读作"Jason"）以及它的一些用法的好时机。

JSON 编码的数据被表示为参数/值对的序列，其中每一对都使用冒号把参数与值分隔开。这些"参数":"值"对本身通过逗号分隔开：

```
"param1":"value1", "param2":"value2", "param3":"value3"
```

最后，整个序列包围在大括号之间，构成一个 JSON 对象。下面的示例创建一个名为 yourJSONObject 的变量：

```
var yourJSONObject = {
    "param1":"value1",
    "param2":"value2",
    "param3":"value3"
}
```

注意，在最后的参数后面没有逗号，如果加了逗号，将会是一个语法错误，因为后面不会在跟着其他的额外参数了。

JSON 对象可以具有属性和方法，可使用常见的点表示法直接访问它们，如下：

```
alert(yourJSONObject.param1); // alerts 'value1'
```

不过，更一般地讲，JSON 是一种用于以字符串格式交换数据的通用语法。然后可以通过一个称为序列化的过程，很容易把 JSON 对象转换成字符串，序列化的数据便于在网络周围存储或传输。随着逐步学习本书，你将会看到序列化的 JSON 对象的一些应用。

当今，JSON 的最常见的应用之一是：作为由 API 以及其他数据馈送使用的一种数据交换格式，这些数据馈送是由前端应用程序使用的，它使用 JavaScript 解析这种数据。这使得人们越来越多地使用 JSON 代替其他数据格式（如 XML），因为 JSON 具有以下优点。

➤　很容易被人和计算机读取。

➤　概念简单，JSON 对象只是由大括号封闭的一系列"参数":"值"对。

- ➤ 基本上是自文档化的。
- ➤ 可以快速创建和解析。
- ➤ 无需特殊的解释器或者其他额外的程序包。

4.9 使用 JavaScript 控制台调试 JavaScript 错误

在开发更复杂的 JavaScript 应用程序时，可能会时不时地遇到一些错误。JavaScript 错误通常是由错误输入的 JavaScript 语句引起的。

要查看 JavaScript 错误消息的示例，可以修改在上一节中添加的语句。我们将使用一个常见的错误：遗漏了其中某个圆括号。把程序清单 4.1 中的最后一个 document.write 语句更改如下：

```
document.write(currentTime;
```

再次保存 HTML 文档，并把它加载到浏览器中。根据你使用的浏览器版本的不同，要么会显示错误消息，要么简直无法执行脚本。

如果显示一条错误消息，那么你还只是在半路上，可以通过添加遗漏的圆括号来修正问题。如果没有显示错误，就应该配置浏览器以显示错误消息，使得你可以诊断以后出现的问题。

- ➤ 在 Firefox 中，可以选择 Developer 选项，然后，从主菜单中选择 Browser Console。
- ➤ 在 Chrome 中，选择 More Tools，从主菜单选择 Developer Tools。

  在浏览器窗口底部将显示一个控制台。图 4.2 显示了控制台，其中显示了你在这个示例中创建的错误消息。

- ➤ 在 Microsoft Edge 中，按下 F12 键，从主菜单选择 Developer Tools。

图 4.2

在 Chrome 中的 JavaScript 控制台中显示一条错误

我们在这里得到的错误是"Uncaught SyntaxError"，并且它指向第 15 行。在这里，可以单击脚本的名称，将直接把你带到高亮显示的包含错误的那一行，如图 4.3 所示。

大多数现代的浏览器都包含 JavaScript 调试工具，如你刚才见过的工具。随着你开始进行 Web 应用程序开发，这些工具将变得非常有用。

图 4.3

Chrome 有助于指出有问题的行

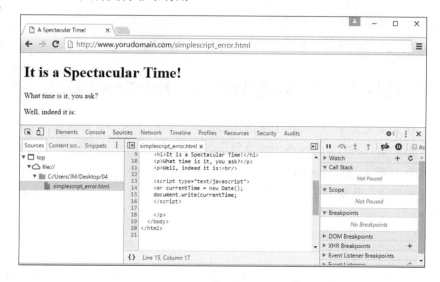

4.10 小结

在本章中，我们学习了 Web 脚本编程是什么以及 JavaScript 是什么。我们还学习了如何向 HTML 文档中插入脚本或者引用外部 JavaScript 文件，JavaScript 可以做哪些类型的事情，以及 JavaScript 与其他 Web 语言之间有何区别。我们还编写了一个简单的 JavaScript 程序，并且使用 Web 浏览器对它进行了测试。

在编写这个脚本的过程中，我们使用了 JavaScript 的一些基本特性：变量、document.write 语句以及用于处理日期和时间的函数。我们还接触了 JavaScript 中的函数、对象、事件处理程序和循环等概念。

我们还学习了如何使用 JavaScript 注释使脚本更容易阅读，并且查看了事件处理程序的一个简单的示例。最后，本章介绍了 JSON——它是通常由基于 JavaScript 的应用程序使用的一种数据交换格式，以及当 JavaScript 程序遇到错误时会发生什么事情（以及如何进行调试）。

既然你已经学习了一点 JavaScript 语法，就准备好如何在后续各章中编写 JavaScript。但是在此之前，在下一章中，我们先要学习一种服务器端脚本编程语言——PHP 的一些类似的基础知识。

4.11 问与答

Q：我需要在多个浏览器上测试我的 JavaScript 程序吗？

A：在理想的世界里，你编写的任何遵循 JavaScript 标准的脚本都将能够在所有的浏览器中工作；在真实的世界里，有 98% 的时间会是这样。但是浏览器确实具有它们各自的"怪癖"，你至少应该在 Chrome、Internet Explorer 和 Firefox 上测试脚本。

Q：当我尝试运行我的脚本时，浏览器在浏览器窗口中显示了实际的脚本，而不是执行它。我犯了什么错误？

A：这最有可能是由以下两个错误之一引起的。第一，你可能遗漏了<script>开始标签或结束标签。检查它们，并且验证最开始的代码是否为<script type="text/javascript">。第二，你的文件可能是用扩展名.txt 保存的，导致浏览器把它视作纯文本文件，把它重命名为.htm 或.html 文件以修正问题。

Q：我听说过"面向对象"这个术语适用于像 C++和 Java 这样的语言，如果 JavaScript 支持对象，那么它是一种面向对象的语言吗？

A：是的，但它可能不符合一些人的严格定义。JavaScript 对象不支持像 C++和 Java 这样的语言支持的所有特性，不过 JavaScript 的最新版本添加了更多的面向对象的特性。

4.12 测验

作业包含测验问题和练习，可以帮助你巩固对所学知识的理解。要尝试先解答所有的问题，然后再查看其后的"解答"一节的内容。

4.12.1 问题

1. 当用户查看包含 JavaScript 程序的页面时，哪台机器将实际执行脚本？

a. 用户的运行 Web 浏览器的机器

b. Web 服务器

c. 位于 Netscape 的公司办公室内部深处的中央机器

2. 你使用什么软件工具创建和编辑 JavaScript 程序？

a. 浏览器

b. 文本编辑器

c. 铅笔和纸张

3. 在 JavaScript 程序中变量有什么用途？

a. 存储数字、日期或其他值

b. 随意地变化

c. 导致高中代数重现

4. 以下哪个应该出现在嵌入在 HTML 文件中的 JavaScript 脚本的末尾？

a. <script type="text/javascript">标签

b. </script>标签

c. END 语句

5. 下面哪些是由浏览器首先执行的？

a. <head>区域中的脚本

b. <body>区域中的脚本

c. 用于按钮的事件处理程序

4.12.2 解答

1．a。JavaScript 程序在 Web 浏览器上执行（JavaScript 实际上也有一个服务器端的版本，但那是另一回事）。

2．b。任何文本编辑器都可以用于创建脚本。也可以使用字处理器，只要小心地利用.html 或.htm 扩展名保存文档即可。

3．a。变量用于存储数字、日期或其他值。

4．b。你的脚本应该以</script>标签结尾。

5．a。在 HTML 文档的<head>区域中定义的脚本将首先被浏览器执行。

4.12.3 练习

➢ 查看你所创建的显示时间的简单脚本，并且给代码添加注释，从而可以更清楚地看出每一行在做什么。然后验证脚本仍将正确地运行。

➢ 使用本章所学习的技术，创建一个脚本，使得当用户点击一个链接的时候，在一个警告框中显示当前的日期和时间。

第5章

PHP 简介

在本章中，你将学习以下内容：

> ➢ PHP 作为"服务器端"语言，是如何与 Web 服务器工作的；

> ➢ 如何将 PHP 代码包含到一个 Web 页面中；

> ➢ 开始和结束 PHP 脚本；

> ➢ 如何在同一个文件中使用 HTML、JavaScript 和 PHP。

在本书的前 4 章中，你学习了客户端或前端语言：HTML 和 JavaScript。在本章中，我们将学习 PHP 的基础知识，这是一种服务器端脚本语言，它在一个 Web 服务器上运行。我们将学习如何将 PHP 代码包含到 HTML 文档中，以及当你在 Web 浏览器中指向一个页面而需要访问一个远程 Web 服务器的时候，这些脚本是如何执行的。我们刚刚学习了前端功能，而且将要在本书中的第三部分再次学习后端的功能，而本章很简短，它充当了二者之间的一个桥梁。

5.1 PHP 是如何与 Web 服务器协作的

通常，当用户向 Web 服务器请求一个 Web 页面的时候，服务器会读取一个简单的 HTML 文件（这可能包含也可能不包含 JavaScript），并且将其内容发送回浏览器作为响应。如果请求的是一个 PHP 文件，或者是包含 PHP 代码的一个 HTML 文档，并且服务器支持 PHP，那么，服务器会查找文档中的 PHP 代码，执行它并且在页面中用这段 PHP 代码的输出来替代 PHP 代码。如下是一个简单的示例：

```
<!DOCTYPE html>
<html>
  <head>
    <title>There's PHP in Here</title>
```

```
    </head>
    <body>
        <?php echo "Howdy!"; ?>
    </body>
</html>
```

如果是向支持 PHP 的一个 Web 服务器发送请求，那么，发送给浏览器的 HTML 将会如下所示：

```
<!DOCTYPE html>
<html>
    <head>
        <title>There's PHP in Here</title>
    </head>
    <body>
        Howdy!
    </body>
</html>
```

当用户请求页面的时候，Web 服务器会判断这是一个 PHP 页面而不是一个常规的 HTML 页面。如果 Web 服务器支持 PHP，它通常把扩展名为.php 的任何文件都当作 PHP 页面对待。假设这个页面的名称类似于 howdy.php，当 Web 服务器接受到请求的时候，它扫描页面，查找 PHP 代码，然后运行所找到的任何代码。PHP 代码通过 PHP 标签和页面剩下的部分区分开来，我们将在下一小节中详细介绍。

无论何时，当服务器找到这些标签的时候，它将其中的任何内容都当作是 PHP 代码。这和操作 JavaScript 的方法并无区别，只不过<script>标签中的任何内容都被当作 JavaScript 代码对待。

5.2 PHP 脚本基础

让我们直接跳到 PHP 脚本。首先，打开你所喜爱的文本编辑器，像 HTML 文档一样，PHP 文件也是由纯文本构成的。你可以使用任何文本编辑器来创建它们，并且，大多数流行的 HTML 编辑器和编程 IDE（集成开发环境）都支持 PHP。

> **提示：**
> 如果你有一个喜欢用来编写 HTML 和 JavaScript 的 IDE 或简单的文本编辑器，那么，很可能用它编写 PHP 也很好用。

输入程序清单 5.1 中的例子并将文件保存到 Web 服务器的根目录，将其命名为 test.php。

程序清单 5.1　一个简单的 PHP 脚本

```
<?php
    phpinfo();
?>
```

这段脚本直接告诉 PHP 使用名为 phpinfo()的内置函数。这个函数自动地生成关于你的系统上的 PHP 的配置的大量细节信息。你还将开始看到一种脚本语言的力量——只需要一点点文本，就能够生成一些有用的内容。

如果不能在为 PHP 脚本提供运行服务的机器上直接工作，则可能需要一个 FTP 或 SCP 客户端把保存的文档上传到服务器。当文档位于服务器上的适当位置时，你就可以使用浏览器来访问它了。如果一切正常，你将会看到脚本的输出。图 5.1 显示了脚本 test.php 的输出。

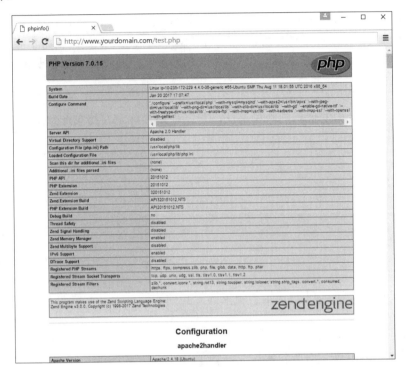

图 5.1

成功：脚本 first.php 的输出

5.2.1 开始和结束一个 PHP 语句块

在编写 PHP 的时候，你需要通知 PHP 引擎想要执行的是哪些命令。如果不能做到这一点，所编写的代码将会被误认为 HTML 并且直接输出到浏览器。你可以把自己的代码设计为带有专门标记的 PHP，这些标记表示了 PHP 代码块的开始和结束。表 5.1 给出了 4 种 PHP 分隔标记。

表 5.1　　　　　　　　　　　　　　PHP 开始和结束标记

标记类型	开始标记	结束标记
标准标记	<?php	?>
短标记	<?	?>

强烈推荐使用标准标记，并且这也是 PHP 引擎的默认标记。如果你想要使用短标记，必须确保在 php.ini 中将 short_open_tag 设置为 On，从而显式地支持短标记。

```
short_open_tag = On;
```

这样的一个配置修改需要重新启动 Web 服务器。这在很大程度上与个人偏好有关，当然如果你有意要在自己的脚本中包含 XML，你应该避免使用短标记(<?和?>)而使用标准标记(<?php 和?>)。在整个本书中，我们都将使用标准标记，但是，你应该知道，如果阅读其他人编写的代码的话，你可能会遇到另一种类型的标记。如果你要使用带有其他类型的标记的代码，那么在使用之前，必须调整 PHP 标记。

注意：

字符序列<?告诉一个 XML 解析器将有一个处理指令,因此该序列经常包含在 XML 文档中。如果你在脚本中包含 XML 并且短标记可用，PHP 引擎就可能混淆 XML 处理指令和 PHP 开始标记。如果你有意在文档中加入 XML，那么就关闭短标记。再次强调，从长远来看，标准标记真的是最佳选择。

让我们看看程序清单 5.1 中的代码的两种写法，包括使用短标记（如果配置选项打开的话）的写法：

```
<?php
    phpinfo();
?>


<?
    phpinfo();
?>
```

你也可以把单行代码放入到与 PHP 开始和结束标记相同的一行中，示例如下。

```
<?php phpinfo(); ?>
```

现在，你知道如何用 PHP 标签分隔符来定义一段 PHP 代码了，下面让我们继续学习。

5.2.2　echo 语句和 print()函数

如下的 PHP 代码只做一件事情，它在屏幕上显示了"Hello!"：

```
<?php
    echo "Hello!";
?>
```

简单地说，这里 echo 语句用来输出数据。在大多数情况下，echo 的任何输出最终在浏览器中都是可见的。也可以使用 print()函数来替代 echo 语句。使用 echo 或 print()只是个人习惯的问题，当你查看其他人的脚本时，两种用法都会见到。

再来看看到目前为止我们所见到过的代码，注意程序清单 5.1 中以分号结束的唯一那行代码。这个分号告诉 PHP 引擎，一条语句结束了，并且，这是目前为止我们所学到的关于编码语法的最重要的一点。

语句（statement）表示对 PHP 引擎的一条指令。更广泛地讲，对于 PHP 来说，它就像是用英语写或说的一个句子。一个英语句子通常应该用一个句号结束，一条 PHP 语句通常应该以一个分号结束。这条规则的例外之一是包含了其他语句的语句，以及结束一个代码块的语句。然而，在大多数情况下，没有用分号结束一条语句将会引起 PHP 引擎的混淆并且产生一个错误。

5.2.3　组合 HTML 和 PHP

程序清单 5.1 中的脚本是纯 PHP 的，但是，这并不意味着在 PHP 脚本中只能使用 PHP。只需要确保所有的 PHP 都包含到了 PHP 开始标签和结束标签之中，就可以在同一文档中使用 PHP 和 HTML，如程序清单 5.2 所示。

程序清单 5.2　加入到 HTML 中的一个 PHP 脚本

```
<!DOCTYPE html>
<html lang="en">
  <head>
    <title>Some PHP Embedded Inside HTML</title>
  </head>
  <body>
    <h1><?php echo "Hello World!"; ?></h1>
  </body>
</html>
```

正如你所见到的，把 PHP 代码加入到一个主控 HTML 文档中只是代码输入上的小问题，因为 PHP 引擎会忽略 PHP 开始和结束标记外围的所有内容。

如果你把程序清单 5.2 中的内容保存为 helloworld.php，并将其放置到文档根目录，然后使用浏览器查看它，如图 5.2 所示，你可以看到粗体的"Hello World!"。如果你要查看文档源文件，如图 5.3 所示，清单看上去确实像一个普通的 HTML 文档，因为在输出到浏览器进行渲染之前，PHP 引擎的所有处理工作都已经发生过了。

图 5.2

helloworld.php 的输出在浏览器中的样子

只要你愿意，可以在一个单个的文档中包含任意多个 PHP 代码块，这些代码块可以根据需要散布在 HTML 中。尽管可以在一个单个的文档中有多个代码块，但只要 PHP 引擎能够识别，它们就会组合形成一个单个的、连续的脚本。

图 5.3

helloworld.php 的输出
的 HTML 源代码

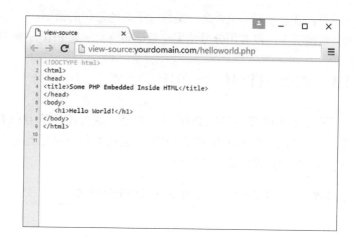

5.2.4　为 PHP 代码添加注释

那些在编写的时候看上去干干净净的代码，当你 6 个月后试图改进它的时候，看上去是那么的杂乱无章。在编写代码的时候为代码添加注释，以后将会节省你的时间，并且使得其他的程序员更容易使用你的代码。

注释（comment）就是脚本中会被 PHP 引擎忽略的文本。注释可以使得代码更具可读性，或者用来说明一个脚本。

单行注释以两个斜杠开始（//），这是首选的方式，也可以以一个斜杠或一个井号开始，在其他人编写代码中，你可能会看到这种形式的注释，尤其是如果他们曾经编写过 Perl 或其他语言的程序的话，在那些语言中，这种注释形式更加常见。不管使用哪种有效的注释形式，PHP 引擎忽略从这些符号到行末或者从这些符号到 PHP 结束标记之间的所有文本。

```
// this is a comment
#  this is another comment
```

多行注释以一个斜杠后面跟着一个星号（/*）开始，结束的时候是一个星号后面跟着一个斜杠（*/）。

```
/*
this is a comment
none of this will
be parsed by the
PHP engine
*/
```

代码注释就像 HTML 和 JavaScript 一样（或者任何非 PHP 的内容）会被 PHP 引擎忽略，而且不会引发错误并导致你的脚本的执行停止下来。

5.3　代码块和浏览器输出

在前面各节中，你已经学习了使用 PHP 开始和结束标记任意切换 HTML 格式。在后面各章中，我们将更多地了解如何根据判断向用户展示不同的输出，而这种判断过程是可以使用所谓的流程控制语句来控制的，这种语句在 JavaScript 和 PHP 中都存在。尽管两种语言的流程控制都会在本书中讨论，这里我还是使用一个基本的示例，以便更容易继续学习混合使用 PHP 和 HTML。

想象一个脚本，只有当把一个变量设为布尔值 true 时，它才输出一个表格的值。程序清单 5.3 展示了用 if 语句的代码块构建的一个简化的 HTML 表格。

程序清单 5.3　如果一个条件为 True 的话，PHP 显示文本

```
<!DOCTYPE html>
<html lang="en">
<head>
   <title>More PHP Embedded Inside HTML</title>
   <style type="text/css">
   table, tr, th, td {
       border: 1px solid #000;
       border-collapse: collapse;
       padding: 3px;
   }
   th {
       font-weight: bold;
   }
   </style>
   </head>
   <body>
   <?php
   $some_condition = true;
   if ($some_condition) {
      echo "<table>
      <tr><th colspan=\"3\">
      Today's Prices
      </th></tr>
      <tr><td>14.00</td><td>32.00</td><td>71.00</td></tr>
      </table>";
   }
   ?>
   </body>
</html>
```

如果$some_condition 的值为真，就打印表格。为了保持可读性，我们将输出划分为多行，这些行由一条 echo 语句包围，并且我们用反斜杠来将 HTML 输出中的任何引号转义。

把上述代码放到名为 embedcondition.php 的文本文件中，并把文件放到 Web 服务器文档根目录下。当用 Web 浏览器访问这个脚本时，产生如图 5.4 所示的输出。

用这种编码方法没有任何错，但通过在代码块中回到 HTML 模式，我们就可以省去某些输入。在程序清单 5.4 中，我们就是这样做的。

图 5.4

embedcondition.php
的输出

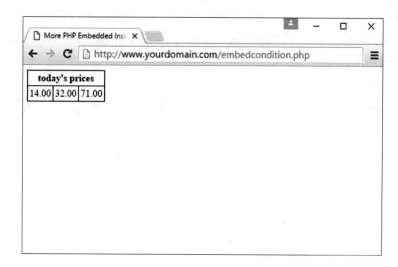

程序清单 5.4　返回代码块中的 HTML 模式

```html
<!DOCTYPE html>
<html lang="en">
<head>
    <title>More PHP Embedded Inside HTML</title>
    <style type="text/css">
    table, tr, th, td {
        border: 1px solid #000;
        border-collapse: collapse;
        padding: 3px;
    }
    th {
        font-weight: bold;
    }
    </style>
</head>
<body>
    <?php
    $some_condition = true;
    if ($some_condition) {
    ?>
    <table>
    <tr><th colspan="3">Today's Prices</th></tr>
    <tr><td>14.00</td><td>32.00</td><td>71.00</td></tr>
    </table>
    <?php
    }
    ?>
</body>
</html>
```

这里值得注意的重要事情是，只有 if 语句的条件满足时，才会发生在第 4 行转换到 HTML 模式。这可以避免我们要转义引号和把输出放入到 echo 语句中的麻烦。然而，长远来讲，这种方法可能影响代码的可读性，尤其是在脚本变得越来越大的时候。

5.4 小结

在本章中,我们学习了使用 PHP 作为服务器端脚本语言的概念,并且使用 phpinfo()函数,我们可以针对所使用的服务器产生 PHP 配置值的一个列表。我们使用一个文本编辑器创建了一个简单的 PHP 脚本。我们介绍了可以用来开始和结束 PHP 代码块的 4 种标记。

最后,我们学习了如何使用 echo 语句或 print 函数向浏览器发送数据,并且把 HTML 和 PHP 脚本组合到同一个脚本中。我们还学习了将 PHP 开始标记和结束标记与条件代码块联合使用的一种技术,以此作为在 HTML 中嵌入 PHP 的另一种方式。

本书的前 5 章介绍交互式 Web 站点的思路以及使用 HTML、JavaScript 和 PHP 开发 Web 内容的基本概念,从而为创建 Web 应用程序打下基础。PHP 语言及其在应用程序后端(服务器端)的使用,是和前端(Web 浏览器)相对的,这也使得 PHP 成为 3 种语言之中较为复杂的一种语言。然而,PHP 和 JavaScript 的基本知识和语法有很多的相似性,因此在本章之后,我们将再次关注 JavaScript,然后才会回到 PHP 构建交互式和动态应用程序的内容上来。

5.5 问与答

Q:最好的开始和结束标记是什么?

A:这在很大程度上是个人偏好的问题。但为了可移植性,标准标记(<?php 和 ?>)是最佳的选择。

Q:在编写 PHP 代码的时候,应该避免使用哪些编辑器?

A:不要使用为了打印而格式化文本的字处理软件(如 Microsoft Word)。即便使用这种软件以纯文本的格式保存你所创建的文件,隐藏的字符也可能遍布代码之中。

Q:我该在何时注释我的代码?

A:这又是一个个人偏好的问题。某些较短的脚本具有很好的自解释性,即便在很长一段时间之后也是如此。不管脚本的长度和复杂性如何,都应该注释你的代码。从长远来讲,注释代码常常会节省你的时间,减少挫折感。

5.6 测验

这个实践练习设计用来帮助你预测可能的问题、复习已经学过的知识,并且开始把知识用于实践。

5.6.1 问题

1. 一个人浏览你的 Web 站点可以读取已经成功安装的 PHP 脚本的源代码吗?

2. 如下有效的 PHP 脚本能够没有错误的运行吗?如果是的,浏览器中将会显示什么?

```
<?php echo "Hello World!" ?>
```

3．如下有效的 PHP 脚本能够没有错误的运行吗？如果是的，浏览器中将会显示什么？

```
<?php
// I learned some PHP!
?>
```

5.6.2　解答

1．不能，这个用户只能看到脚本的输出。

2．不能。这段代码将会产生一个错误，因为 echo 语句没有用一个分号结束。

3．是的。这段代码将会运行而没有错误。然而，它不会在浏览器中生成什么内容，因为 PHP 的开始标记和结束标记之间的唯一的代码是一条 PHP 注释，而注释是会被 PHP 引擎所忽略的。因此，不会显示输出。

5.6.3　练习

熟悉创建、上传和运行 PHP 脚本的过程。特别是创建你自己的"Hello World"脚本。为它添加 HTML 代码，并且添加其他的 PHP 语句块。

第 2 部分：动态 Web 站点基础

第6章

理解动态 Web 站点和 HTML5 应用程序

在本章中，你将学习以下内容：

> 怎样概念化不同类型的动态内容；

> 怎样使用 JavaScript 代码显示随机文本；

> W3C DOM 标准怎样使动态页面更容易控制；

> 标准 DOM 对象（window、document、history 和 location）的基本知识；

> 怎样处理 DOM 节点、父对象、子对象和兄弟对象；

> 怎样访问和使用 DOM 节点的属性；

> 怎样访问和使用 DOM 节点的方法；

> 怎样使用 JavaScript 控制元素定位；

> 怎样使用 JavaScript 隐藏和显示元素；

> 如果使用 JavaScript 在一个页面中添加和修改文本；

> 怎样使用 JavaScript 和用户事件更改图像；

> 怎样使用开发者工具来调试 HTML、CSS 和 JavaScript；

> 怎样开始提前考虑把各个部分组合起来创建 HTML5 应用程序。

术语动态（dynamic）意味着某件事物是活动的，或者某件事物激发另一个人变成活动的。在讨论 Web 站点时，动态 Web 站点是指不仅在其功能和设计中纳入了交互性，而且还会激发用户采取某个动作（阅读更多内容、购买产品等）的站点。在本章中，我们将学习可以使站点成为动态站点的不同类型的交互性，包括关于服务器端和客户端脚本的信息（以及后面的一些实用的示例）。

本章将帮助你更好地理解文档对象模型（Document Object Model，DOM），这是 Web 浏览器中的一个文档的结构性框架。使用 JavaScript 对象、方法和其他的功能（除了基本的 HTML 以外），我们可以控制 DOM 以开发丰富用户体验。在学习了不同的技术之后，我们将使用 JavaScript 和 DOM 的知识，在页面加载时显示随机引文，并且基于用户交互来交换图像。最后，在至少学习了一些关键字以及结合使用 HTML、CSS 和 JavaScript 的基本概念之后，本章将向你介绍在创建 HTML5 应用程序时可能存在的一些情况。

6.1　理解不同类型的脚本

在 Web 开发中，存在两种不同类型的脚本：服务器端脚本和客户端脚本。服务器端脚本编程（server-sidescripting）指运行在 Web 服务器上的脚本，它们用于把结果发送给 Web 浏览器。如果你曾经在 Web 站点上提交过表单（包括使用搜索引擎），就体验过服务器端脚本的结果。本书在第 5 章中介绍了 PHP，而 PHP 就是一种服务器端脚本语言。

另一方面，客户端脚本编程（client-side scripting）指运行在 Web 浏览器内的脚本—无需与 Web 服务器交互即可使脚本运行。迄今为止，最流行的客户端脚本编程语言是 JavaScript，我们在第 4 章中介绍过。多年来，研究表明：在所有 Web 浏览器中，有超过 98% 的浏览器都支持 JavaScript。

在学习本书的过程中，我们将专注于使用 JavaScript 作为客户端脚本语言，并且使用 PHP 作为服务器端脚本语言。

6.2　显示随机内容

在第 4 章中，我们学习了 JavaScript 的基础知识，例如，如何将其加入到一个 Web 页面中。作为在客户端做一些动态的事情的一个示例，本小节将带领你通过 JavaScript 给一个 Web 页面添加随机内容。每次页面加载时，都可以使用 JavaScript 显示不同的内容。或许你拥有一个文本或图像集合，你发现它们非常有趣，值得包括在页面中。

我非常痴迷于良好的引文。如果你像我或者其他许多创建个人 Web 站点的人一样，就可能发现在 Web 页面中纳入一条不断变化的引文是有趣的。要创建一个页面，它具有一条每次页面加载时都会改变的引文，必须先收集所有的引文，以及它们各自的来源。然后把这些引文放在一个 JavaScript 数组（array）中。数组是程序设计语言中的一种特殊的存储单元，可以方便地处理项目列表。

在把引文加载到数组中之后，用于随机提取引文的 JavaScript 代码就相当简单了（我们稍后将解释它）。程序清单 6.1 包含完整的 HTML 和 JavaScript 代码，它们可以让 Web 页面在每次加载时显示一条随机的引文。

程序清单 6.1　带有随机引文的 Web 页面

```
<!DOCTYPE html>

<html lang="en">
  <head>
    <title>Quotable Quotes</title>
```

```
      <script type="text/javascript">
        <!-- Hide the script from old browsers
        function getQuote() {
          // Create the arrays
          var quotes = new Array(4);
          var sources = new Array(4);

          // Initialize the arrays with quotes
          quotes[0] = "Optimism is the faith that leads to achievement.";
          sources[0] = "Helen Keller";

          quotes[1] = "If you don't like the road you're walking, " +
          "start paving another one.";
          sources[1] = "Dolly Parton";

          quotes[2] = "The most difficult thing is the decision to act, " +
          "the rest is merely tenacity.";
          sources[2] = "Amelia Earhart";

          quotes[3] = "What's another word for thesaurus?";
          sources[3] = "Steven Wright";

          // Get a random index into the arrays
          i = Math.floor(Math.random() * quotes.length);

          // Write out the quote as HTML
          document.write("<p style='background-color: #ffb6c1;
                        text-align:center'>\"");
          document.write(quotes[i] + "\"");
          document.write("<em>- " + sources[i] + "</em>");
          document.write("</p>");
        }
        // Stop hiding the script -->
    </script>
    </head>

    <body>
      <h1>Quotable Quotes</h1>
      <p>Following is a random quotable quote. To see a new quote just
      reload this page.</p>
      <script type="text/javascript">
        <!-- Hide the script from old browsers
        getQuote();
        // Stop hiding the script -->
    </script>
    </body>
  </html>
```

尽管这段代码看起来比较长，但是其中许多内容都仅仅由可用于显示在页面上的 4 条引文组成。

第一组<script></script>标签之间的大量代码行用于创建一个名为 getQuote()的函数。在定义了一个函数之后，就可以在相同页面的其他位置调用它，稍后将在代码中看到。注意：

如果函数存在于外部文件中，那么就可以从所有页面中调用它。

如果仔细观察代码，将会看到如下一些行：

```
// Create the arrays
```

和

```
// Initialize the arrays with quotes
```

这些都是代码注释。开发人员使用这些类型的注释在代码中留下说明，使得任何阅读它的人都清楚代码在那个特定的位置正在做什么。在第一条关于创建数组的注释后面，可以看到创建了两个数组：一个名为 quotes，另一个名为 sources，它们都包含 4 个元素：

```
var quotes = new Array(4);
var sources = new Array(4);
```

在第二条注释（关于利用引文初始化数组）后面，向数组中添加了 4 个数据项。让我们密切观察其中一个数据项，即第一条引文，它出自 Helen Keller：

```
quotes[0] = "Optimism is the faith that leads to achievement.";
sources[0] = "Helen Keller";
```

你已经知道数组被命名为 quotes 和 sources，但是被赋值的变量（在这个实例中）则称为 quotes[0] 和 sources[0]。因为 quotes 和 sources 是数组，数组中的每个数据项都具有它们自己的位置。在使用数组时，数组中的第一个数据项不是在 #1 槽中，它位于 #0 槽中。换句话说，是从 0 而不是从 1 开始计数，这是程序设计中的典型情况——可以把它归档为一个用于将来的有趣且有用的说明（或者一个不错的普通答案）。因此，将把第一条引文的文本（值）赋予 quotes[0]（变量）。类似地，把第一个来源的文本赋予 source[0]。

文本字符串封闭在引号中。不过，在 JavaScript 中，换行符指示命令的结尾，因此下面的书写方式将在代码中引发问题：

```
quotes[2] = "The most difficult thing is the decision to act,
the rest is merely tenacity.";
```

因此，你将看到字符串被构建为一系列封闭在引号中的字符串，并且利用加号（+）把它们连接起来（这个加号被称为连接运算符[concatenation operator]）。

```
quotes[2] = "The most difficult thing is the decision to act, " +
"the rest is merely tenacity.";
```

下一段代码块肯定看起来最像程序设计，这一行代码生成一个随机数，并把那个值赋予一个名为 i 的变量：

```
i = Math.floor(Math.random() * quotes.length);
```

但是，你不能挑选任何随机数——随机数的目的是确定应该打印哪条引文和来源，并且只有 4 条引文。因此，这一行 JavaScript 代码将做以下事情。

➢　使用 Math.random() 获取一个 0～1 之间的随机数。例如，0.5482749 可能就是

Math.random()的结果。

➢ 用随机数乘以 quotes 数组的长度，后者目前是 4，数组的长度是数组中的元素个数。如果随机数是 0.5482749（如前所示），把它乘以 4 将得到 2.1930996。

➢ 使用 Math.floor()把结果向下取整为最接近的整数。换句话说，把 2.1930996 变为 2。记住，我们是从 0 开始计数一个数组中的元素的，因此，向上舍入的话总是意味着我们可能会引用一个根本不存在的元素。

➢ 给变量 i 赋值 2（例如）。

函数的余下部分看起来应该很熟悉，只有少数几个例外。首先，正如你在本章前面学过的，document.write()用于编写浏览器将要呈现的 HTML。接下来，把字符串分隔开，以清楚指示何时需要以不同的方式处理什么事情，例如，当应该以字面意义打印引号时利用反斜杠（\）对它们进行转义，或者在代入变量的值时。所打印的实际引文和来源将与 quotes[i]和 sources[i]匹配，其中 i 是由前述的数学函数确定的数字。

但是，直接编写函数的举动并不意味着将会产生任何输出结果。在 HTML 中再往下看，可以看到两个<script></script>标签之间的 getQuote();——这是调用函数的方式。无论何时执行函数调用，都会把函数的输出结果放在那个位置。在这个示例中，将把输出结果显示在介绍引文的段落下面。

图 6.1 显示了在加载到 Web 浏览器中时所显示的 Quotable Quotes 页面。当页面重新加载时，将有 1/4 的概率显示一条不同的引文——毕竟，它是随机的！

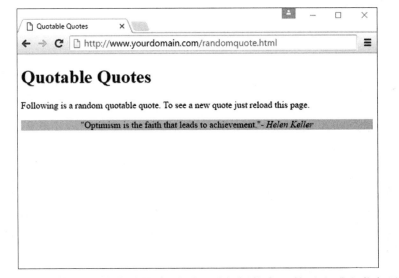

图 6.1

每次加载 Quotable Quotes 页面时，它都会显示一条随机的引文

记住，可以轻松地修改这个页面，以包括你自己的引文或者你想随机显示的其他文本。也可以通过在代码中的 quotes 和 sources 数组中添加更多的条目，增加可供显示的引文数量。当然，还可以修改 HTML 输出结果，并以你喜欢的任何方式编排它的样式。

如果使用 Quotable Quotes 页面作为起点，就可以轻松地改变脚本，并按自己的想法创建你自己的有趣的变体。如果在这个过程中犯了错误，也没有关系。在脚本代码中找出过去错误的技巧是要有耐心，并且仔细分析所输入的代码。你总是可以删除代码来简化脚本，直到使之可以工作为止，然后一次添加一段新代码，以确保每个代码段都会工作。

6.3　理解文档对象模型

JavaScript 代码超过纯 HTML 代码的一个优点是：在内容加载后，这些客户端脚本可以操纵 Web 浏览器，并且可以直接在浏览器中操纵 Web 文档（包括它们的内容）。你的脚本可以把新的页面加载进浏览器中、处理浏览器窗口和加载的文档的某些部分、打开新窗口，甚至可以修改页面内的文本——这一切都是动态进行的，而无须从服务器加载额外的页面。

为了处理浏览器和文档，JavaScript 使用了称为 DOM 的父、子对象的层次结构。这些对象被组织进一个树型结构中，并且代表 Web 文档以及呈现它的浏览器的所有内容和成分。

> **注意：**
> DOM 不是 JavaScript 或者其他任何程序设计语言的一部分—相反，它是构建到浏览器中的一种 API（application programming interface，应用程序接口）。

DOM 中的对象具有属性（property）和方法（method），其中前者描述了 Web 浏览器或文档，后者则是使你能够处理 Web 浏览器或文档的某些部分的内置代码。随着你逐步学习本章后面的内容，你将学习这些属性和方法，并且将练习引用或使用它们。

你已经在本书中见过了 DOM 对象表示法，即使当时还没有这样称呼它。在引用 DOM 对象时，可以使用父对象名称，其后接着一个或多个子对象名称，并用点号把它们分隔开。例如，如果需要引用 Web 浏览器中加载的特定图像，它们就是 document 对象的子对象。但是那个 document 对象反过来又是 DOM 的 window 对象的子对象。因此，要引用一幅名为 logo_image 的图像，DOM 对象表示法将如下所示：

```
window.document.logo_image
```

6.4　使用 window 对象

浏览器对象层次结构的顶部是 window 对象，它代表浏览器窗口。你已经使用了 window 对象的至少一个方法：alert()，用于在报警框中显示一条消息。

一位用户可以同时打开多个窗口，其中每个窗口自身都是一个独特的 window 对象，因为在每个窗口中很可能加载的是不同的文档。即便把相同的文档加载到两个或更多的窗口中，它们也会被视作独特的 window 对象，因为它们事实上是浏览器的独特实例。不过，当在 JavaScript 中引用 window.document（或者仅仅是 document，因为 window 对象是默认的父对象，因此我们不需要显式地引用它）时，将把引用解释成当前具有焦点的窗口——被使用的活动窗口。

window 对象是我们将在本章中探讨的所有对象的父对象。图 6.2 显示了 DOM 对象层次结构的 window 部分以及它的各种对象。

图 6.2

DOM 对象层次结构的 window 部分以及它的一些子对象

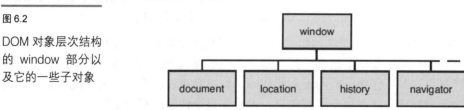

6.5 处理 document 对象

顾名思义，document 对象代表 Web 文档。Web 文档是在浏览器窗口内显示的，因此当你知道 document 对象是 window 对象的子对象时不应该感到诧异。正如我们在前面的小节中所学过的，由于 window 对象总是代表当前窗口，因此可以使用 window.document 引用当前文档。也可以简单地引用 document，它会自动引用当前窗口。

在下面几节中，我们将学习 document 对象的一些属性和方法，它们在你的脚本编程中将是有用的。

6.5.1 获取关于文档的信息

document 对象的多个属性一般都包括有关于当前文档的信息。

➢ document.URL：用于指定文档的 URL，并且你（或者你的代码）不能更改这个属性的值。

➢ document.title：用于引用当前页面的页面标题，它是通过 HTML <title>标签定义的，可以更改这个属性的值。

➢ document.referrer：返回用户在当前页面之前查看的页面的 URL，通常，该页面带有一个指向当前页面的链接。与 document.URL 一样，不能更改 document.referrer 的值。注意，如果用户直接访问给定的 URL，那么 document.referrer 将是空白。

➢ document.lastModified：是最后一次修改文档的日期。这个日期是从服务器连同页面一起发送的。

➢ document.cookie：使你能够读取或设置文档内使用的 cookie。

➢ document.images：返回文档中使用的图像的一个集合。

举一个文档属性的例子，程序清单 6.2 显示了一个较短的 HTML 文档，它使用 JavaScript 显示最后一次修改的日期。

程序清单 6.2 显示最后一次修改的日期

```
<!DOCTYPE html>

<html lang="en">
  <head>
    <title>Displaying the Last Modified Date</title>
  </head>
  <body>
    <h1>Displaying the Last Modified Date</h1>
    <p>This page was last modified on:
    <script type="text/javascript">
      document.write(document.lastModified);
    </script>
    </p>
  </body>
</html>
```

图 6.3 显示了程序清单 6.2 的输出结果。

如果你使用 JavaScript 显示这个 document 属性的值，就不必在每次修改页面时记住更新日期，以免把这个信息展示给用户（你也可以使用脚本总是打印出当前日期来代替最后一次修改的日期，但这是骗人的把戏）。

图 6.3

查看文档的最后一
次修改的日期

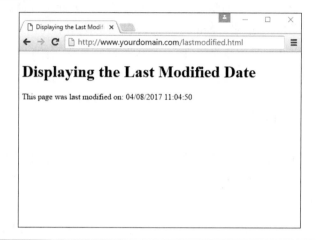

> **注意：**
> 你可能发现 document.lastModified 属性在你的 Web 页面上不工作或者返回错误的值。日期是从 Web 服务器接收到的，而一些服务器没有正确地维持修改日期。

6.5.2 在文档中编写文本

最简单的 document 对象方法也是你将最常使用的方法。事实上，你甚至已经在本书中迄今为止的最基本的示例中使用了它们中的一个方法。document.write 方法用于在文档窗口中将文本作为 HTML 的一部分打印出来。一条替代语句 document.writeln 也可以打印文本，但是它还要在末尾包括一个换行符（\n）。当你希望文本是行上最后的内容时，这将很方便。

> **警告：**
> 记住，除了在<pre> </pre>容器中之外，换行符将被浏览器显示为空格。如果你想要在浏览器中显示实际的换行符，将需要使用
标签。

你只能在 Web 页面的主体内使用这些方法，如果页面已经加载，那么在不重新加载它的情况下，将不能使用这些方法向其中添加内容。不过，你可以为文档编写新的内容，下一节将介绍这一点。

> **注意：**
> 也可以使用 DOM 的更高级的特性在 Web 页面上直接修改文本，在本章后面，我们将学习有关这方面的知识。

可以在 HTML 文档的主体中的<script>标签内使用 document.write 方法，也可以在函数中使用它，只要在文档的主体内包括了对该函数的调用即可，如程序清单 6.2 所示。

6.5.3 使用链接和锚

document 对象的另一个子对象是 link 对象。实际上并且非常可能的是，文档中可以有多个 link 对象，其中每个 link 对象都包括关于指向另一个位置或锚的链接的信息。

可以利用 links 数组访问 link 对象。数组的每个成员都是当前页面中的 link 对象之一。数组的属性 document.links.length 指示页面中的链接数量。在脚本中可以使用 document.links.length 属性，首先确定有多少个链接，然后再执行额外的任务，例如，动态更改显示内容或者某些链接等。

每个 link 对象（或者 links 数组的成员）都具有定义 URL 的属性列表，它最终存储在对象中。href 属性包含完整的 URL，其他属性则定义它的其他较小的部分。link 对象使用与 location 对象相同的属性名称，本章后面将定义它们，因此在你记住了一个属性集之后，也会知道另一个属性集。

可以通过指示链接编号或者数组内的位置以及属性名称来引用属性。例如，下面的语句把存储在数组中的第一个链接的完整 URL 赋予变量 link1：

```
var link1 = links[0].href;
```

anchor 对象也是 document 对象的子对象。每个 anchor 对象都代表当前文档中的一个锚，即可以直接跳转到的特定位置。

像链接一样，也可以使用数组访问锚，这个数组命名为 anchors。该数组的每个元素都是一个 anchor 对象。document.anchors.length 属性可以提供 anchors 数组中的元素数量。对你有利的是，一个使用 anchors 数组的示例将使用 JavaScript 遍历给定页面上的所有锚，以在页面顶部动态生成一份目录。

6.6 访问浏览器的历史记录

history 对象是 window 窗口的另一个子对象（属性）。这个对象保存关于在当前位置之前和之后访问过的位置（URL）的信息，并且它包括有转到前一个或下一个位置的方法。

history 对象具有一个你可以访问的属性。

➤ history.length：用于跟踪历史记录列表的长度，即用户访问过的不同位置的数量。

history 对象具有 3 个可用于在历史记录列表中移动的方法。

➤ history.go()：用于从历史记录列表中打开一个 URL。要使用这个方法，需要在圆括号中指定一个正数或负数。例如，history.go(-2)等价于按下"后退"按钮两次。

➤ history.back()：用于加载历史记录列表中的前一个 URL，等价于按下"后退"按钮或者 history.go(-1)。

➤ history.forward()：用于加载历史记录列表中的下一个 URL（如果有的话），这等价于按下"前进"按钮或者 history.go(1)。

可以使用 history 对象的 back 和 forward 方法把你自己的"后退"和"前进"按钮添加到 Web 文档中。当然，浏览器已经具有"后退"和"前进"按钮，但是包括进你自己的起相同作用的链接偶尔也是有用的（或者可以提供更好的用户体验）。

假设你想创建一个显示"后退"和"前进"按钮的脚本，并使用这些方法在浏览器中导航。下面给出了将创建"后退"按钮的代码：

```
<button type="button" onclick="history.back();">Go Back</button>
```

在上面的代码段中，<button>元素定义了一个标记为"Go Back"的按钮。onclick 事件处理程序使用 history.back()方法转到浏览器的历史记录中的前一个页面。用于"Go Forward"的按钮是类似的：

```
<button type="button" onclick="history.forward();">Go Forward</button>
```

让我们在一个完整的 Web 页面的环境中探讨它们。程序清单 6.3 显示了一个完整的 HTML 文档，图 6.4 则显示了浏览器所显示的文档内容。在把该文档加载进浏览器中之后，访问其他 URL，并确保 Go Back 和 Go Forward 按钮像期望的那样工作。

图 6.4

显示自定义的"Go Back"和"Go Forward"按钮

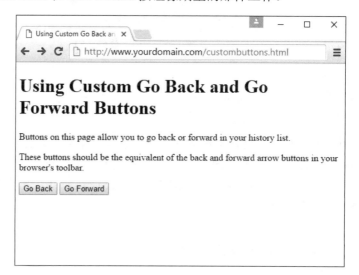

程序清单 6.3   使用 JavaScript 包括进"后退"和"前进"按钮的 Web 页面

```
<!DOCTYPE html>

<html lang="en">
  <head>
    <title>Using Custom Go Back and Go Forward Buttons</title>
  </head>
  <body>
    <h1>Using Custom Go Back and Go Forward Buttons</h1>
    <p>Buttons on this page allow you to go back or forward in
    your history list.</p>
    <p>These buttons should be the equivalent of the back
    and forward arrow buttons in your browser's toolbar.</p>
    <div>
    <button type="button"
            onclick="history.back();">Go Back</button>
    <button type="button"
            onclick="history.forward();">Go Forward</button>
    </div>
  </body>
</html>
```

6.7 使用 location 对象

window 对象的另一个子对象是 location 对象。这个对象存储关于浏览器窗口中加载的当前 URL 的信息。例如，下面的 JavaScript 语句通过给这个对象的 href 属性赋值，把一个 URL 加载进当前窗口中：

```
window.location.href="http://www.google.com";
```

href 属性包含窗口的当前位置的完整 URL。使用 JavaScript，可以通过 location 对象的不同属性访问 URL 的各个部分。为了更好地理解这些属性，可以考虑下面的 URL：

```
http://www.google.com:80/search?q=javascript
```

下面的属性代表 URL 的各个部分。

➢ location.protocol 是 URL 的协议部分（示例中是 http）。

➢ location.hostname 是 URL 的主机名（示例中是 www.google.com）。

➢ location.port 是 URL 的端口号（示例中是 80）。

➢ location.pathname 是 URL 的文件名部分（示例中是 search）。

➢ location.search 是 URL 的查询部分（如果有的话）（示例中是 q=javascript）。

这个示例中未使用但是也可以访问的属性如下所示。

➢ location.host 是 URL 的主机名以及端口号（示例中是 www.google.com:80）。

➢ location.hash 是 URL 中使用的锚名称（如果有的话）。

本章前面介绍的 link 对象也使用这样一份属性列表，用于访问在 link 对象中出现的 URL 的各个部分。

> **警告：**
> 尽管 location.href 属性通常包含与本章前面描述的 document.URL 属性相同的 URL，但是不能更改 document.URL 属性。总是使用 location.href 在给定的窗口中加载新页面。

location 对象具有 3 个方法。

➢ location.assign()加载一个新文档，使用方法如下。

```
location.assign("http://www.google.com")
```

➢ location.reload()用于重新加载当前文档，这与浏览器的工具栏上的"重新加载"按钮相同。如果在调用这个方法时可选地包括 true 参数，那么它将忽略浏览器的缓存，并且强制进行重新加载，而不管文档是否被更改。

➢ location.replace()利用新位置替换当前位置，这类似于你自己设置 location 对象的属性。其区别是：replace 方法不会影响浏览器的历史记录。换句话说，不能使用"后退"按钮转到前一个位置。这对于闪屏或临时页面是有用的，因为不需要返回到这些页面。

6.8　关于 DOM 结构的更多知识

在本章前面，你学习了如何组织一些最重要的 DOM 对象：window 对象是 document 对象的父对象，等等。尽管多年前在 DOM 的原始概念中只有这些对象是可用的，但是现代的 DOM 在 document 对象下面添加了一些对象，用于页面上的每个元素。

为了更好地理解用于每个元素的 document 对象的概念，让我们查看程序清单 6.4 中的简单的 HTML 文档。这个文档具有通常的<head>和<body>区域、一个标题和单个文本段落。

程序清单 6.4　一个简单的 HTML 文档

```
<!DOCTYPE html>

<html lang="en">
  <head>
    <title>A Simple HTML Document</title>
  </head>
  <body>
    <h1>This is a Level-1 Heading.</h1>
    <p>This is a simple paragraph.</p>
  </body>
</html>
```

像所有的 HTML 文档一样，这个文档是由多个容器（container）及其内容组成的。<html>标签构成了包括整个文档的容器，<body>标签则包含页面的主体，等等。

在 DOM 中，页面内的每个容器及其内容都是由对象表示的。这些对象被组织进树型结构中，其中 document 对象本身位于树的根部，而像标题和文本段落这样的单个元素则位于树的叶节点上。图 6.5 显示了这些关系的图形。

在下面几节中，我们将更细致地学习 DOM 的结构。

图 6.5

DOM 如何表示 HTML
文档

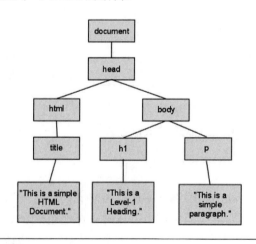

> **注意:**
> 如果目前这种树结构使你感到糊涂，也不要担心，只要理解你可以给元素分配 ID 并在 JavaScript 中引用它们。更进一步，你将查看一些更复杂的示例，它们将使用关于在 DOM 中如何组织对象的新发现的信息。

6.8.1 节点

在 DOM 中，把文档中的每个容器或元素都称为节点（node）。在图 6.5 所示的示例中，方框中的每个对象都是一个节点，线条代表节点之间的关系。

你将经常需要在脚本中引用各个节点，可以通过分配 ID 或者使用节点之间的关系导航树来执行此操作。在学习本书的过程中，将执行大量有关节点的练习，一定要好好领悟它。

6.8.2 父对象与子对象

正如你已经学过的，每个对象都可能具有一个父对象（parent），即一个包含它的对象；也可能具有子对象（children），即它所包含的对象。在这方面，DOM 使用与 JavaScript 相同的术语。

在图 6.5 中，document 对象是显示的其他对象的父对象，但它本身没有明确列出的父对象，尽管你在前面学过 document 对象是 window 对象的子对象。html 对象是 head 和 body 对象的父对象，h1 和 p 对象则是 body 对象的子对象。

文本节点的工作方式稍有一点不同。段落中的实际文本自身就是节点，并且是 p 对象的子对象，而不是 body 对象的孙对象。类似地，<h1>标签内的文本是 h1 对象的子对象。不要担心，在本书中，我们还将会强化这一概念。

6.8.3 兄弟对象

DOM 还使用另一个术语来组织对象，即兄弟对象（sibling）。你可能猜到了，这是指具有相同父对象的对象，换句话说，是指在 DOM 对象树中处于相同层级的对象。

在图 6.5 中，h1 和 p 对象是兄弟对象，因为它们都是 body 对象的子对象。类似地，head 和 body 对象是 html 对象下面的兄弟对象。知道哪些对象是兄弟对象并没有多少实际的应用，但是这里介绍了关于它的一些知识，以完成家族树。

6.9 处理 DOM 节点

正如你所看到的，DOM 把 Web 页面内的对象组织进一种树型结构中。这棵树中的每个节点（对象）都可以在 JavaScript 中访问。在下面几节中，我们将学习如何使用节点的属性和方法管理它们。

注意：
下面几节只描述了节点的最重要的属性和方法以及那些受当前浏览器支持的属性和方法。有关可用属性的完整列表，参见 W3C 的 DOM 规范。

6.9.1 基本的节点属性

在本书前面，你已经使用了节点的 style 属性更改它们的样式表值。每个节点还具有许多你可以检查或设置的基本属性，如下所述。

> nodeName 是节点的名称（而不是 ID）。对于基于 HTML 标签的节点，例如<p>或
  <body>，其名称就是标签名称：p 或 body。对于文档节点，其名称是特殊的代码：
  #document。类似地，文本节点具有名称#text。这是一个只读的值。

> nodeType 是一个描述节点类型的整数，例如 1 用于正常的 HTML 标签，3 用于文本
  节点，9 用于文档节点。这是一个只读的值。

> nodeValue 是文本节点内包含的实际文本。对于其他类型的节点，该属性将返回 null。

> innerHTML 是任何节点的 HTML 内容。可以给这个属性赋予一个值（包括 HTML
  标签），并且动态地为节点更改 DOM 子对象。

> innerText 是任何节点的文本内容。可以给这个属性赋予一个值，并且动态地为一个
  节点更改 DOM 子对象。

6.9.2　节点的关系属性

除了前面描述的基本属性之外，每个节点还具有许多描述它与其他节点的关系的属性，
包括下面这些只读属性。

> parentNode 是一个元素的主节点，例如，在一个列表中，parentNode 将会是<ul>或
  <ol>，而 childNodes 将会包含<li>元素的一个数组。

> firstChild：是节点的第一个子对象。对于包含文本的节点，比如 h1 或 p，包含实际
  文本的文本节点就是第一个子对象。

> lastChild：是节点的最后一个子对象。

> childNodes：是包括节点的所有子节点的数组。可以对这个数组使用循环语句，处
  理给定节点下的所有节点。

> previousSibling：是当前节点之前的兄弟节点（位于同一层级的节点）。

> nextSibling：是当前节点之后的兄弟节点。

警告：
记住，像所有 JavaScript 对象和属性一样，这里描述的节点属性和函数也是区分大小写的。
一定要像所显示的那样准确地输入它们。

6.9.3　文档方法

document 节点本身具有多个方法，你可能发现它们是有用的。document 节点的方法包括
下面这些。

> getElementById(id)：返回具有指定的 id 属性的元素。

> getElementsByTagName(tag)：返回所有具有指定的标签名称的元素的数组。可以使
  用通配符*返回包含文档中的所有节点的数组。

> ➢ createTextNode(text)：创建包含指定文本的新文本节点，然后可以把它添加到文档中。

> ➢ createElement(tag)：为指定的标签创建一个新的 HTML 元素。与 createTextNode 一样，在创建元素后需要把它添加到文档中。可以通过更改元素的子对象或者 innerHTML 属性，指定元素中的内容。

6.9.4　节点方法

页面内的每个节点都具有许多方法可供使用。依赖于节点在页面中的位置以及它是否具有父节点或子节点，其中一些方法是有效的。这些方法如下所示。

> ➢ appendChild(new)：把指定的新节点追加到对象的所有现有的节点之后。

> ➢ insertBefore(new, old)：把指定的新子节点插入在指定的旧子节点之前，其中后者必须已经存在。

> ➢ replaceChild(new, old)：利用新节点替换指定的旧子节点。

> ➢ removeChild(node)：从对象的子节点集合中移除一个子节点。

> ➢ hasChildNodes()：如果对象具有一个或多个子节点，则该方法返回布尔值 true；如果它没有子节点，则该方法返回 false。

> ➢ cloneNode()：创建现有节点的一个副本。如果提供了参数 true，则副本也会包括原始节点的任何子节点。

6.10　创建可定位的元素（图层）

既然已经对 DOM 的组织结构有所了解，现在你应该能够开始考虑如何控制 Web 页面中的任何元素，例如，段落或图像。例如，你可以使用 DOM 更改元素的位置、可见性以及其他的属性。

在 W3C DOM 和 CSS2 标准之前（记住我们现在讨论的是 CSS3），只能重新定位图层（layer），它是利用专有标签定义的特殊元素组。尽管现在可以单独定位任何元素，在许多情况下处理元素组仍然是有用的。

使用<div>容器元素可以有效地创建图层，或者创建可以作为一个组控制的 HTML 对象组。

要利用<div>创建图层，需要把图层的内容包含在两个分隔标签之间，并且在<div>标签的 style 属性中指定图层的属性。下面给出了一个简单的示例：

```
<div id="layer1" style="position:absolute; left:100px; top:100px;">
This is the content of the layer.
</div>
```

这段代码定义了一个名称为 layer1 的图层。这是一个可移动的图层，其位置在距离浏览器窗口左上角向下和向右各 100 像素处。

> **注意：**
>
> 正如我们在前面的章节中所学到的，可以在<style>块、外部样式表或者 HTML 标签的 style
> 属性中指定 CSS 属性（如 position 属性和其他图层属性），然后使用 JavaScript 控制这些属
> 性。这里显示的代码段是在 style 属性中（而不是在<style>块中）使用属性，因为它只是一
> 个示例片断，而不是完整的代码清单。

你已经学过了定位属性，并且在本书的第 3 章中见过了它们的实际应用。本章中其余的
示例将以你已经在本书中见过的类似的方式使用 HTML 和 CSS，但是将使用与 DOM 的基于
JavaScript 的交互。

利用 JavaScript 控制定位

通过使用上一节中的代码段，在本节中，我们将看到一个如何使用 JavaScript 控制对象
的定位属性的示例。

下面给出了我们的示例图层（<div>）：

```
<div id="layer1" style="position:absolute; left:100px; top:100px;">
This is the content of the layer.
</div>
```

要使用 JavaScript 在页面内上下移动这个图层，可以更改它的 style.top 属性。例如，下
面的语句将把图层从其原始位置下移 100 像素：

```
var obj = document.getElementById("layer1");
obj.style.top = 200;
```

document.getElementById()方法返回对应于图层的<div>标签的对象，第二条语句则把对
象的 top 定位属性设置为 200 像素，也可以把这两条语句组合起来：

```
document.getElementById("layer1").style.top = 200;
```

这将简单地为图层设置 style.top 属性，而不会把一个变量赋予图层的对象。

> **注意：**
>
> 一些 CSS 属性（如 text-indent 和 border-color）在它们的名称中具有连字符。在 JavaScript
> 中使用这些属性时，可以把用连字符连接的部分结合起来，并使用一个大写字母，如
> textIndent 和 borderColor。

现在让我们创建一个 HTML 文档，它定义了一个图层，并把该图层与一个脚本结合起来，
允许使用按钮移动、隐藏或显示图层。程序清单 6.5 显示了定义按钮和图层的 HTML 文档。
脚本自身（position.js）出现在后面的程序清单 6.6 中。

程序清单 6.5 用于可移动图层示例的 HTML 文档

```
<!DOCTYPE html>

<html lang="en">
  <head>
```

```
<title>Positioning Elements with JavaScript</title>
<script type="text/javascript" src="position.js"></script>
<style type="text/css">
#buttons {
    text-align: center;
}
#square {
    position: absolute;
    top: 150px;
    left: 100px;
    width: 200px;
    height: 200px;
    border: 2px solid black;
    padding: 10px;
    background-color: #e0e0e0;
}
div {
    padding: 10px;
}
</style>
</head>
<body>
 <h1>Positioning Elements</h1>
 <div id="buttons">
 <button type="button" name="left"
   onclick="pos(-1,0);">Left</button>
 <button type="button" name="right"
   onclick="pos(1,0);">Right</button>
 <button type="button" name="up"
   onclick="pos(0,-1);">Up</button>
 <button type="button" name="down"
   onclick="pos(0,1);">Down</button>
 <button type="button" name="hide"
   onclick="hideSquare();">Hide</button>
 <button type="button" name="show"
   onclick="showSquare();">Show</button>
 </div>
 <hr>
 <div id="square">
 This square is an absolutely positioned container
 that you can move using the buttons above.
 </div>
 </body>
</html>
```

除了一些基本的 HTML 代码之外，程序清单 6.5 还包含以下内容。

➤ 头部中的<script>标签用于读取一个名称为 position.js 的脚本，它显示在程序清单 6.6 中。

➤ <style>区域是定义可移动图层的属性的简短样式表。它把 position 属性设置为 absolute，以指示可以把它定位在一个精确的位置，在 top 和 left 属性中设置初始位置，并且设置 border 和 background-color 属性，使图层清晰可见。

➤ <button>标签定义了 6 个按钮，其中 4 个按钮用于上、下、左、右移动图层，另外两个按钮用于控制图层是可见的还是隐藏的。

➢ <div>区域定义图层本身。把 id 属性设置为"square"值，在样式表中使用这个 id 来引用图层，并且在脚本中也将使用它。

如果把这段 HTML 代码加载进浏览器中，应该会看到这些按钮和"square"图层，但是按钮还不会做任何事情。程序清单 6.6 中的脚本将给它们添加使用动作的能力。当把程序清单 6.5 中的代码加载到浏览器中时，它看起来应该如图 6.6 所示。

图 6.6

可移动图层准备好
被移动

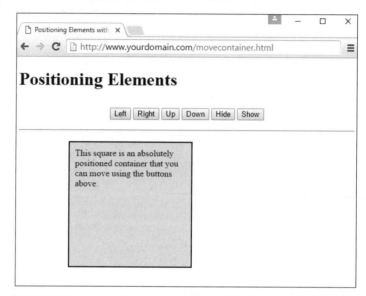

程序清单 6.6 显示了在程序清单 6.5 中的 HTML 代码中调用的 JavaScript 变量和函数。这段代码被（<script>标签）期望位于名为 position.js 的文件中。

程序清单 6.6   用于可移动图层示例的脚本

```
var x=100;
var y=150;

function pos(dx,dy) {
    if (!document.getElementById) return;
    x += 30*dx;
    y += 30*dy;
    var obj = document.getElementById("square");
    obj.style.top=y + "px";
    obj.style.left=x + "px";
}
function hideSquare() {
    if (!document.getElementById) return;
    var obj = document.getElementById("square");
    obj.style.display="none";
}
function showSquare() {
    if (!document.getElementById) return;
    var obj = document.getElementById("square");
    obj.style.display="block";
}
```

脚本开头的 var 语句定义了两个变量 x 和 y，它们将存储在图层的当前位置。pos 函数是被用于全部 4 个移动按钮的事件处理程序调用的。

pos()函数的参数 dx 和 dy 告诉脚本应该怎样移动图层：如果 dx 为负数，将从 x 减去一个数字，并把图层向左移动；如果 dx 为正数，将把一个数字加到 x 上，并把图层向右移动。类似地，dy 指示是上移还是下移图层。

首先需要确保 getElementById()函数受到支持，才会开始运行 pos()函数，因此将不会尝试在较老的浏览器中运行它。然后它把 dx 和 dy 分别乘以 30（使移动更明显），并把它们应用于 x 和 y。最后，它把 top 和 left 属性分别设置成新的位置（包括进 "px"，以指示度量单位），从而移动图层。

另外两个函数 hideSquare()和 showSquare()通过把图层的 display 属性分别设置为 "none"（隐藏）或 "block"（显示）来隐藏或显示图层。

要使用这个脚本，可以把它另存为 position.js，然后把程序清单 15.4 中的 HTML 文档加载到浏览器中。图 6.7 显示了这个脚本的实际应用——当然，至少在一个动作之后。图 6.7 显示了在按下 Right 按钮 4 次并且按下 Down 按钮 5 次之后的脚本。

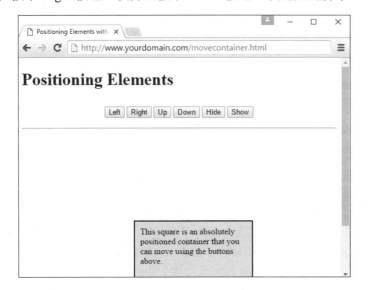

图 6.7

移动了可移动的容器

6.11 隐藏和显示对象

在前一个示例中，你看到了一些函数可以用于隐藏或显示 "正方形"。在本节中，我们将更详细地探讨隐藏和显示页面内的对象。

回忆一下，对象具有 visibility 样式属性，用于指定它们当前在页面内是否可见：

```
object.style.visibility="hidden"; // hides an object
object.style.visibility="visible"; // shows an object
```

使用这个属性，可以创建在任何一种浏览器中隐藏或显示对象的脚本。程序清单 6.7 显示了一个 HTML 文档，它用于允许显示或隐藏两个标题的脚本。

程序清单 6.7 隐藏和显示对象

```html
<!DOCTYPE html>

<html lang="en">
  <head>
    <title>Hiding or Showing Objects</title>
    <script type="text/javascript">
    function showHide() {
        if (!document.getElementById) return;
        var heading1 = document.getElementById("heading1");
        var heading2 = document.getElementById("heading2");
        var showheading1 = document.checkboxform.checkbox1.checked;
        var showheading2 = document.checkboxform.checkbox2.checked;
        heading1.style.visibility=(showheading1) ? "visible" : "hidden";
        heading2.style.visibility=(showheading2) ? "visible" : "hidden";
    }
    </script>
  </head>
  <body>
    <h1 id="heading1">This is the first heading</h1>
    <h1 id="heading2">This is the second heading</h1>
    <p>Using the W3C DOM, you can choose whether to show or hide
    the headings on this page using the checkboxes below.</p>
    <form name="checkboxform">
    <input type="checkbox" name="checkbox1"
           onclick="showHide();" checked="checked" />
    <span style="font-weight:bold">Show first heading</span><br>
    <input type="checkbox" name="checkbox2"
           onclick="showHide();" checked="checked" />
    <span style="font-weight:bold">Show second heading</span><br>
    </form>
  </body>
</html>
```

这个文档中的<h1>标签定义了 ID 分别为 head1 和 head2 的标题。在<form>元素内有两个复选框，其中每个复选框用于一个标题。在修改复选框（选中或取消选中）时，将使用 onclick 方法调用 JavaScript 的 showHide()函数，以执行一个动作。

showHide()函数是在头部中的<script>标签内定义的。该函数使用 getElementById()方法把用于两个标题的对象分别赋予两个名为 heading1 和 heading2 的变量。接下来，它把表单内的复选框的值赋予 showheading1 和 showheading2 变量。最后，该函数使用 style.visibility 属性设置标题的可见性。

提示:

设置 visibility 属性的代码行看起来可能有点怪异。?和:字符用于创建条件表达式（conditional expression），它是处理 if 语句的一种简写方式。在第 8 章中，我们将学习关于这些条件表达式的更多知识。

图 6.8 显示了这个示例的实际效果。在图中，第二个标题的复选框未选中，因此只有第一个标题是可见的。

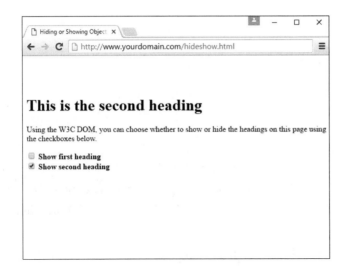

图 6.8

文本隐藏/显示示
例的实际效果

6.12　修改页面内的文本

接下来,可以创建一个简单的脚本,用于修改 Web 页面内的标题(或者任何元素)的内容。你在本章前面学过,文本节点的 nodeValue 属性包含它的实际文本,并且用于标题的文本节点是该标题的子节点。因此,用于更改标识符为 head1 的标题文本的语法将如下所示:

```
var heading1 = document.getElementById("heading1");
heading1.firstChild.nodeValue = "New Text Here";
```

这将把标题的对象赋予名为 heading1 的变量。firstChild 属性返回一个文本节点,它是标题的唯一子节点,并且它的 nodeValue 属性包含标题文本。

使用这种技术,可以轻松地创建允许动态改变标题的页面。程序清单 6.8 显示了用于这个脚本的完整 HTML 文档。

程序清单 6.8　完整的修改文本示例

```
<!DOCTYPE html>

<html lang="en">
  <head>
    <title>Dynamic Text in JavaScript</title>
    <script type="text/javascript">
    function changeTitle() {
        if (!document.getElementById) return;
        var newtitle = document.changeform.newtitle.value;
        var heading1 = document.getElementById("heading1");
        heading1.firstChild.nodeValue=newtitle;
    }
    </script>
  </head>
<body>
    <h1 id="heading1">Dynamic Text in JavaScript</h1>
    <p>Using the W3C DOM, you can dynamically change the
```

```
    heading at the top of this page.</p>
    <p>Enter a new title and click the Change! button. </p>

    <form name="changeform">
    <input type="text" name="newtitle" size="40" />
    <button type="button" onclick="changeTitle();">Change!</button>
    </form>
  </body>
</html>
```

这个示例定义了一个表单，它允许用户为页面输入一个新标题。按下按钮将调用在 <head>元素中的<script>标签中定义的 changeTitle()函数。这个 JavaScript 函数获取用户在表单中输入的值，并把标题的值更改为新的文本，这是通过把输入的值赋予 heading1.firstChild.nodeValue 属性实现的。

图 6.9 显示了在输入新的页面标题并且单击 Change!按钮之后这个页面的实际效果。

图 6.9

修改标题示例的实
际效果

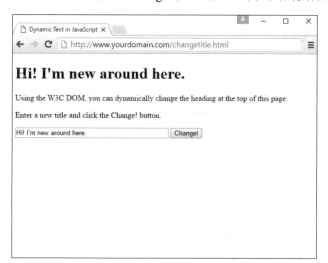

6.13   向页面中添加文本

接下来，可以创建一个脚本，向页面中实际地添加文本，而不仅仅是更改现有的文本。为此，首先必须创建一个新的文本节点。下面这条语句将利用文本"this is a test"创建一个新的文本节点：

```
var node=document.createTextNode("this is a test");
```

接下来，可以把这个节点添加到文档中。为此，可以使用 appendChild 方法。可以把文本添加到任何能够包含文本的元素中，但是在这个示例中我们将只使用段落。下面的语句将把以前定义的文本节点添加到标识符为 paragraph1 的段落中：

```
document.getElementById("paragraph1").appendChild(node);
```

程序清单 6.9 显示了使用这种技术的一个完整示例的 HTML 文档，它使用一个表单允许用户指定要添加到页面中的文本。

程序清单 6.9　向页面中添加文本

```html
<!DOCTYPE html>

<html lang="en">
  <head>
    <title>Adding Text to a Page</title>
    <script type="text/javascript">
    function addText() {
        if (!document.getElementById) return;
        var sentence=document.changeform.sentence.value;
        var node=document.createTextNode(" " + sentence);
        document.getElementById("paragraph1").appendChild(node);
        document.changeform.sentence.value="";
    }
    </script>
  </head>
  <body>
      <h1 id="heading1">Create Your Own Content</h1>
      <p id="paragraph1"> Using the W3C DOM, you can dynamically add
      sentences to this paragraph.</p>
      <p>Type a sentence and click the Add! button.</p>
      <form name="changeform">
      <input type="text" name="sentence" size="65" />
      <button type="button" onclick="addText();">Add!</button>
      </form>
  </body>
</html>
```

　　在这个示例中，ID 为 paragraph1 的<p>元素是将保存所添加的文本的段落。<form>元素创建一个表单，它带有一个名称为 sentence 的文本框和一个 Add!按钮，其中后者在按下时可以调用 addText()函数，这个 JavaScript 函数是在<head>元素中的<script>标签中定义的。addText()函数首先把文本框中输入的文本赋予 sentence 变量。接下来，这个脚本将创建一个包含 sentence 变量的值的新文本节点，并把这个新的文本节点追加到段落中。

　　把这个文档加载进浏览器中对它进行测试，然后通过输入多个句子并点击 Add!按钮来尝试添加它们。图 6.10 显示了这个文档在向段落中添加了多个句子之后的效果。

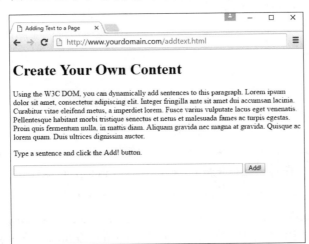

图 6.10

添加文本示例的实际效果

6.14 基于用户交互更改图像

第 4 章介绍了用户交互事件的概念，如 onclick。在该章中，我们基于用户交互触发了窗口显示内容中的改变。在本节中，你将看到一个可见的交互类型的示例，它既是实用的，也是动态的。

图 6.11 显示了一个页面，它包含一幅大图像，旁边有一些文本，页面往下较远的位置还有 3 幅小图像。如果密切观察小图像的列表，可能会注意到第一幅小图像事实上是所显示的大图像的较小版本。这是小图库的常见显示类型，例如，你可能在在线目录中看到的小图库，其中的项目具有一条描述以及少量的产品替代视图。尽管产品详情的特写图像对于潜在的购买者很重要，但是在页面上使用多幅大图像从显示和带宽的角度看将使页面显得臃肿，因此这种图库视图是显示替代图像的流行方式。我个人没有要销售的产品，但是我确实具有大树的图片，因此可以把它们用作示例（如图 6.11 所示）。

图 6.11

这个信息页面具有主图像和准备好被单击并查看的替代图像

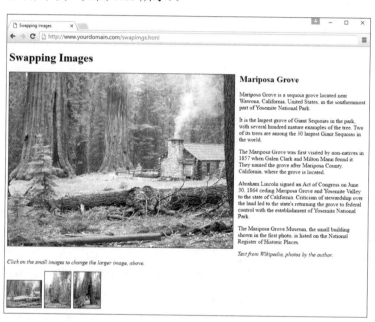

使用下面这个 `<img>` 标签指定页面上的大图像：

```
<img
  id="large_photo"
  style="border: 1px solid black; margin-right: 13px;"
  src="mariposa_large_1.jpg"
  alt="large photo">
```

在这个阶段，style、src 和 alt 属性应该对于你都是有意义的。此外，可以看到，给这幅图像提供的 ID 是 large_photo。因此，这幅图像在 DOM 中是作为 document.images['large_photo'] 存在的——通过它们的 ID 引用图像。这很重要，因为一点 JavaScript 功能就使我们能够动态地改变 document.images['large_image'].src 的值，它是图像的来源（src）。

下面的代码段在图 6.11 底部所示的 3 幅图像的组中创建第三幅小图像。onclick 事件指示当用户单击这幅图像时，就利用匹配的大图像的路径填充 document.images['large_image'].src

的值（大图像的空位）：

```
<a href="#"
  onclick="document.images['large_photo'].src =
  'mariposa_large_1.jpg'">
<img
  style="border: 1px solid black; margin-right: 3px;"
  src="mariposa_small_1.jpg"
  alt="photo #1"></a>
```

图 6.12 显示了相同的页面，但是没有被用户重新加载。当用户单击页面底部的第三幅小图像时，大图像的空位将被一幅不同的图像填充。

图 6.12

当用户单击较小的图像时，将会替换大图像

6.15 提前考虑开发 HTML5 应用程序

我没有撒谎，利用 HTML、CSS 和一点 JavaScript 构建的基本 Web 站点与使用 HTML5 的一些高级特性和最新的 JavaScript 框架的综合性应用程序之间具有非常大的区别。但是，你对 Web 的语言 HTML 的理解很重要，这样就能够考虑可以在多大程度上扩展它（事实证明，可以对它进行非常大的扩展）。除了基本的标记之外，HTML5 还为复杂的应用程序扩展到包括了 API（Application Programming Interface，应用程序编程接口），正如你在以前章节中所学到的，从音频和视频元素的自然集成开始，一直到允许访问和运行成熟的应用程序的内置脱机存储机制（以及存储在客户端的数据），即使没有网络连接亦可如此。

尽管 HTML5 的功能极其丰富，高度交互式的 HTML5 Web 站点和应用程序（包括移动应用程序）的创建也不是孤立地发生的。当配合使用 HTML5 与客户端语言（如 JavaScript）时，交互性就应运而生了，客户端语言然后将返回到服务器中，并通过称为 Web 套接字（Web Socket）的持久连接与服务器端语言（如 PHP 以及其他语言）通信。通过打开这条连接，并与一些（例如）操作数据库或执行某种计算的服务器端代码通信，浏览器可以转发将被 JavaScript 额外处理并且最终以 HTML5 呈现的大量信息。在涉及应用程序创建时，无论它是视频游戏、字处理程序，还是电子邮件或 Twitter 客户端等流行的 HTML5 应用程序（这里只是列出了少数几种类型的应用程序），HTML5 的高级特性与 JavaScript 的结合确实使得机会无限。

在本书中，你将学习设计 HTML5 应用开发的关键性技术，并且你将会掌握符合标准的 HTML5、CSS3 和 JavaScript 的基础知识，而一旦你开始思考超出本书范围的问题的时候，这些知识将会给你很大的帮助。

6.16　小结

在本章中，我们学习了服务器端脚本和客户端脚本的区别，但是，主要是学习了关于文档对象模型（Document Object Model，DOM）的许多知识，DOM 用于创建可以通过 JavaScript 访问的 Web 浏览器和文档对象的层次结构。你还学习了如何使用 document 对象处理文档，以及使用 history 和 location 对象控制在浏览器中显示的当前 URL。

此外，我们学习了可用于管理 DOM 对象的方法和属性，并且创建了示例脚本，用于隐藏和显示页面内的元素、修改现有的文本以及添加文本，还学习了如何使用 HTML 和 CSS 定义可定位的图层，以及如何利用 JavaScript 动态地使用定位属性。

通过应用从以前章节中获得的知识，我们学习了如何使用客户端脚本编程使 Web 页面上的图像响应鼠标移动事件。尽管它们的构造都比较简单，但是这些交互类型是一些基于 JavaScript 的基本交互，它们构成了 Web 应用程序的基础。

6.17　问与答

Q：如果我想使用本章中的随机引文脚本，但是我希望具有一个包含许多条引文的库，我将不得不把所有的引文放在每个页面中吗？

A：如果你完全在客户端工作，你也可以将这些引文放到一个单独的文档中并且在你的代码中引用它。只要数组中的项以某种方式呈现在浏览器中，这种方法就会有效。然而，你可能开始看到有些事情可以在客户端处理，而另外一些事情在服务器端处理会更好一些。如果你具有一个真正的随机引文库，并且在任何给定的时间只展示一条引文，那么最好的做法可能是把那些项目存储在一个数据库表中，并且使用服务器端脚本编程连接到该数据库，检索文本，并把它打印到页面上。

Q：我可以避免给我想利用脚本处理的每个 DOM 对象都分配一个 id 属性吗？

A：是的。尽管本章中的脚本通常都为了方便起见而使用 id 属性，但是你实际上可以使用脚本属性（如 firstChild 和 nextSibling）的组合来定位页面中的任何对象。不过，要记住：你对 HTML 所做的任何更改都可能改变元素在 DOM 层次结构中的位置，因此建议用 id 属性处理这个问题。

Q：我可以更改历史记录条目或者阻止用户使用"后退"和"前进"按钮吗？

A：你不能更改历史记录条目，也不能阻止使用"后退"和"前进"按钮，但是你可以使用 location.replace() 方法加载一系列没有出现在历史记录中的页面。有几个技巧可用于阻止"后退"按钮正确地工作，但是我不建议使用它们——它们会给 JavaScript 带来坏名声。

6.18 测验

本测验包含一些问题和练习，可帮助读者巩固本章所学的知识。在查看后面的"解答"一节的内容之前，要尝试尽量回答所有的问题。

6.18.1 问题

1．在下面的代码中，加号意味着什么？

```
document.write('This is a text string ' + 'that I have created.');
```

2．下列 DOM 对象中哪个对象永远也不会有父节点？

a．body

b．div

c．document

3．下列哪个选项是用于获取标识符为 heading1 的标题的 DOM 对象的正确语法？

a．document.getElementById("heading1")

b．document.GetElementByID("heading1")

c．document.getElementsById("heading1")

6.18.2 解答

1．加号（+）把两个字符串连接在一起。

2．c。document 对象是 DOM 对象树的根，并且没有父对象。

3．a。getElementById 在开头具有小写字母 **g**，在末尾具有小写字母 **d**，这与你可能知道的标准英语语法相反。

6.18.3 练习

➢ 修改程序清单 6.3 中的"后退"和"前进"示例，除了"后退"和"前进"按钮之外，还包括"重新加载"按钮（该按钮将触发 location.reload()方法）。

➢ 修改程序清单 6.5 和程序清单 6.6 中的定位示例，每次把正方形移动 1 像素，而不是移动 30 像素。

➢ 向程序清单 6.7 中添加第三个复选框，允许文本段落显示或隐藏。你将需要给<p>标签添加一个 id 属性，在表单中添加一个复选框，并且在脚本中添加合适的代码行。

第7章

JavaScript 基础：变量、字符串和数组

在本章中，你将学习以下内容：

➢ 怎样命名和声明变量；

➢ 怎样选择是使用局部变量还是全局变量；

➢ 怎样给变量赋值；

➢ 怎样在不同数据类型之间进行转换；

➢ 怎样在表达式中使用变量和字面量；

➢ 怎样在 String 对象中存储字符串；

➢ 怎样创建和使用 String 对象；

➢ 怎样创建和使用数字和字符串的数组。

既然你已经学习了 JavaScript 和 DOM 的一些基础知识，现在就应该深入研究 JavaScript 语言的更多细节。

在本章中，我们将学习在 JavaScript 中用于存储数据的 3 种工具：变量（variable）、字符串（string）和数组（array），其中变量用于存储数字或文本，字符串是用于处理文本的特殊变量，数组则是可以通过数字引用的多个变量。在单独描述时，变量、字符串和数组不是任何程序设计语言的最激动人心的元素，但是如你将在本书余下部分看到的，变量、字符串和数组是你将开发的几乎每个复杂的 JavaScript 程序的基本元素。对于 PHP 来说，也是这样的。

7.1 使用变量

除非你跳过了本书中迄今为止所有与 JavaScript 相关的章节，否则你就已经使用了几个变量。你还可能在没有任何帮助的情况下搞清楚如何使用另外几个变量。然而，变量有一些

方面你还没有学到，在下面几节中将介绍它们。

7.1.1 选择变量名

提醒一下，变量（variable）是可以存储数据（如数字、文本字符串或对象）的命名容器。正如你在本书前面学过的，每个变量都有一个你所选择的独特名称。不过，在选择变量名时，必须遵循一些具体的规则，如下所示。

- 变量名可以包括字母表中的大写和小写字母，也可以包括数字 0～9 和下划线（_）字符。
- 变量名不能包括空格或者其他任何标点符号字符。
- 变量名的第一个字符必须是字母或下划线。
- 变量名是区分大小写的——totalnum、Totalnum 和 TotalNum 将被解释为不同的变量名。
- 对于变量名的长度没有正式的限制，但是它们必须位于一行中。坦率地讲，如果变量名比一行的长度更长——或者甚至超过 25 个左右的字符，就可以考虑一种不同的命名约定。

下面是有效的变量名的示例，它们都遵循了这些规则：

```
total_number_of_fish
LastInvoiceNumber
temp1
a
_var39
```

> **注意：**
> 你可以选择友好的、易于阅读的名称或者完全隐晦的名称。为了方便自己，只要有可能，就要使用较长的（但是不要太长）、友好的名称。尽管你眼下可能记得 a、b、x 和 x1 之间的区别，但是几天不接触代码，就可能忘了，并且如果不借助一些文档，别人肯定不会理解你的隐晦的命名约定。

7.1.2 使用局部变量和全局变量

一些计算机语言要求在使用变量之前声明它。JavaScript 包括有 var 关键字，它可用于声明变量。在许多情况下可以省略 var，在第一次给变量赋值时仍然会声明变量。

要理解在哪里声明变量，则需要理解作用域（scope）的概念。变量的作用域是脚本中可以使用变量的区域。有两种类型的变量。

- 全局变量（global variable）：将整个脚本（以及相同 HTML 文档中的其他脚本）作为它们的作用域，可以在任意位置（甚至在函数内）使用它们。
- 局部变量（local variable）：将单个函数作为它们的作用域，只能在创建它们的函数内使用它们。

要创建全局变量，可以在主脚本中的任何函数外面声明它。可以使用 var 关键字声明变量，如下面这个示例所示：

```
var students = 25;
```

这条语句声明一个名称为 students 的变量，并给它赋值 25。如果在函数外面使用这条语句，它就会创建一个全局变量。在这里，var 关键字是可选的，因此下面这条语句等价于前一条语句：

```
students = 25;
```

在养成了省略 var 关键字的习惯之前，你一定要准确理解何时需要它。总是使用 var 关键字实际上是一个好主意，这样就可以避免错误，使得脚本更容易阅读，并且它通常将不会引起任何麻烦。

局部变量属于特定的函数。在函数中利用 var 关键字声明的任何变量都是局部变量。此外，位于函数的参数列表中的变量也总是局部变量。

要在函数内创建局部变量，必须使用 var 关键字。这将强制 JavaScript 创建局部变量，即使存在同名的全局变量也是如此。不过，要尽量保持变量名不同，即使在不同的作用域中使用它们。

你现在应该理解了局部变量与全局变量之间的区别。如果你仍然有一点糊涂，也不要担心，如果你每次都使用 var 关键字，通常最终会得到正确的变量类型。

7.1.3   给变量赋值

正如我们在第 4 章中所学到的，可以使用等于号给变量赋值。例如，下面这条语句将把值 40 赋予变量 lines：

```
var lines = 40;
```

可以在等于号的右边使用任何表达式，包括其他变量。我们在前面使用了这种语法给变量加 1：

```
lines = lines + 1;
```

由于递增或递减变量相当常见，JavaScript 包括了这种语法的两类简写形式。第一类是+=运算符，它使你能够创建前一个示例的更简短的版本，如下所示：

```
lines += 1;
```

类似地，可以使用 - = 运算符从变量中减去一个数：

```
lines -= 1;
```

如果你仍然认为这输入起来还是太麻烦，JavaScript 还包括了递增和递减运算符：++和--。下面这条语句将把 lines 的值加 1：

```
lines++;
```

类似地，下面这条语句将把 lines 的值减 1：

```
lines--;
```

也可以选择在变量名前使用++或--运算符，比如在++lines 中。不过，它们并不是完全相同的，其区别在于递增或递减发生的时间。

 ➤ 如果运算符位于变量名之后，递增或递减就发生在对当前表达式进行求值之后。

 ➤ 如果运算符位于变量名之前，递增或递减就发生在对当前表达式进行求值之前。

仅当在表达式中使用变量并且在同一条语句中对它进行递增或递减操作时，这种区别才会是一个问题。例如，假设你给 lines 变量赋值 40。下面两条语句具有不同的效果：

```
alert(lines++);
alert(++lines);
```

第一条语句显示值为 40 的报警，然后把 lines 递增到 41。第二条语句首先把 lines 递增到 41，然后显示值为 41 的报警。

> **注意：**
> 递增和递减运算符确实可以给你带来方便。如果对你来说坚持使用 lines = lines + 1 更有意义，那就这样做，脚本将不会受到任何影响。

7.2 了解表达式和运算符

表达式（expression）是变量和值的组合，JavaScript 解释器可以把它计算为单个值，比如 2+2 = 4。用于结合这些值的字符（比如+和/）称为运算符（operator）。

> **提示：**
> 除了变量和常量值之外，表达式还可以包括函数调用来返回结果。

7.2.1 使用 JavaScript 运算符

在本书迄今为止的基本 JavaScript 示例中，你已经使用了一些运算符，比如+符号（加法）以及递增和递减运算符。表 7.1 列出了可以在 JavaScript 表达式中使用的一些最重要（并且最常用）的运算符。

表 7.1　　　　　　　　　　**常用的 JavaScript 运算符**

运算符	描述	示例
+	连接（结合）字符串	message="this is" + "a test";
+	加	result = 5 + 7;
-	减	score = score - 1;

运算符	描述	示例
*	乘	total = quantity * price,
/	除	average = sum / 4;
%	求模（余数）	remainder = sum % 4;
++	递增	tries++;
--	递减	total--;

除了这些运算符之外，条件语句中还使用了许多其他的运算符。在第 8 章中，我们将学习这些运算符。

7.2.2　运算符优先级

在表达式中使用多个运算符时，JavaScript 将使用运算符优先级（operator precedence）的规则来决定如何计算值。表 7.1 按从最低优先级到最高优先级的顺序列出运算符，具有最高优先级的运算符将最先求值。例如，考虑下面这条语句：

```
result = 4 + 5 * 3;
```

如果尝试计算这个结果，将会有两种方式。可以先计算乘法 5 * 3，然后加上 4（结果是 19）；或者先计算加法 4 + 5，然后乘以 3（结果是 27）。JavaScript 通过遵循优先级规则而解决了这种困境：由于乘法具有比加法更高的优先级，它首先会计算乘法 5 * 3，然后加上 4，得到结果 19。

> **注意：**
> 如果熟悉任何其他的程序设计语言，你将会发现 JavaScript 中的运算符和优先级的工作方式在很大程度上与 C、C++、Java 以及 Web 脚本编程语言（如 PHP）中的那些运算符和优先级相同。

有时，运算符优先级不会产生你想要的结果。例如，考虑下面这条语句：

```
result = a + b + c + d / 4;
```

这尝试把 4 个数都加起来，然后除以 4，来计算它们的平均数。不过，由于 JavaScript 给除法提供了比加法更高的优先级，它将先用变量 d 除以 4，然后把其他几个数加起来，从而会产生不正确的结果。

可以使用圆括号来控制优先级。下面给出了用于计算平均数的有效语句：

```
result = (a + b + c + d) / 4;
```

圆括号确保首先把 4 个变量相加，然后用它们的和除以 4。

> **提示：**
> 如果你不能确定运算符优先级，可以使用圆括号确保它们按你期望的方式工作，并且可以使脚本更容易阅读。

7.3 JavaScript 中的数据类型

在一些计算机语言中，必须指定变量将存储的数据的类型，例如，数字或字符串。在 JavaScript 中，在大多数情况下不需要指定数据类型。不过，你应该知道 JavaScript 可以处理的数据的类型。

下面列出了基本的 JavaScript 数据类型。

➤ 数字，比如 3、25 或 1.4142138。JavaScript 同时支持整数和浮点数。

➤ 布尔值或逻辑值。它们可以具有以下两个值之一：`true` 或 `false`，可用于指示某个条件是否为真。

➤ 字符串，比如"I like cheese"。这些由一个或多个文本字符组成（严格来讲，它们是 String 对象，在本章后面，我们将会学到它）。

➤ 对象，这是属性的集合。例如，一个图书对象包含了诸如书名、作者、主题和页码等属性。这些属性都有值，例如 "The Awesomeness of Cheese" "John Doe" "cheese" 和 231。

➤ 空值，通过关键字 null 表示。这是未定义的变量的值。例如，如果以前没有使用或定义变量 fig，那么语句 document.write(fig)将产生这个值（以及一条错误消息）。

尽管 JavaScript 会记录当前存储在每个变量中的数据类型，但它不会限制你在中途更改类型。例如，假设你通过给一个变量赋值来声明它：

```
var total = 31;
```

这条语句将声明一个名称为 total 的变量，并给它赋值 31。这是一个数值型变量。现在假设你更改了 total 的值：

```
total = "albatross";
```

这将赋予 total 一个字符串值，并替换数字值。当这条语句执行时，JavaScript 将不会显示错误，它完全有效，尽管它可能不是一种非常有用的总和。

> **注意：**
> 尽管 JavaScript 的这个特性很方便并且很强大，但它也使得很容易出错。例如，如果以后在数学计算中使用 total 变量，那么结果将是无效的——但是 JavaScript 不会警告你犯了这种错误。

7.4 在数据类型之间转换

只要有可能，JavaScript 都会为你处理数据类型之间的转换。例如，我们已经使用过如下的语句：

```
document.write("The total is " + total);
```

这条语句将打印出诸如 "The total is 40" 之类的消息。由于 document.write 函数处理的是字符串，在执行该函数之前，JavaScript 解释器将自动把表达式中的任何非字符串值（在这里是 total 的值）转换成字符串。

这对于浮点值和布尔值同样工作得很好。不过，在一些情况下，它将不会工作。例如，如果 total 的值是 40，那么下面的语句将工作得很好：

```
average = total / 3;
```

不过，total 变量也可能包含一个字符串。在这种情况下，上一条语句将导致一个错误。

在一些情况下，最终可能得到一个包含数字的字符串，并且需要把它转换成常规的数值型变量。JavaScript 包括有两个用于此目的的函数。

➤ **parseInt()**——把字符串转换成整数。

➤ **parseFloat()**——把字符串转换成浮点数。

这两个函数都将从字符串的开头读取一个数字，并且返回一个数字版本。例如，下面这些语句将把字符串"30 angry polar bears"转换成一个数字：

```
var stringvar = "30 angry polar bears";
var numvar = parseInt(stringvar);
```

在这些语句执行后，numvar 变量将包含数字 30，字符串的非数字部分将被忽略。

注意：

这些函数将在字符串的开头寻找一个合适类型的数字。如果没有找到有效的数字，函数将返回特殊值 NaN，意指不是一个数字（**not a number**）。

7.5 使用 String 对象

在以前章节中的简短 JavaScript 示例中，已经使用过几个字符串。字符串存储一组文本字符，并且以与其他变量类似的方式命名。举一个简单的例子，下面这条语句将把字符串"This is a test"赋予名称为 stringtest 的字符串变量：

```
var stringtest = "This is a test";
```

在下面几节中，你将学习关于 String 对象的更多一点的知识，并且查看它在完整脚本中的实际应用。

7.5.1 创建 String 对象

JavaScript 把字符串存储为 String 对象。你通常不需要关心这一点（字符串事实上是对象），但是它可以解释一些你将看到的用于处理字符串的常见技术，它们使用了 String 对象的方法（内置函数）。

可以用两种方式创建新的 String 对象。第一种是你已经使用过的方式，而第二种则使用面向对象的语法。下面两条语句用于创建相同的字符串：

```
var stringtest = "This is a test";
stringtest = new String("This is a test");
```

第二条语句使用了 new 关键字，它可用于创建对象。这告诉浏览器创建一个新的 String 对象，其中包含文本"This is a test"，并把它赋予变量 stringtest。

7.5.2 赋值

可以用和其他任何变量相同的方式给字符串赋值。上一节中的两个示例都是赋予字符串一个初始值，也可以在已经创建了字符串之后给它赋值。例如，下面的语句将利用新字符串替换 stringtest 变量的内容：

```
var stringtest = "This is only a test.";
```

也可以使用连接运算符（+）结合两个字符串的值。程序清单 7.1 显示了一个给字符串赋值并结合它们的简单示例。

程序清单 7.1　给字符串赋值并结合它们

```
<!DOCTYPE html>

<html lang="en">
  <head>
    <title>String Text</title>
  </head>

  <body>
    <h1>String Test</h1>
    <script type="text/javascript">
     var stringtest1 = "This is a test. ";
     var stringtest2 = "This is only a test.";
     var bothstrings = stringtest1 + stringtest2;
     alert(bothstrings);
    </script>
  </body>
</html>
```

这个脚本将给两个字符串变量 stringtest1 和 stringtest2 赋值，然后利用它们相结合的值（变量 bothstrings）显示一个报警。如果把这个 HTML 文档加载进浏览器，输出结果应该如图 7.1 所示。

除了使用+运算符连接两个字符串之外，还可以使用+=运算符向字符串中添加文本。例如，下面这条语句向名为 sentence 的字符串变量的当前内容中添加一个句号：

```
sentence += ".";
```

> **注意：**
> 在 JavaScript 中，加号（＋）也可用于把两个数字相加起来。浏览器将基于使用加号的数据的类型来判别是使用加法运算，还是使用连接操作。如果在数字和字符串之间使用它，将把数字转换成字符串，并把它们连接起来。

图 7.1

字符串示例脚本的
输出结果

7.5.3   计算字符串的长度

你有时可能发现知道字符串变量包含多少个字符是有用的。为此，可以使用 String 对象的 length 属性，可以把它用于任何字符串。要使用这个属性，可以输入字符串的名称，其后接着.length。

例如，stringtest.length 指代 stringtest 字符串的长度。下面给出了这个属性的一个示例：

```
var stringtest = "This is a test.";
document.write(stringtest.length);
```

第一条语句把字符串"This is a test"赋予 stringtest 变量。第二条语句用于显示字符串的长度，在这里是 15 个字符。length 属性是一个只读属性，因此不能给它赋值以更改字符串的长度。

> **注意：**
>
> 记住，尽管 stringtest 指代一个字符串变量，但是 stringtest.length 的值是一个数字，并且可以在任何数值型表达式中使用它。

7.5.4   转换字符串的大小写

String 对象的两个方法使你能够把字符串的内容转换成全部大写字母或全部小写字母。

➢   **toUpperCase()**：把字符串中的所有字符都转换成大写字母。

➢   **toLowerCase()**：把字符串中的所有字符都转换成小写字母。

例如，下面的语句将以小写字母显示 stringtest 字符串的值：

```
document.write(stringtest.toLowerCase());
```

假定这个变量包含文本"This Is A Test",结果将是以下字符串:

```
this is a test
```

注意:语句没有改变 stringtest 变量的值。这些方法用于返回字符串的大写或小写版本,但是它们不会更改字符串本身。如果想要更改字符串的值,你可以使用如下所示的语句:

```
stringtest = stringtest.toLowerCase();
```

7.6 处理子串

在迄今为止的简短示例中,你处理的都只是整个字符串。像大多数程序设计语言一样,JavaScript 还允许你处理子串(substring),或者字符串的一部分。可以使用 substring 方法检索字符串的一部分,或者使用 charAt 方法获取单个字符。在下面几节中解释了这些方法。

7.6.1 使用字符串的一部分

substring 方法返回一个字符串,它由位于两个索引值之间的原始字符串的一部分组成,这两个索引值必须在圆括号中指定。例如,下面的语句显示 stringtest 字符串的第 4~6 个字符:

```
document.write(stringtest.substring(3,6));
```

此时,你可能想知道 3 和 6 来自于哪里。无论何时使用索引参数,关于使用它们都需要注意 3 点。

➢ 索引开始于 0,它用于字符串的第一个字符,因此第 4 个字符实际上是索引 3。

➢ 第二个索引是不包含在内的。第二个索引 6 一直包括到索引 5(第 6 个字符)。

➢ 可以以任意顺序指定两个索引。较小的索引将被假定是第一个索引。在前一个示例中,(6,3)将产生相同的结果。当然,几乎没有使用相反顺序的理由。

举另外一个例子,假设你定义了一个名称为 alpha 的字符串,用于保存字母表的大写版本:

```
var alpha = "ABCDEFGHIJKLMNOPQRSTUVWXYZ";
```

下面给出了使用 alpha 字符串的 substring()方法的一些示例。

➢ alpha.substring(0,4)返回 ABCD。

➢ alpha.substring(10,12)返回 KL。

➢ alpha.substring(12,10)也返回 KL,因为 10 是两个值中较小的值,所以把它用作第一个索引。

➢ alpha.substring(6,7)返回 G。

➢ alpha.substring(24,26)返回 YZ。

➤ alpha.substring(0,26)返回整个字母表。

➤ alpha.substring(6,6)返回 null 值，即空字符串。无论何时，只要两个索引值相同，都是如此。

7.6.2 获取单个字符

charAt 方法是从字符串内的指定位置获取单个字符的简单方式。要使用该方法，可以在圆括号中指定字符的索引或位置。正如你所学过的，索引开始于 0，用于第一个字符。下面给出了几个对 alpha 字符串使用 charAt 方法的示例。

➤ alpha.charAt(0)返回 A。

➤ alpha.charAt(12)返回 M。

➤ alpha.charAt(25)返回 Z。

➤ alpha.charAt(27)返回一个空字符串，因为那个位置没有字符。

7.6.3 查找子串

子串的另一种应用是在一个字符串内查找另一个字符串，执行该操作的一种方式是利用 indexOf 方法。要使用这个方法，可以把 indexOf 添加到你想搜索的字符串中，并在圆括号中指定要搜索的字符串。下面这个示例在 stringtest 字符串中搜索"this"，并把结果赋予一个名为 location 的变量：

```
var location = stringtest.indexOf("this");
```

警告：
与大多数 JavaScript 方法和属性名称一样，indexOf 也是区分大小写的。在脚本中使用它时，一定要像这里显示的那样正确地输入它。

在 location 变量中返回的值是对字符串的索引，类似于 substring 方法中的第一个索引。字符串的第一个字符是索引 0。

在这个方法中，可以指定可选的第二个参数，来指示要开始搜索的索引值。例如，下面这条语句将在 moretext 字符串中搜索单词 fish，并且是从第 20 个字符开始搜索：

```
var newlocation = moretext.indexOf("fish",19);
```

注意：
这个方法的第二个参数的一种应用是搜索字符串的多次出现。在找到字符串的第一次出现之后，从那个位置开始搜索字符串的第二次出现，等等。

第二个方法 lastIndexOf()的工作方式相同，但它查找的是字符串的最后一次出现。它从最后一个字符开始，向后搜索字符串。例如，下面这条语句将在 names 字符串中查找 Fred 的最后一次出现：

```
var namelocation = names.lastIndexOf("Fred");
```

与 indexOf()一样，可以指定搜索开始的位置作为第二个参数。在这里，将从那个位置开始向后搜索字符串。

7.7 使用数值型数组

数组（array）是一组编号的数据项，可以把它们视作单个单元。例如，你可能使用一个名称为 scores 的数组来存储游戏的多个分数。数组可以包含字符串、数字、对象或其他类型的数据。数组中的每个数据项都称为数组的元素（element）。

7.7.1 创建数值型数组

与大多数其他类型的 JavaScript 变量不同的是，在使用数组前通常需要声明它。下面的示例创建了一个具有 4 个元素的数组：

```
scores = new Array(4);
```

要给数组赋值，可以在方括号中使用索引。正如你在本章前面看到的，索引开始于 0，因此在这个示例中数组的元素将被编号为 0～3。下面这些语句用于给数组的 4 个元素赋值：

```
scores[0] = 39;
scores[1] = 40;
scores[2] = 100;
scores[3] = 49;
```

也可以声明一个数组，并且同时为元素指定值。下面这条语句在单独一行中创建了相同的 scores 数组：

```
scores = new Array(39,40,100,49);
```

也可以使用简写的语法声明一个数组并指定它的内容。下面的语句是用于创建 scores 数组的另一种方式：

```
scores = [39,40,100,49];
```

> **提示：**
> 记住，在利用 new 关键字声明数组时要使用圆括号，比如 a=newArray(3,4,5); 在不使用 new 关键字声明数组时要使用方括号，比如 a=[3,4,5]。否则，你将遇到 JavaScript 错误。

7.7.2 理解数组长度

像字符串一样，数组也具有 length 属性，它指示了数组中的元素个数。如果在创建数组时指定了长度，这个值将变成 length 属性的值。例如，下面这些语句将打印数字 30：

```
scores = new Array(30);
document.write(scores.length);
```

可以声明一个没有具体长度的数组，并在以后通过给元素赋值或者更改 length 属性来更改长度。例如，下面这些语句将创建一个新数组，并且给它的两个元素赋值：

```
test = new Array();
test[0]=21;
test[5]=22;
```

在这个示例中，由于迄今为止指定的最大索引号是 5，因此数组的 length 属性值为 6——记住，元素是从 0 开始编号的。

7.7.3　访问数组元素

可以使用在赋值时使用的相同表示法来读取数组的内容。例如，下面的语句将显示 scores 数组的前 3 个元素的值：

```
scoredisplay = "Scores: " + scores[0] + "," + scores[1] +
    "," + scores[2];
document.write(scoredisplay);
```

> **提示：**
> 查看这个示例，你可能猜想显示大数组中的所有元素将是不方便的。这是循环语句的理想工作，它们使你能够利用不同的值多次执行相同的语句。在第 8 章中，我们将全面学习关于循环语句的知识。

7.8　使用字符串数组

迄今为止，你使用了数字的数组。JavaScript 还允许使用字符串数组（string array），或者字符串的数组。这是一个强大的特性，使你能够同时处理大量的字符串。

7.8.1　创建字符串数组

声明字符串数组的方式与声明数值型数组相同——事实上，JavaScript 并没有对它们加以区别：

```
names = new Array(30);
```

然后可以给数组元素赋予字符串值：

```
names[0] = "John H. Watson";
names[1] = "Sherlock Holmes";
```

与数值型数组一样，也可以在创建字符串数组时指定其内容。下面的任何一条语句都可以创建与前一个示例相同的字符串数组：

```
names = new Array("John H. Watson", "Sherlock Holmes");
names = ["John H. Watson", "Sherlock Holmes"];
```

在将要使用字符串的任何地方都可以使用字符串数组元素，甚至可以使用前面介绍的字符串方法。例如，下面的语句将打印 names 数组的第一个元素的前 4 个字符，从而会得到 John：

```
document.write(names[0].substring(0,4));
```

7.8.2 拆分字符串

JavaScript 包括有一个名称为 split 的字符串方法，可以把字符串拆分成它的各个组成部分。要使用这个方法，可以指定要拆分的字符串以及用于隔开各个部分的字符：

```
name = "John Q. Public";
parts = name.split(" ");
```

在这个示例中，name 字符串包含名字 John Q. Public。第二条语句中的 split 方法在每个空格处拆分 name 字符串，得到 3 个字符串，并把它们存储在一个名称为 parts 的字符串数组中。在执行示例语句之后，parts 的各个元素将包含以下内容：

- ▶ parts[0] = "John"
- ▶ parts[1] = "Q."
- ▶ parts[2] = "Public"

JavaScript 还包括有一个数组方法 join，它用于执行相反的功能。下面这条语句可以把 parts 数组重新组合成一个字符串：

```
fullname = parts.join(" ");
```

圆括号中的值指定一个用于隔开数组各部分的字符。在这个示例中使用的是空格，得到最终的字符串 John Q. Public。如果没有指定一个字符，则使用逗号。

7.8.3 对字符串数组进行排序

JavaScript 还包括一个用于数组的 sort 方法，它返回数组的按字母顺序排序的版本。例如，下面的语句将初始化包含 4 个名字的数组并对它们进行排序：

```
names[0] = "Public, John Q.";
names[1] = "Doe, Jane";
names[2] = "Duck, Daisy";
names[3] = "Mouse, Mickey";
sortednames = names.sort();
```

最后一条语句对 names 数组进行排序，并把结果存储在新数组 sortednames 中。

7.9 对数值型数组进行排序

由于 sort 方法是按字母顺序进行排序，因此它将不适合于数值型数组——至少不会采用你所期望的方式。例如，如果数组中包含 4、10、30 和 200 这几个数字，那么它将把它们排序为 10、200、30、4——甚至不接近你所想的。好在有一个解决方案：可以在 sort 方法的参数中指定一个函数，并且该函数将用于比较数字。下面的代码可以正确地对数值型数组进行排序：

```
function numbercompare(a,b) {
    return a-b;
}
numbers = new Array(30, 10, 200, 4);
sortednumbers = numbers.sort(numbercompare);
```

这个示例定义了一个简单的函数 numbercompare，它用于把两个数字相减。在 sort 方法中指定了这个函数之后，将以正确的数字顺序对数组进行排序：4、10、30、200。

> **注意：**
>
> 如果 a 位于 b 之前，JavaScript 将期望比较函数返回一个负数；如果它们相等，就返回 0；如果 a 位于 b 之后，就返回一个正数。这就是为什么只需要 a-b 即可使函数以数字方式进行排序的原因。

▼ TRY IT YOURSELF

排序和显示名字

为了获得使用 JavaScript 的字符串和数组特性的更多经验，可以创建一个脚本，允许用户输入一份名字的列表，并且以有序的形式显示该列表。

由于这将是一个更大的脚本，你将创建单独的 HTML 和 JavaScript 文件。首先，sort.html 文件将包含 HTML 结构以及脚本将要处理的表单字段。程序清单 7.2 显示了 HTML 文档。

程序清单 7.2   用于排序示例的 HTML 文档

```
<!DOCTYPE html>

<html lang="en">
  <head>
    <title>Array Sorting Example</title>
    <script type="text/javascript" src="sort.js"></script>
  </head>

  <body>
    <h1>Sorting String Arrays</h1>
    <p>Enter two or more names in the field below,
    and the sorted list of names will appear in the
    textarea.</p>
    <form name="theform">
    Name:
    <input type="text" name="newname" size="20">
    <input type="button" name="addname" value="Add"
    onclick="SortNames();">
```

```
    <br/>
    <h2>Sorted Names</h2>
    <textarea cols="60" rows="10" name="sorted">
    The sorted names will appear here.
    </textarea>
    </form>
  </body>
</html>
```

由于脚本将位于单独的文档中，这个文档头部中的<script>标签将使用 src 属性包括名为 sort.js 的 JavaScript 文件。接下来将创建这个文件。

这个文档定义了一个名为 theform 的表单、一个名为 newname 的文本框、一个 addname 按钮以及一个名为 sorted 的文本区。你的脚本将使用这些表单字段作为它的用户界面。

程序清单 7.3 提供了排序过程所需的 JavaScript 代码。

程序清单 7.3 用于排序示例的 JavaScript 文件

```
// initialize the counter and the array
var numbernames=0;
var names = new Array();
function SortNames() {
    // Get the name from the text field
    thename=document.theform.newname.value;
    // Add the name to the array
    names[numbernames]=thename;
    // Increment the counter
    numbernames++;
    // Sort the array
    names.sort();
    document.theform.sorted.value=names.join("\n");
}
```

该脚本首先利用 var 关键字定义两个变量：numbernames 和 names，其中前者将是在添加每个名字时递增的计数器，后者是将存储名字的数组。

在把名字输入进文本框中并单击按钮时，onclick 事件处理程序将会调用 SortNames 函数。这个函数将在变量 thename 中存储文本框的值，然后使用 numbernames 作为索引把名字添加到 names 数组中。它然后将递增 numbernames，为下一个名字做好准备。

脚本的最后一部分用于对名字进行排序并显示它们。首先，使用 sort()方法对 names 数组进行排序。接着，使用 join()方法结合名字，利用换行符隔开它们，并在文本区中显示它要测试脚本，可以把它另存为 sort.js，然后把你以前创建的 sort.html 文件加载进浏览器中。然后可以添加一些名字并测试脚本。图 7.2 显示了在对几个名字进行排序之后的结果。

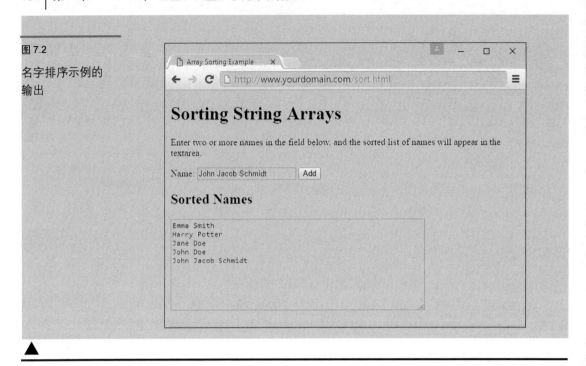

图 7.2

名字排序示例的
输出

7.10　小结

在本章中，我们重点关注了变量以及 JavaScript 如何处理它们。我们学习了如何命名变量，如何声明它们，以及局部变量与全局变量之间的区别。我们还探索了 JavaScript 支持的数据类型以及如何在它们之间进行转换。

我们还学习了 JavaScript 的更复杂的变量类型——字符串和数组，并且探讨了使我们能够对它们执行一些操作的特性，比如把字符串转换成大写字母或者对数组进行排序。本章所学的所有这些知识，不仅作为 JavaScript 的基础知识很有用，而且和我们将要在本书后面所要学习和使用的 PHP 的基础知识在概念上很相似。

在下一章中，我们将通过学习关于另外两个关键特性（函数和对象）的更多知识，继续学习另外 3 个关键功能的更多知识，这就是函数、对象和流程控制。

7.11　问与答

Q：var 关键字的重要性是什么？我总是应该使用它声明变量吗？

A：你只需要在函数中使用 var 定义局部变量。不过，如果你根本不确信，那么使用 var 总是安全的。以一致的方式使用它将帮助你保持脚本组织有序以及避免错误。

Q：有什么原因使得我想使用 var 关键字创建与全局变量同名的局部变量吗？

A：并非故意如此。使用 var 的主要原因是避免与你可能不知道的全局变量发生冲突。例如，你可能在将来添加一个全局变量，或者可能向页面中添加另一个脚本，而它使用了类似的变量名称。这更多的是大型、复杂的脚本的问题。

Q：布尔变量有什么好处？

A：通常，在脚本中，你需要一个变量来指示某件事情是否已发生——例如，用户输入的电话号码是否具有正确的格式。布尔变量非常适合于这种情况。它们也可用于处理条件，在第 8 章中，我们将看到这一点。

Q：我可以在数组中存储其他类型的数据吗？例如，我可以具有日期的数组吗？

A：绝对可以。JavaScript 允许在数组中存储任何数据类型。

Q：二维数组是什么样子的？

A：它们是具有两个索引（比如列和行）的数组。JavaScript 不直接支持这种类型的数组，但是你可以使用对象来实现相同的效果。在下一章中，你将学习关于对象的更多知识。

7.12 测验

作业包含测验问题和练习，可以帮助你巩固对所学知识的理解。要尝试先解答所有的问题，然后再查看其后的"解答"一节的内容。

7.12.1 问题

1．下列哪一项不是有效的 JavaScript 变量名？

a．2names

b．first_and_last_names

c．FirstAndLast

2．如果语句 var fig=2 出现在函数中，那么它声明的是哪种类型的变量？

a．全局变量

b．局部变量

c．常变量

3．如果字符串 test 包含值 The eagle has landed.，那么 test.length 的值将是什么？

a．4

b．21

c．The

4．使用相同的示例字符串，下面哪条语句将返回单词 eagle？

a．test.substring(4,9)

b．test.substring(5,9)

c．test.substring("eagle")

5．JavaScript 表达式 31 + "angry polar bears"的结果是什么？

a．一条错误消息

b．32

c．"31 angry polar bears"

7.12.2　解答

1．a．2names 是无效的 JavaScript 变量名，因为它以数字开头。其他变量名都是有效的，尽管它们可能不是名称的理想选择。

2．b．因为变量是在函数中声明的，因此它是一个局部变量。var 关键字可以确保创建一个局部变量。

3．b．字符串的长度是 21 个字符。

4．a．正确的语句是 test.substring(4,9)。记住，索引是从 0 开始的，并且第二个索引是不包含在内的。

5．c．JavaScript 将把整个表达式转换成字符串"31 angry polar bears"（这里没有对北极熊的任何不敬之意，它们极少生气，并且很少见到这么一大群北极熊）。

7.12.3　练习

➢ 修改程序清单 7.3 中的排序示例，先把名字转换成全部大写字母，然后再排序并显示它们。

➢ 修改程序清单 7.3，在文本区中显示带有编号的名字列表。

第8章

JavaScript 基础：函数、对象和流程控制

在本章中，你将学习以下内容：

- ➢ 怎样定义和调用函数，以及从函数返回值；
- ➢ 怎样定义自定义的对象；
- ➢ 怎样使用对象的属性和值；
- ➢ 怎样定义和使用对象的方法；
- ➢ 怎样使用对象存储数据和相关的函数；
- ➢ 怎样使用 Math 对象的方法；
- ➢ 怎样使用 with 处理对象；
- ➢ 怎样使用 Date 对象处理日期；
- ➢ 怎样利用 if 语句测试变量；
- ➢ 怎样使用比较运算符比较值；
- ➢ 怎样使用逻辑运算符把条件结合起来；
- ➢ 怎样利用 else 使用备选条件；
- ➢ 怎样利用条件运算符创建表达式；
- ➢ 怎样测试多个条件；
- ➢ 怎样利用 for 循环执行重复的语句；
- ➢ 怎样使用 while 和 do...while 循环；
- ➢ 怎样创建无限循环（为什么不应该这样做）；
- ➢ 怎样退出循环以及继续执行循环；

> ➤ 怎样遍历数组的属性。

在本章中，我们将学习另外两个关键的 JavaScript 概念，并将在本书余下的所有内容中（以及在将来的 JavaScript 程序设计中）使用它们。首先，我们将学习创建和使用函数的细节知识，它使你能够把许许多多的语句组织进单个块中。函数对于创建可重用的代码段是有用的，我们也可以创建接受参数并返回值的函数以便以后使用。

函数使你能够组织代码段，而对象则使你能够组织数据——我们可以使用对象把相关的数据项与用于处理数据的函数结合起来。我们将学习如何定义和使用对象以及它们的方法，并且将明确地使用另外两个构建到 JavaScript 中的有用的对象：Math 和 Date。

最后，我们将学习流程控制。JavaScript 程序中的语句一般是按它们出现的顺序一个接一个地执行的。由于这并非总是实用的，大多数程序设计语言都提供了流程控制（flow control）语句，可以让你控制代码的执行次序。函数就是一种流程控制类型——尽管在你的代码中函数可能是最先定义的，但它的语句可以在脚本中的任意位置执行。我们还将学习 JavaScript 中的两种类型的流程控制：条件和循环，前者允许依赖于所测试的值来选择不同的选项，后者允许基于某些条件以重复执行语句。

8.1 使用函数

迄今为止，你在本书中见过的脚本都是简单的指令列表。浏览器从<script>标签后面的第一个语句开始，并按顺序沿着每一条指令前进，直至它到达</script>封闭标签（或者遇到一个错误）为止。

尽管这是一种用于简短脚本的直观方法，但是阅读用这种方式编写的较长脚本时可能会令人混淆。为了使你能够更容易地组织脚本，JavaScript 支持函数。在本节中，你将学习如何定义和使用函数。

8.1.1 定义函数

函数（function）是一组可以被视作单个单元的 JavaScript 语句。要使用函数，首先必须定义它。下面是一个函数定义的简单示例：

```
function greet() {
    alert("Greetings!");
}
```

这个代码段定义了一个给用户显示一条报警消息的函数。首先是 function 关键字，其后接着你给函数提供的名称——在这里，函数的名称是 greet。注意函数名称后面的圆括号，你接下来将学到，它们之间的空间并不总是空的。

函数定义的第一行和最后一行包括大括号（{和}），使用它们包围函数内的所有语句。浏览器将使用大括号确定函数的开始和结束位置。

在大括号当中是函数的核心 JavaScript 代码，这个特定的函数包含单独一行语句，用以调用 alert 方法，给用户显示一条报警消息。该消息包含文本"Greetings!"。

> **警告：**
> 函数名是区分大小写的。如果利用大写字母定义像 greet 这样的函数，那么在调用函数时一定要使用完全相同的名称。这就是说，如果定义名称为 greet 的函数，但是试图使用 greet 调用函数，那么它将不会工作。

现在，解释一下那些圆括号。greet 函数的当前版本总是做相同的事情：每次使用它时，它都会在报警弹出式窗口中显示相同的消息。

为了使函数更灵活，可以添加参数（parameter），也称为形参（argument），它们是每次调用函数时都会被函数接收的变量。例如，可以添加一个名为 who 的参数，基于调用函数时该参数的值，告诉函数要欢迎的人的名字。下面给出了修改过的 greet 函数：

```
function greet(who) {
    alert("Greetings, " + who + "!");
}
```

要实际地调用这个函数并且查看它的行为，需要在 HTML 文档中包括它。传统上讲，函数定义的最佳位置是在文档的<head>区域内。由于<head>区域中的语句将首先被执行，因此这可以确保函数在使用前被定义。

程序清单 8.1 显示了嵌入在 HTML 文档的头部区域中的 greet 函数，但是还没有实际地调用它

程序清单 8.1　HTML 文档中的 greet 函数

```
<!DOCTYPE html>

<html lang="en">
  <head>
    <title>Functions</title>
    <script type="text/javascript">
    function greet(who) {
        alert("Greetings, " + who + "!");
    }
    </script>
  </head>
  <body>
    <p>This is the body of the page.</p>
  </body>
</html>
```

8.1.2　调用函数

你现在定义了一个函数，并把它放在 HTML 文档中。不过，如果把程序清单 8.1 加载进

浏览器中，你将注意到它除了显示文本"This is the body of the page."之外，绝对没有做其他任何事情。这是由于我们定义了函数（准备好使用），但是还没有使用它。

使用函数也称为调用（call）函数。要调用函数，可以在脚本中使用函数的名称作为语句，或者作为与某个事件关联的动作。调用函数时，将需要包括圆括号以及函数参数的值（如果有的话）。例如，下面给出了一条调用 greet 函数的语句：

```
greet("Fred");
```

这告诉 JavaScript 解释器继续前进并开始处理 greet 函数中的第一条语句。利用圆括号内的参数，以这种方式调用函数，将把参数"Fred"传递给函数，这个"Fred"值将被赋予函数内的 who 变量。

> **提示：**
> 函数可以具有多个参数。要定义具有多个参数的函数，可以列出每个参数的变量名，并用逗号隔开它们。要调用函数，可以指定每个参数的值，并用逗号隔开它们。

程序清单 8.2 显示了一个完整的 HTML 文档，它包括函数定义以及页面内的几个按钮，它们将调用函数作为与某个事件关联的动作。为了演示函数的有用性，我们将使用不同的参数调用它两次，用于欢迎两个不同的人。

程序清单 8.2　完整的函数示例

```
<!DOCTYPE html>

<html lang="en">
  <head>
    <title>Functions</title>
    <script type="text/javascript">
    function greet(who) {
        alert("Greetings, " + who + "!");
    }
    </script>
  </head>
  <body>
    <h1>Function Example</h1>
    <p>Who are you?</p>
    <button type="button" onclick="greet('Fred');">I am Fred</button>
    <button type="button" onclick="greet('Ethel');">I am Ethel</button>
  </body>
</html>
```

这个程序清单包括两个按钮，其中每个按钮都将以稍微有点不同的方式调用 greet 函数——利用与来自每个按钮的调用关联的不同参数。

既然你已经具有实际地做某件事情的脚本，就可以尝试把它加载进浏览器中。如果按下其中一个按钮，应该会看到如图 8.1 所示的结果，它显示了当按下其中一个按钮（在这里是"I Am Ethel"）时所显示的报警。

图 8.1

在 按 下 一 个 按 钮
时，greet 函数示
例的输出结果

8.1.3 返回值

你在前一个示例中创建的函数用于在一个报警弹出式窗口中给用户显示一条消息，但是函数也可以给调用它们的脚本返回一个值。这允许你使用函数计算值。例如，可以创建一个求 4 个数字的平均数的函数。

与以往一样，你的函数应该开始于 function 关键字、函数的名称以及它所接受的参数。我们将为要计算平均数的 4 个数字使用变量名 a、b、c 和 d。下面是该函数的第一行：

```
function average(a,b,c,d) {
```

注意：
我在函数的第一行中还包括了开始大括号（{}）。这是一种常见的风格，但是也可以把大括号放在下一行上，或者使其自成一行。

接下来，函数需要计算 4 个参数的平均数。可以通过把它们相加起来，然后除以参数的个数（在这里是 4），来计算平均数。因此，下面是该函数的下一行：

```
var result = (a + b + c + d) / 4;
```

这条语句创建一个名为 result 的变量，并通过把 4 个数字相加，然后除以 4，来计算出一个值，并把它赋予 result（圆括号是必要的，用以告诉 JavaScript 绝对要先执行加法运算，再执行除法运算）。

要把这个结果发送回调用函数的脚本，可以使用 return 关键字。下面是该函数的最后一部分：

```
return result;
}
```

程序清单 8.3 显示了 HTML 文档中的完整的 average 函数。这个 HTML 文档还在<body>区域中包括一个短小的脚本，用于调用 average 函数并显示结果。

程序清单 8.3 HTML 文档中的 Average 函数

```html
<!DOCTYPE html>

<html lang="en">
  <head>
    <title>Function Example: Average</title>
    <script type="text/javascript">
    function average(a,b,c,d) {
        var result = (a + b + c + d) / 4;
        return result;
    }
    </script>
  </head>
  <body>
    <h1>Function Example: Average</h1>
    <p>The following is the result of the function call.</p>
    <script type="text/javascript">
    var score = average(3,4,5,6);
    document.write("The average is: " + score);
    </script>
  </body>
</html>
```

如果在 Web 浏览器中打开程序清单 8.3 中的脚本,将会看到如图 8.2 所示的结果,它显示了打印在屏幕上的平均数,这是通过 document.write 方法实现的。

图 8.2

average 函数示例
的输出结果

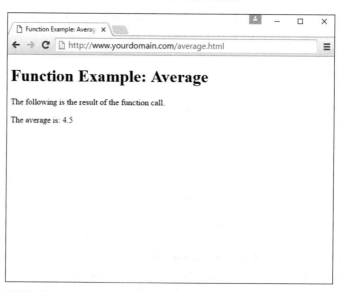

可以结合使用变量与函数调用,如这个程序清单中所示。这条语句将计算数字 3、4、5 和 6 的平均数,并把结果存储在一个名为 score 的变量中:

```
var score = average(3,4,5,6);
```

> **提示:**
> 也可以直接在表达式中使用函数调用。例如,可以使用 alert 语句显示函数 alert(average(1,2,3,4)) 的结果。

8.2 对象简介

在上一章中，你学习了在 JavaScript 中如何使用变量表示不同类型的数据。JavaScript 还支持对象（object），它是一种更复杂的变量，可以存储多个数据项和函数。尽管变量在某个时间只能有一个值，但是对象可以包含多个值，这使你能够把相关的数据项组合进单个对象中。

在本章中，你将学习如何定义和使用你自己的对象。你已经处理过其中一些对象，包括下面这些。

> **DOM 对象**：这些对象允许脚本与 Web 浏览器和 Web 文档的元素交互。在第 6 章中，我们学过一些关于它们的知识。

> **内置对象**：包括字符串和数组，我们在第 7 章中学过它们。

用于处理全部 3 类对象（DOM 对象、内置对象和自定义对象）的语法是相同的，因此，即使你最终没有创建自己的对象，也应该能够很好地理解 JavaScript 的对象术语和语法。

8.2.1 创建对象

在上一章中创建数组时，我们使用了以下 JavaScript 语句：

```
var scores = new Array(4);
```

new 关键字告诉 JavaScript 解释器使用内置功能创建一个 Array 类型的对象。对象具有一个或多个属性（property）——实质上讲，对象是变量，它们具有存储在对象内的值。例如，在第 6 章中，我们知道可以使用 location.href 属性提供当前文档的 URL，因为把值（URL）分配给了那个属性，就像给变量赋值一样。href 属性是 DOM 中的 location 对象的属性之一。

我们还使用了 String 对象的 length 属性，如上一章中的以下示例：

```
var stringtest = "This is a test.";
document.write(stringtest.length);
```

重申一遍，像变量一样，每个对象属性都具有值（value）。要读取属性的值，只需在任何表达式中包括对象名和属性名，并用点号隔开它们，你刚才看到的示例就使用了 stringtest.length。可以使用=运算符更改属性的值，就像可以更改变量的赋值一样。下面的示例通过把一个新的变量分配给 location.href 属性，把浏览器送往新的 URL：

```
location.href = "http://www.google.com";
```

> **注意：**
> 一个对象也可以是另一个对象的属性，这称为子对象（child object）。

8.2.2 理解方法

除了属性之外，每个对象还可以具有一个或多个方法（method），它们是处理对象的数据的函数。例如，下面的 JavaScript 语句用于重新加载当前文档，就像我们在第 6 章中学到的那样：

```
location.reload();
```

使用 reload()方法时，你就是在使用 location 对象的方法。像其他函数一样，方法可以接受圆括号中的参数并且可以返回值。JavaScript 中的每种对象类型都具有它自己的内置方法列表。例如，在 Mozilla 开发者网站上可以找到 Array 对象的内置方法列表。

8.3　使用对象简化脚本编程

尽管 JavaScript 的变量和数组是存储数据的通用方式，有时当对象有用时，你还是需要更复杂的结构。例如，假设你正在创建一个脚本，用于处理名片数据库，其中包含许多人的名字、地址和电话号码。

如果使用普通的变量，将需要多个单独的变量，用于数据库中的每一个人：名字变量、地址变量等。这很容易使人混淆，更不要说定义起来相当啰嗦。

数组可以稍稍改进这种状况。你可以具有一个名字数组、一个地址数组和一个电话号码数组。数据库中的每个人在每个数组中都将有一个条目。这比许许多多单独命名的变量更方便，但是仍然不是完美无缺的。

利用对象，可以使存储数据库的变量像物理名片一样合乎逻辑。每个人都可以通过一个 Card 对象表示，它将包含用于名字、地址和电话号码的属性。甚至可以给对象添加一些方法，用于显示或处理信息，这是使用对象的真正威力所在。

在后面的几节中，你将使用 JavaScript 创建一个 Card 对象以及一些属性和方法。在本章后面，你将在脚本中使用 Card 对象，用于显示你使用对象创建的这个数据库的多个成员的信息。

8.3.1　定义对象

创建对象的第一步是命名它及其属性，我们已经决定把对象命名为 Card 对象。每个对象都将具有以下属性：

- ➢　name
- ➢　email
- ➢　address
- ➢　phone

在 JavaScript 程序中使用这个对象的第一步是创建一个函数，用以制作新的 Card 对象。这个函数称为对象的构造函数（constructor）。下面显示了 Card 对象的构造函数：

```
function Card(name,email,address,phone) {
    this.name = name;
    this.email = email;
    this.address = address;
```

```
   this.phone = phone;
}
```

构造函数是一个简单的函数，它接受参数以初始化新对象，并把它们分配给相应的属性。你可以把它视作像是为对象建立一个模板。特别是，Card 函数从调用函数的任何语句接受多个参数，然后把它们作为对象的属性进行分配。由于函数被命名为 Card，因此创建的对象就是 Card 对象。

注意 this 关键字，无论何时创建对象定义都要使用它。使用 this 指代当前对象——正在被函数创建的对象。

8.3.2 定义对象的方法

接下来，将创建一个方法，用于处理 Card 对象。由于所有的 Card 对象都将具有相同的属性，使函数以一种优雅的格式打印出属性可能很方便。我们把这个函数称为 printCard。

printCard 函数将被用作 Card 对象的方法，因此无须要求提供参数。作为替代，可以再次使用 this 关键字指代当前对象的属性。下面显示了 printCard()函数的函数定义：

```
function printCard() {
   var name_line = "Name: " + this.name + "<br/>\n";
   var email_line = "Email: " + this.email + "<br/>\n";
   var address_line = "Address: " + this.address + "<br/>\n";
   var phone_line = "Phone: " + this.phone + "<hr/>\n";
   document.write(name_line, email_line, address_line, phone_line);
}
```

这个函数简单地从当前对象（this）读取属性，打印出每个属性及其前面的标签字符串，然后创建一个新行。

你现在就具有一个打印名片的函数，但它并非正式地是 Card 对象的方法。你需要做的最后一件事是创建 Card 对象的函数定义的 printCard 部分。下面显示了修改过的函数定义：

```
function Card(name,email,address,phone) {
   this.name = name;
   this.email = email;
   this.address = address;
   this.phone = phone;
   this.printCard = printCard;
}
```

添加的语句看起来就像是另一个属性定义，但它指的是 printCard 函数。只要 printCard 在脚本中别的位置具有它自己的函数定义，这个新方法现在就会工作。方法实质上是定义函数（而不是简单值）的属性。

> **提示：**
> 前一个示例为属性使用小写的名称（如 address），并且为方法使用大小写混合的名称（如 printCard）。你可以为属性和方法名称使用任何大小写形式，但是采用这样一种方式，就可以使人们清楚地看出 printCard 是一个方法，而不是一个普通的属性。

8.3.3　创建对象的实例

现在，让我们使用你刚才创建的对象定义和方法。要使用对象定义，可以使用 new 关键字创建一个新对象。你已经使用了这个相同的关键字创建 Date 和 Array 对象。

下面的语句将创建一个名为 tom 的新 Card 对象：

```
var tom = new Card("Tom Jones", "tom@jones.com",
              "123 Elm Street, Sometown ST 77777",
              "555-555-9876");
```

可以看到，创建对象很容易。只需调用 Card()函数（对象定义），并采用与原始定义相同的顺序输入所需的属性即可。（在这里，参数是 name、email、address、phone。）

在这条语句执行后，就会创建一个新对象，用于保存 Tom 的信息。这个新对象（现在命名为 tom）称为 Card 对象的实例（instance）。就像程序中可以有多个字符串变量一样，你定义的对象也可以有多个实例。

无须利用 new 关键字指定名片的所有信息，可以在事后指定它们。例如，下面的脚本创建了一个名为 holmes 的空 Card 对象，然后指定它的属性：

```
var holmes = new Card();
holmes.name = "Sherlock Holmes";
holmes.email = "sherlock@holmes.com";
holmes.address = "221B Baker Street";
holmes.phone = "555-555-3456";
```

在使用这些方法之一创建了 Card 对象的实例之后，可以使用 printCard()方法显示它的信息。例如，下面这条语句可以显示 tom 名片的属性：

```
tom.printCard();
```

▼ TRY IT YOURSELF

在对象中存储数据

现在你创建了一个新对象用于存储名片，还创建了一个方法用于把它们打印出来。作为对象、属性、函数和方法的最终的演示，你现在将在 Web 页面中使用这个对象，显示多张名片的数据。

你的脚本将需要包括 printCard 的函数定义，以及 Card 对象的函数定义。然后你将创建 3 张名片，并在文档的主体中把它们打印出来。我们将为这个示例使用单独的 HTML 和 JavaScript 文件。程序清单 8.4 显示了完整的脚本。

程序清单 8.4　使用 Card 对象的示例脚本

```
// define the functions
function printCard() {
```

```
    var nameLine = "<strong>Name: </strong>" + this.name + "<br>";
    var emailLine = "<strong>Email: </strong>" + this.email + "<br>";
    var addressLine = "<strong>Address: </strong>" + this.address + "<br>";
    var phoneLine = "<strong>Phone: </strong>" + this.phone + "<hr>";
    document.write(nameLine, emailLine, addressLine, phoneLine);
}

function Card(name,email,address,phone) {
    this.name = name;
    this.email = email;
    this.address = address;
    this.phone = phone;
    this.printCard = printCard;
}

// Create the objects
var sue = new Card("Sue Suthers", "sue@suthers.com", "123 Elm Street,
        Yourtown ST 99999", "555-555-9876");
var fred = new Card("Fred Fanboy", "fred@fanboy.com", "233 Oak Lane,
        Sometown ST 99399", "555-555-4444");
var jimbo = new Card("Jimbo Jones", "jimbo@jones.com", "233 Walnut Circle,
        Anotherville ST 88999", "555-555-1344");

// Now print them
sue.printCard();
fred.printCard();
jimbo.printCard();
```

　　注意，printCard()函数稍作修改，使内容看起来与以粗体字显示的标签相称。要准备好使用这个脚本，可把它另存为 cards.js。接下来，你将需要把 cards.js 脚本包括在一个简单的 HTML 文档中。程序清单 8.5 显示了用于这个示例的 HTML 文档。

程序清单 8.5　用于 Card 对象示例的 HTML 文件

```
<!DOCTYPE html>

<html lang="en">
  <head>
    <title>JavaScript Business Cards</title>
  </head>
  <body>
    <h1>JavaScript Business Cards</h1>
    <p>External script output coming up...</p>
    <script type="text/javascript" src="cards.js"></script>
    <p>External script output has ended.</p>
  </body>
</html>
```

　　要测试完整的脚本，可以把这个 HTML 文档保存在与你在前面创建的 cards.js 文件相同的目录中，然后把 HTML 文档加载到浏览器中。图 8.3 中显示了这个示例的浏览器的显示结果。

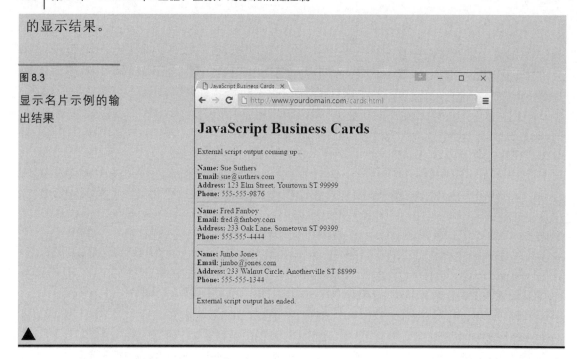

图 8.3

显示名片示例的输
出结果

8.4　扩展内置对象

JavaScript 包括一个特性，允许扩展内置对象的定义。例如，如果你认为 String 对象不是非常适合你的要求，就可以扩展它，添加新的属性或方法。如果你是在创建使用了许多字符串并且以独特的方式操作那些字符串的大型脚本，这可能就是非常有用的，但是你应该谨慎地使用这种方法，并且只有在真正需要的时候才使用。

可以使用 prototype 关键字（原型[prototype]是对象定义或构造函数的另一个名称）给现有的对象添加属性和方法。prototype 关键字允许在对象的构造函数之外更改对象的定义。

例如，让我们向 String 对象定义中添加一个方法。你将创建一个名为 heading 的方法，它把字符串转换成 HTML 标题。下面的语句定义了一个名为 myTitle 的字符串：

```
var myTitle = "Fred's Home Page";
```

这条语句将输出 myTitle 字符串的内容，作为一个 HTML 一级标题：

```
document.write(myTitle.heading(1));
```

程序清单 8.6 向 String 对象定义中添加了一个 heading 方法，用于把字符串显示为标题，然后使用新方法显示 3 个标题。

程序清单 8.6　给 String 对象添加一个方法

```
<!DOCTYPE html>

<html lang="en">
  <head>
    <title>Test of Heading Method</title>
```

```
  </head>
  <body>
    <script type="text/javascript">
    function addHeading(level) {
       var html = "h" + level;
       var text = this.toString();
       var opentag = "<" + html + ">";
       var closetag = "</" + html + ">";
       return opentag + text + closetag;
    }
    String.prototype.heading = addHeading;
    document.write("This is a heading 1".heading(1));
    document.write("This is a heading 2".heading(2));
    document.write("This is a heading 3".heading(3));
    </script>
  </body>
</html>
```

首先，定义 addHeading()函数，它将充当新的字符串方法。它接受一个数字，以指定标题级别。opentag 和 closetag 变量分别用于存储 HTML "开始标题" 和 "结束标题" 标签，比如<h1>和</h1>。

在定义函数之后，使用 prototype 关键字把它添加为 String 对象的一个方法。然后可以对任何 String 对象（或者事实上是任何 JavaScript 字符串）使用该方法。在脚本中，通过最后 3 条语句演示了这一点，它们把用引号引上的文本字符串显示为1、2、3 级标题。

如果把这个文档加载进浏览器中，它应该如图 8.4 所示。

图 8.4

显示动态标题示例

8.5 使用 Math 对象

Math 对象是内置的 JavaScript 对象，包括有数学常量和函数。你永远也不需要创建 Math 对象，它自动存在于任何 JavaScript 程序中。Math 对象的属性代表数学常量，而它的方法就是数学函数。如果在 JavaScript 中以任何方式处理数字，Math 对象都将是你最好的新朋友。

8.5.1　四舍五入和截尾

Math 对象的 3 个最有用的方法允许对小数值进行向上和向下四舍五入。

➢ Math.ceil()：把一个数字向上四舍五入到邻近的整数。

➢ Math.floor()：把一个数字向下四舍五入到邻近的整数。

➢ Math.round()：把一个数字四舍五入到最接近的整数。

所有这些方法都接受一个要进行四舍五入的数字作为它们的唯一参数。你可能注意到有一件事被忽略了：四舍五入到小数位的能力，例如对于美元金额。好在，我们可以轻松地模拟这种情况。下面显示了一个简单的函数，用于把数字四舍五入到两个小数位：

```
function round(num) {
    return Math.round(num * 100) / 100;
}
```

这里显示的函数把值乘以 100 来移动小数点，然后把数字四舍五入到最接近的整数。最后，把得到的值除以 100，用以把小数点恢复到它的原始位置。

8.5.2　生成随机数

Math 对象的最常用的方法之一是 Math.random()方法，它可以生成随机数。该方法不需要任何参数。它返回的数字是一个 0～1 之间的随机小数。

你通常想要一个位于 1 和某个预先确定的值之间的随机数，可以利用通用的随机数函数执行此任务。下面显示了一个生成随机数的函数，这个随机数位于 1 和你发送给它的参数之间：

```
function rand(num) {
    return Math.floor(Math.random() * num) + 1;
}
```

这个函数用在 num 参数中指定的值乘以随机数，然后使用 Math.floor()方法把它转换成一个整数，它位于 1 和某个数字之间。

8.5.3　其他 Math 方法

Math 对象包括许多方法，比我们在这里探讨的这些函数多很多。例如，Math.sin()和Math.cos()分别用于计算正弦值和余弦值。Math 对象还包括用于多个数学常量的属性，例如Math.PI。在 Mozilla 开发者官网上可以查看 Math 对象可以使用的所有内置方法的列表。

8.6 使用 Math 方法

Math.random 方法可以生成一个 0～1 之间的随机数。不过，很难让计算机生成一个真正的随机数（让人类这样做也很困难——这就是为什么发明了骰子）。今天的计算机在生成随机数方面做得相当好，但是 JavaScript 的 Math.random 函数能够做得有多好呢？测试它的一种方式是生成许多随机数，并且计算所有这些随机数的平均数。

理论上讲，所有生成的随机数的平均数应该接近于 0.5，即位于 0～1 之间的中间位置。生成的随机数越多，平均数就应该越接近这个中间位置。要真正执行这种测试，让我们创建一个脚本，测试 JavaScript 的随机数函数。为此，将生成 5000 个随机数，并计算它们的平均数。

这个示例将使用一个 for 循环，在下一章中，我们将学习关于它的更多知识。但是这是一个足够简单的示例，你应该能够理解它。在这个示例中，for 循环将生成随机数。你将感到惊奇的是 JavaScript 能够多快地完成该任务。

要开始脚本，将初始化名为 total 的变量。这个变量将存储所有随机值的累计总和，因此使之开始于 0 很重要：

```
var total = 0;
```

接下来，开始一个将执行 5 000 次的循环。这里使用一个 for 循环，因为你希望它执行固定的次数（在这里是 5 000 次）：

```
for (i=0; i<=5000; i++) {
```

在 for 循环内，将需要创建一个随机数，并把它的值加到 total 变量上。下面的语句将执行该操作，并且继续进行循环的下一次迭代：

```
    var num = Math.random();
    total += num;
}
```

根据你的计算机速度，可能需要花费几秒钟的时间来生成 5000 个随机数。仅仅为了确信操作正在进行，脚本将在每 1 000 个数字后面显示一条状态消息：

```
if (i % 1000 == 0) {
    document.write("Generated " + i + " numbers...<br>");
}
```

> **注意：**
> 前面的代码中的%符号是求模运算符（modulo operator），用于在一个数除以另一个数之后给出余数。这里使用它来求 1000 的整倍数。

脚本的最后部分将通过用 total 变量的值除以 5 000 来计算平均数。为了显得有趣一点，让我们把平均数四舍五入到 3 个小数位：

```
var average = total / 5000;
average = Math.round(average * 1000) / 1000;
document.write("<p>Average of 5000 numbers is: " + average + "</p>");
```

要测试这个脚本并查看这些数字有多随机，可以把完整的脚本与 HTML 文档和<script>
标签结合起来。程序清单 8.7 显示了完整的随机数测试脚本。

程序清单 8.7　用于测试 JavaScript 的随机数函数的脚本

```
<!DOCTYPE html>

<html lang="en">
  <head>
    <title>Math Example</title>
  </head>
  <body>
    <h1>Math Example</h1>
    <p>How random are JavaScript's random numbers?<br>
    Let's generate 5000 of them and find out.</p>

    <script type="text/javascript">
    var total = 0;
    for (i=0; i<=5000; i++) {
      var num = Math.random();
      total += num;
      if (i % 1000 == 0) {
        document.write("Generated " + i + " numbers...<br>");
        }
    }
    var average = total / 5000;
    average = Math.round(average * 1000) / 1000;
    document.write("<p>Average of 5000 numbers is: " + average + "</p>");
    </script>

  </body>
</html>
```

要测试脚本，可以把 HTML 文档加载进浏览器中。在短暂的延迟之后，应该会看到结果。
如果它接近于 0.5，那么数字就是适度随机的。我的结果是 0.501，如图 8.5 所示。如果重新
加载页面，很可能会得到不同的结果，但是它们都应该在 0.5 左右。

> **注意：**
> 你在这里使用的平均数被称为算术平均值（arithmetic mean）。计算这种类型的平均数不是
> 测试随机性的完美方式。实际上，它测试的只是大于和小于 0.5 的数字的分布。例如，如
> 果产生的数字是 2 500 个 0.4 和 2 500 个 0.6，那么平均数将正好是 0.5——但是它们不是非
> 常随机的数字（令人感到欣慰的是，JavaScript 的随机数没有这个问题）。

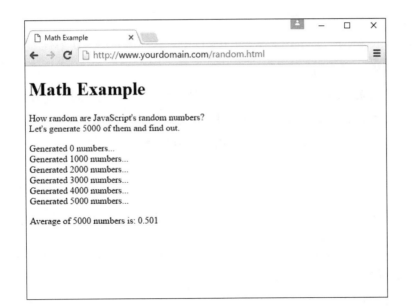

图 8.5
随机数测试脚本
的运行结果

8.7 处理 Date 对象

Date 对象是内置的 JavaScript 对象，允许你更轻松地处理日期和时间。无论何时需要存储一个日期，都可以创建一个 Date 对象，并且使用 Date 对象的方法处理日期。Date 对象没有它自己的属性。要从 Date 对象设置或获得值，必须使用下一节介绍的方法。

> **注意：**
> JavaScript 日期存储为从 1970 年 1 月 1 日午夜起经过的毫秒数。这个日期被称为新纪元（epoch）。在早期的版本中，不允许 1970 年以前的日期，但是现在可以用负数表示它们。

8.7.1 创建 Date 对象

可以使用 new 关键字创建 Date 对象，也可以选择在创建对象时指定在对象中存储的日期。可以使用以下任何一种格式：

```
birthday = new Date();
birthday = new Date("April 8, 2017 08:00:00");
birthday = new Date(4,8, 2017);
birthday = new Date(4,8,2017, 8, 0, 0);
```

可以选择其中的任何格式，这依赖于你想设置哪些值。如果你像第一个示例中那样不使用参数，就会在对象中存储当前日期。然后可以使用 set 方法设置值，如下一节中所述。

8.7.2 设置 Date 值

各种 set 方法允许你把 Date 对象的成分设置成值。

- ➢ setDate()：用于设置一月中的某一天。
- ➢ setMonth()：用于设置月份。JavaScript 从 0～11 对月份进行编号，从 1 月（0）开始。
- ➢ setFullYear()：用于设置年份。
- ➢ setTime()：通过指定从 1970 年 1 月 1 日起经过的毫秒数来设置时间（和日期）。
- ➢ setHours()、setMinutes()和 setSeconds()：用于设置时间。

例如，下面的语句将把名为 holiday 的 Date 对象的年份设置为 2017 年：

```
holiday.setFullYear(2017);
```

8.7.3　读取 Date 值

可以使用 get 方法从 Date 对象获取值。这是获得这些值的唯一方式，因为它们不能作为属性使用。下面列出了可用于日期的 get 方法。

- ➢ getDate()：用于获取一月中的某一天。
- ➢ getMonth()：用于获取月份。
- ➢ getFullYear()：用于获取年份。
- ➢ getTime()：用于获取时间（和日期），并把它们作为从 1970 年 1 月 1 日起经过的毫秒数。
- ➢ getHours()、getMinutes()、getSeconds()和 getMilliseconds()：用于获取时间的成分。

> **注意：**
> 除了 setFullYear 和 getFullYear 之外，它们需要 4 位数字的年份，JavaScript 还包括有 setYear 和 getYear 方法，它们使用两位数字的年份值。

8.7.4　处理时区

最后，有几个函数可用于帮助 Date 对象处理本地时间值和时区。

- ➢ getTimeZoneOffset()函数可以提供本地时区相对于 UTC（Coordinated Universal Time，协调世界时，基于较老的格林尼治标准时间标准）的偏移量。在这里，本地（local）指的是浏览器的位置（当然，仅当用户准确地设置了他的系统时钟之后才行）。
- ➢ toUTCString()函数使用 UTC 把 date 对象的时间值转换成文本。
- ➢ toLocalString()函数使用本地时间把 date 对象的时间值转换成文本。

除了这些基本的函数之外，JavaScript 还包括前面描述的多个函数的 UTC 版本。它们与普通的命令完全相同，但是适用于 UTC，而不是本地时间。

- ➢ getUTCDate()函数获取用 UTC 表示的一月中的某一天。
- ➢ getUTCDay()函数获取用 UTC 表示的一周中的某一天。

➢ getUTCFullYear()函数获取用 UTC 表示的 4 位数字的年份。

➢ getUTCMonth()函数返回用 UTC 表示的一年中的月份。

➢ getUTCHours()、getUTCMinutes()、getUTCSeconds()和 getUTCMilliseconds()函数返回用 UTC 表示的时间的成分。

➢ setUTCDate()、setUTCFullYear()、setUTCMonth()、setUTCHours()、setUTCMinutes()、setUTCSeconds()和 setUTCMilliseconds()函数设置用 UTC 表示的时间。

8.7.5　在日期格式之间转换

Date 对象的两个特殊的方法使你能够在日期格式之间转换。这一次将不是利用你创建的 Date 对象来使用这些方法，而是利用内置的 Date 对象本身来使用它们。这些方法如下所示。

➢ Date.parse()方法把日期字符串（如 April 8，2017）转换成一个 Date 对象（从 1970 年 1 月 1 日起经过的毫秒数）。

➢ Date.UTC()方法执行相反的操作。它把一个 Date 对象值（毫秒数）转换成 UTC（GMT）时间。

8.8　if 语句

不管你是使用函数、内置函数还是自己创建的对象，计算机语言的最重要的特性之一是执行一系列的语句的能力，而这些语句能够根据用户输入的值和变量的值而改变。流程控制的一个示例就是使用 if 语句。

if 语句就是 JavaScript 中的主要的条件语句。JavaScript 中的 if 语句与它在英语中的含义非常相似，例如，下面就是英语中的典型的条件语句：

If the phone rings, answer it.（如果电话铃响了，就接电话。）

这条语句包含两个部分：条件（If the phone rings）和动作（answer it）。JavaScript 中的 if 语句的工作方式非常相似。下面显示了基本的 if 语句的示例：

```
if (a == 1) alert("I found a 1!");
```

这条语句包括一个条件（如果 a 等于 1）和一个动作（显示一条消息）。该语句将检查变量 a，如果它的值为 1，就显示一条报警消息。否则，它将不做任何事情。

如果像前一个示例那样使用 if 语句，也就是说，使它们都位于一行上，那么就可以使用单独一条语句作为动作。不过，也可以为动作使用多条语句，只需用大括号（{}）括住整个 if 语句即可，如下所示：

```
if (a == 1) {
    alert("I found a 1!");
    a = 0;
}
```

这个语句块将再次检查变量 a，如果变量的值与 1 匹配，它就显示一条消息，并把 a 设置回 0。

至于是否为流程控制结构内的单独一条语句使用大括号，完全取决于你自己，这只是个人风格的事情。一些人（比如我）发现无论流程控制结构有多长，如果使用大括号清楚地把它标示出来，那么代码将更容易阅读，并且其他开发人员将非常高兴地在大括号内混合使用单行条件语句及其他语句。至于你采用哪种方法真的无关紧要，只是要尽量以一致的方式使用它们，以便更容易进行维护，并且遵从你的团队或项目所指定的任何做法就行了。

8.8.1　条件运算符

if 语句的动作部分可以包括你已经学过的任何 JavaScript 语句，但是语句的条件部分只能使用它自己的语法，这称为条件表达式（conditional expression）。

条件表达式通常包括两个要比较的值（在前一个示例中，值是 a 和 1）。这些值可以是变量、常量，或者甚至是表达式本身。

> **注意：**
> 条件表达式的两边可以是变量、常量或者表达式。可以比较变量和值，或者比较两个变量（也可以比较两个常量，但是通常没有理由这样做）。

在要比较的两个值之间的是条件运算符（conditional operator）。这个运算符告诉 JavaScript 如何比较两个值。例如，你在上一节中看到的==运算符用于测试两个值是否相等。

可以使用多个条件运算符。

➢　==——等于

➢　!=——不等于

➢　<——小于

➢　>——大于

➢　>=——大于或等于

➢　<=——小于或等于

➢　===——值和类型都相等。

> **警告：**
> 一定不要把相等性运算符（==）与赋值运算符（=）弄混淆，即使它们可能都读作"等于"。记住：在给变量赋值时要使用=，而在比较值时要使用==。把这两个运算符搞混淆了是程序设计（JavaScript 或其他程序设计语言）中最常见的错误之一。

8.8.2　利用逻辑运算符把条件结合起来

你经常希望同时检查某个变量的多个可能的值或者检查多个变量。JavaScript 为此包括有逻辑运算符（logical operator），也称为布尔运算符。例如，下面的两条语句将检查不同的条件，并使用相同的动作：

```
if (phone == "") alert("error!");
if (email == "") alert("error!");
```

使用逻辑运算符，可以把它们组合进单独一条语句中：

```
if ((phone == "") || (email == "")) alert("Something Is Missing!");
```

这条语句使用逻辑"或"运算符（||）结合条件。如果翻译成英语，这将是"If the phone number is blank or the email address is blank, display an error message."（如果电话号码为空或者电子邮件地址为空，就显示一条错误消息）。

另外一个条件运算符是逻辑"与"运算符&&。考虑下面这条语句：

```
if ((phone == "") && (email == "")) alert("Both Values Are Missing!");
```

在这里，仅当电子邮件地址和电话号码这两个变量都为空时才会显示错误消息。

> **提示：**
> 如果 JavaScript 解释器在到达末尾前发现了条件表达式的结果，它将不会评估条件的余下部分。例如，如果用||运算符隔开的两个条件中的第一个条件为真，那么将不会评估第二个条件，因为条件（一个或另一个）已经得到满足。可以利用运算符来提高脚本的运行速度。

第三个逻辑运算符是感叹号（!），它意味着逻辑"非"。它可用于对表达式取反——换句话说，真的表达式将变为假，假的表达式将变为真。例如，下面显示了使用逻辑"非"运算符的语句：

```
if (!phone == "") alert("phone is OK");
```

在这条语句中，!（逻辑"非"）运算符将颠倒条件，因此仅当电话号码变量不为空时才会执行 if 语句的动作。也可以使用!=（不等于）运算符简化这条语句：

```
if (phone != "") alert("phone is OK");
```

如果给 phone 变量赋值（它不为空或 null），那么上面两条语句都会向你发出报警。

> **提示：**
> 逻辑运算符非常强大，但是很容易利用它们意外地创建不可能的条件。例如，条件((a < 10) && (a > 20))初看上去可能是正确的。不过，如果大声读出它，就会得到"如果 a 小于 10 并且 a 大于 20"，这在我们的世界里显然是不可能的。在这里，应该使用逻辑"或"（||），使之成为一个有意义的条件。

8.8.3 else 关键字

if 语句的另外一个特性是 else 关键字，与它对应的英语单词非常相似，else 告诉

JavaScript 解释器当 if 语句中的条件没有得到满足时要做什么事情。下面是一个应用 else 关键字的简单示例：

```
if (a == 1) {
   alert("Found a 1!");
   a = 0;
} else {
   alert("Incorrect value: " + a);
}
```

如果条件满足，这个代码段将显示一条消息，并且重置变量 a。如果条件不满足（如果 a 不等于 1），则将由 else 语句显示一条不同的消息。

> **注意：**
> 像 if 语句一样，在 else 后面，可以接着单独一条动作语句，或者接着用大括号括住的许多条语句。

8.9 使用简写的条件表达式

除了 if 语句之外，JavaScript 还提供了条件表达式的简写类型，可以使用它快速地做出决策。它使用了一种奇特的语法，在其他语言（如 C）中也可看到它。条件表达式看起来如下所示：

```
variable = (condition) ? (value if true) : (value if false);
```

这种构造最终将把两个值之一赋予变量：如果条件为真，就赋予一个值；如果条件为假，就赋予另一个值。下面显示了一个条件表达式的示例：

```
value = (a == 1) ? 1 : 0;
```

这条语句可能看起来有些令人糊涂，但是它等价于下面的 if 语句：

```
if (a == 1) {
   value = 1;
} else {
   value = 0;
}
```

换句话说，如果条件为真，将会使用问号（?）后面的值；如果条件为假，则会使用冒号（:）后面的值。冒号及其后面的代码代表这条语句的 else 部分（如果把它写成 if...else 语句的话），并且像 if 语句的 else 部分一样，它是可选的。

这些简写的表达式可以在 JavaScript 中的任意位置使用，表示期望一个值。它们提供了一种轻松的方式，用于做出关于值的简单决策。例如，下面显示了一种快捷方式，用于显示一条关于变量的语法上正确的消息：

```
document.write("Found " + counter +
    ((counter == 1) ? " word." : " words."));
```

如果 counter 变量的值为 1，这将打印消息 "Found 1 word"；如果它的值为 2 或者更大，则将打印消息 "Found 2 words"。事实上，你可能发现条件表达式使用起来并不更快或者更容易，并且它非常精巧。不过，你应该知道它们看起来像是什么样子的以及如何阅读它们，以免你将来在别人的代码中遇到它们。

8.10 利用 if 和 else 测试多个条件

你现在已经具有了创建一个脚本并且使用 if 和 else 来控制流程的所有必要的知识。我们将在这里使用这个知识创建一个脚本，它将使用一些条件根据时间来显示问候语："Good morning" "Good afternoon" "Good evening" 或 "Good day"。为了完成这项任务，可以结合使用多个 if 语句，这只不过是再次强调逻辑：

```
if (hour_of_day < 10) {
    document.write("Good morning.");
} else if ((hour_of_day >= 14) && (hour_of_day <= 17)) {
    document.write("Good afternoon.");
} else if (hour_of_day >= 17) {
    document.write("Good evening.");
} else {
    document.write("Good day.");
}
```

第一条语句检查 hour_of_day 变量的值是否小于 10。换句话说，它将检查当前时间是否在上午 10:00 以前。如果是，就显示问候语 "Good morning."。

第二条语句检查时间是否在下午 2:00 和下午 5:00 之间，如果是，它将显示 "Good afternoon."。这条语句使用 else if 指示仅当前一个条件失败后才会测试这个条件——如果它是上午，就无须检查它是否是下午。类似地，第三条语句将检查时间是否在下午 5:00 之后，如果是，就显示 "Good evening."。

第四条语句使用了一个简单的 else，意味着当以前的条件都不匹配时就会执行它。这涵盖了上午 10:00 与下午 2:00 之间的时间（将被其他语句忽略），并显示 "Good day."。

8.10.1 HTML 文件

要在浏览器中试验这个示例，将需要一个 HTML 文件。我们将保持单独存放 JavaScript 代码，因此程序清单 8.8 是完整的 HTML 文件。把它另存为 timegreet.html，但是不要把它加载到浏览器中，直到在下一节中准备好 JavaScript 文件为止。

程序清单 8.8 用于时间和问候语示例的 HTML 文件

```
<!DOCTYPE html>
```

```
<html lang="en">
  <head>
    <title>Time Greet Example</title>
  </head>
  <body>
    <h1>Current Date and Time</h1>
    <script type="text/javascript" src="timegreet.js" ></script>
  </body>
</html>
```

8.10.2　JavaScript 文件

程序清单 8.9 显示了用于时间—问候语示例的完整 JavaScript 文件。它使用内置的 Date 对象的函数查找当前日期，并把它存储在 hour_of_day、minute_of_hour 和 seconds_of_minute 变量中。接下来，document.write 语句将显示当前时间，前面介绍的 if 和 else 语句将显示相应的问候语。

程序清单 8.9　用于显示当前时间和问候语的脚本

```
// Get the current date
now = new Date();

// Delineate hours, minutes, seconds
hour_of_day = now.getHours();
minute_of_hour = now.getMinutes();
seconds_of_minute = now.getSeconds();

// Display the time
document.write("<h2>");
document.write(hour_of_day + ":" + minute_of_hour +
               ":" + seconds_of_minute);
document.write("</h2>");

// Display a greeting
document.write("<p>");
if (hour_of_day < 10) {
    document.write("Good morning.");
} else if ((hour_of_day >= 14) && (hour_of_day <= 17)) {
    document.write("Good afternoon.");
} else if (hour_of_day >= 17) {
    document.write("Good evening.");
} else  {
    document.write("Good day.");
}
document.write("</p>");
```

要试验这个示例，可以把这个文件另存为 timegreet.js，然后把 timegreet.html 文件加载进浏览器中。图 8.6 显示了这个脚本的结果。

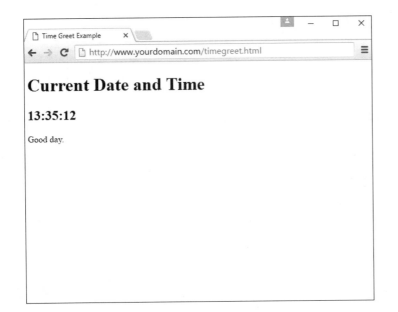

图 8.6

时间—问候语示
例的输出结果

8.11 利用 switch 使用多个条件

在程序清单 8.9 中，我们连续使用了多个 if...else 语句来测试不同的条件。下面给出了这
种技术的另一个示例：

```
if (button == "next") {
    window.location = "next.html";
} else if (button == "previous") {
    window.location = "previous.html";
} else if (button == "home") {
    window.location = "home.html";
} else if (button == "back") {
    window.location = "menu.html";
}
```

尽管这种构造是做事情的合乎逻辑的方式，但是如果每个 if 语句都具有它自己的代码块，
并且其中带有多条语句，那么这种方法就可能变得杂乱无章。作为一种替代方法，JavaScript
包括了 switch 语句，它使你能够把相同变量或表达式的多个测试结合进单个语句块中。下面
显示了被转换成使用 switch 的相同示例：

```
switch (button) {
    case "next":
        window.location = "next.html";
        break;
    case "previous":
        window.location = "previous.html";
        break;
    case "home":
        window.location = "home.html";
        break;
```

```
    case "back":
        window.location = "menu.html";
        break;
    default:
        window.alert("Wrong button.");
}
```

switch 语句具有以下几个组成部分。

➢　初始的 switch 语句。这条语句在圆括号中包括要测试的值（在这个示例中是 button）。

➢　大括号（{和}）括住了 switch 语句的内容，与函数或 if 语句相似。

➢　一条或多条 case 语句，其中每条语句都指定了一个值，以此比较在 switch 语句中指定的值。如果值匹配，就会执行 case 语句后面的语句。否则，就会尝试下一个 case。

➢　break 语句用于结束每个 case。这将跳到 switch 的末尾。如果没有包括 break，可能会执行多个 case 中的语句，而不管它们是否匹配。

➢　可以选择包括 default 情况，其中接着一条或多条语句，如果其他 case 都不匹配，则将执行这些语句。

> **注意：**
> 可以在 switch 结构内的每个 case 语句后面使用多条语句，而不仅仅是这里显示的单行语句，并且无需用大括号包围它们。如果情况匹配，JavaScript 解释器将执行语句，直至它遇到 break 或者下一个 case 为止。

使用 switch 语句代替 if...else 语句的主要优点之一在于可读性——看一眼就知道所有的条件测试都用于同一个表达式，因此可以将精力集中于理解条件测试想要的输出结果。但是使用 switch 语句纯粹是可选的——你可能发现自己更喜欢 if...else 语句，这没有任何错误。使用 switch 语句代替 if...else 语句所获得的任何效率上的提升（如果有的话）对人眼来说并不明显。底线是：使用你自己喜欢的语句即可。

8.12　使用 for 循环

for 关键字是在创建循环时要考虑的第一个工具，这与你在上一章中的随机数示例中看到的非常相似。for 循环通常使用一个变量（称为计数器[counter]或索引[index]）记录执行了多少次循环，并且当计数器到达某个数字时，循环将停止执行。基本的 for 语句看起来如下所示：

```
for (somevar = 1; somevar < 10; somevar++) {
   // more code
}
```

for 循环有 3 个参数，它们之间用分号隔开。

➢　第一个参数（在这个示例中是 somevar = 1）指定一个变量，并赋予它一个初始值。这称为初始表达式（initial expression），因为它建立了循环的初始状态。

➢　第二个参数（在这个示例中是 somevar< 10）是一个条件，要使循环持续运行，它就必须保持为真。这称为循环的条件（condition）。

> 第三个参数（在这个示例中是 somevar++）是一条随同循环的每次迭代而执行的语句。这称为递增表达式（increment expression），因为它通常用于递增计数器。递增表达式是在每次循环迭代的末尾执行的。这里只是以递增为例，实际上可以执行任何的操作。

在指定了 3 个参数之后，使用左大括号（{）指示代码块的开始，并在代码块的末尾使用右大括号（}）。在循环的每次迭代中，都将执行大括号之间的所有语句。

for 循环的参数听起来有点令人糊涂，但是在习惯了它之后，你会频繁地使用 for 循环。下面显示了这种循环类型的一个简单的示例：

```
for (i=0; i<10; i++) {
   document.write("This is line " + i + "<br>");
}
```

这些语句定义了一个循环，它使用变量 i，利用值 0 初始化它，并且只要 i 的值小于 10 就会执行循环。在执行循环的每次迭代时，递增表达式 i++ 都会把 i 的值加 1。由于这发生在循环的末尾，输出结果将是 9 行文本。

当循环在大括号当中只包括单独一条语句时，如这个示例中所示，如果你愿意，可以省略大括号。下面的语句定义了不带大括号的相同循环：

```
for (i=0; i<10; i++)
   document.write("This is line " + i + "<br>");
```

> **提示：**
> 无论循环中包含的是一条语句还是多条语句，在所有循环中都使用大括号是一种良好的风格约定。这使得以后可以轻松地向循环中添加语句，而不会引发语法错误。

这个示例中的循环包含一条将重复执行的 document.write 语句。要查看这个循环所做的事情，可以把它添加到 HTML 文档的 <script> 区域中，如程序清单 8.10 中所示。

程序清单 8.10 使用 for 关键字的循环

```
<!DOCTYPE html>

<html lang="en">
  <head>
    <title>Using a for Loop</title>
  </head>
  <body>
    <h1>Using a for loop</h1>
    <p>The following is the output of the <strong>for</strong> loop:</p>
    <script type="text/javascript">
    for (i=1;i<10;i++) {
       document.write("This is line " + i + "<br>");
    }
    </script>
  </body>
</html>
```

这个示例将在每次迭代期间显示一条消息，其中包含循环计数器的当前值。程序清单 8.10 的输出结果如图 8.7 所示。

图 8.7

for 循环示例的结果

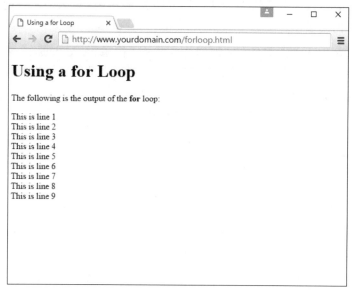

这个循环只会执行 9 次，这是因为条件语句是 i<10（i 小于 10）。当计数器（i）递增到 10 时，表达式将不再为真。如果需要循环计数到 10，可以更改条件语句，i<=10 或 i<11 都将工作得很好。

for 循环传统上用于从一个数字计数到另一个数字，但是可以为初始化、条件和递增使用几乎任何语句。不过，正如下一节所介绍的，利用 while 关键字执行其他类型的循环通常是一种更好的方式。

8.13 使用 while 循环

JavaScript 中用于循环的另一个关键字是 while。与 for 循环不同，while 循环不必使用一个变量进行计数。作为替代，只要条件为真，它们就会执行。事实上，如果条件一开始就为假，那么语句根本不会执行。

while 语句在圆括号中包括条件，其后接着大括号内的语句块，就像 for 循环一样。下面显示了一个简单的 while 循环：

```
while (total < 10) {
    n++;
    total += values[n];
}
```

这个循环使用计数器 n 遍历 values 数组。不过，它不会停在某个计数处，而是当值的总和达到 10 时停止。

你可能认为可以利用 for 循环做同样的事情，你的想法是正确的：

```
for (n = 0; total < 10; n++) {
```

```
        total += values[n];
    }
```

事实上，与在一行代码中为你处理初始化和递增的特殊类型的 while 循环相比，for 循环所能做的事情也不过尔尔。一般可以把 while 用于任何循环。不过，最好选择对工作最有意义或者所需的输入量最少的循环类型。

8.14 使用 do...while 循环

像许多其他的程序设计语言一样，JavaScript 也包括第三种循环类型：即 do...while 循环。这种循环类型类似于普通的 while 循环，它们只有一个区别：do...while 循环的条件是在循环的末尾（而不是开头）测试的。下面显示了典型的 do...while 循环：

```
do {
    n++;
    total += values[n];
}
while (total < 10);
```

你可能注意到了，这基本上是前一个 while 示例的颠倒版本。它们之间有一个区别：对于 do 循环，条件是在循环的末尾测试的。这意味着循环中的语句总会执行至少一次，即使条件永远都不为真。

> **注意：**
> 与 for 和 while 循环一样，do 循环可以包括没有大括号的单条语句，或者用大括号括住的许多条语句。

8.15 使用循环

尽管可以为直观的任务使用简单的 for 和 while 循环，但是在使用更复杂的循环时应该考虑一些事情。在下面几节中，我们将探讨无限循环（应该避免！）以及 break 和 continue 语句，它们可以让你对循环的执行施加更多的控制。

8.15.1 创建无限循环

for 和 while 循环允许你对循环进行相当多的控制。在一些情况下，如果你不小心，这可能会引发问题。例如，查看下面的循环代码：

```
while (i < 10) {
    n++;
    values[n] = 0;
}
```

这个示例中有一个错误。while 循环的条件指的是变量 i，但是这个变量在循环过程中实际上不会改变——改变的是变量 n，这会创建无限循环（infinite loop）。循环将持续执行，直到用户停止它或者它生成某类错误为止。

除了通过退出浏览器之外，无限循环并非总是能够被用户停止——一些循环甚至可能阻止浏览器退出或者引发计算机崩溃。

显然，无限循环是我们要避免的。它们也可能难以发现，因为 JavaScript 将不会指出一个错误，实际地告诉你有无限循环存在。因此，每次在脚本中创建循环时，都应该小心谨慎，确保具有摆脱困境的办法。

> **注意：**
>
> 根据所使用的浏览器版本，无限循环甚至可能使浏览器停止对用户做出响应，因为所有的内存都用光了。一定要提供退出无限循环的路线，并且确保总是要测试你所做的工作。

偶尔，你可能想故意创建一个长时间运行的、看似无限的循环。例如，你可能希望程序一直执行到用户停止它为止，或者你利用 break 语句提供了退出无限循环的路线，在下一节中将介绍该语句。下面显示了创建无限循环的简单方式：

```
while (true) {
    //more code
}
```

由于值 true 是条件语句，这个循环总会发现它的条件为真。

8.15.2　退出循环

有一种退出长时间运行的、看似无限的循环的方式。可以在循环中的某个位置使用 break 语句立即退出它，并继续执行循环后面的第一条语句。下面显示了一个使用 break 的简单示例：

```
while (true) {
    n++;
    if (values[n] == 1) break;
}
```

尽管 while 语句被构建成无限循环，if 语句还是会检查数组的相应值。如果它找到值 1，就会退出循环。

当 JavaScript 解释器遇到 break 语句时，它将会跳过循环的其余部分，并继续执行脚本中的循环末尾的右大括号后面的第一条语句。可以在任何循环类型中使用 break 语句，无论它是否是无限循环。如果有错误发生或者如果满足了另一个条件，这就提供了一种轻松的退出方式。

8.15.3　继续执行循环

还有一条 JavaScript 语句可用于帮助你控制循环的执行。continue 语句会跳过循环中的其余部分，但是与 break 语句不同的是，它会继续执行循环的下一次迭代。下面显示了一个简单的示例：

```
for (i=1; i<21; i++) {
    if (score[i]==0) continue;
    document.write("Student number "+ i + ", Score: "
     + score[i] + "<br>");
}
```

这个脚本使用 for 循环打印存储在 score 数组（这里未显示）中的 20 名学生的分数。if 语句用于检查值为 0 的分数。这个脚本假设分数 0 意味着学生没有参加考试，因此它将不会打印那个分数并继续执行循环。

8.16 遍历对象属性

JavaScript 还提供了另一种循环类型，即 for...in 循环，它不像普通的 for 或 while 循环那样灵活，但它被明确设计为在对象的每个属性上执行一个操作。

例如，内置的 navigator 对象包含一些描述用户的浏览器的属性。可以使用 for...in 循环显示这个对象的属性：

```
for (i in navigator) {
    document.write("<p>Property: " + i + "<br>");
    document.write("Value: " + navigator[i] + "</p>");
}
```

像普通的 for 循环一样，这种循环类型使用一个索引变量（在这个示例中是 i）。对于循环的每次迭代，都把该变量设置为对象的下一个属性。当需要检查或修改对象的每个属性时，这使得很容易执行该操作。

▼ TRY IT YOURSELF

处理数组和循环

为了应用你所学的有关循环的知识，我们现在将创建一个脚本，使用循环处理数组。在你逐步创建这个脚本时，可以试着想象一下，如果没有 JavaScript 的循环特性，这项任务将会有多困难。

这个简单的脚本将提示用户输入一系列的名字。在输入了所有的名字之后，它将在一个编号列表中显示名字的列表。要开始脚本，可以初始化一些变量：

```
var names = new Array();
var i = 0;
```

names 数组将存储用户输入的名字。你不知道将输入多少个名字，因此无需指定数组的大小。变量 i 将用作循环中的计数器。

接下来，使用 prompt 语句提示用户输入一系列名字。使用一个循环重复提示输入每个名字。你希望用户输入至少一个名字，因此使用 do 循环非常合适：

```
do {
    next = prompt("Enter the Next Name", " ");
    if (next > " ") {
      names[i] = next;
    }
    i = i + 1;
} while (next > " ");
```

这个循环提示输入一个名为 next 的字符串。如果输入了名字并且它不为空，就把它存储为 names 数组中的下一个条目。然后递增计数器 i。循环将重复执行，直到用户没有输入名字或者在提示对话框中单击 Cancel 为止。

接下来，你的脚本可以显示输入的名字的数量：

```
document.write("<h2>" + (names.length) + " names entered</h2>");
```

这条语句将显示 names 数组的 length 属性，并且利用二级标题的标签包围它，以表示强调。

接下来，脚本应该按输入名字的顺序显示所有的名字。由于名字位于数组中，使用 for...in 循环是一个良好的选择：

```
document.write("<ol>");
for (i in names) {
    document.write("<li>" + names[i] + "</li>");
}
document.write("</ol>");
```

这里使用 for...in 循环遍历 names 数组，依次把计数器 i 赋予每个索引。脚本然后将在 <li> 开始标签与封闭标签之间打印名字，作为有序列表中的一个列表项。在循环之前和之后，脚本将打印 <ol> 开始标签和封闭标签。

你现在就具有了使脚本可以工作所需的一切代码。程序清单 8.11 显示了用于这个示例的 HTML 文件，程序清单 8.12 则显示了 JavaScript 文件。

程序清单 8.11　提示输入名字并显示它们的脚本（HTML）

```
<!DOCTYPE html>

<html lang="en">
  <head>
    <title>Loops Example</title>
  </head>
  <body>
    <h1>Loops Example</h1>
    <p>Enter a series of names and JavaScript will display them
    in a numbered list.</p>
    <script type="text/javascript" src="loops.js"></script>
  </body>
</html>
```

程序清单 8.12　提示输入名字并显示它们的脚本（JavaScript）

```javascript
// create the array
names = new Array();
var i = 0;

// loop and prompt for names
do {
    next = prompt("Enter the Next Name", "");
    if (next > " ") {
      names[i] = next;
    }
    i = i + 1;
} while (next > " ");

document.write("<h2>" + (names.length) + " names entered</h2>");

// display all of the names
document.write("<ol>");
for (i in names) {
    document.write("<li>" + names[i] + "</li>");
}
document.write("</ol>");
```

要试试这个示例，可以把 JavaScript 文件另存为 loops.js，然后把 HTML 文档加载到浏览器中。浏览器页面将提示你一次输入一个名字。在输入多个名字后，单击 Cancel 以指示你完成了输入。图 8.8 显示了浏览器中所示的最终结果。

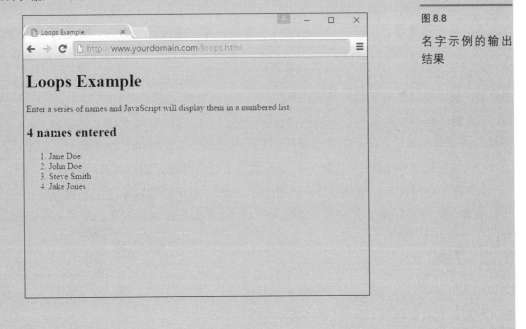

图 8.8

名字示例的输出结果

8.17　小结

在本章中，我们学习了 JavaScript 的几个重要的特性。首先，我们学习了如何使用函数组织 JavaScript 语句，以及如何调用函数并使用它们返回的值。接下来，我们学习了 JavaScript 的面向对象特性——利用构造函数定义对象、创建对象实例，以及处理属性、属性值和方法。

作为这些面向对象特性的一个示例，我们深入研究了构建在 JavaScript 中的 Math 和 Date 对象，并且学习了关于随机数的许多知识，它们比你曾经想知道的都要多。

我们还学习了控制脚本流程的两种方式。我们学习了如何使用 if 语句计算条件表达式并对它们做出反应。我们还学习了使用?运算符编写条件表达式的简写形式，以及使用 switch 语句处理多个条件。我们还学习了 JavaScript 使用 for、while 和 do…while 循环的能力，以及如何使用 break 和 continue 语句进一步控制循环。

这些结构不仅是在 JavaScript 中很重要，在其他的编程语言中（包括 PHP 中），你也可能看到非常类似的结构。在接下来的几章中，很快就会表现出这种相似性。

8.18　问与答

Q：JavaScript 中的许多对象（如 DOM 对象）包括父对象和子对象。我可以在自定义的对象定义中包括子对象吗？

A：是的。只需为子对象创建一个构造函数，然后给父对象添加一个与之对应的属性即可。例如，如果创建一个 Nicknames 对象，用于存储名片文件示例中的人员的多个绰号，就可以在 Card 对象的构造函数中把它添加为一个子对象：this.nick = new Nicknames();。

Q：我可以创建自定义对象的数组吗？

A：是的。首先，像以往一样创建对象定义，并且定义一个数组，它具有所需的元素个数。然后，给每个数组元素分配一个新对象（如 cardarray[1] = new Card();）。你可以使用一个循环，如下一章中所述，同时把对象分配给整个数组。

Q：我可以修改对象的所有属性吗？

A：对于自定义的对象，可以这样做，但是对于内置对象和 DOM 对象则不然。例如，可以使用 length 属性求字符串的长度，但它是只读属性（read-only property），不能修改。

Q：如果我意外地使用=代替==，为什么我不会获得友好的错误消息？

A：在一些情况下，这将导致一个错误。不过，不正确的版本通常看起来像是正确的语句。例如，在语句 if(a=1)中，将给变量 a 赋值 1。if 语句被认为为真，并且 a 的值会丢失。

8.19　测验

作业包含测验问题和练习，可以帮助你巩固对所学知识的理解。要尝试先解答所有的问题，然后再查看其后的“解答”一节的内容。

8.19.1　问题

1. 下面哪个 JavaScript 关键字用于创建对象的实例？

a．object

b. new

c. instance

2. JavaScript 中的 this 关键字意指什么？

a. 当前对象

b. 当前脚本

c. 它没有意义

3. Math.random 函数生成的随机数的范围是什么？

a. 1～100 之间

b. 1 和从 1970 年 1 月 1 日起经过的毫秒数之间

c. 0～1 之间

4. switch 语句用于做什么？

a. 测试变量或表达式是否具有许多不同的值

b. 启用或禁用变量

c. 使普通的 if 语句变得更长、更令人糊涂

5. 在循环内，break 语句用于做什么？

a. 使浏览器崩溃

b. 开始循环

c. 完全退出循环

8.19.2 解答

1. b. new 关键字用于创建对象实例。

2. a. this 关键字指代当前对象。

3. c. Math 对象生成的随机数位于 0～1 之间。

4. a. switch 语句可以测试相同变量或表达式是否具有许多不同的值。

5. c. break 语句用于退出循环。

8.19.3 练习

➢ 修改 Card 对象的定义，包括一个名为 personal_notes 的属性，用于存储你自己的关于人员的注释说明。修改程序清单 8.4 和程序清单 8.5 中的对象定义和 printCard 函数，以包括这个属性。

➢ 修改程序清单 8.11 和程序清单 8.12，提示确切的 10 个名字。如果点击 Cancel 按钮而不是输入一个名称的话，将会发生什么？

第 9 章

理解 JavaScript 事件处理

在本章中，你将学习以下内容：

- ➤ 事件处理程序如何工作；
- ➤ 事件处理程序与对象之间有什么关系；
- ➤ 怎样创建事件处理程序；
- ➤ 怎样检测鼠标和键盘动作；
- ➤ 怎样使用 onclick 更改<div>的外观。

在迄今为止使用 JavaScript 的经历中，我们编写的大多数脚本都是以一种平静、有序的方式执行的，悄无声息并且有条不紊地从第一条语句移动到最后一条语句。你看到了示例脚本中使用的几个事件处理程序，用以吸引你关注程序设计的其他方面，并且你很可能使用常识即可遵循这些动作——onclick 确实意味着"当单击发生时"。这只是说明了在 HTML 内使用 JavaScript 事件处理程序相对比较容易和简单。

在本章中，我们将学习使用 JavaScript 支持的多种事件处理程序。当脚本调用事件处理程序时，它们不是按顺序执行语句，用户可以直接与脚本的不同部分交互。我们将在本书余下部分编写的几乎所有脚本中使用事件处理程序，并且事实上它们很可能在你将要编写的大多数脚本中占据主要位置。

9.1 理解事件处理程序

在第 4 章中，我们提到了 JavaScript 程序不必按顺序执行。你还认识到它们可以检测事件（event），并对它们做出反应。事件是在浏览器的作用域内发生的事情——用户单击按钮、鼠标指针移动，或者从服务器加载完 Web 页面，等等。多个不同的事件使脚本能够响应鼠标、键盘及其他情况。事件是 JavaScript 用于使 Web 文档具有交互性的关键方法。

用于检测和响应事件的脚本一般称为事件处理程序（event handler）。事件处理程序是 JavaScript 最强大的特性之一。好在它们也是最容易学习和使用的特性之一——通常，有用的事件处理程序只需要单独一条语句。

9.1.1 对象和事件

在第 6 章中，我们提到 JavaScript 使用一组对象来存储关于 Web 页面的各个部分（按钮、链接、图像、窗口等）的信息。一个事件通常可以在多个位置发生（例如，用户可以单击页面上的任何一个链接），因此每个事件都与一个对象相关联。

每个事件都有一个名称。例如，mouseover 事件发生在鼠标指针移到页面上的对象上时。当指针移到特定的链接上时，就会把 mouseover 事件发送给该链接的事件处理程序（如果它具有事件处理程序的话）。在下面几节中，你将学习关于在自己的代码中创建和使用事件处理程序的更多知识。

9.1.2 创建事件处理程序

无需<script>标签即可调用事件处理程序。作为替代，可以使用事件名称和代码，作为单独的 HTML 标签的属性来调用事件处理程序。例如，下面显示了一个链接，当把鼠标移到该链接上的文本时将会调用一个事件处理程序脚本：

```
<a href="http://www.google.com/"
    onmouseover="alert('You moved over the link.');">
    This is a link.</a>
```

注意：这个代码段全部都是一个<a>标签，尽管出于可读性考虑这里将它划分成多行。在这个示例中，onmouseover 属性指定要调用的 JavaScript 语句——即当用户的鼠标移到链接上时显示一条报警消息。

> **注意：**
> 这里看到的示例使用单引号括住文本。这在事件处理程序中是必要的，因为双引号用于括住事件处理程序本身。也可以在脚本语句内使用单引号括住事件处理程序和双引号，只要不使用相同类型的引号即可，否则的话，就是一个 JavaScript 语法错误。

可以像前一条语句一样调用 JavaScript 语句来响应事件，但是如果需要调用多条语句，代之以使用函数就是一个好主意。只需在文档中别的位置或者引用的文档中定义函数，然后像事件处理程序一样调用函数即可，如下所示：

```
<a href="#bottom" onmouseover="doIt();">Move the mouse over this
    link.</a>
```

当用户把鼠标指针移到链接上时，这个示例将调用一个名为 doIt 的函数。在这种情况下，使用函数很方便，因为可以使用更长、更易读的 JavaScript 例程作为事件处理程序，更不要说可以在别的位置重用函数了，而无须复制它的所有代码。

> **提示：**
> 对于简单的事件处理程序，可以使用两条语句，只要用分号隔开它们即可。不过，在大多数情况下，使用函数执行多条语句将更容易、更方便维护。

9.1.3　用 JavaScript 定义事件处理程序

无须在每次想要调用事件处理程序脚本时指定它，可代之以使用 JavaScript 把一个特定的函数指定为事件的默认事件处理程序。这使你能够有条件地设置事件处理程序，启用和禁用它们，以及动态地更改处理事件的函数。

> **提示：**
> 像这样建立事件处理程序将允许使用外部 JavaScript 文件定义函数并建立事件，从而保持 JavaScript 代码与 HTML 文件完全分隔开。

要以这种方式定义事件处理程序，首先可以定义一个函数，然后把该函数指定为事件处理程序。事件处理程序存储为 document 对象或者另一个可以接收事件的对象的属性。例如，下面这些语句定义了一个名为 mousealert 的函数，然后把它指定为当前文档中的 mousedown 的所有实例的事件处理程序：

```
function mousealert() {
    alert("You clicked the mouse!");
}
document.onmousedown = mousealert;
```

可以使用这种技术只为特定的 HTML 元素建立事件处理程序，但是需要一个额外的步骤以实现该目标：必须首先找到与元素对应的对象。为此，可以使用 document.getElementById 函数。

首先，在 HTML 文档中定义一个元素，并指定一个 id 属性：

```
<a href="http://www.google.com/" id="link1">
```

接下来，在 JavaScript 代码中，找到对象并应用事件处理程序：

```
var link1_obj = document.getElementById("link1");
link1_obj.onclick = myCustomFunction;
```

可以为任何对象执行该操作，只要在 HTML 文件中利用独特的 id 属性定义了它从而能够引用它即可。使用这种技术，可以轻松地指定同一个函数为多个对象处理事件，而不会使 HTML 代码变得混乱。

9.1.4　支持多个事件处理程序

如果你在单击某个元素时希望发生多个事件，该怎么办呢？例如，假设你希望在单击某个按钮时同时执行两个名为 update 和 display 的函数。这时，很容易遇到语法错误或逻辑错误，使得指定给相同事件的两个函数将不会像期望的那样工作。一种用于完全隔离和执行的解决方案是定义一个函数，并通过它来调用这两个函数：

```
function updateThenDisplay() {
    update();
    display();
}
```

这并不总是解决问题的理想方式。例如，如果你正在使用两个第三方脚本，并且它们都想向页面中添加一个 load 事件，应该有一种方式用于添加两个事件。W3C DOM 标准为此定义了一个 addEventListener 函数。这个函数为特定的事件和对象定义了一个侦听器（listener），并且可以根据需要添加许多侦听器函数。

9.1.5　使用 Event 对象

当某个事件发生时，你可能需要知道关于该事件的更多信息，以便脚本执行不同的动作——例如，对于键盘事件，你可能想要知道按下的是哪个键，尤其是当脚本依赖于按下的是 j 键还是 l 键而执行不同的动作时。DOM 包括有一个 Event 对象，它提供了这种粒度的信息。

要使用 Event 对象，可以把它传递给事件处理程序函数。例如，下面这条语句定义了一个 keypress 事件，它把 Event 对象传递给一个函数：

```
<body onkeypress="getKey(event);">
```

然后，我们可以将自己的函数定义为接受该事件作为参数：

```
function getKey(e) {
    // more code
}
```

在 Firefox、Safari、Opera 和 Chrome 中，将自动把 Event 对象传递给事件处理程序函数，因此，即使使用 JavaScript（而不是 HTML）定义事件处理程序，这也会工作。在 Internet Explorer 中，最近的事件将存储在 window.event 对象中。在前一个 HTML 代码段中，把这个对象传递给事件处理程序函数，因此，根据浏览器的不同，在这种场景中可能传递错误的对象（或者不传递对象），并且 JavaScript 代码将需要做一点工作，来确定正确的对象：

```
function getkey(e) {
    if (!e) e=window.event;
    // more code
}
```

在这种情况下，if 语句将检查是否已经定义了变量 e。如果没有定义（由于用户的浏览器是 Internet Explorer），它将获取 window.event 对象，并把它存储在 e 中。这确保在任何浏览器中都具有一个有效的 event 对象。

遗憾的是，尽管 Internet Explorer 和非 Internet Explorer 的浏览器都支持 Event 对象，但是这些对象具有不同的属性。在两种浏览器中的一个相同的属性是 Event.type，即事件的类型。这只是事件的名称，例如 mouseover 和 keypress。下面几节列出了用于每种浏览器的另外一些有用的属性。

1．Internet Explorer 浏览器的 Event 对象的属性

➢ **Event.button**：按下的鼠标键。对于左键，这个值是 1；对于右键，它通常是 2。

➢ **Event.clientX**：事件发生位置的 x 坐标（列，以像素为单位）。

➢ **Event.clientY**：事件发生位置的 y 坐标（行，以像素为单位）。

➢ **Event.altKey**：指示在事件发生期间是否按下了 Alt 键的标志。

➢ **Event.ctrlKey**：指示在事件发生期间是否按下了 Ctrl 键的标志。

➢ **Event.shiftKey**：指示在事件发生期间是否按下了 Shift 键的标志。

➢ **Event.keyCode**：被按下的键的键码（在 Unicode 中）。

➢ **Event.srcElement**：发生事件的元素。

2．非 Internet Explorer 浏览器的 Event 对象的属性

➢ **Event.modifiers**：指示在事件发生期间按下了哪个修饰键（Shift、Ctrl、Alt 等）。这个值是一个整数，它结合了代表不同键的二进制值。

➢ **Event.pageX**：事件在 Web 页面内的 x 坐标。

➢ **Event.pageY**：事件在 Web 页面内的 y 坐标。

➢ **Event.which**：键盘事件的键码（在 Unicode 中），或者为鼠标事件按下的鼠标键（最好代之以使用跨浏览器的 button 属性）。

➢ **Event.button**：被按下的鼠标键。其工作方式就像 Internet Explorer 一样，只不过鼠标左键的值是 0，右键的值是 2。

➢ **Event.target**：发生事件的元素。

注意：

Event.pageX 和 Event.pageY 属性都基于发生事件的元素的左上角，它并非总是鼠标指针的精确位置。

9.2 使用鼠标事件

DOM 包括许多用于检测鼠标动作的事件处理程序。你的脚本可以检测鼠标指针的移动，以及鼠标何时被单击、释放，或者同时检测这二者。其中一些事件处理程序将是你已经熟悉的，因为在以前的章节中你已经见过了它们的实际应用。

9.2.1 移入和移出

你已经见过了第一个同时也是最常见的事件处理程序，即 mouseover。当用户的鼠标指针移到链接或另一个对象上时，将会调用这个处理程序。注意：mouseout 处理程序是相对的——当鼠标指针移出对象的边界时将会调用它。当访问者正在查看特定的文档时，除非发生了某件怪异的事情并且用户的鼠标从未再次移动，否则可以期望 mouseout 事件会在 mouseover 事件

之后某个时间发生。

如果在用户的鼠标指针移到对象上时你的脚本在文档内产生了可视的改变，mouseout 就特别有用——例如，在状态行中显示一条消息或者更改图像。当鼠标指针移开时，可以使用 mouseout 事件处理程序撤销动作。

然而，当考虑使用 mouseover 和 mouseout 事件的时候，记住所有的设备实际上都包含了一个鼠标指针事件。其中一个示例就是移动设备，如果你将重要的信息隐藏在基于鼠标的光标之后，移动用户将不会看到它。

> **提示：**
> mouseover 和 mouseout 事件处理程序的最常见的应用之一是创建翻转效果（rollover）——当鼠标指针移到图像上时，它们将会改变。你将在本章后面学习如何创建这些效果。

9.2.2 按下和释放（以及单击）

也可以使用事件来检测何时单击了鼠标键，用于此的基本事件处理程序是 click。当把鼠标指针定位在合适的对象上并单击鼠标键时，就会调用这个事件处理程序。

例如，可以使用下面的事件处理程序在单击链接时显示一条报警：

```
<a href="http://www.google.com/"
    onclick="alert('You are about to leave this site.');">
    Go Away</a>
```

在这个示例中，click 事件处理程序将在把链接的页面加载到浏览器中之前调用 JavaScript alert。这对于使链接附带有条件或者在启动链接的页面显示一条不担责声明时是有用的。

如果 click 事件处理程序返回 false 值，则将不会沿着链接前进。例如，下面给出了用于显示一个确认对话框的链接。如果单击 Cancel 按钮，将不会沿着链接前进；如果单击 OK 按钮，则会加载新页面：

```
<a href="http://www.google.com/"
    onclick="return(window.confirm('Are you sure?'));">
    Go Away</a>
```

这个示例使用 return 语句封闭事件处理程序。这确保当用户单击 Cancel 按钮时返回的 false 值是从事件处理程序返回的，这可以阻止沿着链接前进。

dblclick 事件处理程序是类似的，但是仅当用户双击某个对象时才使用它。由于链接通常只需要单击一次，可以使用它使链接依赖于单击次数做两件不同的事情（不必说，这可能使用户产生混淆，但是从技术上讲它是可能的）。你也可以检测图像或其他对象上的双击事件。

为了让你能够在按下鼠标键时对所发生的事情进行更多的控制，JavaScript 还包括了另外两个事件。

> mousedown：当用户按下鼠标键时使用这个事件。

> mouseup：当用户释放鼠标键时使用这个事件。

这两个事件是鼠标单击事件的两个组成部分。如果你想检测完整的单击动作，可以使用

click，但是可以使用 mouseup 和 mousedown 只检测其中一个动作。

要检测按下的是哪个鼠标键，可以使用 Event 对象的 button 属性。对于左键，这个属性被赋值 0 或 1；对于右键，则赋值 2。可以为 click、dblclick、mouseup 和 mousedown 事件指定这个属性。

> **警告：**
> 浏览器通常不会为鼠标右键检测 click 或 dblclick 事件。如果你想检测右键，mousedown 是最可靠的方式。

为了举一个例子说明这些事件处理程序，可以创建一个脚本，显示关于鼠标键事件的信息，并确定按下的是哪个鼠标键。程序清单 9.1 显示了一个处理一些鼠标事件的脚本。

程序清单 9.1　用于鼠标单击示例的 JavaScript 文件

```
function mouseStatus(e) {
    if (!e) e = window.event;
    btn = e.button;
    whichone = (btn < 2) ? "Left" : "Right";
    message=e.type + " : " + whichone + "<br>";
    document.getElementById('testarea').innerHTML += message;
}
obj=document.getElementById('testlink');

obj.onmousedown = mouseStatus;
obj.onmouseup = mouseStatus;
obj.onclick = mouseStatus;
obj.ondblclick = mouseStatus;
```

这个脚本包括一个 mouseStatus 函数，用于检测鼠标事件。这个函数使用 Event 对象的 button 属性来确定按下的是哪个鼠标键。它还使用 type 属性来显示事件的类型，因为该函数将用于处理多种事件类型。

在函数之后，脚本将查找用于其 id 属性为 testlink 的链接的对象，并把它的 mousedown、mouseup、click 和 dblclick 事件指定给 mousestatus 函数。

把这个脚本另存为 click.js。接下来，将需要一个与脚本协同工作的 HTML 文档，如程序清单 9.2 所示。

程序清单 9.2　用于鼠标单击示例的 HTML 文件

```
<!DOCTYPE html>

<html lang="en">
  <head>
    <title>Mouse Click Text</title>
  </head>
  <body>
    <h1>Mouse Click Test</h1>
    <p>Click the mouse on the test link below. A message
    will indicate which button was clicked.</p>
    <p><a href="#" id="testlink">Test Link</a></p>
    <div id="testarea"></div>
```

```
    <script type="text/javascript" src="click.js"></script>
  </body>
</html>
```

这个文件定义了一个其 id 属性为 testlink 的测试链接，在脚本中使用它来指定事件处理程序。它还定义了一个 id 为 testarea 的<div>，脚本将使用它来显示关于事件的消息。要测试这个文档，可以把它保存在与你在前面创建的 JavaScript 文件相同的文件夹中，并把 HTML 文档加载进浏览器中。一些示例结果如图 9.1 所示。

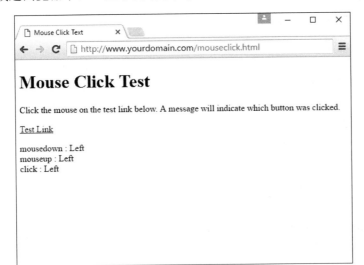

图 9.1

鼠标单击示例的
运行结果

> **注意：**
> 单击鼠标左键将触发 3 个事件：mousedown、mouseup 和 click，而单击鼠标右键则只会触发两个事件。

9.3 使用键盘事件

JavaScript 也可能检测键盘动作。用于此目的的主要事件处理程序是 keypress，它是在按下和释放键或者按住键时发生的。与鼠标键一样，可以利用 keydown 和 keyup 事件处理程序分别检测按键的按下和释放部分。

当然，你可能发现知道用户按下的是哪个键是有用的。你可以利用 Event 对象来查明这一点，当事件发生时将把该对象发送给你的事件处理程序。在 Internet Explorer 中，使用 Event.keyCode 存储被按下的键的 ASCII 字符代码。在非 Internet Explorer 的浏览器中，则使用 Event.which 属性存储被按下的键的 ASCII 字符代码。

> **注意：**
> ASCII（American Standard Code for Information Interchange，美国信息交换标准码）是大多数计算机用于表示字符的标准数字代码。它把数字 0～128 分配给不同的字符，例如，大写字母 A～Z 对应 ASCII 值 65～90。

如果你宁愿处理实际的字符也不愿处理键码，可以使用 String 的 fromCharCode 方法转换它们。该方法用于把数字 ASCII 码转换成与之对应的字符串字符。例如，下面的语句把

Event.which 属性转换成字符，并把它存储在变量 key 中：

```
var key = String.fromCharCode(event.which);
```

由于不同的浏览器具有不同的返回键码的方式，使浏览器独立地显示键要更困难一点。不过，你可以创建一个脚本，为 Internet Explorer 和非 Internet Explorer 浏览器显示键。下面的函数将在输入每个键时显示它：

```
function displayKey(e) {
   // which key was pressed?
   if (e.keyCode) {
      var keycode=e.keyCode;
   } else {
      var keycode=e.which;
   }
   character=String.fromCharCode(keycode);
   // find the object for the destination paragraph
   var keysParagraph = document.getElementById('keys');

   // add the character to the paragraph
   keysParagraph.innerHTML += character;
}
```

displayKey 函数从事件处理程序那里接收 Event 对象，并把它存储在变量 e 中。它将检查 e.keyCode 属性是否存在，如果存在，就把它存储在 keycode 变量中。否则，它将假定浏览器不是 Internet Explorer，并把 keycode 分配给 e.which 属性。

该函数中其余的代码行用于把键码转换成字符，并利用 id 属性 keys 把它添加到文档中的段落内。程序清单 9.3 显示了使用这个函数的完整示例。

注意：

displayKey 函数中的最后几行代码使用 getElementById 函数和 innerHTML 属性在页面上的某个段落（在这里是 id 为 keys 的段落）内显示你输入的键。

程序清单 9.3　显示输入的字符

```
<!DOCTYPE html>

<html lang="en">
  <head>
    <title>Displaying Keypresses</title>
    <script type="text/javascript">
    function displayKey(e) {
       // which key was pressed?
       if (e.keyCode) {
          var keycode=e.keyCode;
       } else {
          var keycode=e.which;
       }
       character=String.fromCharCode(keycode);

       // find the object for the destination paragraph
```

```
        var keysParagraph = document.getElementById('keys');

        // add the character to the paragraph
        keysParagraph.innerHTML += character;
      }
    </script>
  </head>
  <body onkeypress="displayKey(event)">
    <h1>Displaying Typed Characters</h1>
    <p>This document includes a simple script that displays
    the keys you type as a new paragraph below. Type a few keys
    to try it. </p>
    <div id="keys"></div>
  </body>
</html>
```

在加载这个示例时，输入然后观察你所输入的字符出现在文档中的某个段落内。图 9.2 显示了一些输入的结果，但是你自己应该试验一下，以便查看完全的效果。

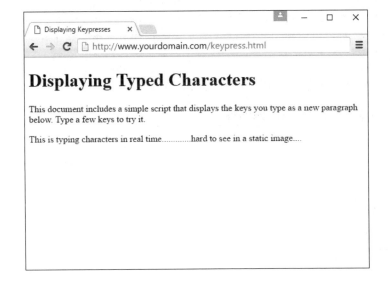

图 9.2

显示按键的输出结果

9.4 使用 load 和 unload 事件

你可能经常使用的另一个事件是 load。在当前页面（包括它的所有图像）从服务器上加载完时，将会发生这个事件。

load 事件与 window 对象相关，要定义它，可以在\<body\>标签中使用一个事件处理程序。例如，下面显示了一个\<body\>元素，当页面加载完时，它将使用一个简单的事件处理程序来显示一条报警：

```
<body onload="alert('Loading complete.');">
```

警告：
由于 load 事件是在 HTML 文档加载完成并显示之后发生的，因此不应该在 load 事件处理程序内使用 document.write 或 document.open 语句，因为它们将会改写当前的文档。

　　图像也可以具有 load 事件处理程序。当为<img>元素定义了 load 事件处理程序后，一旦完全加载了指定的图像，就会触发它。

　　要使用 JavaScript 设置 load 事件，可以把一个函数指定给 window 对象的 onload 属性：

```
window.onload = MyFunction;
```

　　也可以为<body>元素指定 unload 事件。无论何时浏览器卸载了当前文档，都将触发这个事件——当加载了另一个页面或者关闭了浏览器窗口时，这个事件就会发生。

9.5　使用 click 更改<div>的外观

　　正如你在本章中已经学过的，click 事件可以用于调用各种各样的动作。你可能把鼠标单击看作是一种通过单击按钮来提交表单的方式，但是你也可以捕获该事件，并使用它在你的页面内提供交互性。在下面的示例中，你将查看如何使用 click 事件显示或隐藏<div>中包含的信息。

　　在这个示例中，你将向 Web 页面中添加交互性，这是通过允许用户在单击一个文本块时显示以前隐藏的信息来实现的。之所以把它称为一个文本块（piece of text），是因为严格来讲文本不是链接。也就是说，对用户来说，它看起来像是链接并且像链接一样工作，但是将不会在<a>标签内标记它。

　　程序清单 9.4 提供了这个示例的完整代码，我们很快将会介绍它。

程序清单 9.4　使用 onclick 显示或隐藏内容

```
<!DOCTYPE html>

<html lang="en">
  <head>
    <title>Steptoe Butte</title>
    <style type="text/css">
    a {
       text-decoration: none;
       font-weight: bold;
    }
    img {
       margin-right: 12px;
       margin-bottom: 6px;
       border: 1px solid #000;
    }
    .mainimg {
       float: left;
    }
    #hide_e {
       display: none;
    }
    #elevation {
       display: none;
    }
    #hide_p {
       display: none;
    }
    #photos {
```

```
         display: none;
      }
      #show_e {
         display: block;
      }
      #show_p {
         display: block;
      }
      .fakelink {
         cursor: pointer;
         text-decoration: none;
         font-weight: bold;
         color: #E03A3E;
      }
      section {
         margin-bottom: 6px;
      }
   </style>
</head>
<body>
   <header>
      <h1>Steptoe Butte</h1>
   </header>

   <section>
      <h2>General Information</h2>
      <p><img src="steptoebutte.jpg" alt="View from Steptoe Butte"
        class="mainimg">Steptoe Butte is a quartzite island jutting out of
        the silty loess of the <a
        href="http://en.wikipedia.org/wiki/Palouse">Palouse </a> hills in
        Whitman County, Washington. The rock that forms the butte is over
        400 million years old, in contrast with the 15-7 million year old
        <a href="http://en.wikipedia.org/wiki/Columbia_River">Columbia
        River</a> basalts that underlie the rest of the Palouse (such
        "islands" of ancient rock have come to be called buttes, a butte
        being defined as a small hill with a flat top, whose width at
        top does not exceed its height).</p>
      <p>A hotel built by Cashup Davis stood atop Steptoe Butte from
        1888 to 1908, burning down several years after it closed. In 1946,
        Virgil McCroskey donated 120 acres (0.49 km2) of land to form
        Steptoe Butte State Park, which was later increased to over 150
        acres (0.61 km2). Steptoe Butte is currently recognized as a
        National Natural Landmark because of its unique geological value.
        It is named in honor of
        <a href="http://en.wikipedia.org/wiki/Colonel_Edward_
        Steptoe">Colonel
        Edward Steptoe</a>.</p>
   </section>

   <section>
      <h2>Elevation</h2>
      <div class="fakelink"
       id="show_e"
       onclick="this.style.display='none';
       document.getElementById('hide_e').style.display='block';
       document.getElementById('elevation').style.display='inline';
```

```
       ">&raquo; Show Elevation</div>
       <div class="fakelink"
         id="hide_e"
         onclick="this.style.display='none';
         document.getElementById('show_e').style.display='block';
         document.getElementById('elevation').style.display='none';
       ">&raquo; Hide Elevation</div>

         <div id="elevation">3,612 feet (1,101 m), approximately
         1,000 feet (300 m) above the surrounding countryside.</div>
     </section>

     <section>
       <h2>Photos</h2>
       <div class="fakelink"
         id="show_p"
         onclick="this.style.display='none';
         document.getElementById('hide_p').style.display='block';
         document.getElementById('photos').style.display='inline';
       ">&raquo; Show Photos from the Top of Steptoe Butte</div>

       <div class="fakelink"
         id="hide_p"
         onclick="this.style.display='none';
         document.getElementById('show_p').style.display='block';
         document.getElementById('photos').style.display='none';
       ">&raquo; Hide Photos from the Top of Steptoe Butte</div>

       <div id="photos"><img src="steptoe_sm1.jpg" alt="View from Steptoe
       Butte"><img src="steptoe_sm2.jpg" alt="View from Steptoe
       Butte"><img src="steptoe_sm3.jpg" alt="View from Steptoe
       Butte"></div>
     </section>

     <footer>
       <em>Text from
       <a href="http://en.wikipedia.org/wiki/Steptoe_Butte">
       Wikipedia</a>, photos by the author.</em>
     </footer>
   </body>
 </html>
```

如果查看这段代码在浏览器中的呈现效果，将会看到如图 9.3 所示的内容。

当把鼠标指针悬停在红色文本上时，它将变成人手的形状，尽管事实上这些文本并不是一个<a>链接。

在开始时，可以查看样式表中的 11 个条目。第一个条目简单地编排被<a></a>标签对包围的链接的样式，这些链接显示为不带下划线、加粗、蓝色的链接。可以在图 9.3 中的两个文本段落中（以及页面底部的一行文本中）看到这些普通的链接。接下来两个条目确保页面中使用的图像具有合适的边距，用于<img>元素的条目设置一些边距和一种边框，.mainimg 类则使你能够对页面上的主要图像应用样式，但是不会对页面底部的 3 幅图像应用样式。

随后的 4 个条目用于特定的 ID，并且这些 ID 都被设置成当页面最初加载时它们是不可见的（display: none）。与之相反，其后的两个 ID 被设置成当页面最初加载时显示为块元素。

同样，严格来讲，这两个 ID 不必定义为块元素，因为这是默认的显示效果。不过，这个样式表包括了这些条目，以阐明两组元素之间的差别。如果统计程序清单 9.4 中的<div>元素的个数，将会在代码中发现 6 个<div>：其中 4 个不可见，另外两个在页面加载时是可见的。

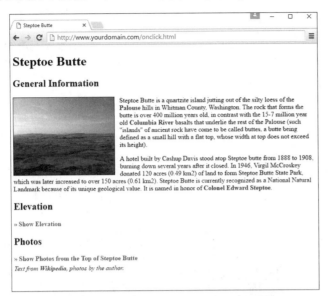

图 9.3

程序清单 9.4 的初始显示效果

这个示例的目标是：当单击另一个 ID 时，改变两个 ID 的显示值。但是，首先必须确保用户认识到文本块是可单击的，并且这通常发生在用户看到他们的鼠标指针发生变化从而反映链接存在时。尽管在图 9.3 中看不到它，但是如果在你的机器上加载示例代码并在你的浏览器中查看它，将会看到鼠标指针变成人手形状，并且利用一根手指指向特定的链接。

这种功能是通过为特定的文本定义一个类而实现的，该类被命名为 fakelink，在下面这个代码段中可以看到它：

```
<div class="fakelink"
    id="show_e"
    onclick="this.style.display='none';
    document.getElementById('hide_e').style.display='block';
    document.getElementById('elevation').style.display='inline';
">&raquo; Show Elevation</div>
```

fakelink 类确保文本被呈现为不带下划线、加粗和红色；cursor: pointer 导致鼠标指针发生变化，使得用户认为文本是通常封闭在<a>元素内的文字链接。但是，当我们把 onclick 属性与<div>相关联时，就会发生真正有趣的事情。在刚才显示的示例代码段中，onclick 属性的值是一系列命令，它们会改变 CSS 元素的当前值。

让我们单独探讨它们：

```
this.style.display='none';
document.getElementById('hide_e').style.display='block';
document.getElementById('elevation').style.display='inline';
```

在这个代码段的第一行中，this 关键字指元素本身。换句话说，this 指的是 ID 为 show_e 的<div>。关键字 style 指的是 style 对象，style 对象包含分配给元素的所有 CSS 样式。在这个示例中，我们最感兴趣的是 display 样式。因此，this.style.display 意指"show_e ID 的显示样式"，并且我们在这里所做的工作是：当单击文本自身时，就把 display 样式的值设置为 none。

但是在 onclick 属性内还会发生 3 个动作。另外两个动作开始于 document.getElementByID()，并且在圆括号内包括特定的 ID 名称。我们使用 document.getElementByID()代替 this，是因为第二个和第三个动作将为不是父元素的元素设置 CSS 样式属性。正如你在代码段中可以看到，在第二个和第三个动作中，我们为 ID 为 hide_e 和 elevation 的元素设置显示属性值。当用户单击当前可见的名为 show_e 的<div>时，将会发生下面的事情。

➤ show_e<div>将变成不可见的。

➤ hide_e<div>将变成可见的，并且显示为一个块。

➤ elevation <div>将变成可见的，并且以内联方式显示。

图 9.4 显示了这些动作的结果。

图 9.4

在单击"Show Elevation"
之后，将基于 onclick 属
性中的命令改变它及其他
<div>元素的可见性

程序清单 9.4 中的代码中还存在另外一组<div>元素，用于控制另外几张图片的可见性。这些元素不受与海拔相关的元素中的 onclick 动作的影响。这就是说，当单击 Show Elevation 或 Hide Elevation 时，与图片相关的<div>元素根本不会改变。你可以显示海拔而不显示图片，如图 9.4 所示。也可以显示图片而不显示海拔，或者同时显示海拔和图片，如图 9.5 所示。

图 9.5

单击"Show Elevation"和
"Show Photos from the
Top of Steptoe Butte"之后
的页面

这个简短的示例显示当你熟练掌握了 CSS 与事件之后所能实现的基本布局和交互性。例如，可以编码你的页面，使得你的用户可以更改样式表的元素，或者更改成完全不同的样式表，把文本块移到布局中的其他位置，接受测验或者提交表单，等等。

9.6 小结

在本章中，你学习了使用事件检测鼠标动作、键盘动作及其他事件，如页面的加载。当事件发生时，你可以使用事件处理程序执行简单的 JavaScript 语句，或者调用更复杂的函数。

JavaScript 包括多种其他的事件。其中许多事件与表单相关，在第 15 章中，我们将学习关于表单的更多知识。在本章末尾的一个较长的示例中，你看到了如何使用 onclick 显示或隐藏其中具有一些设计元素的页面中的文本。在本章中介绍了一些新的 CSS：使用 cursor 属性。指定 pointer 的 cursor 属性使你能够向用户指示特定的文本将充当链接，即使它没有像你过去所看到的那样封闭在<a></a>标签中。

9.7 问与答

Q：你能捕获除文本以外的其他元素（如图像）上的鼠标或键盘事件吗？

A：是的。这些类型的事件可以应用于同单击或翻转图像以及文本相关的动作。不过，其他多媒体对象（如嵌入式 YouTube 视频或 Flash 文件）不是以同样的方式进行交互的，因为这些对象是通过额外的软件播放的，它们适用于其他的鼠标或键盘动作。例如，如果单击嵌入在你的 Web 页面中的 YouTube 视频，你就会与 YouTube 播放器交互，并且将不再与实际的 Web 页面交互——不能以同样的方式捕获这个动作。

Q：如果我同时定义了 keydown 和 keypress 事件处理程序，则会发生什么事情？当按下一个键时，会同时调用它们吗？

A：首先将调用 keydown 事件处理程序。如果它返回 true，则会调用 keypress 事件。否则，将不会产生按键事件。

Q：当我使用 load 事件时，我的事件处理程序有时会在页面加载完成前或者在一些图形前执行。还有更好的方式吗？

A：这在一些较老的浏览器中是一个错误。一种解决方案是使用 setTimeout 方法，向脚本中添加少许的延迟。

9.8 测验

作业包含测验问题和练习，可以帮助你巩固对所学知识的理解。要尝试先解答所有的问题，然后再查看其后的"解答"一节的内容。

9.8.1 问题

通过回答下面的问题，测试你所学的关于 JavaScript 事件的知识。

1．下列哪一项是用于检测链接上的鼠标单击动作的正确的事件处理程序？

a．mouseup

b．link

c．click

2．何时为\<body\>元素执行 load 事件处理程序？

a．当图像加载完成时

b．当整个页面加载完成时

c．当用户尝试加载另一个页面时

3．下列哪个 event 对象的属性指示在 Internet Explorer 中为 keypress 事件按下了哪个键？

a．Event.which

b．Event.keyCode

c．Event.onKeyPress

9.8.2　解答

1．c．用于鼠标单击动作的事件处理程序是 click。

2．b．当页面及其所有的图像都加载完成时，将执行\<body\>元素的 load 事件处理程序。

3．b．在 Internet Explorer 中，Event.keyCode 属性存储每个按键的字符代码。

9.8.3　练习

为了获得更多在 JavaScript 里的事件处理程序的经验，请尝试以下练习。

➢ 扩展本节中的任何（或所有）示例脚本，检查按键动作的特定值，再继续执行它们关联的函数内的底层 JavaScript 语句。

➢ 向程序清单 9.4 中的 onclick 属性中添加一些命令，使得每次只有一个\<div\>元素（海拔或图片）是可见的。

第 10 章

使用 jQuery 的基础知识

在本章中，你将学习以下内容：

> ➤ 为什么可能会使用第三方 JavaScript 库；

> ➤ 怎样使用 jQuery 的$().ready 处理程序；

> ➤ 怎样使用 jQuery 选择页面元素和操作 HTML 内容；

> ➤ 怎样利用 jQuery 把命令链接在一起以及处理事件。

与总是编写自己的代码相比，由另一方为了便于在你自己的代码中轻松实现而编写和维护的第三方 JavaScript 库或代码库提供了许多优点。首先并且也是最重要的一点是，使用这些库将使你能够避免为常见的任务另起炉灶。此外，这些库还使你能够实现跨浏览器的脚本编程和高级的用户界面元素，而不必先变成 JavaScript 方面的专家。

目前有很多的第三方 JavaScript 库，并且本章将要简单介绍这些库中最流行的一个，也就是 jQuery。

在学完本章后，你很可能会明白为什么 jQuery 如此流行，以及为什么开发人员会继续把插件贡献给这个开源项目，以便开发社区的其余人使用。只需几次随意地击键，你就会看到这个库多么有用，它可以用于给你的 Web 站点或者基于 Web 的应用程序添加交互性。

10.1 使用第三方 JavaScript 库

在使用 JavaScript 内置的 Math 和 Date 函数时，JavaScript 将做大部分工作——你不必搞清楚如何在不同格式之间转换日期或者计算余弦值，而只需使用 JavaScript 提供的函数即可。JavaScript 没有直接包括第三方库，但是它们服务于相似的目的：使你能够只利用少量的代码即可做复杂的事情，因为少量的代码在底层引用了别人已经创建的更大量的代码。

尽管一般来讲，大多数人都是第三方库的狂热"粉丝"，你还是应该知道一些常见的异议。

> ➢ 你永远也不会真正知道代码是怎样工作的，因为你只是简单地利用了别人的算法和函数。

> ➢ JavaScript 库包含你永远也不会使用的许多代码，但是浏览器无论如何都必须下载它们。

盲目地实现代码从来不是一件好事：在使用任何库时，你应该尽力理解幕后正在发生什么。但是这种理解可能受限于知道别人编写了一个你不能编写的复杂算法——如果你只知道这些，那么很好，只要你适当地实现了它并且理解可能的弱点即可。

对于包含许多无关代码的库，在使用它时应该仔细考虑清楚，尤其是当你知道目标用户具有带宽限制或者库的大小与你从中使用的特性不成比例时。例如，如果你的代码需要浏览器加载 1 MB 的库，而仅仅是为了使用一个函数，那么就要想方设法分解库（如果它是开源的话）并且只使用你需要的部分，查找可用于使之值得使用的库的其他特性，或者只是寻找另一个利用较少的管理开销即可满足你的所需的库。

不过，无论有什么异议，都有许多很好的理由使用第三方 JavaScript 库，在我看来，它们超过了负面的异议。

> ➢ 使用良好编写的库确实可以消除编写跨浏览器的 JavaScript 代码的一些麻烦。你并不总是可以自行支配每一种浏览器，但是库的作者（以及它们的用户社区）使用了所有主流浏览器的多个版本进行过测试。

> ➢ 为什么要开发别人已经编写好的代码？流行的 JavaScript 库倾向于包含程序员经常需要使用的各类抽象，这意味着你很可能时不时地需要那些函数。由最常用的库生成的成千上万个在线文档和注释的下载与页面可以很好地保证这些库包含的代码将经过比普通用户自己编写的代码更彻底的测试和调试。

> ➢ 像拖动和释放以及基于 JavaScript 的动画这样的高级功能确实很高级。用于这类功能的真正跨浏览器的解决方案对于所有的浏览器都是要编码的最困难的效果之一，而就可以节省的时间和工作而言，用于实现这类特性的经过良好开发和测试的库极有价值。

使用第三方 JavaScript 库通常非常简单，只需把一个或多个文件复制到你的服务器上（或者链接到一个外部但是非常稳定的位置），并在你的文档中包括一个<script>标签以加载库，从而使它的代码可供你自己的脚本使用。在下面几节中将介绍几个流行的 JavaScript 库。

10.2 jQuery 应运而生

jQuery 的第一种实现是在 2006 年推出的，它已经从一种容易的、跨浏览器的 DOM 操作工具发展成一个稳定、强大的库。这个库不仅包含 DOM 操作工具，还包括许多额外的特性，它们使跨浏览器的 JavaScript 编码要直观和高效得多。事实上，许多 JavaScript 框架（将在本章后面学到）都依靠 jQuery 库来执行它们自己的功能。

jQuery 的当前版本（在编写本书时）是 2.1.1，并且它现在还具有额外的高级用户界面扩展库，可以与现有的库一起使用，以快速构建和部署丰富的用户界面，或者给现有的组件添加多种吸引人的效果。

> **注意：**
> 在 jQuery 主页不仅可以下载最新的版本，而且可以访问大量的文档和示例代码。在 jQuery 主页上可以找到配套的 UI 库。

提示：

如果你不想下载 jQuery 库并在你自己的本地开发机器或生产服务器上存储它，那么可以从内容递送网络使用一个远程托管的版本，比如由 Google 托管的版本。这样将无须在 HTML 文件中引用本地托管的.js 文件，而可以使用下面的代码链接到一个稳定、缩微的代码版本：

```
<script
src="http://ajax.googleapis.com/ajax/libs/jquery/2.1.1/jquery.min.js"
type="text/javascript"></script>
```

在许多情况下，由于 Google 的服务器被优化用于低延时的大量并行内容递送，这提供了比托管你自己的版本更好的性能。此外，访问你的页面的任何人还会访问另一个页面，如果它引用了这个相同的文件，那么将在它们的浏览器中缓存这个文件，而不必再次下载它。

---

jQuery 的核心是一个先进的、跨浏览器的方法，用于选择页面元素。用于获得元素的选择器基于简单的类 CSS 的选择器样式的组合，因此，利用你在本书第 3 章学过的 CSS 技巧，应该能够成功地使用 jQuery 加快工作速度。下面显示了 jQuery 代码的几个简短的示例，用以阐述我的观点。

例如，如果你想要获取一个 ID 为 someElement 的元素，则只需使用以下代码：

```
$("#someElement")
```

或者要返回具有类名 someClass 的元素的集合，可以简单地使用下面的代码：

```
$(".someClass")
```

我们可以非常简单地获取或设置与所选元素关联的值。例如，让我们假设想要隐藏所有具有类名 hideMe 的元素，只需使用下面一行代码，即可以完全跨浏览器的方式实现此目的：

```
$(".hideMe").hide();
```

操作 HTML 和 CSS 属性同样直观。例如，要把短语"powered by jQuery"追加到所有的段落元素上，只需编写如下代码：

```
$("p").append(" powered by jQuery");
```

然后，如果要更改这些相同的元素的背景色，可以直接操作它们的 CSS 属性：

```
$("p").css("background-color","yellow");
```

此外，jQuery 还包括一些简单的跨浏览器的方法，用于确定一个元素是否具有类、添加或删除类、获取和设置元素的文本或 innerHTML、导航 DOM、获取和设置 CSS 属性，以及轻松地进行事件的跨浏览器处理。关联的 UI 库添加了大量的 UI 构件（如日期选择器、滑块、对话框和进度条）、动画工具、拖放能力，等等。

10.3 准备使用 jQuery

正如我们在上一章所学过的，在代码中包括任何 JavaScript 库都非常简单，只需通过一个\<script\>元素链接到它即可。

在存储库时可以有两种选择：可以下载并把它存储在自己的服务器上，或者可以从内容递送网络使用远程托管的版本，比如由 Google 或者甚至是 jQuery 家族本身托管的版本。

如果你下载 jQuery 并把它保存在自己的服务器上，那么我将建议把它保存在一个名为 js（用于 JavaScript）的目录中，或者保存在另一个专门用于资源的目录中（事实上，甚至可以把它命名为 assets），以使得它不会迷失在你维护的所有其他的文件中。然后，可以像下面这样引用它：

```
<script src="/js/jquery-3.2.1.min.js" type="text/javascript"></script>
```

> **注意：**
> 文件名中的"min"用于库的缩微（minified）版本，或者是功能完备但是从源代码中删除了所有空白、换行符以及其他不必要字符的版本。因此，这个缩微版本比较小，最终用户在下载它时只需要较少的时间和带宽，同时还能保留所有原始的功能。缩微代码不适合于人眼阅读，但是计算机却没有问题，因为不必要的间距对它们没有什么影响。

我通常使用 Google 内容递送网络，这意味着\<script\>标签看起来如下所示。

```
<script
   src="http://ajax.googleapis.com/ajax/libs/jquery/3.2.1/jquery.min.js"
   type="text/javascript">
</script>
```

然而，应该可以使用任何更适合你的标签，只要你知道它们之间的区别即可。

10.4　熟悉$().ready 处理程序

在本书前面，你使用过 window.onload 事件处理程序，在页面加载时打开一个新窗口。jQuery 具有它自己的服务于此目的的处理程序，但是它的名称也是更明显。这个处理程序确保直至检测到准备就绪状态之后，才能操作页面内的一切内容。

> **提示：**
> 准备就绪（readiness）意味着整个 DOM 都为操作做好了准备，但是不一定意味着所有的资源（比如图像及其他的多媒体）都已完全下载并且可用。

$().ready 处理程序的语法很简单，如下：

```
$().ready(function() {
   // jQuery code goes here
});
```

你将编写的绝大部分 jQuery 代码都是从这样一条语句内执行的。像你在前面见过的 JavaScript onload 事件处理程序一样，$().ready 处理程序用于做下面两件事。

➢　它确保直到 DOM 可用之后才会运行代码；也就是说，它确保你的代码可能尝试访问的任何元素都已经存在，使得你的代码不会返回任何错误。

➢　它通过把你的代码与语义层（HTML）和表示层（CSS）分隔开，有助于使代码成为不唐突的。

　　程序清单 10.1 将使你能够观察准备就绪状态的发生，其实现方式是：当 DOM 可用从而达到准备就绪状态时，它将加载一个文档，并且观察 jQuery 把一条消息写到控制台上。

程序清单 10.1　确保准备就绪状态

```
<!DOCTYPE html>
<html lang="en">
  <head>
  <title>Hello World!</title>
  <script
     src="http://ajax.googleapis.com/ajax/libs/jquery/3.2.1/jquery.min.js"
     type="text/javascript">
  </script>

  <script type="text/javascript">
     $().ready(function() {
         console.log("Yes, I am ready!");
     });
  </script>

  </head>
  <body>
     <h1 style="text-align: center">Hello World!<br>Are you ready?</h1>
  </body>
</html>
```

　　如果打开 Web 浏览器，然后打开 Developer Tools，并切换到控制台，当加载这个特定的 Web 页面时，应该会看到"Yes, I am ready!"消息打印到控制台上，如图 10.1 所示。这条消息是在文档到达准备就绪状态时由 jQuery 打印的。

图 10.1

jQuery 把一条消息写到控制台上，声明准备就绪

　　在文档到达准备就绪状态时——它应该会花费几毫秒的时间，人眼实际上察觉不到，除非寻找控制台日志语句——你的页面将可以像你计划的那样继续提供交互性。

10.5　选择 DOM 和 CSS 内容

　　当文档处于准备就绪状态时，你就应该准备好对代码进行更多的处理。在更深入地研究利用jQuery操作内容的特定行为之前,让我们查看一些jQuery语句,它们使你能够选择HTML元素。操作内容的第一步是查明你想要操作的内容,下面的语句可以帮助你做到这一点。

这些 jQuery 语句都会返回一个对象,其中包含通过你看到的表达式指定的 DOM 元素的数组。其中每条语句都会构建 jQuery 包装器语法: $("")。

```
$("span"); // all HTML span elements
$("#theElement"); // the HTML element having an ID of "theElement"
$(".theClassname"); // HTML elements having a class of "theClassname"
$("div#theElement"); // the <div> element with an ID of "theElement"
$("ul li a.theClassname"); // anchors with class "theClassname"
                           // that are within list items
$("p > span"); // spans that are direct children of paragraphs
$("input[type=password]"); // inputs that have the specified type
$("p:first"); // the first paragraph on the page
$("p:even"); // all even numbered paragraphs
```

这些示例都是 DOM 和 CSS 选择器,但是 jQuery 还具有它自己的自定义的选择器,比如:

```
$(":header"); // all header elements (h1 to h6)
$(":button"); // any button elements (inputs or buttons)
$(":radio"); // all radio buttons
$(":checkbox"); // all check boxes
$(":checked"); // all selected check boxes or radio buttons
```

如果你注意一下,就会发现上面的所有 jQuery 代码行都没有任何动作与之关联。这些选择器只用于从 DOM 获取必需的元素。在下面几节中,你将学习如何处理所选的内容。

10.6 操作 HTML 内容

jQuery 的 html()和 text()方法使你能够获取和设置你所选的任何元素的内容(使用上一节中的语句),attr()方法则可以帮助你获取和设置各个元素属性的值。让我们在下面的代码段中查看一些示例。

html()方法用于获取任何元素或者元素集合的 HTML,因此与你在前面的章节中看到的JavaScript 的 innerHTML 非常相似。在下面的代码段中,变量 htmlContent 将包含 ID 为theElement 的元素内的所有 HTML 和文本:

```
var htmlContent = $("#theElement").html();
```

使用类似的语法,可以设置(而不仅仅是获取)指定元素或元素集合的 HTML 内容:

```
$("#theElement").html("<p>Here is some new content for within
    theElement ID.</p>");
```

不过,如果你只想要某个元素或元素集合的文本内容,而不需要包围它的 HTML,则可以使用 text()方法:

```
var textContent = $("#theElement").text();
```

如果依次在你的脚本中使用上面的代码段，textContent 的值将是"Here is some new content for within theElement ID."。注意缺少包围的<p>和</p>标签。

你可以使用以下代码段，再次更改指定元素的内容，但是现在只更改文本内容：

```
$("#theElement").text("Here is some new content for that element.");
```

在前面给出的代码段中，可以看到 jQuery 选择器的使用如何使得选择或引用特定 DOM 的过程变得十分容易。在所有这些代码段中，可以根据自己的需要，利用上一节中的任何选择器包装$("#theElement")。想要把列表内的所有锚元素的文本改为"Click Me!"吗？可以使用以下代码：

```
$("ul li a").text("Click Me!");
```

还可以追加内容，而不是完全替换它：

```
$("#theElement").append("<p>Here is even more new content.</p>");
```

在这个代码段中，ID 为 theElement 的元素现在包含两个段落：通过前两个代码段修改过的原始段落，以及这里的这个新的内容段落。

另一种有用的技巧是：选择特定元素的特定属性的能力。使用 attr()方法，如果传递一个包含属性名称的参数，jQuery 将为指定的元素返回那个属性的值。

例如，如果具有如下一个元素：

```
<a id="theElement" title="The Title Goes Here">The Title Goes Here</a>
```

那么下面的 jQuery 将返回标题属性的值或者"The Title Goes Here"：

```
var title = $("#theElement").attr("title");
```

也可以把第二个参数传递给 attr()方法，用于设置一个属性的值：

```
$("#theElement").attr("title", "This is the new title.");
```

10.6.1 显示和隐藏元素

使用朴素的老式 JavaScript，显示和隐藏页面元素通常意味着操作元素的样式对象的 display 或 visibility 属性。尽管这工作得很好，但它可能导致很长的代码行，如下所示：

```
document.getElementById("theElement").style.visibility = 'visible';
```

可以使用 jQuery 的 show()和 hide()方法利用较少的代码执行这些任务。如你将在下面的代码段中所看到的，jQuery 方法还提供了一些有用的附加功能。首先，这里是一种简单的方式，通过调用 show()方法使一个或一组元素可见：

```
$("#theElement").show(); // makes an element show if it has an ID of "theElement"
```

不过，还可以添加一些额外的参数，给渐变添加一点情趣。在下面的示例中，第一个参数（fast）确定渐变的速度。作为 fast 或 slow 的替代，jQuery 将非常高兴地为这个参数接受一个毫秒数，作为渐变所需的持续时间。如果没有设置这个值，那么渐变将是即时发生的，并且没有动画。

> **提示：**
> 值"slow"对应于 600 ms，"fast"则等价于 200 ms。

show()方法的第二个参数可以是一个函数，它是作为一个回调来工作的；也就是说，在渐变完成后执行指定的函数：

```
$("#theElement").show("fast", function() {
    // do something once the specified element is shown
});
```

正如你所期望的，hide()方法与 show()方法恰好相反，它使你能够利用与用于 hide()的相同可选参数使页面元素不可见：

```
$("#theElement").hide("slow", function() {
    // do something once the specified element is hidden
});
```

此外，toggle()方法用于改变一个元素或元素集合的当前状态，它使集合中目前隐藏的任何元素都可见，并且会隐藏目前显示的任何元素。toggle()方法也可以使用相同的可选持续时间和回调函数这些参数：

```
$("#theElement").toggle(1000, function() {
    // do something once the specified element is shown or hidden
});
```

> **提示：**
> 记住，show()、hide()和 toggle()方法可应用于元素的集合，使得那个集合中的元素将同时显示或消失。

10.6.2 制作元素的动画

作为其丰富的特性集的一部分，jQuery 还具有一些其他的方法，用于淡入和淡出元素，以及可选地设置渐变的持续时间和添加对过程的回调函数。

要淡出到不可见，可以使用 fadeout()方法：

```
$("#theElement").fadeOut("slow", function() {
    // do something after fadeout() has finished executing
});
```

或者要进行淡入，则可使用 fadeIn()方法：

```
$("#theElement").fadeIn(500, function() {
    // do something after fadeIn() has finished executing
});
```

也可以只是部分地淡入或淡出一个元素，使用 fadeTo() 方法，并且使用毫秒表示持续时间：

```
$("#theElement").fadeTo(3000, 0.5, function() {
    // do something after fadeTo() has finished executing
});
```

fadeIn() 方法中的第二个参数（这里设置为 0.5）代表目标不透明度。它的值与 CSS 中设置的不透明度值的工作方式相似，这是由于在调用方法之前无论不透明度的值是什么，都将对元素制作动画，直至它达到参数中指定的值为止。

除了淡入或淡出元素之外，还可以在不改变不透明度的情况下向上或向下滑动元素。用于滑动元素的 jQuery 方法是你刚才看到的淡入或淡出方法的直接结果，并且它们的参数遵循完全相同的规则。

例如，使用 slideDown() 方法向下滑动元素：

```
$("#theElement").slideDown(150, function() {
    // do something when slideDown() is finished executing
});
```

要向上滑动元素，可使用 slideUp() 方法：

```
$("#theElement").slideUp("slow", function() {
    // do something when slideUp() is finished executing
});
```

要以动画方式提供元素的可视化改变，可以使用 jQuery 指定想要应用于元素的新 CSS 样式。jQuery 然后将以一种渐进的方式强加新的样式（而不是像在朴素的 CSS/JavaScript 中那样即时应用它们），从而创建一种动画效果。

可以对大量的数字式 CSS 属性使用 animate() 方法。在这个示例中，将制作动画的元素的宽度和高度设置为 400 像素×500 像素。在动画完成后，将使用回调函数把元素淡出到不可见：

```
$("#theElement").animate(
    {
    width: "400px",
    height: "500px"
    }, 1500, function() {
        $(this).fadeOut("slow");
    }
);
```

> **注意**：
> 大多数 jQuery 方法都会返回一个 jQuery 对象，然后可以把它用于调用另一个方法。在前面的示例中，可以通过所谓的命令链接（command chaining）结合其中两个方法，如下：
>
> ```
>     $("#theElement").fadeOut().fadeIn();
> ```
>
> 在这个示例中，将淡出所选的元素，然后再把它淡入回来。可以链接的项目数量是任意的，允许多个命令在相同的元素集合上连续工作：
>
> ```
>     $("#theElement").text("Hello from jQuery").fadeOut().fadeIn();
> ```

10.7 结合使用各种方法来创建 jQuery 动画

利用你迄今为止在本章中所学的知识，可以开始把各种方法结合成一个更有凝聚性的整体。程序清单 10.2 显示了一个基本的 jQuery 动画示例中使用的完整代码清单，该程序清单后面给出了使用的所有代码的解释。

程序清单 10.2　jQuery 动画示例

```
<!DOCTYPE html>
<html lang="en">
<head>
   <style>
      #animateMe {
        position: absolute;
        top: 100px;
        left: 100px;
        width: 100px;
        height: 400px;
        border: 2px solid black;
        background-color: red;
        padding: 20px;
      }
   </style>
   <title>Animation Example</title>
   <script
      src="http://ajax.googleapis.com/ajax/libs/jquery/3.2.1/jquery.min.js"
      type="text/javascript">
   </script>

   <script type="text/javascript">
      $().ready(function() {
         $("#animateMe").text("Changing shape...").animate(
            {
            width: "400px",
            height: "200px"
            }, 5000, function() {
               $(this).text("Fading away...").fadeOut(4000);
            }
         );
      });
   </script>
</head>
<body>
   <div id="animateMe"></div>
</body>
</html>
```

如果把程序清单 10.1 中的代码放入一个文件中，并用你的 Web 浏览器打开它，你将会看到如图 10.2 和图 10.3 所示的内容。记住：很难在截屏图中捕获动画示例！

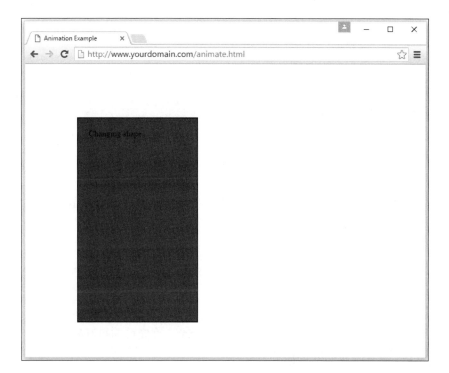

图 10.2

动画示例——显示元素在改变形状

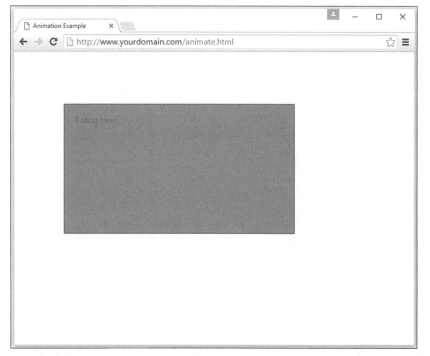

图 10.3

动画示例——显示元素在改变形状后淡出

　　让我们更详细地探讨用于产生这些示例的代码。首先，在脚本的<style>区域中，将一个 ID 为 animateMe 的元素定义为一个绝对定位的矩形，它的宽度和高度分别是 100 像素和 400 像素，并把它的左上角定位于距离浏览器的顶部和左边缘各 100 像素。这个矩形具有红色的背景和 2 像素的纯黑色边框，并且各条边上的内部填充均为 20 像素。

```
#animateMe {
  position: absolute;
  top: 100px;
  left: 100px;
  width: 100px;
  height: 400px;
  border: 2px solid black;
  background-color: red;
  padding: 20px;
}
```

第一个<script>元素包含一个指向 Google Code CDN 的链接，其中存储有我们在这个脚本中使用的 jQuery 库的特定版本，即 jQuery 3.2.1：

```
<script
  src="http://ajax.googleapis.com/ajax/libs/jquery/3.2.1/jquery.min.js"
  type="text/javascript">
</script>
```

魔术发生在下一个<script>元素中，它包含实际的 jQuery。首先，通过在$().ready()处理程序中包装主要命令，确保文档处于准备就绪状态：

```
$().ready(function() {
  // more code goes here
});
```

在$().ready()处理程序内是命令链和回调函数，它们用于确保将对 ID 为 animateMe 的任何元素发生这些动作。

1．使用 text()方法，在标记为"Changing shape…"的元素内放置文本。

2．在经过 5000 毫秒的时间段之后，使用 animate()方法把元素的形状改为 400 像素宽和 200 像素高。

3．当形状改变完成后，使用 text()方法在标记为"Fading away…"的元素内放置文本。

4．在经过 4000 毫秒的时间段之后，使用 fadeOut()方法使元素从视图中消失。

在下面这段代码中可以找到上述的所有步骤：

```
$("#animateMe").text("Changing shape...").animate(
  {
  width: "400px",
  height: "200px"
  }, 5000, function() {
      $(this).text("Fading away...").fadeOut(4000);
  }
);
```

最后，在 HTML 文档的主体内，可以看到一个 ID 为 animateMe 的<div>。这个<div>没有在 HTML 中包含文本，它是所有的 jQuery 代码操作的 DOM 元素：

```
<div id="animateMe"></div>
```

尽管在<div>元素内最初没有文本，jQuery text()方法还是会添加它，以便在脚本执行时显示。这实际上是它所做的全部工作——你具有一些基本的 DOM 元素，这个强大的 jQuery 库可以用多种方式操作它们，为你的用户产生一种交互式体验。对显示内容的修改可以自动发生，如上一个示例中所示，或者通过捕获用户发起的事件（比如鼠标单击或击键）来使之发生。

10.8 利用 jQuery 处理事件

本章中迄今为止的所有示例都显示：jQuery 只是在浏览器中加载脚本时运行的。但是，如我们在全书中所看到的以及你在线体验的，一般来讲，交互性是在用户通过鼠标单击或击键而调用动作时发生的。例如，单击一个按钮以开启一个进程、把鼠标指针悬停在图像上以查看更大的版本，等等。

jQuery 具有它自己的用于处理事件的语法，它就像你在以前的章节中看到的基本 HTML 和 JavaScript 一样直观。例如，可以把事件处理程序附加到元素或元素集合上，比如所有的<a>元素、具有给定 ID 的<a>元素、具有给定类名的所有的<a>元素，等等。

可以直接利用 jQuery .click()事件处理程序捕获单击事件发生：

```
$("a").click(function() {
    // execute this code when any anchor element is clicked
});
```

也可以使用命名函数处理单击事件.click()：

```
function hello() {
    alert("Hello from jQuery");
}
$("a").click(hello);
```

在两种情况下，当单击任何一个锚时，将会调用大括号或命名函数内的代码（依赖于你使用的是什么）。注意：你能够使用的不只.click()这一种事件处理程序；其他事件处理程序如下所示，这些和我们在第 9 章中已经详细介绍的那些事件相对应。

- ➢ **.keydown()**：处理 JavaScript keydown 事件。
- ➢ **.keypress()**：处理 JavaScript keypress 事件。
- ➢ **.keyup()**：处理 JavaScript keyup 事件。
- ➢ **.dblclick()**：处理 JavaScript dblclick（双击）事件。
- ➢ **.focusout()**：处理 JavaScript focusout 事件。
- ➢ **.mousedown()**：处理 JavaScript mousedown 事件。
- ➢ **.mouseenter()**：处理 JavaScript mouseenter 事件。
- ➢ **.mouseleave()**：处理 JavaScript mouseleave 事件。
- ➢ **.mousemove()**：处理 JavaScript mousemove 事件。

> ➤ **.mouseout()**：处理 JavaScript mouseout 事件。

> ➤ **.mouseover()**：处理 JavaScript mouseover 事件。

> ➤ **.mouseup()**：处理 JavaScript mouseup 事件。

要了解关于 jQuery 中可用于处理 JavaScript 事件的其他方法的更多信息和文档，可以访问 http://api.jquery.com/category/events/。

10.9　小结

在本章中，详细探讨了在交互式站点中使用 jQuery 的基本知识，首先包括库并验证文档的准备就绪状态。从此，你学习了怎样通过引用页面元素的名称、ID、类或者 DOM 内的其他位置来选择它们，以及怎样操作那些元素内的文本或者它们的外观。

此外，你还学习了把 jQuery 命令链接在一起，以及怎样利用 jQuery 处理 JavaScript 事件，使得用户可以通过他们采取的键盘或鼠标动作，来启动可视化显示或其他改变。

10.10　问与答

Q：我可以在同一个脚本中使用多个第三方库吗？

A：是的，理论上讲，如果库编写得很好，并且没有设计成彼此干扰，那么在结合使用它们时应该不会出现问题。在实际中，这将依赖于你需要的库以及它们是如何编写的，但是可以结合使用许多 JavaScript 库，或者包括一个关于不兼容性的警告。例如，$是 jQuery 的一个别名，因此，如果你使用了以$为别名的其他的库，你应该都在脚本中调用 jQuery.noConflict()，并且使用来 jQuery()替代$()。

Q：本章篇幅较短，但是 jQuery 不是很大吗？

A：值得一提的是，即使 jQuery 非常强大，但它事实上不是一个巨大的代码库，也不是特别笨拙。它的长度大约是 10 000 行左右的代码，相当于 275 KB（当没有最小化时），它肯定比 Web 页面更大一些，这是毫无疑问的！但是事实上在这 10 000 行代码中打包了我们在这里没有讨论的许多特性。在下一章中将更详细一点地讨论 jQuery UI 库，但它甚至也是不充分的，要了解更多的相关信息，可以访问 jQuery 官网的技术文档，或者访问关于用户更友好的文档和教程站点。

10.11　测验

测验包含问题和练习，可以帮助你巩固对所学知识的理解。通过回答下面的问题，测试你所学的关于 jQuery 的知识。要尝试先解答所有的问题，然后再查看其后的"解答"一节的内容。

10.11.1　问题

1. 怎样选择所有具有 sidebar 类的页面元素？

a．$(".sidebar")

b．$("class: sidebar")

c．$("#sidebar")

2．确切地讲，表达式$("p:first").show()用于做什么？

a．在显示其他任何元素之前显示\<p\>元素

b．使页面上的第一个\<p\>元素可见

c．使所有\<p\>元素的第一行可见

3．在使用用于淡入或淡出、滑动以及给元素制作动画的方法时，下列哪个选项不是一个有效的值？

a．fast

b．1000

c．quick

10.11.2 解答

1．a．$(".sidebar")。

2．b．使页面上的第一个段落元素可见。

3．c．quick。

10.11.3 练习

为了进一步探索你在本章中学过的 jQuery 特性，可以进行以下练习。

➢ 修改程序清单 10.2 中的示例，使用 jQuery 对鼠标事件做出反应。

➢ 返回到前面几章中，找出一些使用 JavaScript 事件实现交互性的示例。使用你在本章中学过的基本 jQuery 重写这些示例。

第 3 部分：提高 Web 应用程序的层级

第 11 章

AJAX：远程脚本编程

在本章中，你将学习以下内容：

- ➢ AJAX 怎样使 JavaScript 能够与服务器端程序和文件通信；
- ➢ 使用 XMLHttpRequest 对象的属性和方法；
- ➢ 创建你自己的 AJAX 库；
- ➢ 使用 AJAX 从 XML 文件中读取数据；
- ➢ 调试 AJAX 应用程序；
- ➢ 使用 AJAX 与 PHP 程序通信。

远程脚本编程也称为 AJAX，它是一种浏览器特性，使 JavaScript 能够摆脱其客户端界限，并且与 Web 服务器上的文件或者服务器端程序协同工作。在本章中，我们将学习 AJAX 的工作原理，并将创建两个工作的示例，演示使用 AJAX 请求进行客户端到服务器端的交互。本章基于在前面各章所学习的 JavaScript 知识，并且再次介绍 PHP，而且随着本书内容的推进，我们将学习更多的 PHP 支持。

11.1 AJAX 简介

传统上讲，JavaScript 的主要局限性之一是：它不能与 Web 服务器通信，因为它是一种客户端技术——JavaScript 在浏览器内运行。例如，尽管你可以纯粹使用 JavaScript 创建一款游戏，但是保留存储在服务器上的高分列表将需要某个提交数据的表单，以把数据提交给服务器端脚本，这不是仅凭 JavaScript 就能做到的（因为它最初并没有打算执行这种任务）。

仅就用户交互而言，一般来讲，Web 页面早期的局限性之一是：把数据从用户发送给服务器或者从服务器发送给用户一般需要加载和显示新的页面。但是，在 2017 年，你将会焦头烂额地发现：在日常浏览中，每次单击或提交一个按钮之后，如果不加载一个新页面，那么有些站点将不允许你与内容交互。例如，如果你使用基于 Web 的电子邮件，比如 Google 或 Yahoo! Mail，或者如果你使用 Facebook 或 Twitter，那么你将与一些基于 AJAX 的功能交互。

AJAX（Asynchronous JavaScript and XML，异步 JavaScript 和 XML）是上述两个问题的答案。AJAX 指的是 JavaScript 使用内置对象 XMLHttpRequest 与 Web 服务器通信并且无须提交表单或加载页面的能力。Internet Explorer、Firefox、Chrome 以及所有其他的现代浏览器都支持这个对象。

尽管 AJAX 这个术语是在 2005 年创造的，XMLHttpRequest 还是受到了浏览器多年的支持——它是由 Microsoft 开发的，最初出现在 Internet Explorer 5 中。在过去 10 年，它变成了高级 Web 应用程序开发的基石之一。这种技术的另一个名称是远程脚本编程（remote scripting）。

> **注意：**
>
> AJAX 这个术语最初是在 2005 年 2 月 18 日出现在 Adaptive Path 的 Jesse James Garrett 撰写的一篇在线文章中。这篇文章仍然在网上，值得好好读一读。

在下面几节中，我们将更详细一点地探讨 AJAX 的各个组件。

11.1.1 JavaScript 客户（前端）

JavaScript 传统上只有一种与服务器通信的方式，即提交 HTML 表单。远程脚本编程允许与服务器之间进行更通用的通信。AJAX 中的"A"代表异步（asynchronous），这意味着浏览器（和用户）在等待服务器响应时不会挂起。下面说明了典型的 AJAX 请求的工作方式。

1．脚本创建一个 XMLHttpRequest 对象，并把它发送给 Web 服务器。脚本在发送请求后可以继续运行，并且可以执行其他的任务。

2．服务器通过发送文件的内容或者服务器端程序的输出来响应。

3．当响应从服务器到达时，将触发 JavaScript 函数以处理数据。

4．由于目标是获得更具响应性的用户界面，脚本通常使用 DOM 显示来自服务器的数据，从而消除了页面刷新的需要。

在实际中，这将会快速发生——对于用户来说几乎感觉不到，甚至对于较慢的服务器，它仍然可以工作。此外，由于请求是异步的，每次可以处理多个请求。

11.1.2 服务器端脚本（后端）

驻留在 Web 服务器上的应用程序部分通常被称为后端（back end）。最简单的后端脚本是服务器上的静态文件——JavaScript 可以利用 XMLHttpRequest 请求文件，然后读取并处理其内容。后端脚本通常是运行在一种语言（如 PHP）中的服务器端程序，但它也可以是一个将返回给用户的充满数据的静态文件。

JavaScript 可以使用 GET 或 POST 方法把数据发送给服务器端程序，HTML 表单也采用这两种相同的方法工作。在 GET 请求中，数据编码在加载程序的 URL 中。在 POST 请求中，将单独发送数据，并且分组可以包含比 GET 请求更多的数据。如果有帮助，可以把 AJAX 请求视作模拟基于 HTML 的表单的动作，只不过没有<form>及其他相关的标签。

11.1.3 XML

AJAX 中的"X"代表 XML（Extensible Markup Language，可扩展的标记语言），它是一种通用的标记语言，旨在像素和传输数据。服务器端文件或程序可以以 XML 格式发送数据，JavaScript 则可以使用其用于同 XML 协作的方法处理数据。这些方法类似于你已经使用过的 DOM 方法——例如，你可以使用 getElementsByTagName()方法查找数据中具有特定标签的元素。

记住：XML 只是一种发送数据的方式，它并非总是最容易的方式。服务器可以同样容易地发送纯文本或 HTML，对于前者，脚本可以把它显示出来；对于后者，脚本可以使用 innerHTML 属性把它插入到页面中。事实上，在过去 10 年使用 AJAX 的过程中，一种改变已经浮出水面，以 JSON 格式发送数据比以 XML 格式发送它们更常被见到。不过，"AJAX"具有不同的意义。

> **注意：**
> JSON（JavaScript Object Notation，JavaScript 对象表示法）采纳了在 JavaScript 中编码数据并使之正式化的思想。

11.1.4 流行的 AJAX 示例

尽管典型的 HTML 和 JavaScript 用于构建 Web 页面和站点，但是 AJAX 通常会导致 Web 应用程序（Web Application）——为用户执行工作的基于 Web 的服务。下面列出了 AJAX 的几个著名的示例。

➢ Google 的 Gmail 邮件客户使用 AJAX 制作快速响应的电子邮件应用程序。你可以删除消息并执行其他任务，而无须等待新页面加载。

➢ Amazon.com 将 AJAX 用于一些函数。例如，如果你单击用于产品评论的 Yes/No 投票按钮之一，它就会把你的投票发送给服务器，并在按钮旁边显示一条消息来感谢你，所有这些都不需要加载页面。

➢ Facebook 到处都使用了 AJAX，比如每次你"喜欢"什么东西时，或者使用 AJAX 产生"有限的滚动"，以允许你追踪自己的时间线进度，以避免服务器不再向你发回任何内容以进一步满足你的请求。

这些只是几个示例。远程脚本编程的蛛丝马迹在整个 Web 中无所不在，你甚至可能不会注意到它们——只是在等待页面加载时不会经常感到烦恼。由于远程脚本编程可能比较复杂，目前已经开发了几个框架和库来简化 AJAX 编程。对于初学者，本书前面描述过的所有 JavaScript 库和框架（如 jQuery、Prototype、AngularJS 和 Backbone.js）都包括用于简化远程脚本编程的函数。

11.2 使用 XMLHttpRequest

你现在将查看如何使用 XMLHttpRequest 与服务器通信。这可能看上去似乎有一点复杂，但是这个过程对于任何请求都是相同的。事实上，它是如此相似，以至于在本章后面你将创建可重用的代码库来简化这个过程。

11.2.1 创建请求

创建请求的第一步是创建一个 XMLHttpRequest 对象。为此，可以使用 new 关键字，就像我们在第 8 章中所学习的创建其他 JavaScript 对象一样。下面的语句用于在现代浏览器中创建一个请求对象：

```
var ajaxreq = new XMLHttpRequest();
```

在任何一种情况下，你使用的变量（示例中的 ajaxreq）都将存储 XMLHttpRequest 对象，并且你将使用这个对象的方法打开和发送请求，在下面几节中解释了这一点。

11.2.2 打开 URL

XMLHttpRequest 对象的 open()方法指定了文件名，以及用于将数据发送给服务器的方法：GET 或 POST。Web 表单也支持这些相同的方法，在本书后面的各章中，当这些方法适用于你将要完成的任务的时候，我们将花更多的时间介绍这些方法。

```
ajaxreq.open("GET","filename");
```

对于 GET 方法，你发送的数据将包括在 URL 中。例如，下面这条命令将打开存储在你的服务器上的 search.php 脚本，并把值 John 发送给脚本作为 query 参数：

```
ajaxreq.open("GET","search.php?query=John");
```

11.2.3 发送请求

你使用 XMLHttpRequest 对象的 send()方法给服务器发送请求。如果使用 POST 方法，那么要发送的数据就是 send()的参数。对于 GET 请求，可代之以使用 null 值：

```
ajaxreq.send(null);
```

11.2.4 等待响应

在发送请求后，你的脚本将继续运行，而不会停下来等待结果。由于结果可能随时到达，可以利用一个事件处理程序检测它。XMLHttpRequest 对象具有一个用于此目的的 onreadystatechange 事件处理程序。可以创建一个函数处理响应，并把它设置为这个事件的处理程序：

```
ajaxreq.onreadystatechange = MyFunc;
```

请求对象具有一个属性 readyState，用于指示它的状态，无论何时 readyState 属性改变，都会触发这个事件。readyState 的取值范围是从 0（用于新请求）到 4（用于完成的请求），因此事件处理函数通常需要留意 4 这个值。

尽管请求完成了，但它可能没有成功。如果请求成功，就把 status 属性设置为 200；如果失败，就把该属性设置为一个错误代码。statusText 属性将存储错误的文本解释或者"OK"，其中后者用于成功的请求。

警告:

与通常的事件处理程序一样，一定要指定不带圆括号的函数名。带有圆括号，将引用函数的结果；不带圆括号，则将引用函数本身。

11.2.5 解释响应数据

当 readyState 属性值达到 4 并且请求完成时，从服务器返回的数据就可供你的脚本使用，它们存储在两个属性中：responseText 是原始文本形式的响应，responseXML 则是作为 XML 对象的响应。如果数据不是 XML 格式，将只有文本属性可用。

JavaScript 的 DOM 方法打算用于处理 XML，因此可以把它们用于 responseXML 属性。在本章后面，你将使用 getElementsByTagName()方法从 XML 中提取数据。

11.3 创建简单的 AJAX 库

此时，你应该知道 AJAX 请求可能有点复杂，并且在调用它的每个页面中重复这些复杂的代码肯定会使笨拙的页面不便于维护。为了使事情更容易，可以创建一个 AJAX 库，并在页面中简单地引用它，就像对任何外部脚本所做的那样。这个库然后可以提供一些函数，用于处理创建请求和接收结果，无论何时需要 AJAX 函数，都可以重用它。

在本章后面的两个示例中将使用程序清单 11.1 中的库，它以详尽的方式显示了完整的 AJAX 库，以便我们能够看清楚所有的内部工作。

程序清单 11.1　AJAX 库

```
// global variables to keep track of the request
// and the function to call when done
var ajaxreq=false, ajaxCallback;

// ajaxRequest: Sets up a request
function ajaxRequest(filename) {
  try {
    //make a new request object
    ajaxreq= new XMLHttpRequest();
  } catch (error) {
    return false;
  }
  ajaxreq.open("GET", filename);
  ajaxreq.onreadystatechange = ajaxResponse;
  ajaxreq.send(null);
}

// ajaxResponse: Waits for response and calls a function
```

```
function ajaxResponse() {
    if (ajaxreq.readyState !=4) return;
    if (ajaxreq.status==200) {
        // if the request succeeded...
        if (ajaxCallback) ajaxCallback();
    } else alert("Request failed: " + ajaxreq.statusText);
    return true;
}
```

下面几节更详细一点地解释了这个库的代码。

11.3.1　ajaxRequest 函数

ajaxRequest 函数处理创建和发送 XMLHttpRequest 所需的所有步骤。首先，它创建 XMLHttpRequest 对象。如果发生了错误，要确保不会继续执行，因此我们使用 try 和 catch 创建请求。

11.3.2　ajaxResponse 函数

ajaxResponse 函数用作 onreadystatechange 事件处理程序。这个函数首先检查 readyState 属性的值是否为 4。如果它具有不同的值，函数将不做任何事情地返回。这个值的取值范围如下所示：

➢　0——没有初始化；

➢　1——和服务器的连接建立了；

➢　2——请求接收到了；

➢　3——处理中；

➢　4——请求完成。

接下来，它将检查 status 属性的值是否为 200，这个值指示请求成功。如果是，它将运行存储在 ajaxCallback 变量中的函数。如果不是，它将在一个警告框中显示错误消息。可以通过访问 https://developer.mozilla.org/en-US/docs/Web/HTTP/Status 查看 HTTP 状态码及其含义的一个有用的列表。

11.3.3　使用库

要使用这个库，可遵循下面这些步骤。

1．把库文件另存为 ajax.js，并将其存放在与你的 HTML 文档和脚本相同的文件夹中。

2．利用<script>标签在文档的<head>中包括脚本。应该把它包括在使用其特性的其他任何脚本之前。

3．在脚本中，创建一个在请求完成时要调用的函数，并把 ajaxCallback 变量设置为该函数。

4．调用 ajaxRequest()函数。它的参数是服务器端程序或文件的文件名（库的这个版本只支持 GET 请求，因此无须指定方法）。

5. 当请求成功完成时，将调用在 ajaxCallback 中指定的函数，并且全局变量 ajaxreq 将存储它的 responseXML 和 responseText 属性中的数据。

本章中余下的两个示例将利用这个库来创建 AJAX 应用程序。

11.4 使用库创建 AJAX 测验

既然你已经具有可重用的 AJAX 库，就可以使用它创建利用了远程脚本编程的简单 JavaScript 应用程序。这第一个示例将在页面上显示测验问题，并提示你给出答案。

这个示例将不会把问题包括在脚本中，而是从服务器上的一个 XML 文件中读取测验问题和答案，以此来演示 AJAX。

> **警告：**
> 与本书中的大多数脚本不同的是，这个示例需要 Web 服务器。由于浏览器对远程脚本编程的安全限制，它将不会在本地机器上工作。

11.4.1 HTML 文件

用于这个示例的 HTML 比较直观。它定义了一个带有 Answer 框和 Submit 按钮的简单表单，以及一些用于脚本的挂钩。用于这个示例的 HTML 代码如程序清单 11.2 中所示。

程序清单 11.2 用于测验示例的 HTML 文件

```
<!DOCTYPE html>
<html lang="en">
  <head>
    <title>AJAX Quiz Test</title>
    <script type="text/javascript" src="ajax.js"></script>
  </head>
  <body>
    <h1>AJAX Quiz Example</h1>
    <button id="start_quiz">Start Quiz</button>

    <p><strong>Question:</strong><br>
    <span id="question">[Press Button to Start Quiz]</span></p>

    <p><strong>Answer:</strong><br>
    <input type="text" name="answer" id="answer"></p>

    <button id="submit">Submit Answer</button>

    <script type="text/javascript" src="quiz.js"></script>
  </body>
</html>
```

这个 HTML 文件包括以下元素。

➢ <head>区域中的<script>标签包括你在上一节中创建的 ajax.js 文件中的 AJAX 库。

> ➢ <body>区域中的<script>标签包括 quiz.js 文件，它将包含测验脚本。

> ➢ <span id="question">标签建立了一个位置，用于放置将通过脚本插入的问题。

> ➢ 用户将在 id 值为"answer"的文本框中回答问题。

> ➢ id 值为"submit"的按钮将用于提交答案。

> ➢ id 值为"start_quiz"的按钮将用于开始测验。

此时，你可以把文件放在 Web 服务器上并通过 URL 访问它来测试 HTML 文档，但是在添加 XML 和 JavaScript 文件之前按钮将不会工作，在下面两节中将学习这些内容。

11.4.2　XML 文件

程序清单 11.3 中显示了用于测验的 XML 文件。我利用几个 JavaScript 问题填充了它，但是可以为别的目的轻松地修改它。

程序清单 11.3　包含测验问题和答案的 XML 文件

```xml
<?xml version="1.0" ?>
<quiz>
    <question>What DOM object contains URL information for the window?</question>
    <answer>location</answer>
    <question>Which method of the document object finds the
        object for an element?</question>
    <answer>getElementById</answer>
    <question>If you declare a variable outside a function,
        is it global or local?</question>
    <answer>global</answer>
    <question>What is the formal standard for the JavaScript language
    called?</question>
    <answer>ECMAScript</answer>
</quiz>
```

<quiz>标签封闭了整个文件，每个问题和答案则分别封闭在<question>和<answer>标签中。记住，这是 XML，而不是 HTML——这些不是标准的 HTML 标签，而是为这个示例创建的标签。由于这个文件将只会被你的脚本使用，它不需要遵循标准的格式。

要使用这个文件，可以在与 HTML 文档相同的文件夹中把它另存为 questions.xml。它将被你在下一节中创建的脚本加载。

当然，对于这么小的测验，可以通过把问题和答案存储在 JavaScript 数组中，以使得事情变得更容易。但是想象一下大得多的测验，具有数千个问题，或者用一个服务器端程序从数据库中取出问题，或者甚至是从具有不同测验问题的 100 个不同的文件中进行选择，这时就能看出使用单独的 XML 文件的好处。

11.4.3　JavaScript 文件

由于你具有单独的库用于处理创建 AJAX 请求和接收响应的复杂性，用于这个示例的脚本将只需要处理针对测验本身的动作。程序清单 11.4 显示了用于这个示例的 JavaScript 文件。

程序清单 11.4　用于测验示例的 JavaScript 文件

```javascript
// global variable questionNumber is the current question number
var questionNumber=0;

// load the questions from the XML file
function getQuestions() {
   obj=document.getElementById("question");
   obj.firstChild.nodeValue="(please wait)";
   ajaxCallback = nextQuestion;
   ajaxRequest("questions.xml");
}

// display the next question
function nextQuestion() {
   questions = ajaxreq.responseXML.getElementsByTagName("question");
   obj=document.getElementById("question");
   if (questionNumber < questions.length) {
      question = questions[questionNumber].firstChild.nodeValue;
      obj.firstChild.nodeValue=question;
   } else {
      obj.firstChild.nodeValue="(no more questions)";
   }
}

// check the user's answer
function checkAnswer() {
   answers = ajaxreq.responseXML.getElementsByTagName("answer");
   answer = answers[questionNumber].firstChild.nodeValue;
   answerfield = document.getElementById("answer");
   if (answer == answerfield.value) {
      alert("Correct!");
   }
   else {
      alert("Incorrect. The correct answer is: " + answer);
   }
   questionNumber = questionNumber + 1;
   answerfield.value="";
   nextQuestion();
}

// Set up the event handlers for the buttons
obj=document.getElementById("start_quiz");
obj.onclick=getQuestions;
ans=document.getElementById("submit");
ans.onclick=checkAnswer;
```

这个脚本包含以下组成部分。

➢ 第一个 var 语句定义了一个全局变量 questionNumber，它将记录当前显示的是哪个问题。最初把它设置为 0，用于第一个问题。

➢ 当用户单击 Start Quiz 按钮时，将调用 getQuestions()函数。这个函数使用 AJAX 库请求 questions.xml 文件的内容。它把 ajaxCallback 变量设置为 nextQuestion()函数。

➢ 当 AJAX 请求完成时，将调用 nextQuestion()函数。这个函数对 responseXML 属性使用 getElementsByTagName()方法，查找所有的问题（<question>标签），并把它们

存储在 questions 数组中。

➤ 当用户提交答案时，将调用 checkAnswer()函数。它使用 getElementsByTagName() 把答案（<answer>标签）存储在 answers 数组中，然后把当前问题的答案与用户的 答案做比较，并显示一个报警，指示用户是否回答正确。

➤ 这个函数后面的脚本命令用于建立两个事件处理程序。其中一个事件处理程序把 getQuestions()函数附加到 Start Quiz 按钮上以开始测验，另一个事件处理程序把 checkAnswer()函数附加到 Submit 按钮上。

11.4.4 测试示例

要试验这个示例，将需要同一个文件夹中的全部 4 个文件：ajax.js（AJAX 库）、quiz.js（测验函数）、questions.xml（问题）和 HTML 文档。除了 HTML 文档之外，其他的文件都需要具有正确的文件名，以便它们将正确地工作。此外，还要记住由于它使用 AJAX，这个示例将需要 Web 服务器。

图 11.1 显示了测验示例的运行结果，并且刚刚回答了第二个问题。

图 11.1

在 Web 浏览器中加载的测验示例

11.5 调试基于 AJAX 的应用程序

涉足远程脚本编程意味着同时与多种语言打交道，包括 JavaScript、像 PHP 这样的服务器端语言、XML 或 JSON，当然还包括 HTML 和 CSS。因此，当你发现一个错误时，可能难以追查到它。下面列出了调试基于 AJAX 的应用程序的一些提示。

➤ 确保所有的文件名都是正确的，并且用于应用程序的所有文件的路径在代码中都正确地给出了。

➤ 如果使用服务器端语言，就要在不使用 AJAX 请求的情况下测试脚本：把脚本加载到浏览器中并确保它会工作，尝试通过 URL 给脚本传递变量，并检查最终的输出。

➤ 为请求的所有结果检查 statusText 属性，在这里显示一条 alert 消息或者把消息记录到控制台中是有帮助的。它通常是一条最终可能解释问题的清楚的消息，比如"File not found"（文件未找到）。

➤ 如果使用第三方库，可以检查它的文档，许多库都具有内置的调试特性，可以启用它们以检查所发生的事情。

1. AJAX 的最令人印象深刻的演示之一是实时搜索（live search）。正常的搜索表单需要你单击按钮并等待页面加载以查看结果，而当你在搜索框中输入内容时实时搜索立即就会在页面内显示结果。当你输入字母或者按下 Backspace 键时，将即时更新结果，使得可以轻松地查找所需的结果。

2. 使用你在前面创建的 AJAX 库，实时搜索并不太难以实现。这个示例将使用服务器上的 PHP 程序来提供搜索结果。

警告：
重申一遍，由于这个示例使用了 AJAX，因为它将需要 Web 服务器。你还需要安装 PHP，绝大多数的托管服务默认都会安装它。

11.5.1 HTML 表单

用于这个示例的 HTML 文件简单地定义了一个搜索框，并且为动态结果保留了一些空间。程序清单 11.5 显示了 HTML 文档。

程序清单 11.5 用于实时搜索示例的 HTML 文件

```
<!DOCTYPE html>
<html lang="en">
  <head>
    <title>AJAX Live Search Example</title>
    <script type="text/javascript" src="ajax.js"></script>
  </head>
  <body>
    <h1>AJAX Live Search Example</h1>

    <p><strong>Search for:</strong>
    <input type="text" size="40" id="searchlive"></p>

    <div id="results">
      <ul id="list">
      <li>[Search results will display here.]</li>
      </ul>
    </div>
    <script type="text/javascript" src="search.js"></script>
  </body>
</html>
```

这个 HTML 文档包括以下成分。

➢ <head>区域中的<script>标签包括 AJAX 库：ajax.js。

➢ <body>区域中的<script>标签包括 search.js 脚本，我们接下来将创建它。

➢ 将在 id 值为"searchlive"的<input>元素中输入搜索查询。

➢ id 值为"results"的<div>元素将充当动态获取的结果的容器。利用<ul>标签创建一个项目符号列表，当你开始输入内容时，将用结果的列表替换它。

11.5.2 PHP 后端

接下来，你将需要一个服务器端程序产生搜索结果。这个 PHP 程序包括一个名字的列表，它们存储在一个数组中。它将利用与用户迄今为止输入的内容匹配的名字来响应 JavaScript 查询。名字将以 XML 格式返回。例如，下面显示了在搜索"smith"时 PHP 程序的输出结果：

```
<names>
<name>John Smith</name>
<name>Jane Smith</name>
</names>
```

尽管为了简单起见，在这里把名字的列表存储在 PHP 程序内，但是在真实的应用程序中，它更有可能存储在数据库中，并且可以轻松地修改这个脚本以处理包含数千个名字的数据库。程序清单 11.6 中显示了 PHP 程序。

程序清单 11.6   用于实时搜索示例的 PHP 代码

```
<?php
  header("Content-type: text/xml");
  $names = array (
  "John Smith", "John Jones", "Jane Smith", "Jane Tillman",
  "Abraham Lincoln", "Sally Johnson", "Kilgore Trout",
  "Bob Atkinson", "Joe Cool", "Dorothy Barnes",
  "Elizabeth Carlson", "Frank Dixon", "Gertrude East",
  "Harvey Frank", "Inigo Montoya", "Jeff Austin",
  "Lynn Arlington", "Michael Washington", "Nancy West" );
echo "<?xml version=\"1.0\" ?>\n";
echo "<names>\n";
while (list($k,$v)=each($names)) {
   if (stristr($v,$_GET['query'])) {
      echo "<name>$v</name>\n";
   }
}
echo "</names>\n";
?>
```

我们之前见到过 PHP 脚本，但是并没有全力介绍 PHP 的知识，因此，这里总结一下这个程序是如何工作的。

➤ header 语句发送一个头部，指示输出采用的是 XML 格式。这是使 XMLHttpRequest 正确地使用 responseXML 属性所必需的。

➤ $names 数组存储名字的列表。无须更改余下的代码，即可使用长得多的名字列表。

➤ 程序寻找一个名称为 query 的 GET 变量，并使用一个循环来输出与查询匹配的所有名字。

➤ 在与 HTML 文件相同的文件夹中把 PHP 程序另存为 search.php。可以通过在浏览器的 URL 框中输入一个查询（比如 **search.php?query=John**）来测试它，然后使用 View Source 命令查看 XML 结果。

11.5.3 JavaScript 前端

最后，程序清单 11.7 中显示了用于这个示例的 JavaScript 文件。

程序清单 11.7 用于实时搜索示例的 JavaScript 文件

```javascript
// global variable to manage the timeout
var t;

// Start a timeout with each keypress
function startSearch() {
   if (t) window.clearTimeout(t);
   t = window.setTimeout("liveSearch()",200);
}

// Perform the search
function liveSearch() {
   // assemble the PHP filename
   query = document.getElementById("searchlive").value;
   filename = "search.php?query=" + query;
   // DisplayResults will handle the Ajax response
   ajaxCallback = displayResults;
   // Send the Ajax request
   ajaxRequest(filename);
}

// Display search results
function displayResults() {
   // remove old list
   ul = document.getElementById("list");
   div = document.getElementById("results");
   div.removeChild(ul);

   // make a new list
   ul = document.createElement("ul");
   ul.id="list";
   names = ajaxreq.responseXML.getElementsByTagName("name");
   for (i = 0; i < names.length; i++) {
      li = document.createElement("li");
      name = names[i].firstChild.nodeValue;
      text = document.createTextNode(name);
      li.appendChild(text);
      ul.appendChild(li);
   }
   if (names.length==0) {
      li = document.createElement("li");
      li.appendChild(document.createTextNode("No results"));
      ul.appendChild(li);
   }

   // display the new list
   div.appendChild(ul);
}

// set up event handler
obj=document.getElementById("searchlive");
obj.onkeydown = startSearch;
```

这个脚本包括以下成分。

➢ 定义了全局变量 t，它将存储一个指向脚本后面使用的定时器的指针。

➢ 当用户按下一个键时，将调用 startSearch()函数。在 200 毫秒的延迟之后，这个函数将使用 setTimeout()调用 liveSearch()函数。这个延迟是必要的，使得用户输入的键有时间出现在搜索框中。

➤ liveSearch()函数用于组装一个文件名，它把 search.php 与搜索框中的查询组合起来，并使用库的 ajaxRequest()函数发起一个 AJAX 请求。

➤ 当 AJAX 请求完成时，将调用 displayResults()函数。它将从<div id="results">区域中删除项目符号列表，然后使用 W3C DOM 和 AJAX 结果组装一个新列表。如果没有结果，它将在列表中显示"No results"消息。

➤ 脚本的最后几行代码把 startSearch()函数设置成一个事件处理程序，用于搜索框的keydown 事件。

11.5.4　使之工作

要试验这个示例，将需要 Web 服务器上的 3 个文件：ajax.js（库）、search.js（搜索脚本）和 HTML 文件。图 11.2 显示了这个示例的运行结果。

图 11.2

浏览器中显示的实时搜索示例

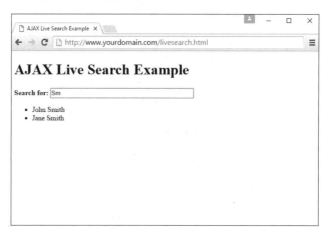

11.6　将 jQuery 的内置函数用于 AJAX

在学习（并且实践）了在 Web 站点中实现 AJAX 请求的"冗长"方式之后，你应该知道jQuery 具有它自己的内置函数，用于执行相同的任务。如果你已经在使用 jQuery，下面的代码段应该可以使你的编程生活轻松许多。

> **注意：**
> 当然，你也可以包括 jQuery 库，只是为了使用它的与 AJAX 相关的功能，但是如果你这样做，就要认识到你在要求用户的浏览器下载许多你将不会使用的代码。

有许多与 AJAX 相关的 jQuery 函数和方法，在 jQuery 官网上可以非常详细地阅读到与它们相关的知识。出于快速介绍的目的，下面 3 个 jQuery 简写方法将使你能够做在基本的AJAX 实现中需要做的大多数事情。要试验这些实例，将需要通过<script>标签加载 jQuery库，如你在第 10 章中所学过的那样。

其中第一个简写方法是 load()，它使你能够从服务器上获取一份文档，并像原来那样显示它。如果你具有一组静态 HTML 页面，并且希望把它们结合在一起构成一幅统一的视图，那么这个方法就是有用的。例如，在下面的代码中，jQuery load()方法从服务器上获取名为 newContent.html 的文件中的内容，并且利用 newContent.html 文档中的内容替换 ID 值为 newContentHere 的元素的文本。

```
$(function() {
    $("#newContentHere").load("newContent.html");
});
```

如果一切看上去似乎有点过于神奇——如果它从视图中隐藏了功能并且提供的控制比你想要的要少一些——还有另外两个 jQuery 简写方法为 AJAX 脚本编程提供了更多的机会，它们都对将要发生的事情提供了更多的控制。jQuery 中的 get()和 post()方法使你能够把一个目标脚本指定给 GET 或 POST，并且使你能够与请求一起发送参数和值。

在下面的示例中，jQueryget()方法用于通过 GET HTTP 方法把两个参数发送给名为 serverScript.php 的脚本。这些参数的名称是 param1 和 param2，它们的值分别是 value1 和 value2。当创建请求并且返回一个结果时，将显示一条报警：

```
$.get("serverScript.php",
    {param1: "value1", param2: "value2"},
    function (data) {
        alert("Server responded: " + data);
    }
);
```

当使用 jQuerypost()方法时，语法实质上是相同的：

```
$.post("serverScript.php",
    {param1: "value1", param2: "value2"},
    function (data) {
        alert("Server responded: " + data);
    }
);
```

11.7　小结

在本章中，我们学习了 AJAX 或远程脚本编程怎样允许 JavaScript 与 Web 服务器通信，并且以一种对用户来说似乎不会中断的方式获取结果。我们创建了一个可重用的 AJAX 库，可用于创建任意数量的 AJAX 应用程序，我们还使用存储在一个 XML 文件中的问题和答案创建了一个示例测验。最后，我们使用 AJAX 和 PHP 创建了一个实时搜索表单，然后我们学习了可以使用 jQuery 的内置 AJAX 功能执行所有这些函数。

11.8　问与答

Q：如果服务器很缓慢或者从不响应请求，则发生了什么事情？

A：当服务器很缓慢时，将会滞后调用回调函数或者根本不会调用它。这可能引起重叠请求的麻烦：例如，在实时搜索示例中，不稳定的服务器可能导致对输入的前几个字符的响应在相隔几秒钟后才到达，从而会使用户混淆。可以通过检查 readyState 属性，确保在开启另一个请求之前没有请求在处理中，来修正这个问题。

Q：在实时搜索示例中，为什么 onkeydown 事件处理程序是必要的？onchange 事件不是更容易使用吗？

A：尽管 onchange 会告诉你何时表单字段发生了改变，但是直到用户把鼠标指针移到不同的字段上时才会触发它——它不会为"实时"搜索工作，因此必须代之以留意按键。onkeypress 处理程序将会工作。不过，在一些浏览器中，它不会检测到 Backspace 键，而在按下 Backspace 键以缩短查询时更新搜索内容是很好的做法。

11.9　测验

测验包含问题和练习，可以帮助你巩固对所学知识的理解。通过回答下面的问题，测试你所学的关于 AJAX 的知识。要尝试先解答所有的问题，然后再查看其后的"解答"一节的内容。

11.9.1　问题

1．AJAX 中的"A"代表什么？

a．高级（Advanced）

b．异步（Asynchronous）

c．应用程序（Application）

2．XMLHttpRequest 对象的哪个属性用于指示请求是否成功？

a．status

b．readyState

c．success

3．判断题：jQuery 有很多和 AJAX 相关的函数可供你使用，而不必再编写自己的函数。

11.9.2　解答

1．b．AJAX 代表 Asynchronous JavaScript and XML（异步 JavaScript 和 XML）。

2．a．status 属性指示请求是否成功；readyState 指示请求是否完成，但是不指示成功。

3．正确。但是，这么做的代价是要在用户的浏览器中加载额外的信息。

11.9.3　练习

如果你想获得关于使用 AJAX 的更多经验，可尝试完成下面的练习。

➢　构建你自己的关于你最喜爱主题的问题和答案的 XML 文件，并利用测验示例试验它。

➢　使用 AJAX 库向站点中添加一个 AJAX 特性，或者创建你自己的一个简单的示例。

➢　使用一个或多个 jQuery 的内置 AJAX 函数，重写测验示例。

第 12 章

PHP 基础：变量、字符串和数组

在本章中，你将学习以下内容：

> 变量——它们是什么、为什么我们需要使用它们，以及如何使用它们；

> 理解并使用数据类型；

> 如何使用一些很常用的操作符；

> 如何使用操作符来编写表达式；

> 如何定义和使用常量；

> 如何创建关联数组和多维数组；

> 如何使用 PHP 内建的众多和数组相关的函数。

在本章中，我们将亲身了解一些 PHP 脚本语言的具体细节，包括变量、字符串、操作符和数组。听上去内容很多，但是，即便你是初次接触 PHP，也不必担心——前面关于 JavaScript 基础内容的各章，已经为你学习本章做好了准备。尽管 JavaScript 用于客户端而 PHP 用于服务器端，这两种语言还是包含了相似的概念和结构。

即便你已经对于这些概念在 JavaScript 中的应用已经很熟悉了，本章还是介绍一些 PHP 特有的功能，例如全局变量、数据类型以及改变类型等。类似地，所讨论的这些功能使得你能够创建、修改和操作专门用于 PHP 的数组。

12.1 变量

和在 JavaScript 中一样，在 PHP 中，变量（variable）是我们可以定义的一个特殊的容器，随后它可以"容纳"一个值，例如，一个数字、字符串、对象、数组或者一个布尔值。变量是所有编程语言中的基本概念，没有变量，对脚本中用到的每个特定值都需要进行直接编码。

变量允许我们为运算创建模板，例如，把两个数相加，而不用关心变量具体所表示的值。当脚本运行的时候，值将会赋给变量，可能通过用户输入、通过一个数据库查询或者通过脚本中之前的另一个操作的结果获得值。换句话说，当脚本中的数据很可能改变的时候（不管是在脚本的生存期内，还是当它传递给稍后使用的另一个脚本时），应该使用变量。

在 PHP 中，一个变量由你所选取的一个名字以及前面的一个美元符号（$）组成。变量名可以包含字母、数字以及下划线（_），但不能包含空格。变量名必须以一个字母或一个下划线开始。下面是一些合法的变量。

```
$a
$a_longish_variable_name
$_24563
$sleepyZZZZ
```

> **提示：**
>
> 变量名应该有意义而且要风格一致。例如，如果你的脚本要处理名字（name）和密码（password），不要为名字创建一个名为$n 的变量，为密码创建一个$p 变量，因为对于除了你以外的任何人，这都是没有意义的名字。而且如果你数周之后再回顾这段脚本，你可能会把$n 当作是"number"而不是"name"的变量，或认为$p 代表"page"而不是"password"。如果一个合作者想要修改你的脚本该怎么办？他怎么知道$n 和$p 代表什么？你可以对自己的脚本中的变量使用任何命名惯例，只要名字是具有描述性的并且遵从其他人可以理解的某种模式。

一个分号（;）（instruction terminator，又叫作指令终止符）用来结束一条 PHP 语句。上述的代码段中的分号并非变量名的一部分，而是用来结束声明变量的语句。要声明一个变量，你只需将其包含到自己的脚本中。当你声明一个变量的时候，通常会在同一条语句中为它赋一个初始值，如下所示。

```
$num1 = 8;
$num2 = 23;
```

上述代码行声明了两个变量，并且使用赋值操作符（=）来为它们赋值。我们将会在本章后面的 12.3 节更详细地了解赋值。在为变量赋值之后，我们可以将变量看作变量值本身一样。换句话说。

```
echo $num1;
```

等于

```
echo 8;
```

只要将值 8 赋给了$num1。

12.1.1 全局变量

变量除了命名变量的规则以外，还有一些有关可用性的规则。通常，赋给一个变量的值只在它所在的函数或脚本中有效。例如，如果你有一个 scriptA.php 保存了一个名为$name、值为 joe 的变量，如果想要创建一个 scriptB.php，它也使用$name 变量，我们可以给第二个 $name 变量赋值 jane，而毫不影响 scriptA.php 中的变量。对于每个脚本，$name 变量的值都是局部的（local），并且赋给的值相互之间是独立的。

然而，我们也可以在一个脚本或者函数中把$name 变量定义为全局的（global）。如果在 scriptA.php 和 scriptB.php 中，将$name 变量定义为一个全局变量，并且，这两个脚本彼此连接（也就是说，一个脚本调用另一个脚本，或者包含另一个脚本），那么对于共享的$name 变量将只有一个值。全局变量作用域的例子将在第 13 章详细说明。

12.1.2 超全局变量

除了自己创建的全局变量，PHP 还有几个叫作超全局变量（superglobal）的预定义的变量。这些变量总是存在的，并且它们的值也总是对所有的脚本可用的。如下的每个超全局变量，实际上都是其他变量的一个数组。

➤ $_GET 包含了通过 GET 方法提供给一个脚本的任何变量。

➤ $_POST 包含了通过 POST 方法提供给一个脚本的任何变量。

➤ $_COOKIE 包含了通过 cookie 提供给一个脚本的任何变量。

➤ $_FILES 包含了通过文件上传提供给一个脚本的任何变量。

➤ $_SERVER 包含了像标头、文件路径和脚本位置等信息。

➤ $_ENV 包含了作为服务器环境的一部分提交给一个脚本的任何变量。

➤ $_REQUEST 包含了通过 GET、POST 或 COOKIE 输入机制提供给一个脚本的任何变量。

➤ $_SESSION 包含了在一个会话中当前注册的任何变量。

本书中的例子将会在可能的情况下使用超全局变量。在脚本中使用超全局变量对于创建安全的应用程序很重要，因为超全局变量减少了用户注入式攻击进入到脚本的可能性。通过编码，可以让脚本只接受你想要的内容，并且按照你定义的方式（例如，从使用 POST 方法的一个表单或从一个会话）来接受，可以消除一些由于松散地编写脚本而引发的问题。

12.2 数据类型

不同的数据类型占用不同的内存量，并且在一个脚本中操作它们的时候可能区别对待它们。一些编程语言因此要求程序员提前声明一个变量所要包含的数据的类型。相反，PHP 是类型宽松的语言，这意味着它将在数据被赋给每个变量的时候才确定数据类型。

这种自动类型真是祸福相依。一方面，它意味着变量可以灵活地使用，例如，一个变量可以存储字符串，并且随后它可以在脚本中存储整数或某些其他数据类型。另一方面，在较大的脚本中，如果你特别希望一个变量存储某种数据类型而它所存储的东西完全不同的话，这种灵活性可能会导致问题。例如，假设你在编写用来操作一个数组变量的代码，如果所讨论的变量是一个数字值，而不是数组值，当代码试图在这个变量上执行特定于数组的操作的时候，就会发生错误。

表 12.1 给出了 PHP 中可用的 8 种标准的数据类型。

表 12.1　　　　　　　　　　　　　　标准数据类型

类型	例子	说明
Boolean	true	特定值 true 或 false 中的一个
Integer	5	一个整数
Float 或 Double	3.234	一个浮点数
String	"hello"	字符的一个集合
Object		类的一个实例
Array		键和值的一个有序的集合
Resource		对一个第三方资源（如数据库）的引用
NULL		一个未初始化的变量

Resource 类型经常由处理外部应用程序或文件的函数返回。NULL 类型是为了那些已经声明但还没有赋值的变量保留的。

PHP 有几个函数可以测试一个变量的特定类型的合法性，实际上，每个类型都有一个函数。这是一组 is_* 函数，例如 is_bool() 测试一个给定的值是否是布尔值。程序清单 12.1 把几个不同的数据类型分配给单个的变量，然后使用相应的 is_* 函数来测试这个变量。代码中的注释显示脚本处理到哪里了。

提示：
关于调用函数，我们将在第 13 章了解更多信息。

程序清单 12.1　测试一个变量的类型

```
 1: <?php
 2: $testing; // declare a NULL value
 3: echo "is null? ".is_null($testing); // checks if null
 4: echo "<br>";
 5: $testing = 5;
 6: echo "is an integer? ".is_int($testing); // checks if integer
 7: echo "<br>";
 8: $testing = "five";
 9: echo "is a string? ".is_string($testing); // checks if string
10: echo "<br>";
11: $testing = 5.024;
12: echo "is a double? ".is_double($testing); // checks if double
13: echo "<br>";
14: $testing = true;
15: echo "is boolean? ".is_bool($testing); // checks if boolean
16: echo "<br>";
17: $testing = array('apple', 'orange', 'pear');
18: echo "is an array? ".is_array($testing); // checks if array
19: echo "<br>";
20: echo "is numeric? ".is_numeric($testing); // checks if numeric
21: echo "<br>";
22: echo "is a resource? ".is_resource($testing); // checks if a resource
```

```
23: echo "<br>";
24: echo "is an array? ".is_array($testing); // checks if an array
25: echo "<br>";
26: ?>
```

把上述代码保存到一个名为 testtype.php 的文本文件中，并且把这个文件放入到你的 Web 服务器文档根目录下。当你通过 Web 浏览器访问这个脚本的时候，会产生如下的输出。

```
is null? 1
is an integer? 1
is a string? 1
is a double? 1
is boolean? 1
is an array? 1
is numeric?
is a resource?
is an array? 1
```

我们在第 2 行声明了 $testing 变量，却没有为它赋值，因此，当我们在第 3 行测试这个变量看它是否为空的时候（使用 is_null()），结果是 1(true)。

在查看了 $testing 是否为空之后，使用=符号将值赋给了 $testing，然后，使用相应的 is_*函数来测试该变量。在第 5 行，一个整数赋给了 $testing 变量，这是一个整数或实数。简单地说，我们可以把一个整数看作是没有小数点的数字。在第 8 行，一个字符串赋给了 $testing 变量，这是一个字符的集合。当你在自己的脚本里使用字符串的时候，它们总是用单引号或者双引号括起来（'或"）。在第 11 行，一个双精度浮点数赋给了 $testing 变量，这是一个浮点数（即，一个包含小数点的数字）。在第 14 行，一个布尔值赋给了 $testing 变量，它的值是两个指定值（true 或 false）中的一个。在第 17 行，使用 array()函数创建了一个数组，我们将在第 8 章详细学习数组。这个特定的数组包含了 3 个数据项，并且脚本正确地报告 $testing 具有"数组"类型。

从第 20 行到脚本的末尾，没有值重新赋给 $testing，只有类型测试。第 20 行和第 22 行分别测试 $testing 是否是一个数字或资源类型，如果不是就不会向用户显示值。脚本在第 24 行再次测试 $testing 是否是一个数组，如果是就显示值 1。

12.2.1 使用 settype()来改变变量的数据类型

PHP 也提供了函数 settype()，用来改变一个变量的类型。要使用这个函数，你需要在括号中放入要修改类型的变量以及要改变的目标类型，并且用逗号隔开这两个元素，如下所示。

```
settype($variabletochange, 'new type');
```

程序清单 12.2 把值 3.14（一个浮点数）转换为我们在本章中所提到的 4 种其他标准类型。

程序清单 12.2 使用 settype()修改一个变量的类型

```
1: <?php
2: $undecided = 3.14;
3: echo "is ".$undecided." a double? ".is_double($undecided)."<br>"; // double
4: settype($undecided, 'string');
```

```
5:  echo "is ".$undecided." a string? ".is_string($undecided)."<br>"; // string
6:  settype($undecided, 'integer');
7:  echo "is ".$undecided." an integer? ".is_integer($undecided)."<br>"; // integer
8:  settype($undecided, 'double');
9:  echo "is ".$undecided." a double? ".is_double($undecided)."<br>"; // double
10: settype($undecided, 'bool');
11: echo "is ".$undecided." a boolean? ".is_bool($undecided)."<br>"; // boolean
12: ?>
```

在每个实例中，我们使用了相应的 is_* 函数来确保新的数据类型，并且还使用 echo 把变量$undecided 的值输出到浏览器。当我们在第 6 行把字符串"3.14"转换为一个整数时，小数点后面的所有信息都永久地丢失了。这就是为什么当我们在第 8 行将其改回 double 类型的时候，$undecided 中包含的值是 3。最后，在第 10 行，我们把$undecided 转换为一个布尔值，任何非 0 的数字转换为布尔值时都会变为 true。当我们在 PHP 中显示一个布尔值的时候，true 显示为 1 而 false 显示为一个空字符串，因此，在第 11 行，$undecided 显示为 1。

把上述代码放入到一个名为 settype.php 的文本文件中，并且把这个文件放到你的 Web 服务器的文档根目录下，当我们通过 Web 浏览器访问这个脚本的时候，会产生如下的输出。

```
is 3.14 a double? 1
is 3.14 a string? 1
is 3 an integer? 1
is 3 a double? 1
is 1 a boolean? 1
```

12.2.2　通过类型转换改变变量的数据类型

使用 settype()改变一个已有变量的类型和使用类型转换改变变量类型的主要区别在于，类型转换会生成一个拷贝，而保持原来的变量不动。要通过类型转换来改变类型，我们首先在括号中，在所要复制的变量的前面，给出一种数据类型的名字。例如，如下的一行代码创建了$originalvar 变量的一个副本，它具有一个指定的类型（整数）和一个新的名字$newvar。$originalvar 变量仍然可用，并且仍保留原来的类型。$newvar 是一个全新的变量。

```
$newvar = (integer) $originalvar
```

程序清单 12.3 展示了通过类型转换改变数据类型的例子。

程序清单 12.3　对一个变量进行类型转换

```
1:  <?php
2:  $undecided = 3.14;
3:  $holder = (double) $undecided;
4:  echo "is ".$holder." a double? ".is_double($holder)."<br>"; // double
5:  $holder = (string) $undecided;
6:  echo "is ".$holder." a string? ".is_string($holder)."<br>"; // string
7:  $holder = (integer) $undecided;
8:  echo "is ".$holder." an integer? ".is_integer($holder)."<br>"; // integer
9:  $holder = (double) $undecided;
10: echo "is ".$holder." a double? ".is_double($holder)."<br>"; // double
```

```
11: $holder = (boolean) $undecided;
12: echo "is ".$holder." a boolean? ".is_bool($holder)."<br>"; // boolean
13: echo "<hr>";
14: echo "original variable type of $undecided: ";
15: echo gettype($undecided); // double
16: ?>
```

程序清单 12.3 不会真的改变$undecided 变量的类型，它在这个脚本中始终保持为 double
类型，第 15 行说明了这一点，在那里，我们使用 gettype()函数来确定$undecided 的类型。

实际上，通过对$undecided 进行类型转换，我们创建了一个副本，然后将其转换为在类
型转换时所指定的类型，并且存储到变量$holder 中。这个类型转换首先发生在第 3 行，随后
还发生在第 5 行、第 7 行、第 9 行和第 11 行。由于我们只是使用$undecided 的一个副本而不
是最初的变量，$undecided 不会失去其最初的值，这和在程序清单 12.2 中第 6 行$undecided
变量的类型从字符串转换为整数的情况不一样。

把程序清单 12.3 的内容放入到一个名为 casttype.php 的文本文件，然后把这个文件放入到你的
Web 服务器文档根目录下。当你通过 Web 浏览器访问这个脚本的时候，它会产生如下的输出。

```
is 3.14 a double? 1
is 3.14 a string? 1
is 3 an integer? 1
is 3.14 a double? 1
is 1 a boolean? 1
original variable type of 3.14: double
```

现在你已经了解了如何使用 settype()函数或通过类型转换把一个变量从一种类型改变为另一
种类型，考虑一下为什么这种转换可能会有用。这并不是一个必须经常使用的过程，因为在脚本
内容需要类型转变的情况下，PHP 会自动为你进行变量类型转换。然而，自动的类型转换是临时
的，并且你可能想让一个变量持久地保存一种特定的数据类型，因此，就需要明确地改变类型。

例如，一个用户从一个 HTML 表单中输入数字，这个数字将要供脚本作为"字符串"类
型使用。如果试图把两个字符串相加，由于它们包含数字，在相加的时候，PHP 会帮忙把这
些字符串转换为数字。因此

```
30cm" + "40cm"
```

将会产生一个结果 70。

> **提示：**
> 通用术语"数字"在这里指的是整数和浮点数。如果用户输入是浮点数的形式，并且相加
> 的字符串为"3.14cm"和"4.12cm"，答案将会是 7.26。

在把字符串类型转换为整数或浮点数的时候，PHP 将会忽略任何非数字字符，字符串将
会被截断，并且，从第一个非数字字符开始向后的所有字符都被忽略。因此，字符串"30cm"
转换为"30"，字符串"6ft2in"变成 6，因为字符串剩余部分都将计算为 0。

你可能想要自己清空用户输入，并且在脚本中用特殊的方式使用它。假设已经要求用户
提交一个数字，我们可以通过声明一个变量并且把用户的输入赋给它来模拟这种情况：

```
$test = "30cm";
```

正如你所见到的，用户已经为他们的数字添加了单位，用户输入的是"30cm"，而不是"30"。可以通过将其类型转换为一个整数来确保用户输入是整齐的。

```
$newtest = (integer) $test;
echo "Your imaginary box has a width of $newtest centimeters.";
```

最终的输出如下。

```
Your imaginary box has a width of 30 centimeters.
```

如果用户的输入没有进行类型转换，并且当显示有关一个盒子的宽度的语句时，最初的变量$test 的值将替代$newtest，结果如下。

```
Your imaginary box has a width of 30cm centimeters.
```

这个输出显得奇怪，实际上，它看上去只是重复了未经整理过的（原始的）用户输入。

12.2.3　为何测试类型

为什么知道变量的类型可能会有用呢？在编程中经常会有这样的情况，传递给你的数据是来自于另外一个来源。在第 13 章中，你将会学习如何在自己的脚本中创建函数，以及数据常常在一个或多个函数之间传递，因为它们可以以参数的形式从调用代码接受信息。对于要使用给定数据类型的函数，首先验证函数被给定的值具有正确的数据类型是一个不错的主意。例如，期待拥有一个"资源"类型的数据的一个函数，当传递给它一个字符串的时候，它是无法正常工作的。

12.3　操作符和表达式

根据我们目前学习的知识，我们可以把数据赋给变量，甚至可以了解变量的数据类型并改变它。然而，除非你可以操作已经存储的数据，否则，一种编程语言还并不是非常有用。操作符（operator）就是用来操作存储在变量中的数据的符号，从而使得以下情况成为可能：用一个值或多个值来产生一个新的值，或者在一个条件下检查数据的有效性以便确定下一个步骤等等。操作符在其上操作的值叫作操作数（operand）。

在下面的简单例子中，两个操作数和一个操作符组合到一起产生一个新的值。

```
4 + 5
```

整数 4 和 5 是操作数。这些操作数通过一个加号操作符（+）来操作，产生整数 9。操作符几乎总是位于两个操作数之间，尽管你会在本章的后面看到少数例外情况。

操作数和一个操作符组合到一起得到一个结果就叫作表达式（expression）。尽管操作符及其操作数构成了表达式的基础，但一个表达式不一定要包含操作符。实际上，PHP 中的表达式定义为可以用作一个值的任何事物。这包括像 654 这样的整数常数，像$user 这样的变量，以及像 is_int()这样的函数调用。例如，表达式（4+5）由两个表达式"（4"和"5）"以及一个操作符"+"组成。当一个表达式产生一个值时，通常说求得该值。也就是说，当考虑到所有的子表达式的时候，表达式可以看作好像是该值本身的代码。在这个例子中，表达式（4+5）求得值 9。

提示：
一个表达式可以是函数、值和求值的操作符的任意组合。首要的原则是，如果你可以将其作为一个值使用，它就是一个表达式。

既然我们已经解决了原理性问题，现在可以看看操作符在 PHP 程序设计中的一般用法。这些和我们在第 7 章中所见到过的 JavaScript 中的用法十分相似。

12.3.1 赋值操作符

在以前的例子中声明一个变量的时候，我们已经见到过赋值操作符的几次使用，赋值操作符由单个字符组成，即=。赋值操作符取右操作数的值并将其赋给左操作数，示例如下。

```
$name = "Jimbo";
```

$name 变量现在包含了字符串"Jimbo"。这个结构也是一个表达式，只不过第一眼看上去好像赋值操作符只是改变了$name 变量的值，而没有产生一个新的值。实际上，使用赋值操作符的语句总是求得右操作数的值的一个副本。因此，下述代码

```
echo $name = "Jimbo";
```

向浏览器显示字符串"Jimbo"，同时还把值"Jimbo"赋给$name 变量。

12.3.2 算术操作符

算术操作符做我们所期待的事情，即执行算术运算。表 12.2 列出了这些操作符，并举例说明它们的用法和结果。

表 12.2　　算术操作符

操作符	名称	例子	示例结果
+	加法	10+3	13
−	减法	10-3	7
/	除法	10/3	3.3333333333333
*	乘法	10*3	30
%	模除	10%3	1

加法操作符把右操作数增加到左操作数上；减法操作符把右操作数从左操作数上减去；除法操作符用左操作数除以右操作数；乘法操作符用左操作数乘以右操作数；模除操作符返回左操作数除以右操作数的余数。

12.3.3　连接操作符

连接操作符用一个句点（.）表示。它把两个操作数都当作是字符串，把右操作数附加到左操作数上。因此

```
"hello" . " world"
```

返回

```
"hello world"
```

注意，单词之间最终有一个空格，这是因为在第二个操作数（是" world"而不是"world"）的前面有一个空格。连接操作符逐字把两个字符串连接起来而不添加任何空白。因此，如果你想要连接两个头部和尾部都没有空格的字符串的话，例如

```
"hello" . "world"
```

会得到如下的结果。

```
"helloworld"
```

不管和连接操作符一起使用的操作数是什么数据类型，它们都会被当作字符串对待，并且结果也总是字符串类型。在本书中我们会频繁地用到连接操作符，当我们需要把某种类型的表达式结果和一个字符串组合到一起的时候使用，示例如下。

```
$cm = 212;
echo "the width is " . ($cm/100) . " meters";
```

12.3.4　复合赋值操作符

虽然只有一个真正的赋值操作符，但是 PHP 提供了一些复合赋值操作符来改变左操作数并返回一个结果，同时也修改了变量最初的值。按照规则，操作符使用操作数但不会改变其最初的值，但是复合赋值操作符打破了这一规则。复合赋值操作符由一个标准操作符后面跟着一个等号构成。复合赋值操作符为你省去了在脚本中分两步来使用两个操作符的麻烦。例如，如果有一个值为 4 的变量，并且想要再把这个值加 4，你可能会看到如下实现。

```
$x = 4;
$x = $x + 4; // $x now equals 8
```

然而，我们也可以使用一个复合赋值操作符（+=）来加和并返回新值，如下所示。

```
$x = 4;
$x += 4; // $x now equals 8
```

每个算术操作符包括连接操作符都有相应的复合赋值操作符。表 12.3 列出了这些复合赋值操作符并给出了其用法示例。

表 12.3   一些复合赋值操作符

操作符	示例	等同于
+=	$x+=5	$x=$x+5
-=	$x-=5	$x=$x-5
/=	$x/=5	$x=$x/5
*=	$x*=5	$x=$x*5
%=	$x%=5	$x=$x%5
.=	$x.= "test"	$x=$x. "test"

表 12.3 中的每个例子使用右操作数的值来改变$x 的值。此后再用到$x 的时候将引用新值。示例如下。

```
$x = 4;
$x += 4; // $x now equals 8
$x += 4; // $x now equals 12
$x -= 3; // $x now equals 9
```

这些操作符将会在本书的很多脚本中用到。当你想创建一个动态文本的时候，将会频繁地看到复合赋值操作符。遍历一个脚本并为一个字符串添加内容，例如，动态地构建 HTML 代码来显示一个表，是复合赋值操作符用法的主要例子。

12.3.5 自动增加和减少一个整型变量

用 PHP 编码的时候，你将经常会发现有必要对一个整型变量加 1 或减 1。当你计算一个循环的次数的时候，通常需要这么做。你已经学习了这么做的两种方式，即使用加法操作符来增加$x 的值：

```
$x = $x + 1; // $x is incremented by 1
```

或者使用一个复合赋值操作符。

```
$x += 1; // $x is incremented by 1
```

在这两个例子中，新的值都赋给了$x。因为这种自动增加或减少的表达式很常见，PHP 提供了某些专门的操作符以允许你对一个整型变量增加或减少整数常量 1，再把结果赋给变量自身。这就是所谓的后自增（post-increment）和后自减（post-decrement）。后自增操作符包含跟在变量名后面的两个加号，如下所示。

```
$x++; // $x is incremented by 1
```

这个表达式把变量$x 所表示的值增加了 1。以同样的方式使用两个减号符号将会减小该变量的值

```
$x--; // $x is decremented by 1
```

如果和一个条件操作符一起使用后自增或后自减操作符，那么，只有在第一个操作完成以后操作数才会被修改。

```
$x = 3;
$y = $x++ + 3;
```

在这个例子中，$y 先变成 6，然后$x 才自增。

在某些情况下，在一个测试表达式中，你可能希望在测试执行之前把一个变量增加或减少 1。PHP 为此提供了前自增（pre-increment）和前自减（pre-decrement）操作符。这两个操作符按照与后自增和后自减操作符相同的方式工作，但是，它们把加号或减号放在了变量的前面。

```
++$x; // $x is incremented by 1
--$x; // $x is decremented by 1
```

如果这些操作符用作一个测试表达式的一部分，变量加 1 将会在测试执行之前执行。例如，在下面的代码段中，在测试$x 是否小于 4 之前，它先增加 1。

```
$x = 3;
++$x < 4; // false
```

测试表达式返回 false，因为$x 首先加 1 变为 4，而 4 不再小于 4 了。

12.3.6　比较操作符

比较操作符对使用它们的操作数进行比较测试，并且如果测试成功返回布尔值 true，如果测试失败返回布尔值 false。当在脚本中使用控制结构的时候，例如 if 和 while 这样的语句，这种类型的表达式很有用。我们将会在第 13 章介绍 if 和 while 语句。

例如，要测试$x 中包含的值是否小于 5，我们可以使用小于操作符作为表达式的一部分，示例如下。

```
$x < 5
```

如果$x 包含的值是 3，这个表达式的值将为 true。如果$x 包含的值是 7，这个表达式将会得到 false。

表 12.4 列出了比较操作符。

表 12.4　　　　　　　　　　　　　　比较操作符

操作符	名称	如果……，则返回 true	示例($x 等于 4)	结果
==	等于	左边等于右边	$x==5	false
!=	不等于	左边不等于右边	$x!=5	true
===	等同	左边等于右边并且它们类型相同	$x===4	true

续表

操作符	名称	如果……，则返回 true	示例($x 等于 4)	结果
!==	不等同	左边等于右边但是它们类型不同	$x=== "4"	false
>	大于	左边大于右边	$x>4	false
>=	大于或等于	左边大于或等于右边	$x>=4	true
<	小于	左边小于右边	$x<4	false
<=	小于或等于	左边小于或等于右边	$x<=4	true

这些操作符经常和整数或双精度数一起使用，尽管等于操作符也用来比较字符串。一定要理解==操作符和=操作符之间的不同。== 操作符测试相等性，而=操作符赋值。另外，别忘了，===测试值以及类型的相等性。

12.3.7 使用逻辑操作符创建复杂的测试表达式

逻辑操作符测试布尔值的组合。例如，or 操作符用两条竖线(||)或者一个单词 or 来表示，如果左操作数或右操作数中有一个为 true，结果返回布尔值 true。

```
true || false
```

这个表达式返回 true。

and 操作符用两个&符号（&&）表示或者直接使用单词 and 来表示，如果两个操作数都是 true，它就返回布尔值 true。

```
true && false
```

这个表达式返回布尔值 false。你不太可能只使用逻辑操作符来测试布尔常量，因为测试两个或多个表达式来得到一个布尔值更有意义，示例如下。

```
($x > 2) && ($x < 15)
```

如果$x 包含了一个大于 2 而小于 15 的值，返回布尔值 true。当比较表达式的时候可以使用括号，以便代码更容易阅读并能够表示表达式求值的优先级。表 12.5 列出了逻辑操作符。

表 12.5   逻辑操作符

操作符	名称	如果……，则返回 true	示例	结果
||	Or	左边或右边为 true	true||false	true
or	Or	左边或右边为 true	true or false	true
xor	Xor	左边或右边为 true，但不都为 true	true xor true	false
&&	And	左边和右边都为 true	true && false	false
and	And	左边和右边都为 true	true and false	false
!	Not	操作数不为 true	! true	false

你可能会奇怪为什么 or 和 and 操作符都有两个版本，这是个不错的问题。答案是取决于操作的优先级，我们将会在后面来介绍这一点。

12.3.8 操作符优先级

当我们在一个表达式中使用一个操作符的时候，PHP 引擎通常从左到右读取表达式。对于使用多个操作符的复杂表达，如果没有任何说明，PHP 引擎将会被引入歧途。例如，首先考虑如下一个简单的例子。

```
4 + 5
```

这里不会引起混淆，PHP 只是把 4 和 5 相加。但是，对于下面的具有两个操作符的代码。

```
4 + 5 * 2
```

这就产生了一个问题。PHP 是应该先对 4 和 5 求和，然后把结果乘以 2，得到 18 呢？还是应该把 4 和 5 乘以 2 的结果相加，得到 14 呢？如果我们只是简单地从左到右地读取，前一个结果是正确的。然而，PHP 对不同的操作符附加了不同的优先级，并且由于乘法操作符比加法操作符具有更高的优先级，这个问题的第二个解答是正确的，即把 4 和 5 乘以 2 的结果相加。

然而，你可以在表达式的外围放置一对括号，从而覆盖掉操作符本身的优先级。在下面的代码段中，加法表达式会在乘法表达式之前计算。

```
(4 + 5) * 2
```

不管一个复杂表达式中的操作符的优先级是怎样的，使用括号来让代码更为清楚并且避免掉一些错误（例如在购物车应用中对错误的小计计算销售税），这是个不错的想法。下面是本章所介绍的操作符按照优先级高低的一个列表（具有较高优先级的操作符列在前面）。

```
++, --, (cast)
/, *, %
+, -
<, <=, =>, >
==, ===, !=
&&
||
=, +=, -=, /=, *=, %=, .=
and
xor
or
```

正如你所见到的，or 比 || 的优先级低，并且 and 比&&的优先级低，因此，可以使用较低优先级的逻辑操作符来改变一个复杂测试表达式的读取方式。在下面的代码段中，两个表达式是等同的，但是后者更容易理解。

```
$x and $y || $z
$x && ($y || $z)
```

更进一步地考虑，如下的代码段更容易理解。

```
$x and ($y or $z)
```

然而，这三个例子都是等同的。

注意：

优先级的顺序是 PHP 中&&和 and 都存在的唯一的原因。对于 || 和 or，也是如此。在大多数情况下，和那些依靠这些操作符的优先级顺序的代码比较，使用括号会让代码更清楚并且更少出错。在本书中，我们将倾向于使用更为常见的 || 和&&操作符，并且依靠括号来设置特定的操作符顺序。

12.4　常量

变量为存储数据提供了一种灵活的方式，因为我们可以在执行脚本的过程中随时改变它们所存储的值及其类型。然而，如果你想要使用一个在整个脚本执行过程中必须保持不变的值的话，可以定义并使用一个常量（constant）。必须使用 PHP 内建的 define()函数来创建一个常量，随后这个常量是不能改变的，除非再次明确地 define()它。要使用 define()函数，把常量的名字以及你希望赋给它的值放入到括号中，中间用逗号隔开，示例如下。

```
define("YOUR_CONSTANT_NAME", 42);
```

你想要设置的这个值可以是一个数字、一个字符串或者一个布尔值。按照惯例，常量的名字应该大写的，常量只能使用常量名访问，不需要美元符号。程序清单 12.4 展示了如何定义和访问一个常量。

程序清单 12.4　定义和访问一个常量

```
1: <?php
2: define("THE_YEAR", "2017");
3: echo "It is the year " . THE_YEAR;
4: ?>
```

提示：

使用常量的时候，别忘了它们可以用在脚本中的任何地方，例如包含在脚本内的一个外围函数中。

注意，我们在第 3 行使用了连接操作符把常量所存储的值附加到字符串"It is the year"的后面，因为 PHP 不会区分一个常量和引号之间的一个字符串。

把上述代码放入到一个名为 constant.php 的文本文件中，然后把该文件放置到 Web 服务器的文档根目录下。当你通过 Web 浏览器访问这个脚本的时候，会得到如下的输出。

```
It is the year 2017
```

define()函数也可以接受第三个布尔参数来确定常量名是否应该区分大小写。默认情况下，常量名是区分大小写的。然而，通过把 true 参数传递给 define()函数，我们可以改变这一行为，因此，如果我们可以建立新的 THE_YEAR 常量，示例如下。

```
define("THE_YEAR", "2017", true);
```

我们可以访问它的值而不用担心大小写，示例如下。

```
echo the_year;
echo ThE_YeAr;
echo THE_YEAR;
```

上述的 3 个表达式是等同的，并且它们都将得到同一个输出，即 2017。对于那些使用我们的代码的其他程序员，这个功能可以使得脚本更为友好一些，因为他们访问我们已经定义的一个常量的时候，不需要考虑大小写。但是，通常其他的常量是区分大小写的，这可能增加了而不是减少了程序员的混淆，因为他们可能忘记应该以何种方式来对待哪个常量。除非你有足够充分的理由这么做，否则的话，还是保持常量区分大小写并且使用大写字母来定义它们才是最安全的，这是一个便于记住的约定，更别说这是标准方式了。

预定义常量

预定义常量是 PHP 自动为你提供的一些内建常量。例如，常量__FILE__返回 PHP 引擎当前所读取的文件的名字。常量__LINE__返回该文件当前的行数。这是所谓的"神奇常量"的两个例子，因为它们不是静态地预定义的，并且会根据使用它们的环境而变化。要获得预定义常量的完整列表，参见 PHP 官网上的手册。

你也可以通过 PHP_VERSION 常量来了解 PHP 的哪个版本在解释脚本。发布一个错误报告时，如果需要把版本信息包含在脚本输出中，这个常量会很有用。PHP_VERSION 常量是一个预定义常量（并且是一个保留字）。要获取保留字常量的完整列表，参见 PHP 官网上的手册。

12.5　理解数组

我们已经学习并使用了标量变量，并且知道这些变量用来存储值。但是，标量变量一次只能存储一个值，如$color 变量只能存储一个 red 值或 blue 值等，但它无法用来存储彩虹中的颜色列表。而数组是一种特殊类型的变量，它使得我们能够存储任意多个值，包括彩虹中的所有 7 种颜色。

数组是有索引的，这意味着每个条目都由一个键（key）和一个值（value）组成。键是索引的位置，从 0 开始并且对于数组中的每个新元素都增加 1。值就是我们和该位置关联起来的任何值：一个字符串、一个整数或任何我们希望的值。可以把一个数组看作是一个文件柜，而一个键/值对就是一个文件夹，键就是文件夹上面的标签，而值就是文件夹中的文件。当我们在下一节中创建数组的时候，就会看到这种类型的结构的实际应用。

12.6　创建数组

我们可以使用 array()函数或者数组操作符[]来创建一个数组。当我们想要一次性创建一个新的数组并且用多个元素来填充它的时候，通常使用 array()函数。当我们想要创建一个新的数组并且它开始的时候只有一个元素，或者当我们想要添加一个已经存在的数组元素的时候，通常使用数组操作符。

如下的代码段显示了如何使用 array()函数创建一个名为$rainbow 的数组，其中包含了彩虹所有颜色。

```
$rainbow = array("red", "orange", "yellow", "green", "blue", "indigo", "violet");
```

如下的代码段展示了使用数组操作符来逐渐地创建同一个数组的方法。

```
$rainbow[] = "red";
$rainbow[] = "orange";
$rainbow[] = "yellow";
$rainbow[] = "green";
$rainbow[] = "blue";
$rainbow[] = "indigo";
$rainbow[] = "violet";
```

这两个代码段都创建了一个名为$rainbow 的 7 元素的数组，其值从索引位置 0 开始到索引位置 6 结束。如果你想要排列出它们，可以指定索引位置，像下面这样编写代码。

```
$rainbow[0] = "red";
$rainbow[1] = "orange";
$rainbow[2] = "yellow";
$rainbow[3] = "green";
$rainbow[4] = "blue";
$rainbow[5] = "indigo";
$rainbow[6] = "violet";
```

然而，没有指定位置的时候，PHP 会为你做这些，并且会消除像下面的例子这样排错元素的可能性。

```
$rainbow[0] = "red";
$rainbow[1] = "orange";
$rainbow[2] = "yellow";
$rainbow[5] = "green";
$rainbow[6] = "blue";
$rainbow[7] = "indigo";
$rainbow[8] = "violet";
```

不管最初是使用 array()函数还是数组操作符创建数组，你都可以使用数组操作符来添加数组。在下面的第一行中，6 个元素添加到了数组中，在第二行，另外一个元素添加到了数组的末尾。

```
$rainbow = array("red", "orange", "yellow", "green", "blue", "indigo");
$rainbow[] = "violet";
```

本节中使用的数组是数字索引的数组，也是最为常见的数组类型。在下面两节中，我们将学习两种其他类型的数组：关联数组和多维数组。

12.6.1 创建关联数组

数字索引数组使用一个索引位置作为键，如 0、1、2 等，而关联数组使用实际命名的键。下面的例子通过创建一个具有 4 个元素的名为$character 的数组来说明这一点。

```
$character = array(
            "name" => "Bob",
            "occupation" => "superhero",
            "age" => 30,
            "special power" => "x-ray vision"
            );
```

$character 数组中的 4 个键是 name、occupation、age 和 special power。关联的值分别是 Bob、superhero、30 和 x-ray vision。我们可以使用指定的键来引用关联数组的具体元素，如下面的例子所示。

```
echo $character['occupation'];
```

上述代码段的输出如下。

```
superhero
```

和数字索引数组一样，我们可以使用数组操作符来添加一个关联数组，示例如下。

```
$character['supername'] = "Mega X-Ray Guy";
```

这个例子添加了一个名为 supername 的键，其值为 Mega X-Ray Guy。

一个关联数组和一个数字索引数组之间的唯一的区别就是键名，在一个数字索引数组中，键名是数字。在一个关联数组中，键名是一个有意义的单词。

12.6.2 创建多维数组

前面介绍的两种数组分别存储字符串和整数，而这里介绍的数组则存储其他的数组。如果每组键/值对构成了一维，一个多维数组存储了多组这样的键/值对。例如，程序清单 12.5 定义了一个名为$characters 的多维数组，其每一个元素都包含一个关联数组。这听起来可能容易混淆，但是，它实际上只是包含其他数组的一个数组。

程序清单 12.5 定义一个多维数组

```
1: <?php
2: $characters = array(
3:               array(
4:                 "name" => "Bob",
5:                 "occupation" => "superhero",
6:                 "age" => 30,
```

```
7:                "special power" => "x-ray vision"
8:                  ),
9:              array(
10:              "name" => "Sally",
11:              "occupation" => "superhero",
12:              "age" => 24,
13:              "special power" => "superhuman strength"
14:                ),
15:              array(
16:              "name" => "Jane",
17:              "occupation" => "arch villain",
18:              "age" => 45,
19:              "special power" => "nanotechnology"
20:                )
21:              );
22: ?>
```

在第 2 行，使用 array()函数初始化数组$characters。第 3～8 行显示了$characters 数组的第一个元素，第 9～14 行显示了$characters 数组的第二个元素，而第 15～20 行显示了$characters 数组的第三个元素。这些元素可以用$characters[0]、$characters[1]和$characters[2]来引用。

每个元素都由一个关联数组组成，这个关联数组自身包含 4 个元素：name、occupation、age 和 special power。

然而，如果你试图像下面这样显示主元素

```
echo $characters[1];
```

输出的结果将会如下。

```
Array
```

因为主元素实际上保存了一个数组作为其内容。要想真正地得到想要的元素，即在内部数组元素中包含的具体信息，我们需要访问主元素索引位置以及想要浏览的值的关联名。

来看一个例子。

```
echo $characters[1]['occupation'];
```

它将会显示如下结果。

```
superhero
```

如果把如下的代码添加到程序清单 12.5 的末尾，它将显示出存储在每个元素中的信息，并在浏览器中多显示出一行分隔线。

```
foreach ($characters as $c) {
    while (list($k, $v) = each ($c)) {
        echo "$k ... $v <br>";
    }
    echo "<hr>";
}
```

foreach 循环和主数组元素$characters 相关，它遍历这个数组，并且把临时变量名$c 赋给包含在每个位置中的元素。接下来，我们开始一个 while 循环，这个循环使用两个函数来提取内部数组的内容。首先，list()函数命名了占位符变量$k 和$v，这两个变量将使用 each()函数所收集的键和值来填充。each()函数查看$c 数组的每个元素并且相应地提取信息。

echo 语句只是显示出使用 each()函数从$c 数组提取的每个键和值（$k 和$v），并且添加一条分隔线以便于显示。图 12.1 展示了这个名为 mdarray.php 的文件的结果。

图 12.1

遍历一个多维数组

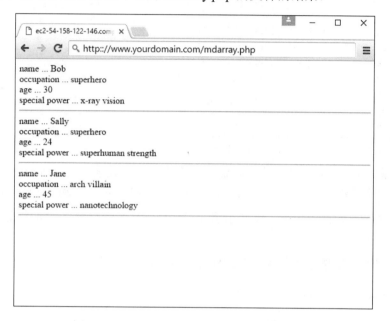

12.7　一些和数组相关的函数

PHP 内建了 70 多个和数组相关的函数，我们可以从 PHP 手册中了解详细信息。本节介绍其中一些很常用的，并且很有用的函数。

➤ **count()和 sizeof()**——这两个函数都会计算一个数组中的元素个数。sizeof()只是 count()的一个别名。给定如下的数组

```
$colors = array("blue", "black", "red", "green");
```

count($colors)；和 sizeof($colors)；都返回值 4。

➤ **each()和 list()**——在遍历一个数组并返回其键和值的应用中，这两个函数通常一起出现（list()是看上去像一个函数一样的语言结构）。我们在前面见到过其应用的一个例子，在那里，我们遍历了$c 数组并显示其内容。

➤ **foreach()**——这个控制结构也用来遍历一个数组，把一个元素的值赋给一个给定的变量，正如我们在上一节中见到的。

➤ **reset()**——这个函数把指针返回到一个数组的开始，示例如下。

```
reset($character);
```

当我们要对一个数组执行多个操作的时候，例如排序、提取值等，这个函数很有用。

➢ **array_push()**——这个函数在一个已有数组的末尾添加一个或多个元素，示例如下。

```
array_push($existingArray, "element 1", "element 2", "element 3");
```

➢ **array_pop()**——这个函数删除并返回一个已有数组的最后一个元素，示例如下。

```
$last_element = array_pop($existingArray);
```

➢ **array_unshift()**——这个函数在一个已有数组的开头添加一个或多个元素，示例如下。

```
array_unshift($existingArray, "element 1", "element 2", "element 3");
```

➢ **array_shift()**——这个函数删除并返回一个已有数组的第一个元素，例如，把 $existingArray 的第一个位置的元素的值赋给变量$first_element，示例如下。

```
$first_element = array_shift($existingArray);
```

➢ **array_merge()**——这个函数组合两个或多个已有的数组，示例如下。

```
$newArray = array_merge($array1, $array2);
```

➢ **array_keys()**——这个函数返回一个数组，其中包含了一个给定数组中的所有的键名，示例如下。

```
$keysArray = array_keys($existingArray);
```

➢ **array_values()**——这个函数返回一个数组，其中包含了一个给定数组中的所有的值，示例如下。

```
$valuesArray = array_values($existingArray);
```

➢ **shuffle()**——这个函数把一个给定数组的所有元素随机排列。这个函数的语法如下。

```
shuffle($existingArray);
```

这个与数组相关的函数的简短概要对于使用数组来说只是隔靴挠痒。然而，数组以及和数组相关的函数在整本书的代码示例中都会用到，因此，你将会很快熟悉它们。PHP 手册也有部分数组可供参考，它详细讨论了和数组相关的所有函数，包括排序数组的十多种不同的方法。

12.8 小结

在本章中，我们介绍了 PHP 语言的一些基本功能。了解了变量以及如何使用赋值操作符来为它们赋值，介绍了变量和内建的超全局变量的作用域。本章还介绍了操作符，并且介绍了如何把一些最常见的操作符组合到表达式中。最后，我们学习了如何定义和访问常量，这些知识将会在某一天你编写应用程序的时候用到。

本章还介绍了数组的概念，包括如何创建和引用它们。3 种数组类型是数字索引数组、关联数组和多维数组。此外，我们看到了 PHP 内建的众多数组相关函数中的一些例子。这些函数可以用来操作和修改已有的数组，有时候甚至可以创建一个全新的数组。

既然已经掌握了 PHP 的一些基础，下一章将带你真正体验 PHP 编程。你将学习如何编写脚本，以及在变量、表达式和操作符的帮助下，做出流程判断和重复执行任务。

12.9　问与答

Q：为什么知道一个变量的数据类型是有用的？

A：一个变量的数据类型往往限制了你可以对它做什么。例如，你不能对一个简单的字符串执行和数组相关的功能。类似地，在算术计算中使用一个变量之前，可能想要确保它包含一个整数或者浮点数的值，即便在此情况下 PHP 常常改变数据类型以帮助你。

Q：命名变量的时候应该遵守什么惯例？

A：目标应该总是确保代码易于阅读和理解。像$ab123245 这样的一个变量，对于你了解它在脚本中的作用没有任何帮助，而且容易导致输入错误。保持变量名简单而且具有描述性。当你大概一个月后再回头来看代码的时候，变量名$f 可能对你没多大意义。而变量名$filename 应该更有意义。

Q：我应该了解操作符优先级表吗？

A：没什么理由说不应该去了解，但是如果有更重要的任务，我情愿偷懒过去。在定义自己的优先级顺序的时候，通过在表达式中使用括号，你可以使自己的代码更容易阅读。

Q：多维数组可以有多少维？

A：可以在多维数组中创建任意多个维，但是别忘了，维数越多，管理越难。如果你拥有多维的数据，明智的方法是看看这些数据是否可以用不同的方法存储以及是否可以用这种方法访问，例如在数据库中。

12.10　测验

这个实践练习设计用来帮助你预测可能遇到的问题、复习已经学过的知识，并且开始把知识用于实践。

12.10.1　问题

1. 下列变量中的哪一个不是合法的？

```
$a_value_submitted_by_a_user
$666666xyz
$xyz666666
$____counter____
$the first
$file-name
```

2. 下面这段代码的输出是什么？

```
$num = 33;
(boolean) $num;
echo $num;
```

3．如下语句的输出是什么？

```
echo gettype("4");
```

4．如下代码段的输出是什么？

```
$test_val = 5.5466;
settype($test_val, "integer");
echo $test_val;
```

5．什么样的结构可以用来定义一个数组？

12.10.2　解答

1．变量名$666666xyz 不合法，因为它没有以字母或下划线开头。变量名$the first 不合法，因为它包含一个空格。$file-name 也不合法，因为它包含一个非字母的字符（–）。

2．这段代码将会显示整数 33。类型转换会产生存储在$num 中的值的一个转换后的副本。它不会修改实际存储在变量里的初始值。

3．这条语句将会输出字符串"string"。

4．这段代码将输出值 5。当一个浮点数转换为一个整数的时候，小数点后的任何信息都会丢失。

5．array()

12.10.3　练习

1．给两个变量赋值。使用比较操作符来测试第一个值是否和第二个值相同。

➢　与第二个值相同。

➢　小于第二个值。

➢　大于第二个值。

➢　小于或等于第二个值。

在浏览器中显示出每次测试的结果。

修改赋给测试变量的值，并且再次运行脚本。

2．创建一个按照类型组织的电影的多维数组。它将会采用一个关联数组的形式，电影的类型如 Science Fiction、Action、Adventure 等作为键。这些数组元素的每一个都应该是包含电影名（例如 Alien、Terminator 3、Star Wars 等）的一个数组。创建了数组之后，遍历它们，显示出每种类型及其相关电影的名字。

第 13 章

PHP 基础：函数、对象和流程控制

在本章中，你将学习以下内容：

➢ 如何在脚本中定义和调用函数；

➢ 如何给函数传递值，以及接受由此返回的值；

➢ 如何在函数中访问全局变量；

➢ 如何给函数一个"内存"；

➢ 如何通过引用把数据传递给函数；

➢ 如何创建和操作对象，以及操作对象包含的数据；

➢ 如何使用 if 语句控制代码的执行；

➢ 如何使用 switch 语句根据测试表达式返回的值来执行代码；

➢ 如何使用 while 语句来重复执行代码；

➢ 如何使用 for 语句使循环更简洁；

➢ 如何跳出循环；

➢ 如何在控制结构中使用 PHP 的 start 和 end 标签。

本章和第 8 章的标题基本相同，而绝非巧合，因为 JavaScript 和 PHP 所共享的概念是很相似的。本章更深入地介绍这一主题，是因为后端 PHP 脚本很可能需要处理比 JavaScript 更密集的编程任务。

对于一个组织良好的脚本来说，函数是其核心，并且函数使得代码更容易阅读和复用，这就像是在 JavaScript 中一样。如果没有函数，大的项目就没法管理，因为，重复性代码的问题将会使开发过程陷入困境。在本章中，我们将研究函数，并且展示函数可以使你避免重复性工作的一些方法。我们还将学习面向对象编程的基础，在这种方法中，应用程序的结构围绕着对象以及它们之间的关系和交互而设计。

最后，在本章中，我们开始从前面几章中的线性的 PHP 脚本进入到循环和条件检测，就像我们在前面几章中学习 JavaScript 时候所做的事情一样。

13.1 调用函数

我们可以把函数看作是一个输入/输出的机器。这个机器接受你喂（输入）给它的原材料并且用这些原材料生产出一个产品（输出）。一个函数接受值并处理它们，然后执行一个操作（例如，显示到浏览器），或者返回一个新值，或者既执行操作又返回值。

如果你需要烘焙一个蛋糕，你可能自己做它，在自己的厨房里使用标准烤炉。但是，如果你需要烘焙上千个蛋糕，可能需要制造或购买一台专门的蛋糕烘焙机，从而保证大量地烘焙蛋糕。类似地，当决定是否创建一个函数以便重用的时候，需要考虑的最重要的因素是它可以节省你编写重复性代码的程度。

函数（function）是一个自包含的代码块，可以由脚本调用。当调用的时候，就执行函数的代码来完成一个特定的任务。可以向一个函数传递值，函数就会适当地使用这些值，存储它们、改变它们、显示它们，或者做任何告诉函数要去做的事情。完成以后，函数也可以向调用它的最初的代码返回一个值。

函数分为两类，内建于语言中的函数和自己定义的函数。PHP 有数百个内建的函数。看看下面的代码给出的使用函数的一个例子。

```
$text = strtoupper("Hello World!");
```

这个例子调用了 strtoupper()函数，把字符串“Hello World!”传递给它。然后这个函数负责自己的事务，把该字符串的内容更改为大写字母，结果存储在变量$text 中。

函数调用由函数名（在这个例子中是 strtoupper）后面跟着一个括号组成。如果想要向函数传递信息，可以把它放到括号之间。按照这种方法传递给函数的一段信息叫做参数（argument）。某些函数需要多个参数传递给它们，这些参数用逗号隔开，示例如下。

```
some_function($an_argument, $another_argument);
```

strtoupper()函数是一个典型的函数，因为它返回一个值。大多数函数在完成自己的任务之后就返回某些信息，它们通常至少告知自己的任务是否成功执行。strtoupper()函数返回一个字符串值，因此它的用法需要使用一个变量来接受这个新的字符串，示例如下。

```
$new_string = strtoupper("Hello World!");
```

现在，我们可以在代码中使用$new_string，例如在屏幕上显示它。

```
echo $new_string;
```

这行代码将会使得如下的文本显示于屏幕上。

HELLO WORLD!

提示：

print()和 echo()函数并不是真正的函数，它们是用来设计把字符串输出到浏览器的语言构造。然而，你会在 PHP 的函数列表中找到它们。这些构造在功能上相似并且可以互换地使用。使用哪个只是你的个人偏好。

例如，abs()函数需要一个带符号的数字值作为参数，并且返回该数字的绝对值。让我们在程序清单 13.1 中试一试它。

程序清单 13.1　调用内建的 abs()函数

```php
<?php
$num = -321;
$newnum = abs($num);
echo $newnum;
//prints "321"
?>
```

在这个例子中，我们把值-321 赋给一个变量$num。然后，我们把这个变量传递给 abs()函数，该函数进行必要的计算并返回一个新值，我们把这个新值赋值给变量$newnum，然后显示结果。

把上述代码放入到一个名为 abs.php 的文本文件中，并将该文件放置在 Web 服务器文档根目录下。当通过 Web 浏览器来访问这个脚本的时候，它产生如下结果。

```
321
```

实际上，在程序清单 13.1 中，我们完全可以不用临时变量，而是把我们的数值直接传递给 abs()函数并且直接显示结果。

```
echo abs(-321);
```

然而，我们还是使用了临时变量$num 和$newnum，从而使这个过程的每一步都尽可能的清楚。有时候，我们可以通过把代码分解成很多的简单表达式从而使其可读性更好。

可以按照和我们调用内建函数完全相同的方式来调用用户定义的函数。

13.2　定义一个函数

我们可以使用 function 语句来定义自己的函数。

```
function some_function($argument1, $argument2)
{
    //function code here
}
```

函数的名字跟在 function 关键词的后面，并且后面有一对括号。如果函数需要参数，必须把逗号分隔开的变量名放置在括号中，这些变量将会在函数调用时由传递给函数的值填充。

即便函数不需要参数，也必须提供括号。

提示：

函数的命名规则和我们在第 5 章所学习的变量的命名规则类似。名字不能包含空格，它们必须以一个字母或一个下划线开头。和变量一样，函数名应该有意义并且风格一致。函数名大小写就是可以给你自己的代码添加的一种风格，在名字中使用混合大小写，例如 myFunction()或 handleSomeDifficultTask()，会使你的代码更容易阅读。你可能听说过这种叫做骆驼命名法

程序清单 13.2 声明并调用了一个函数。

程序清单 13.2　声明并调用一个函数

```
<?php
function bighello()
{
     echo "<h1>HELLO!</h1>";
}
bighello();
?>
```

程序清单 13.2 中的脚本输出了包含在一个 HTML 的 h1 元素中的字符串"HELLO!"。

在程序清单 13.2 中，我们声明了一个函数 bighello()，它不需要参数，因此，我们让括号保持空白。尽管 bighello()是一个有效的函数，但它并不是非常有用。程序清单 13.3 创建了一个函数，这个函数需要一个参数，并且实际地用它做一些事情。

程序清单 13.3　声明需要一个参数的函数

```
1: <?php
2: function printBR($txt)
3: {
4:      echo $txt."<br>";
5: }
6: printBR("This is a line.");
7: printBR("This is a new line.");
8: printBR("This is yet another line.");
9: ?>
```

提示：

和变量名不同，函数名是不区分大小写的。在前面的例子中，printBR()函数也可以叫做 printbr()、PRINTBR()或者任意大小写组合，都能够成功调用该函数。

把上述代码放入到一个名为 printbr.php 的文本文件中，并且将这个文件放置到 Web 服务器文档根目录下。当通过 Web 浏览器访问这个脚本的时候，应该看到如图 13.1 所示的结果。

在第 2 行，printBR()函数期待一个字符串，因此，当我们声明该函数的时候我们在括号中放入一个变量名$txt。不管传递给 printBR()的是什么，都将存储到$txt 变量中。在这个函数

体中，在第3行，我们显示出$txt变量，并为其添加一个
元素。

图 13.1

显示一个字符串以
及一个附加的
标记的函数

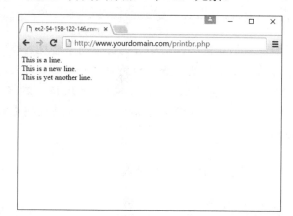

当我们想要向浏览器显示一行的时候，例如在第5行、第6行和第7行，我们可以调用printBR()而不是内建的 print()，这就为我们省去了输入
元素的麻烦。

13.3 从用户定义的函数返回值

在前面的例子中，我们在 printBR()函数中向浏览器输出了一个修改后的字符串。然而，有时候，我们需要一个函数来提供一个可供自己使用的值。如果我们的函数已经修改了我们所提供的一个字符串，我们可能想要获得修改后的字符串，以便能够把它传递给其他的函数。函数可以使用 return 语句连接一个值，从而返回一个值。return 语句停止了当前函数的执行并且把值返回给调用函数的代码。

程序清单 13.4 创建了一个返回两个数字的和的函数。

程序清单 13.4 返回一个值的函数

```
1: <?php
2: function addNums($firstnum, $secondnum)
3: {
4:     $result = $firstnum + $secondnum;
5:     return $result;
6: }
7: echo addNums(3,5);
8: //will print "8"
9: ?>
```

把上述代码放入到一个名为 addnums.php 的文本文件中，并且将这个文件放置在 Web 服务器文档根目录下。当通过 Web 浏览器来访问这个脚本的时候，它产生如下结果。

8

注意，在第2行，addNums()应该带有两个数值参数一起调用（在这个例子中，第6行显示这两个参数分别是3和5）。这些值存储在$firstnum 和$secondnum 变量中。正如预期的那样，addNums()把包含在这些变量中的数字加起来并且把结果存储到名为$result 的变量中。

return 语句可以返回一个值或者什么也不返回。而如何得到 return 语句所返回的值则各有不同。这个值可以如下直接编码。

```
return 4;
```

它也可以是一个表达式的结果，如下所示。

```
return $a/$b;
```

它还可以是另一个函数调用所返回的值，如下所示。

```
return another_function($an_argument);
```

13.4 理解变量作用域

函数中的变量声明对于该函数来说是局部的。换句话说，它在函数的外部或者在其他函数中是不可用的。在较大的项目中，当你在不同的函数中声明两个同名的变量时，这样做会防止意外地覆盖一个变量的内容。

程序清单 13.5 在一个函数中创建了一个变量，然后尝试在这个函数之外显示它。

程序清单 13.5　变量作用域：在一个函数中声明的变量在函数外是不可用的

```php
<?php
function test()
{
    $testvariable = "this is a test variable";
}
echo "test variable: ".$testvariable."<br>";
?>
```

把上述代码放入到一个名为 scopetest.php 的文本文件中，并且将这个文件放置在 Web 服务器文档根目录下。当通过 Web 浏览器来访问这个脚本的时候，它产生如图 13.2 所示的结果。

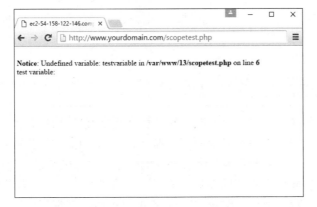

图 13.2

scopetest.php 的输出

提示：
你所看到的具体输出取决于 PHP 错误设置。也就是说，可能会也可能不会产生如图 13.2 所示的 "notice"，但是，它会示意在 "test variable" 的后面缺少一个附加的字符串。

变量$testvariable 的值没有显示，因为在 test()函数之外，这个变量是不存在的。别忘了，在第 6 行试图访问一个不存在的变量，产生了一条提示，而只有 PHP 设置设为显示所有的错误、提示和警告的时候，才会这样的提示。如果你的错误设置是没有严格设置，将只会显示字符串"test variable:"。

同样地，在函数外声明的变量将不能自动在函数中使用。

使用 global 语句访问变量

从一个函数内部，我们不能默认地访问在另一个函数中或在脚本中其他地方定义的变量。在一个函数内部，如果试图使用具有相同名字的一个变量，你只能设置或访问局部变量。让我们在程序清单 13.6 中验证这一点。

程序清单 13.6　默认情况下，在函数之外定义的变量不能在函数中访问

```
1: <?php
2: $life = 42;
3: function meaningOfLife()
4: {
5:     echo "The meaning of life is ".$life";
6: }
7: meaningOfLife();
8: ?>
```

把上述代码放入到一个名为 scopetest2.php 的文本文件中，并且将这个文件放置在 Web 服务器文档根目录下。当通过 Web 浏览器来访问这个脚本的时候，它产生如图 13.3 所示的结果。

图 13.3

试图在一个函数的
作用域外引用一个
变量

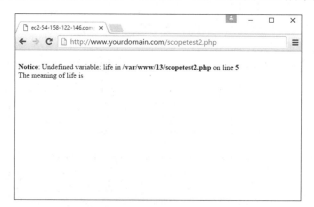

正如你所预料的，meaningOfLife()函数不能访问在第 2 行定义的$life 变量，当函数试图显示$life 变量的值的时候，它是空的。总的来说，这是一件好事，因为它避免了我们在同名的变量之间的潜在的冲突，并且如果一个函数需要外界的信息，它可以通过一个参数。偶尔，你可能希望在一个函数内部访问一个重要的变量，而又不想将它作为一个参数传递进来，这就是 global 语句的用武之地。程序清单 13.7 使用 global 来使一切恢复正常。

程序清单 13.7　使用 global 语句访问全局变量

```
1: <?php
2: $life=42;
3: function meaningOfLife()
4: {
```

```
5:        global $life;
6:        echo "The meaning of life is ".$life";
7: }
8: meaningOfLife();
9: ?>
```

把上述代码放入到一个名为 scopetest3.php 的文本文件中，并且将这个文件放置在 Web 服务器文档根目录下。当通过 Web 浏览器来访问这个脚本的时候，它产生如图 13.4 所示的结果。

图 13.4

在一个函数中，使用 global 语句成功地访问一个全局变量

当我们在 meaningOfLife()函数中声明$life 变量的时候（第 5 行），通过把 global 语句放置在它前面，就可以引用在函数的外面（第 2 行）声明的$life 变量了。

在需要访问一个特别指定的全局变量的函数中，都需要使用 global 语句。但是请留意，如果在函数中操作变量的内容，变量的值可能会在整个脚本的范围内都发生变化。

我们可以使用 global 语句一次声明多个变量，只需要用逗号将想要访问的每个变量隔开，示例如下。

```
global $var1, $var2, $var3;
```

> **注意：**
> 通常，参数就是调用代码所传递的任何值的一个副本，在函数中修改它，对于函数块以外的部分没有任何影响。另一方面，在一个函数中修改一个全局变量，则会修改原始值而不是副本。因此，使用 global 语句的时候要小心。

13.5　使用 static 语句在函数调用之间保存状态

函数中的局部变量拥有一个短暂而快乐的人生，它们产生于函数调用的时候，而当函数执行完成的时候它们就消亡了。

然而，偶尔我们也会需要给函数一个基本的内存。假设我们需要一个函数来记录它已经被调用的次数，以便一个脚本可以创建一个次数标题。我们当然能使用 global 语句做到这一点，如程序清单 13.8 所示。

程序清单 13.8　使用 global 语句在函数调用之间记录一个变量的值

```
1: <?php
2: $num_of_calls = 0;
3: function numberedHeading($txt)
```

```
4: {
5:     global $num_of_calls;
6:     $num_of_calls++;
7:     echo "<h1>".$num_of_calls." ".$txt."</h1>";
8: }
9: numberedHeading("Widgets");
10: echo "<p>We build a fine range of widgets.</p>";
11: numberedHeading("Doodads");
12: echo "<p>Finest in the world.</p>";
13: ?>
```

把上述代码放入到一个名为 numberedheading.php 的文本文件中，并且将这个文件放在 Web 服务器文档根目录下。当通过 Web 浏览器来访问这个脚本的时候，它将产生如图 13.5 所示的结果。

图 13.5

使用 global 语句来记录一个函数调用的次数

这确实有效。我们在 numberedHeading()函数的外部，即第 2 行声明了一个变量 $num_of_calls。在第 5 行使用一条 global 语句使这个变量变得对函数可用。

每次调用 numberedHeading()，$num_of_calls 的值都会增加 1（在第 6 行），然后我们可以使用正确的、递增后的标题编号来显示这个标题。

然而，这还不是最优雅的解决方案。使用 global 语句的函数不能作为独立的代码段阅读。在阅读或复用这些函数的时候，我们需要小心它们所操作的全局变量。

这种情况下，static 语句就派上用场了。如果你在一个函数中使用 static 语句声明了一个变量，这个变量对于该函数仍保持为局部的，并且函数在从一次执行到另一次执行的过程中会"记住"该变量的值。程序清单 13.9 修改了程序清单 13.8 的代码，并且使用了 static 语句。

程序清单 13.9　使用 static 语句在函数调用之间记住一个变量的值

```
1:  <?php
2:  function numberedHeading($txt)
3:  {
4:      static $num_of_calls = 0;
5:      $num_of_calls++;
6:      echo "<h1>".$num_of_calls." ". $txt."</h1>";
7:  }
8:  numberedHeading("Widgets");
9:  echo "<p>We build a fine range of widgets.</p>";
10: numberedHeading("Doodads");
11: echo "<p>Finest in the world.</p>";
12: ?>
```

numberedHeading()函数已经变得完全自包含了。当在第 4 行声明$num_of_calls 变量时，我们就把初始值赋给了它。当函数在第 8 行第一次调用的时候，这个赋值就进行了。当函数在第 10 行第二次调用的时候，这个最初的赋值被忽略了，相反，代码记住了$num_ of_calls 的前一个值。我们现在可以把 numberedHeading()函数粘贴到其他的脚本中，而不需要担心全局变量。尽管程序清单 13.9 的输出确实和程序清单 13.8 相同，但我们使代码更为优雅。

13.6　关于参数的更多内容

我们已经看到了如何把参数传递给函数，但是这还不够。在本节中，我们将会看到一种给参数设置默认值的技术，并且找到一种通过引用而不是通过值来传递参数值的方法。传递引用意味着，给了函数参数一个最初值的别名而不是它的一个副本。

13.6.1　为参数设置默认值

PHP 提供了一个极好的功能帮助构建灵活的函数。到目前为止，我们已经提到一些函数需要一个或多个参数，通过使某些参数变为可选的，我们可以让函数少一些专有性。

程序清单 13.10 创建了一个有用的小函数，它把一个字符串包含在一个 HTML 的 span 元素中。我们想要给函数的用户一个能够修改 font-size 样式的机会，因此，除了字符串之外我们还需要一个参数$fontsize（第 2 行）。

程序清单 13.10　需要两个参数的一个函数

```
 1: <?php
 2: function fontWrap($txt, $fontsize)
 3: {
 4:    echo "<span style=\"font-size:".$fontsize."\">".$txt."</span>";
 5: }
 6: fontWrap("really big text<br/>","24pt");
 7: fontWrap("some body text<br/>","16pt");
 8: fontWrap("smaller body text<br/>","12pt");
 9: fontWrap("even smaller body text<br/>","10pt");
10: ?>
```

把上述代码放入到一个名为 fontwrap.php 的文本文件中，并且将这个文件放置在 Web 服务器文档根目录下。当通过 Web 浏览器来访问这个脚本的时候，它将产生如图 13.6 所示的结果。

图 13.6

格式化并输出字符串的一个函数

通过在函数定义的括号中把一个值赋给一个参数变量，我们可以使$fontsize 参数变为可选的。如果函数调用时没有为这个参数传递一个参数值，我们定义时赋给参数的值就将被采用。程序清单 13.11 使用这种技术来使得$fontsize 参数变为可选的。

程序清单 13.11　带有一个可选参数的函数

```
 1:  <?php
 2:  function fontWrap($txt, $fontsize = "12pt")
 3:  {
 4:      echo "<span style=\"font-size:".$fontsize."\">".$txt."</span>";
 5:  }
 6:  fontWrap("really big text<br>","24pt");
 7:  fontWrap("some body text<br>");
 8:  fontWrap("smaller body text<br>");
 9:  fontWrap("even smaller body text<br>");
10:  ?>
```

当使用两个参数调用 fontWrap()函数的时候，如第 6 行所示，第 2 个参数值用来设置 span 元素的 font-size 属性。当我们忽略了这个参数，如第 7 行、第 8 行和第 9 行所示，就使用默认值“12pt”。可以创建任意多个可选参数，但是当我们给一个可选参数赋一个默认值时，所有后续的参数也都应该给定默认值。

13.6.2　把变量引用传递给函数

当我们把参数传递给函数时，它们作为副本存储在参数变量中。在函数体中对这些变量的任何修改都是局部的，并且不会反映到函数之外，这一点可以通过程序清单 13.12 来说明。

程序清单 13.12　通过值来把参数传递给一个函数

```
 1: <?php
 2: function addFive($num)
 3: {
 4:     $num += 5;
 5: }
 6: $orignum = 10;
 7: addFive($orignum);
 8: echo $orignum;
 9: ?>
```

把上述代码放入到一个名为 addfive.php 的文本文件中，并且将这个文件放置在 Web 服务器文档根目录下。当通过 Web 浏览器来访问这个脚本的时候，它将产生如下结果。

10

addFive()函数接受一个单独的数值并且将它加上 5，但是它不返回什么。在第 6 行我们把一个值赋给一个变量$orignum，然后在第 7 行把这个变量传递给 addFive()函数，$orignum 内容的一个副本存储在变量$num 中，尽管我们把$num 增加了 5，但这对于$orignum 的值还是没有影响。当我们显示$orignum，会看到其值仍然是 10。默认情况下，传递给函数的变量是根据值来传递的。换句话说，制造了变量的值的是本地副本。

我们可以通过创建一个对初始变量的引用来改变这种行为，可以把一个引用理解成指向变量的一个路标。在使用引用的时候，我们操作它所指向的变量的值。

程序清单 13.13 展示了这一技术。当我们通过引用把一个参数传递给一个函数的时候，如第 7 行所示，我们所传递的变量（$orignum）的内容在函数中被这个参数变量访问并操作，而不只是变量的值的一个副本（10）被访问和操作。在这些情况下，对一个参数的任何改变都会改变最初变量的值。我们可以通过在函数定义中的参数名的前面添加一个&符号，从而用引用来传递一个变量，如第 2 行所示。

程序清单 13.13　使用一个函数定义，把参数通过引用传递给函数

```
1: <?php
2: function addFive(&$num)
3: {
4:     $num += 5;
5: }
6: $orignum = 10;
7: addFive($orignum);
8: echo $orignum;
9: ?>
```

把上述代码放入到一个名为 addfive2.php 的文本文件中，并且将这个文件放置在 Web 服务器文档根目录下。当通过 Web 浏览器来访问这个脚本的时候，它将产生如下结果。

15

13.7　测试函数是否存在

在尝试调用函数之前，我们未必总是知道该函数是否存在。PHP 引擎的不同构建可能包含不同的功能，如果所编写的脚本可以在多个服务器上运行，我们可能需要验证关键功能是否可用。例如，你可能想要编写这样的代码：如果 MySQL 相关的功能可以使用的话就使用 MySQL，否则只是简单地把数据记录到一个文本文件中。

可以使用 function_exists()函数来检查函数的可用性。function_exists()需要一个表示函数名的字符串，如果可以找到该函数，它返回 true，否则返回 false。

程序清单 13.14 示意了 function_exists()函数的使用，并且说明了我们在本章中介绍到的其他的一些主题。

程序清单 13.14　测试一个函数的存在性

```
1: <?php
2: function tagWrap($tag, $txt, $func = "")
3: {
4:     if ((!empty($txt)) && (function_exists($func))) {
5:         $txt = $func($txt);
6:         return "<".$tag.">".$txt."</".$tag."><br>";
7:     } else {
8:         return "<strong>".$txt."</strong><br>";
9:     }
10: }
```

```
11:
12: function underline($txt)
13: {
14:     return "<span style=\"text-decoration:underline;\">".$txt."</span>";
15: }
16: echo tagWrap('strong', 'make me bold');
17: echo tagWrap('em', 'underline and italicize me', "underline");
18: echo tagWrap('em', 'make me italic and quote me',
19: create_function('$txt', 'return "&quot;$txt&quot;";'));
20: ?>
```

程序清单 13.4 定义了两个函数，tagWrap()（在第 2 行）和 underline()（在第 12 行）。tagWrap() 函数接受 3 个内容：一个标记、要格式化的文本以及一个可选的函数名，它返回一个格式化后的字符串。underline()函数需要一个参数，即要格式化的文本，并且返回包含在<span>标记中的文本，而<span>标记带有相应的样式属性。

当在第 16 行第一次调用 tagWrap()时，我们把字符"strong"和字符串"make me bold"传递给它。由于我们没有给函数参数传递一个值，就使用默认的值（一个空字符串）。在第 4 行，我们检查$txt 变量是否包含字符串，以及$func 是否存在，我们调用 function_exists()来根据这个名字检查一个函数。当然，在这个例子中，$func 变量是空的，因此，我们在第 7 到 8 行的 else 子句中把$txt 变量包含到<strong>标记中并返回结果。

我们在第 17 行使用字符串 'em'、某些文本以及第三个参数"underline"调用 tagWrap()。function_exists()查找名为 underline()的函数（在第 12 行），于是它调用这个函数，并且在进行任何进一步的格式化之前把参数变量$txt 传递给它。结果是一个斜体、带下划线的字符串。

最后，在第 18 行，我们调用 tagWrap()，它把文本放到引用实体中。直接给要改变的文本添加实体，这应该更快，但是，这个示例主要用来说明一点，即 function_exists()函数对于匿名函数和对于表示函数名的字符串一样有效。

把上述代码放入到一个名为 exists.php 的文本文件中，并且将这个文件放置在 Web 服务器文档根目录下。当通过 Web 浏览器来访问这个脚本的时候，它将产生如图 13.7 所示的结果。

图 13.7

exists.php 的输出

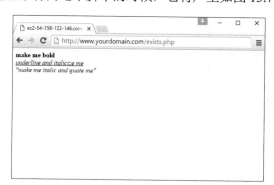

13.8   创建一个对象

我们已经在函数上花了很多的时间，而函数往往最终操作一个标量变量，接下来，让我们继续花一些时间来学习对象。对象本身就是抽象的。对象是事物的一个理论化的盒子，这些事物（变量、函数等）都存在于叫作类（class）的一个模板式结构中。尽管很容易形象地描述一个标量变量，例如带有 red 值的$color，或者其中带有 3 个或 4 个不同元素的名为$character 的一个数组，某些人还是在形象地描述对象的时候感到为难。

从现在开始，尝试把对象看作一个小盒子，其两端带有输入和输出。输入的机制叫作方法（method），方法具有属性（property）。在整个本章中，我们将看到类、方法和属性是如何协同工作产生各种输出的。

正如前面所提到，一个对象拥有一个叫作类的结构。在每个类中，我们定义了一组特征。例如，假设你已经创建了一个 automobile 类，在 automobile 类中，我们应该有 color、make、model 特征。每个 automobile 对象使用所有的这些特征，但它们都初始化为不同的值，例如 blue、Jeep 和 Renegade，或者 red、Porsche 和 Boxster。

使用对象的全部目标就是创建可以重用的代码。因为类是如此紧密的结构但又是自包含的，并且彼此独立，它们可以从一个应用程序重用到另一个应用程序中。例如，假设你编写了文本格式化类用于一个项目，并且决定在另一个项目中使用这个类。由于这个类只是一组特征，你可以取出代码并且在第二个项目中使用它，使用第二个项目特定的方法来进入其中，但使用已有代码的内部工作机制来得到新的结果。

创建一个类很简单，只用声明其存在即可，示例如下。

```
class myClass {
    //code will go here
}
```

既然已经有了一个类，我们可以创建对象的一个新实例，示例如下。

```
$object1 = new myClass();
```

在程序清单 13.15 中，你已经证实了对象的存在，即便其中没有什么内容——它现在只有一个名字。

程序清单 13.15 证实对象的存在

```
1:  <?php
2:  class myClass {
3:      //code will go here
4:  }
5:  $object1 = new myClass();
6:  echo "\$object1 is an ".gettype($object1).".<br>";
7:
8:  if (is_object($object1)) {
9:      echo "Really! I swear \$object1 is an object!";
10: }
11: ?>
```

如果将上述代码保存为 proofofclass.php，将其放置在文档根目录下，使用 Web 浏览器访问它，将会看到如下的显示结果。

```
$object1 is an object.
```

```
Really! I swear $object1 is an object!
```

这不是一个特别有用的类，因为它并没有做什么事情，但它是有效的，并且通过第 2 行到第 5 行展示了类模板是如何工作的。第 8 行到第 10 行使用 is_object()函数来测试某物是否是一个对象，在这个例子中"某物"就是$object1。由于 is_object()的测试结果为 true，if 语句中的字符串将显示到屏幕上。

接下来，我们将学习对象的属性和方法，它们增加了类模板的用途。

13.8.1 对象的属性

在对象中声明的变量叫作属性（property）。在一个类的顶部声明变量，这是标准的做法。这些属性可以是值、数组甚至是其他对象。如下的代码段在类中使用简单的标量变量，其前面有一个公共关键字。

```
class myCar {
    public $color = "silver";
    public $make = "Mazda";
    public $model = "Protege5";
}
```

提示：

如果你在变量名称前使用关键字 public、protected 或 private，那么，可以表明类成员（变量）是在任意地方都可以访问（public）、在类自身或父类或继承类中可以访问（protected）、还是只能由该类自身访问（private）。

现在，当你创建一个 myCar 对象，它将总是有这 3 个属性。程序清单 13.16 展示了在声明这些属性并且给它们赋值之后如何访问它们。

程序清单 13.16　显示对象属性

```
1: <?php
2: class myCar {
3:     public $color = "blue";
4:     public $make = "Jeep";
5:     public $model = "Renegade";
6: }
7: $car = new myCar();
8: echo "I drive a: " . $car->color . " ".$car->make . " " . $car->model;
9: ?>
```

如果把这段代码保存为 objproperties.php，将其放置在文档根目录下，使用 Web 浏览器访问它，将会看到如下的显示结果。

```
I drive a: blue Jeep Renegade
```

因为你开一辆蓝色 Jeep Renegade 的几率不大，你想要修改 myCar 对象的属性。程序清单 13.17 展示了如何做到这一点。

程序清单 13.17　改变对象属性

```
1: <?php
2: class myCar {
3:     public $color = "blue";
4:     public $make = "Jeep";
5:     public $model = "Renegade";
6: }
7: $car = new myCar();
8: $car->color = "red";
9: $car->make = "Porsche";
10: $car->model = "Boxster";
11: echo "I drive a: " . $car->color . " " . $car->make . " ". $car->model;
12: ?>
```

如果把这段代码保存为 objproperties2.php，将其放置在文档根目录下，使用 Web 浏览器访问它，将会看到如下的显示结果。

```
I drive a: red Porsche Boxster
```

> **提示：**
> 在这个例子中，即便$color、$make 和$model 属性在声明的时候没有初始值，第 8 行到第 10 行还是会为它们赋一个值。只要属性声明了，随后就可以使用它们，不管有没有初始值。

程序清单 13.17 的目的是为了展示只要拥有了定义好的具有属性的类，就可以很容易地修改这些属性的值以满足自己的需要。

13.8.2　对象方法

方法为对象添加了功能，对象不再只是保存属性，它们会实际地做一些事情。程序清单 13.18 展示了这一点。

程序清单 13.18　具有方法的一个类

```
<?php
class myClass {
    public function sayHello() {
        echo "HELLO!";
    }
}
$object1 = new myClass();
$object1->sayHello();
?>
```

尽管这不是方法的最激动人心的例子，如果把这段代码保存为 helloclass.php，将其放置在文档根目录下，使用 Web 浏览器访问它，将会看到如下的显示结果。

```
HELLO!
```

因此，一个方法的外观及其行为就像一个正常的函数，只不过方法是定义在一个类的框架中的。->操作符用来在脚本中调用对象方法。只要类中定义了变量，方法都能够访问它们以供自己使用。程序清单13.19说明了这一点。

程序清单13.19　在一个方法中访问类属性

```
1:  <?php
2:  class myClass {
3:      public $name = "Jimbo";
4:      public function sayHello() {
5:          echo "HELLO! My name is " . $this->name;
6:      }
7:  }
8:  $object1 = new myClass();
9:  $object1->sayHello();
10: ?>
```

如果把这段代码保存为helloclass2.php，将其放置在文档根目录下，使用Web浏览器访问它，将会看到如下的显示结果。

```
HELLO! My name is Jimbo
```

正如我们在第5行看到的，特殊的变量$this用来引用当前实例化的对象。任何时候，如果一个对象引用自身，都必须使用$this变量。把$this变量和->操作符结合起来使用，我们就能够在类自身之中访问其任何属性或方法。

有关对象属性基础用法的最后一个小例子，就是如何在一个方法中更改一个属性。而在前面，属性都是在包含它的方法之外修改。程序清单13.20展示了如何做到这一点。

程序清单13.20　在一个方法中改变一个属性的值

```
1:  <?php
2:  class myClass {
3:      public $name = "Jimbo";
4:      public function setName($n) {
5:          $this->name = $n;
6:      }
7:      public function sayHello() {
8:          echo "HELLO! My name is ".$this->name;
9:      }
10: }
11: $object1 = new myClass();
12: $object1->setName("Julie");
13: $object1->sayHello();
14: ?>
```

如果把这段代码保存为helloclass3.php，将其放置在文档根目录下，使用Web浏览器访问它，将会看到如下的显示结果。

```
HELLO! My name is Julie
```

为什么？因为在第4～6行中，创建了一个名为setName()的新函数。当在第12行调用它的时候，它把$name的值修改为Julie。因此，当在第13行调用sayHello()函数的时候，它查找$this->name，它使用了 Julie，这是刚刚由 setName()函数设置的新值。换句话说，一个对象能够修改自己的属性，在这个例子中，就是$name 变量。

13.8.3 构造方法

构造方法（constructor）是存在于类中的一个函数，它和类同名，当使用 new classname 创建类的一个新实例的时候，自动调用构造方法。使用构造方法，我们能够为类提供参数，当类调用的时候，参数就会立即处理。我们将在下一节看到关于对象继承的构造方法的应用。

13.9 对象继承

学习了对象、属性和方法的基础之后，我们可以开始看看对象继承。和类相关的继承是名副其实的，一个类可以从其父类那里继承功能。程序清单 13.21 给出了一个例子。

程序清单 13.21　继承其父类的一个类

```
1: <?php
2: class myClass {
3:    public $name = "Benson";
4:    public function myClass($n) {
5:        $this->name = $n;
6:    }
7:    public function sayHello() {
8:        echo "HELLO! My name is ".$this->name;
9:    }
10: }
11: class childClass extends myClass {
12: //code goes here
13: }
14: $object1 = new childClass("Baby Benson");
15: $object1->sayHello();
16: ?>
```

如果把这段代码保存为 inheritance.php，将其放置在文档根目录下，使用 Web 浏览器访问它，将会看到如下的显示结果。

```
HELLO! My name is Baby Benson
```

第 4~6 行就是一个构造函数。注意，这个函数的名字和包含它的类的名字相同，都是 myClass。第 11~13 行又定义了一个类，即 childClass，它没有包含代码。这是不错的，因为在本例中，它的意义只在于展示从父类的继承。继承通过使用 extends 子句来发生，如第 11 行所示。由于使用了这个子句，第二个类继承了第一个类的元素。

最后一个例子展示了子类如何覆盖父类的方法，参见程序清单 13.22。

程序清单 13.22　子类的方法覆盖了父类的方法

```
1: <?php
2: class myClass {
3:    public $name = "Benson";
```

```
 4:     public function myClass($n) {
 5:          $this->name = $n;
 6:     }
 7:     public function sayHello() {
 8:          echo "HELLO! My name is ".$this->name;
 9:     }
10: }
11: class childClass extends myClass {
12:     public function sayHello() {
13:          echo "I will not tell you my name.";
14:     }
15: }
16: $object1 = new childClass("Baby Benson");
17: $object1->sayHello();
18: ?>
```

和程序清单 13.21 中的代码相比，这段代码唯一的改变就在于第 12～14 行。在这些行中，创建了一个名为 sayHello()的函数，显示了消息"I will not tell you my name"，而不是显示"HELLO! My name is…"。现在，由于 sayHello()函数存在于 childClass 中，而 childClass 是第 16 行所调用的类，那么，就使用它的 sayHello()版本。

如果把这段代码保存为 inheritance2.php，将其放置在文档根目录下，使用 Web 浏览器访问它，将会看到如下的显示结果。

```
I will not tell you my name
```

就像面向对象程序设计的大多数要素一样，当试图让代码变得更灵活的时候，继承是有用的。假设你创建了一个文本格式化类，它组织和存储数据并在 HTML 中格式化它们，并且将结果输出到浏览器，于是你拥有了个人的杰作。现在，假设有一个客户想要使用这一想法，但是他需要把内容格式化为纯文本并保存到一个文本文件中，而不是把内容格式化为 HTML 并发送给浏览器。没问题，只需要添加几个方法和属性，然后就完事了。最后，那位客户跑来说他其实想要把数据格式化并作为一封 E-mail 发送。这是怎么搞得，为什么没有创建 XML 格式化文件呢？

尽管你可能灰心丧气，但其实这并不是什么难事。如果把编译和存储类与格式化类分隔开，对于每一种发布方法（HTML、文本、Email 和 XML）都是如此，你就基本拥有了一个父类—子类关系。包含编译和存储方法的那个是父类。负责格式化的是子类，它们从父类继承信息并且根据自己的功能来输出结果。于是所有人都满意了。

13.10　转换流程

PHP 脚本中充满了函数、对象，以及控制输入和输出的逻辑。计算条件并因此改变自己的操作，这对于脚本来说是很常见的。这些判断使 PHP 页面变得动态——也就是说，能够根据情况改变输出。和大多数程序设计语言一样，PHP 允许你用 if 语句来做到这一点。

13.10.1　if 语句

if 语句是一种控制跟在其后面的语句（即一个单个的语句或在括号内的代码块）执行的

方法。if 语句计算括号之内的表达式——如果这个表达式结果为 true，执行后续语句，否则完全跳过语句。这个功能允许脚本根据多种因素来做判断。

```
if (expression) {
    // code to execute if the expression evaluates to true
}
```

只有当变量包含字符串 "happy" 时，程序清单 13.23 才执行代码块。

程序清单 13.23　if 语句

```
1: <?php
2: $mood = "happy";
3: if ($mood == "happy") {
4:     echo "Hooray! I'm in a good mood!";
5: }
6: ?>
```

在第 2 行，把 "happy" 赋给变量$mood。在第 3 行，比较运算符==把变量$mood 的值与字符串 "happy" 做比较。如果它们匹配，表达式计算为 true，接着执行后续代码，直到遇到结束的花括号（在本例中的第 5 行）。

把这些代码放到名为 testif.php 的文本文件中，并把文件放到 Web 服务器文档根目录下。当通过 Web 浏览器访问这个脚本时，产生如下的输出。

```
Hooray! I'm in a good mood!
```

如果你把$mood 的值改为 "sad" 或者除了 "happy" 以外的其他字符串，再次运行这个脚本，if 语句中的表达式将计算为 false，导致忽略后续代码块。这个脚本什么都不做，它将引导我们到 else 子句。

13.10.2　使用 else 子句的 if 语句

当使用 if 语句时，你可能想定义一个可供选择的代码块，如果测试表达式计算为 false，那么执行这个代码块。通过把 else 添加到后面跟着其他代码块的 if 语句中，可以实现这一点。

```
if (expression) {
    // code to execute if the expression evaluates to true
} else {
    // code to execute in all other cases
}
```

程序清单 13.24 完善了程序清单 13.23 中的示例，因此，如果$mood 的值不等于 "happy" 将执行一个默认代码块。

程序清单 13.24　使用 else 的 if 语句

```
1: <?php
2: $mood = "sad";
3: if ($mood == "happy") {
4:     echo "Hooray! I'm in a good mood!";
```

```
5: } else {
6:     echo "I'm in a $mood mood.";
7: }
8: ?>
```

把这些代码放到名为 testifelse.php 的文本文件中，并将文件放到 Web 服务器文档根目录下。当使用 Web 浏览器访问这些脚本时，产生如下的输出。

```
I'm in a sad mood.
```

注意，在第 2 行，$mood 被赋予的值是字符串 "sad"，显然不等于 "happy"，所以第 3 行的 if 语句的表达式计算为 false。这导致跳过了第一个代码块（第 4 行），而执行 else 后面的代码块并显示另一个供选择的信息：I'm in a sad mood。字符串 "sad" 是赋给变量$mood 的值。

使用一个与 if 语句联合的 else 子句，允许脚本进行有关代码执行的判断。然而，这种选择受限于 either-or 分支：要么执行跟在 if 语句后面的代码块，要么执行跟在 else 语句后面的代码块。现在我们将学习用于计算多个表达式的另一种选择，这些表达式是一个接一个的。

13.10.3　使用带有 elseif 子句的 if 语句

提供一个默认代码块（elseif 部分）之前，你可以使用一个 if...elseif...else 子句来测试多个表达式（if...else 部分）。

```
if (expression) {
    // code to execute if the expression evaluates to true
} elseif (another expression) {
    // code to execute if the previous expression failed
    // and this one evaluates to true
} else {
    // code to execute in all other cases
}
```

如果最初的 if 表达式结果不为 true，那么将跳过第一个代码块。elseif 子句给出另一个表达式来计算，如果这个表达式计算为 true，则执行它对应的代码块。否则，执行与 else 子句关联的代码块。你可以包含任意多个 elseif 子句，并且如果不需要一个默认操作，可以省略 else 子句。

> **提示：**
>
> elseif 子句也可以写成两个单词（else if）。采用哪种语法是个人喜好问题，但是 PEAR（PHP extension and application repository，PHP 扩展与应用库）和 PECL（PHP extension community library，PHP 扩展公用库）所采用的编码标准都使用 elseif。

程序清单 13.25 在前一个示例中添加了 elseif 子句。

程序清单 13.25　使用 else 和 elseif 的 if 语句

```
1:  <?php
2:  $mood = "sad";
```

```
 3:  if ($mood == "happy") {
 4:      echo "Hooray! I'm in a good mood!";
 5:  } elseif ($mood == "sad") {
 6:      echo "Awww. Don't be down!";
 7:  } else {
 8:      echo "I'm neither happy nor sad, but $mood.";
 9:  }
10: ?>
```

把$mood 变量再次赋值为"sad"，如第 2 行所示。因为这个值与"happy"不相等，所以第 4 行的代码被跳过。第 5 行的 elseif 子句检测$mood 的值与"sad"是否相等，在这个示例中结果为 true，因此执行第 6 行的代码。从第 7 行到第 9 行，提供了一个默认操作，如果前面的测试条件全都是 false，那么将调用这个操作。在这个示例中，我们只简单地显示一条消息，其中包含$mood 变量的实际值。

把上述代码放到名为 testifelseif.php 的文本文件中，并把文件放到 Web 服务器文档根目录下。当通过 Web 浏览器访问这个脚本时，产生如下的输出。

```
Awww. Don't be down!
```

将$mood 的值改为"iffy"并运行这个脚本，将产生如下的输入。

```
I'm neither happy nor sad, but iffy.
```

13.10.4　switch 语句

switch 语句是另一种根据表达式的结果改变流程的方法。正如你已经看到的，使用 if 和 elseif 语句可以计算多个表达式。然而，switch 语句只计算一个表达式列表，基于匹配代码的一个特定位来选择正确的一个。作为 if 语句一部分的表达式的结果要么是 true 要么是 false，而 switch 语句的表达式部分则是连续检测很多值，希望找到一个匹配的值。

```
switch (expression) {
    case result1:
        // execute this if expression results in result1
        break;
    case result2:
        // execute this if expression results in result2
        break;
    default:
        // execute this if no break statement
        // has been encountered hitherto
}
```

switch 语句中的表达式通常只是一个变量，例如$mood。在 switch 语句中，你会发现很多的条件语句。每一个条件都检测一个值是否与 switch 表达式的值匹配。如果条件值等于表达式的值，执行条件语句中的代码。最后，break 语句将结束 switch 语句的执行。

如果省略了 break 语句，那么将顺序执行下一个条件语句，而不管前一个匹配的值是否已经找到。如果在执行到可选的默认语句之前还没有找到一个匹配的值，那么执行默认语句。

> **注意：**
> 在作为条件语句的一部分执行的任何代码的最后，包含一条 break 语句，这是很重要的。没有 break 语句，程序流程将继续下一个条件语句，并最终到达默认语句。在大多数情况下，这将导致一个无法预计的结果，而这个结果很可能是错误的！

程序清单 13.26 使用 switch 语句重新创建了 if 语句示例的功能。

程序清单 13.26　switch 语句

```
 1: <?php
 2: $mood = "sad";
 3: switch ($mood) {
 4:     case "happy":
 5:         echo "Hooray! I'm in a good mood!";
 6:         break;
 7:     case "sad":
 8:         echo "Awww. Don't be down!";
 9:         break;
10:     default:
11:          echo "I'm neither happy nor sad, but $mood.";
12:          break;
13: }
14: ?>
```

在第 2 行把$mood 变量的值初始化为 "sad"。第 3 行的 switch 语句将这个变量作为它的表达式。第 4 行的第一个条件语句检测 "happy" 与变量$mood 的值是否相等。在本示例中两者并不匹配，所以脚本执行到第 7 行的第二个条件语句。字符串 "sad" 与$mood 变量的值相等，所以执行这个代码块。第 9 行的 break 语句结束这个过程。第 10 行到第 12 行提供了一个默认操作，当前面的条件结果没有一个为 true 时执行它。

把上述代码放到名为 testswitch.php 的文本文件中，并把文件放到 Web 服务器文档根目录下。当用 Web 浏览器访问这个脚本时，产生如下的输出。

```
Awww. Don't be down!
```

把$mood 的值改为 "happy" 并运行脚本，将产生如下的输出。

```
Hooray! I'm in a good mood!
```

为了强调 break 语句的重要性，尝试运行没有第二个 break 语句的这个脚本。确保把$mood 的值改回为 "sad" 并且运行该脚本，输出如下。

```
Awww. Don't be down! I'm neither happy nor sad, but sad.
```

这肯定不是我们想要的输出，所以要确定在适当的地方包含 break 语句！

13.10.5　使用?:运算符

?:或三元操作符与 if 语句类似，只不过它返回一个值，这个值源自使用冒号分隔开的两个表达式中的一个。这个结构为你提供了作为一个整体的三部分，因此得名三元操作符。表达式通常根据测试表达式的结果来产生返回值。

```
(expression) ? returned_if_expression_is_true : returned_if_expression_is_false;
```

如果测试表达式计算为 true，返回第二个表达式的值，否则返回第三个表达式的值。程序清单 13.27 使用三元操作符根据$mood 的值设置变量的值。

程序清单 13.27　使用？：运算符

```
1: <?php
2: $mood = "sad";
3: $text = ($mood == "happy") ? "I am in a good mood!" : "I am in a $mood mood.";
4: echo "$text";
5: ?>
```

在第 2 行，把$mood 设为"sad"。在第 3 行，测试$mood 与字符串"happy"是否相等。因为测试返回 false，所以返回三元操作符的第三个表达式的结果。

把上述代码放到名为 testtern.php 的文本文件中，并把文件放到 Web 服务器文档根目录下。当用 Web 浏览器访问这个脚本时，产生如下输出。

```
I am in a sad mood.
```

三元操作符很难理解，但是，如果你只处理两个选择并想用简洁的代码来完成，它就派上用场了。

13.11　实现循环

迄今为止，我们已经看到了脚本可以做出和执行什么代码相关的判断。脚本还可以判定执行一个代码块多少次。循环语句专门设计来允许你完成重复任务，因为它们继续操作直到达到一个指定条件或直到显式地选择退出循环。再一次，这些结构和你在前面各章中所学习的 JavaScript 中关于循环的内容是相似的。

13.11.1　while 语句

while 语句看上去和一个基本的 if 语句结构类似，但它有循环的能力。

```
while (expression) {
      // do something
}
```

和 if 语句不同，while 语句只要在表达式结果为 true 的情况下就执行，即如果需要会一再地执行。循环中代码块的每次执行都叫作一次迭代（iteration）。在代码块中，通常会改变某个影响 while 语句的表达式的值；否则，循环将永远继续。例如，可以用一个变量来计算迭代的次数，并据此采取相应的操作。程序清单 13.28 创建一个 while 循环，计算并显示 2 的倍数直到 24。

程序清单 13.28　while 语句

```
1: <?php
2: $counter = 1;
3: while ($counter <= 12) {
4:     echo $counter . " times 2 is " . ($counter * 2) . "<br>";
5:     $counter++;
6: }
7: ?>
```

在这个示例中，第 2 行初始化变量$counter，将其值设置为 1。第 3 行的 while 语句检验$counter 变量，在$counter 的值小于或等于 12 时，循环将继续运行。在 while 语句的代码块中，$counter 的值乘以 2，并且把结果显示到浏览器中。在第 5 行，$counter 的值每次增加 1。这一步非常重要，因为如果不增加变量$counter 的值，while 表达式将决不会转变为 false，循环将永不停止。

把上述代码放到名为 testwhile.php 的文本文件中，并把文件放到 Web 服务器文档根目录下。当用 Web 浏览器访问这个脚本时，产生如下的输出。

```
1 times 2 is 2
2 times 2 is 4
3 times 2 is 6
4 times 2 is 8
5 times 2 is 10
6 times 2 is 12
7 times 2 is 14
8 times 2 is 16
9 times 2 is 18
10 times 2 is 20
11 times 2 is 22
12 times 2 is 24
```

13.11.2　do...while 语句

do...while 语句看起来有点像 while 语句在开始的地方打开了开关。两者之间的主要差别是 do...while 语句在表达式真值检测之前执行代码块，而不是在表达式真值检测之后执行代码块。

```
do {
    // code to be executed
} while (expression);
```

提示：

do...while 语句的测试表达式应该始终以一个分号结束。

当我们希望代码块至少执行一次时，即便是 while 表达式计算为 false 的时候也如此，do...while 语句就很有用。程序清单 13.29 创建了一个 do...while 语句。这个代码块至少执行一次。

程序清单 13.29　do...while 语句

```
1: <?php
2: $num = 1;
```

```
3: do {
4:     echo "The number is: " . $num . "<br>";
5:     $num++;
6: } while (($num > 200) && ($num < 400));
7: ?>
```

do…while 语句检测$num 变量是否包含一个大于 200 且小于 400 的值。在第 2 行，我们把$num 初始化为 1，所以这个表达式的结果为 false。但是，在计算表达式之前至少执行代码块一次，所以 do…while 语句在浏览器中显示一个单独的行。

把上述代码放到名为 testdowhile.php 的文本文件中，并把文件放到 Web 服务器文档根目录下。当用 Web 浏览器访问这个脚本时，产生如下的输出。

```
The number is: 1
```

如果在第 2 行把$num 的值改为像 300 这样的值并运行脚本，循环显示如下。

```
The number is: 300
```

并且将随着数字递增继续显示类似的行，直到显示如下。

```
The number is: 399
```

13.11.3　for 语句

想用 for 语句做的任何事情也可以用 while 语句来实现，但是 for 语句通常是达到同样效果的更高效的方法。在程序清单 13.28 中，我们看到了如何在 while 语句之外初始化变量，接着检测 while 语句的表达式并在后续代码块中递增变量。for 语句也可以做这样的一系列事情，而且就在一个单个的代码行中。这使代码更简洁，并且较少发生类似由于忘记递增变量计数器而导致一个无限循环的情况。

```
for (initialization expression; test expression; modification expression) {
    // code to be executed
}
```

> **提示：**
> 无限循环，顾名思义，是没有限制地运行的循环。如果循环正在无限运行，脚本将运行无限长时间。这种行为对 Web 服务器造成了很大的压力并且导致网页不可用。

for 语句的圆括号内的表达式用分号分隔开。通常，第一个表达式初始化一个计数器变量，第二个表达式是循环的检测条件，第三个表达式递增计数器变量。程序清单 13.30 展示了重新创建程序清单 13.28 中的示例的 for 语句，这个示例是用 2 乘以 12 个数字。

程序清单 13.30　使用 for 语句

```
1: <?php
2: for ($counter = 1; $counter <= 12; $counter++) {
3:     echo $counter . " times 2 is " . ($counter * 2) . "<br>";
4: }
5: ?>
```

把上述代码放到名为 testfor.php 的文本文件中，并把文件放到 Web 服务器文档根目录下。当用 Web 浏览器访问这个脚本时，产生如下的输出。

```
1 times 2 is 2
2 times 2 is 4
3 times 2 is 6
4 times 2 is 8
5 times 2 is 10
6 times 2 is 12
7 times 2 is 14
8 times 2 is 16
9 times 2 is 18
10 times 2 is 20
11 times 2 is 22
12 times 2 is 24
```

程序清单 13.28 和程序清单 13.30 的结果完全一样，但是 for 语句使得程序清单 13.30 中的代码更加简洁。因为在语句一开始就初始化$counter 变量并递增，循环的逻辑一目了然。也就是，正如第 2 行看到的，第一个表达式初始化$counter 变量并赋值为 1，测试表达式验证$counter 包含一个小于或等于 12 的值，并且最后的表达式使$counter 变量递增。这些表达式中的每一个都包含在代码的单独一行中。

当脚本执行的顺序到达 for 循环时，初始化$counter 变量并计算测试表达式。如果表达式的结果为 true，则执行代码块。接着递增$counter 变量并再次计算测试表达式。这个过程一直持续到测试表达式的结果为 false。

13.11.4 用 break 语句跳出循环

while 语句和 for 语句都包含了一个可以用来结束循环的内建表达式。然而，break 语句允许你根据补充测试的结果来跳出循环，这为预防错误提供了一种保护措施。程序清单 13.31 创建了一个简单的 for 语句，它用一个很大的数除以一个递增的变量，在屏幕上输出结果。

程序清单 13.31 用递增到 10 的数来除 4000 的 for 循环

```
1: <?php
2: for ($counter = 1; $counter <= 10; $counter++) {
3:     $temp = 4000 / $counter;
4:     echo "4000 divided by " . $counter . " is..." . $temp . "<br>";
5: }
6: ?>
```

在第 2 行，这个示例初始化$counter 变量并赋值为 1。for 语句中的测试表达式验证$counter 的值小于或等于 10。在代码块中，4000 除以$counter，并把结果显示到浏览器中。

把上述代码放到名为 testfor2.php 的文本文件中，并把文件放到 Web 服务器文档根目录下。当用 Web 浏览器访问这个脚本时，产生如下的输出。

```
4000 divided by 1 is... 4000
4000 divided by 2 is... 2000
4000 divided by 3 is... 1333.33333333
4000 divided by 4 is... 1000
4000 divided by 5 is... 800
```

```
4000 divided by 6 is... 666.666666667
4000 divided by 7 is... 571.428571429
4000 divided by 8 is... 500
4000 divided by 9 is... 444.444444444
4000 divided by 10 is... 400
```

这似乎已经够直接了。但是如果你放入到$counter 的值来自用户的输入呢？这个值可能是一个负数，甚至是一个字符串。让我们回头看第一个示例，用户输入了一个负数。把$counter 的初始值从 1 改变为-4，当第 5 次执行代码块时将发生 4000 除以 0。对于你的程序来说，被 0 除通常不是一个好主意，因为这样的操作导致的结果是"undefined"。如果变量$counter 的值等于零，程序清单 13.32 通过跳出循环防止了这种情况的发生。

程序清单 13.32　使用 break 语句

```
1: <?php
2: $counter = -4;
3: for (; $counter <= 10; $counter++) {
4:     if ($counter == 0) {
5:         break;
6:     } else {
7:         $temp = 4000/$counter;
8:         echo "4000 divided by " . $counter . " is... " . $temp . "<br>";
9:     }
10: }
11 ?>
```

> **提示：**
> 在 PHP 里用一个数除以零不会导致一个致命的错误。相反，PHP 产生一个警告并继续执行。

如第 4 行所示，我们使用了一个 if 语句，试图在数学运算中使用这个值之前，检测$counter 的值。如果$counter 的值等于零，那么 break 语句立即停止执行代码块，并且程序将在 for 语句（第 11 行）之后继续执行。

把上述代码放到名为 testfor3.php 的文本文件中，并把文件放到 Web 服务器文档根目录下。当用 Web 浏览器访问这个脚本时，产生如下的输出。

```
4000 divided by -4 is... -1000
4000 divided by -3 is... -1333.33333333
4000 divided by -2 is... -2000
4000 divided by -1 is... -4000
```

注意，变量$counter 在第 2 行初始化，并不在 for 语句中的圆括号内。这个方法通常用来模拟一种情况，其中$counter 的值在脚本之外设定。

> **提示：**
> 你甚至可以省略 for 语句中的所有表达式，但是必须保留分隔的分号。

13.11.5　用 continue 语句跳过迭代

continue 语句结束当前迭代的执行，但不会导致整个循环结束。相反，立即开始下一个迭代。程序清单 13.32 中使用 break 语句有一点过激，在程序清单 13.33 中使用 continue 语句，不用完全结束循环就可以避免除以 0 的错误。

程序清单 13.33　使用 continue 语句

```
1:  <?php
2:  $counter = -4;
3:  for (; $counter <= 10; $counter++) {
4:      if ($counter == 0) {
5:          continue;
6:      }
7:      $temp = 4000 / $counter;
8:      echo "4000 divided by " . $counter . " is... " . $temp . "<br>";
9:  }
10: ?>
```

第 5 行，我们用 continue 语句替换了 break 语句。如果变量 $counter 的值等于 0，跳过当前迭代并立即开始下一次迭代。

把上述代码放到名为 testcontinue.php 的文本文件中，并把文件放到 Web 服务器文档根目录下。当用 Web 浏览器访问这个脚本时，产生如下的输出。

```
4000 divided by -4 is... -1000
4000 divided by -3 is... -1333.33333333
4000 divided by -2 is... -2000
4000 divided by -1 is... -4000
4000 divided by 1 is... 4000
4000 divided by 2 is... 2000
4000 divided by 3 is... 1333.33333333
4000 divided by 4 is... 1000
4000 divided by 5 is... 800
4000 divided by 6 is... 666.666666667
4000 divided by 7 is... 571.428571429
4000 divided by 8 is... 500
4000 divided by 9 is... 444.44444444444
4000 divided by 10 is... 400
```

注意：
使用 break 和 continue 语句将让代码变得更难以阅读，因为这增加了包含它们的循环语句的逻辑层次的复杂性。小心地使用这些语句，或者对展示给其他程序员（或者你自己）的代码添加注释，说清楚你使用这些语句所要达到的目的。

13.11.6　嵌套循环

循环还可以包含其他的循环语句，只要逻辑有效且循环完整。当动态创建 HTML 表格时，这些语句的组合特别有用。程序清单 13.34 使用两个 for 语句在浏览器中显示一个乘法表。

程序清单 13.34　嵌套两个 for 循环

```
1:  <?php
```

```
2: echo "<table style=\"border: 1px solid #000;\"> \n";
3: for ($y = 1; $y <= 12; $y++) {
4:    echo "<tr> \n";
5:    for ($x = 1; $x <= 12; $x++) {
6:        echo "<td style=\"border: 1px solid #000; width: 25px;
7:                text-align:center;\">";
8:        echo ($x * $y);
9:        echo "</td> \n";
10:   }
11:   echo "</tr> \n";
12: }
13: echo "</table>";
14: ?>
```

在检验 for 循环之前，让我们仔细看看程序清单 13.34 中的第 2 行。

```
echo "<table style=\"border: 1px solid black;\"> \n";
```

注意，在包含表格样式信息的字符串中的每个引号之前，我们使用了反斜杠（\）。这些反斜杠也出现在第 6 行和第 7 行中的表格数据单元的样式信息中。这是必要的，因为它告诉 PHP 引擎我们想要使用引号字符，而不是让 PHP 把它解释成字符串的开始或结束。如果没有用反斜杠字符将引号转义，该语句对于引擎来说就没有意义了，因为引擎将把语句理解为一个字符串后面跟着一个数字，数字后面再跟着另一个字符串。这样一个结构可能产生错误。也是在这行，我们使用\n 表示换行字符，一旦将它提交给浏览器，源程序将更容易理解。

外层的 for 语句（第 3 行）初始化一个名为$y 的变量，并为它赋予初始值 1。这个 for 语句定义一个准备验证$y 的值小于或等于 12 的表达式，接着定义一个将要用到的增量。在每次迭代中，代码块输出一个 tr（表格行）的 HTML 元素（第 4 行）并开始内层 for 语句（第 5 行）。这个内层循环初始化一个名为$x 的变量，并且定义了和外循环一致的表达式。对于每次迭代，内循环输出一个 td（表格单元格）元素到浏览器（第 6 行和第 7 行），还输出$x 乘以$y 的结果（第 8 行）。在第 9 行，我们关闭表格单元格。内层的循环完成后，我们退回到外面的循环，在第 11 行结束表格行，准备再次开始这个过程。当外层循环完成时，显示一个整齐的带格式的乘法表。我们在第 13 行通过结束表来把所有表格信息包起来。

把上述代码放到名为 testnestfor.php 的文本文件中，并把文件放到 Web 服务器文档根目录下。当用 Web 浏览器访问这个脚本时，产生如图 13.8 所示的输出。

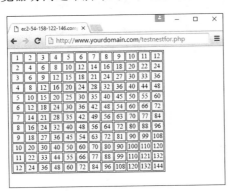

图 13.8

testnestfor.php 的输出

13.12 小结

在本章中，我们见到了很多的代码示例并学习了很多知识。本章介绍了有关函数的知识，以及如何使用它们。我们学习了如何定义函数并向函数传递参数，如何使用 global 和 static 语句，如何向函数传递引用，以及如何为函数参数创建默认值。最后，我们学习了测试函数的存在性。

我们学习了面向对象编程的很多基础知识。我们学习了通过面向对象编程，创建类和实例化的对象，并且学习了如何创建和访问一个类的属性和方法，如何构建新的类，以及如何从父类继承特性。

在本章中，我们学习了控制结构以及能帮助我们把脚本变得更灵活、更动态的方法。这些结构中的大多数将在本书后续部分中经常出现。我们现在应该学会了足够的基础来自己编写做判断和执行重复任务的脚本。

13.13 问与答

Q：可以在一个双引号或单引号字符串中包含一个函数调用吗，就像我们对一个变量所做的那样？

A：不可以。我们必须在引号外调用函数。然而，我们可以把一个字符串分开，并且把函数调用放在字符串之间，使用连接操作符把它们连接起来，示例如下。

```
$newstring = "I purchased" . numPurchase($somenum) . " items.";
```

Q：如果我们调用一个不存在的函数，或者我们用一个已经使用的名字来声明一个函数，会发生什么情况？

A：调用一个不存在的函数或者使用和其他已有的函数同样的名字来声明一个函数，将会导致脚本停止执行。浏览器中是否显示一条错误消息，取决于你的 php.ini 文件中的错误设置。

Q：控制结构的测试表达式必然产生一个布尔值吗？

A：基本上是的，但在测试表达式的上下文中，把零、一个未定义的变量或者一个空字符串转换为 false。所有的其他值将计算为 true。

Q：控制语句中代码块必须总是使用方括号括起来吗？

A：如果想要执行的代码作为控制结构的一部分，且这个控制结构仅由一个单独的行组成，那么可以省略方括号。然而，不管结构的长度有多长，总是使用开始和结束的方括号是一个好习惯。

13.14 测验

这个实践练习设计用来帮助你预测可能的问题、复习已经学过的知识，并且开始把知识用于实践。

13.14.1　问题

1. 判断对错：如果一个函数不需要一个参数，你可以在函数调用中省略括号。

2. 如何从函数返回一个值？

3. 如何声明一个名为 emptyClass 的类，它没有方法也没有属性？

4. 如果一个变量声明为 private，那么，它可以在哪里使用？

5. 如果一个整数变量$age 介于 18 到 35 之间，你将如何使用 if 语句来向浏览器输出字符串"Youth message"？如果$age 包含任何其他的值，字符串"Generic message"将显示在浏览器上。

13.14.2　解答

1. 这句话是错的。我们必须总是在函数调用中包含括号，无论是否向函数传递参数。

2. 必须使用 return 关键字。

3. 使用 class 关键字即可。

```
class emptyClass {
}
```

4. 声明为 private 的变量只能在类自身中使用。

5.

```
$age = 22;
if (($age >= 18) && ($age <= 35)) {
    echo "Youth message";
} else {
    echo "Generic message";
}
```

13.14.3　练习

创建一个函数，它接受 4 个字符串变量并且返回一个字符串，其中包含了一个 HTML 表格元素，把每个变量都放置在自己的单元格中。

➢ 创建一个名为 baseCalc()的类，它存储了两个数字作为属性。接下来，创建一个名为 calculate()的方法，它向浏览器打印出这两个数字。

➢ 现在，创建名为 addCalc()、subCalc()、mulCalc()和 divCalc()的类，它们从 baseCalc()继承功能，但是覆盖了 calculate()方法，然后，向浏览器打印出正确的加和。

第 14 章

使用 cookie 和用户会话

在本章中，你将学习以下内容：

➢ 如何存储和获取 cookie 信息；

➢ 什么是会话变量以及它们如何工作；

➢ 如何开始或继续一个会话；

➢ 如何在一个会话中存储变量；

➢ 如何销毁一个会话；

➢ 如何重新设置会话变量；

➢ 浏览器的本地和会话存储之间有何区别。

在 HTTP（Hypertext Transfer Protocol，超文本传输协议，或者说，这就是 Web 上传输数据的方式）控制的网络世界上，cookie 和会话是存储和传输小的信息片段的一种方式，而这些信息专门用于帮助你通信。例如，当你花时间浏览一个网上购物商店的时候，Web 浏览器中存储的一些文本表明了你的行为，例如，将一些属于你的商品添加到购物车中。

JavaScript 和 PHP 都包含了内置的语言功能来管理和记录用户信息，包括简单的 cookie 和完整的用户会话。

14.1 cookie 简介

我们可以和 PHP 脚本一起使用 cookie 来存储一些关于用户的较小的信息。cookie 是由用户浏览器存储的少量数据，它和一个来自服务器或脚本的请求相一致。通过一个用户的浏览器，一个单个的主机可以请求保存 20 个 cookie。每个 cookie 包含一个名字、值和过期日期，以及主机和路径信息。一个单个的 cookie 的大小限制是 4kB。

在设置了 cookie 之后，只有发出请求的主机能够读取数据，这就保证了用户隐私得到尊重。另外，用户可以配置自己的浏览器通知他接受或是拒绝所有 cookie 的请求。因此，cookie 应该适度地使用，并且在没有设计事先警告用户的一个环境中，不应该作为一个基本元素而依赖。

14.1.1　深入了解一个 cookie

JavaScript 和 PHP 脚本都能够发送 cookie，并且该信息的底层结构通过 HTTP 的标头来发送。HTTP 标头如下所示。

```
HTTP/1.1 200 OK
Date: Sat, 15 Jul 2017 10:50:58 GMT
Server: Apache/2.4.18 (Ubuntu) PHP/7.1.6
X-Powered-By: PHP/7.1.6
Set-Cookie: vegetable=artichoke; path=/; domain=.yourdomain.com
Connection: close
Content-Type: text/html
```

这个示例是专门展示通过 PHP 发送一个 cookie 的，但是，所发送的信息的类型是相同的。在这个示例中，Set-Cookie 标头包含了一个名/值对、一个路径和一个域。如果设置了 expiration字段，它会提供浏览器在哪个日期"忘记" cookie 的值。如果没有设置过期日期（就像这个示例中所示的那样），当用户会话过期的时候，也就是当用户关掉浏览器的时候，cookie 就过期了。

path 字段和 domain 字段协同工作，因为 path 是找到 domain 的一个目录，cookie 应该送回给服务器的这个目录下面。如果路径是"/"，这是很常见的值，意味着 cookie 可以由文档根目录下的任何文件读取。如果路径是"/products/"，这个 cookie 只能够被 Web 站点的/products目录下的文件读取。

domain 字段表示允许基于 cookie 的通信所来自的 Internet 域。例如，如果我们的域是www.yourdomain.com，并且使用 www.yourdomain.com 作为 cookie 的 domain 值，只有在浏览www.domain.com 的时候，cookie 才是有效的。如果在用户浏览的过程中，我们发送给用户诸如www2.domain.com 或 billing.domain.com 的某个域，这可能会引发一个问题，因为最初的 cookie 不再有效。因此，在 cookie 定义中的 domain 项中只是以点开头，而省略掉主机，例如.domain.com，这种方法是很常见的。按照这种方法，cookie 将会对"yourdomain.com"域上的所有主机都有效。

14.1.2　访问 cookies

如果 Web 浏览器配置为存储 cookie，它将保持基于 cookie 的信息直到过期日期。如果用户使用浏览器浏览符合 cookie 的路径和域的任何页面，它将会把 cookie 重新发送给服务器。浏览器的标头可能会如下所示。

```
GET / HTTP/1.1
Connection: Keep-Alive
Mozilla/5.0 (Windows NT 10.0; WOW64) AppleWebKit/537.36 (KHTML, like Gecko)
Chrome/51.0.2704.106 Safari/537.36
Host: www.yourdomain.com
```

```
Accept: text/html,application/xhtml+xml,application/xml;q=0.9,image/webp,*/*;q=0
Accept-Encoding: gzip, deflate, sdch
Accept-Lanquaqe: en-US
Cookie: vegetable=artichoke
```

随后，一个 PHP 脚本将能够访问 cookie，cookie 在环境变量 HTTP_COOKIE 中或者作为 $_COOKIE 超全局变量的一部分，我们可以用如下 3 种方式来访问它们。

```
echo $_SERVER['HTTP_COOKIE']; // will print "vegetable=artichoke"
echo getenv('HTTP_COOKIE'); // will print "vegetable=artichoke"
echo $_COOKIE['vegetable']; // will print "artichoke"
```

在 JavaScript 中，可以通过 document.cookie 访问 cookie，这会返回和 Web 浏览器中加载的当前文档相关的所有 cookies。假设你要在自己的代码中放入如下的一段 JavaScript：

```
console(document.cookie);
```

在这种情况下，它将会浏览器的控制台窗口打印出 cookie 的内容（在这个例子中，就是 vegetable=artichoke），控制台窗口通常是可以通过浏览器的 Developer Tools 访问的（请查看你的浏览器的 Help 菜单）。

14.2　设置一个 cookie

在本节中，我们将学习如何在 PHP 以及 JavaScript 中设置 cookie。以任何一种编程语言设置的 cookie，完全可以被另一种语言访问（也可以被这里没有提及的语言访问），因为这些信息最终被存储在 Web 浏览器中，并且附加给任何发出的服务器端或客户端请求。换句话说，cookie 如何存储在那里是无关紧要的，但是一旦它们在那里，就可以读取它们。

我们可以用两种方法在一个 PHP 脚本中设置一个 cookie。首先，用 header() 函数来设置 Set-Cookie 标头。header() 函数需要一个字符串，该字符串随后将包含到服务器响应的标头部分。由于标头会为你自动发送，header() 必须在发送给浏览器的任何输出之前调用。

```
header("Set-Cookie: vegetable=artichoke; expires=Sat, 15-Jul-2017 13:00:00 GMT;
path=/; domain=.yourdomain.com");
```

尽管没什么困难，这种设置 cookie 的方法还是需要我们编写一个函数来构建标头字符串。像这个例子那样格式化日期并对名/值对进行 URL 编码并不是特别艰难的任务，但它是一项重复性的工作，因而 PHP 提供了一个函数，这就是 setcookie()。

setcookie() 函数所做的事情就像它的名字所显示的那样，它输出一个 Set-Cookie 标头。因此，它应该在任何其他内容发送给浏览器之前调用。这个函数接受 cookie 名字、cookie 值、UNIX 时间戳格式的过期日期、路径、域，以及一个整数，如果 cookie 仅通过一个安全的连接发送的话，这个整数的值设置为 1。除了第一个参数（cookie 名字）以外，这个函数的所有参数都是可选的。

程序清单 14.1 使用 setcookie() 函数设置一个 cookie。

程序清单 14.1　设置并显示一个 cookie 值

```
1: <?php
2: setcookie("vegetable", "artichoke", time()+3600, "/", ".yourdomain.com", 0);
3:
```

```
4: if (isset($_COOKIE['vegetable'])) {
5:   echo "<p>Hello again! You have chosen: ".$_COOKIE['vegetable'].".</p>";
6: } else {
7:   echo "<p>Hello, you. This may be your first visit.</p>";
8: }
9: ?>
```

即便我们在脚本第一次运行的时候设置 cookie（在第 2 行），$_COOKIE ['vegetable']变量也不会在这时候创建。由于只有当浏览器将一个 cookie 发送到服务器的时候，才会读取它，因此，直到用户重新访问这个域内的一个页面的时候，我们才能够读取它。

我们在第 2 行把 cookie 名字设置为"vegetable"，把 cookie 值设置为"artichoke"。使用 time()函数来获取当前的时间戳，并且在其上添加 3600（一小时有 3600 秒），这个总和表示我们的过期日期。我们定义了一个路径"/"，表示一个 cookie 应该为服务器环境下的所有页面发送。我们把 domain 参数设置为".yourdomain.com"（你应该针对自己的域做相应的修改，或者使用 localhost），这意味着 cookie 可以发送给该域中的任何服务器。最后，把 0 传递给 setcookie()，表示 cookies 可以在一个非安全的环境中发送。如果这个值为 1，cookie 将智能在安全环境（HTTPS）中有效。

给 setcookie()传递一个空字符串（""）作为字符串参数或 0 作为其整数字段参数，将会导致忽略这些参数。

> **提示：**
> 通过在 cookie 中使用一个动态创建的过期时间，如程序清单 14.1 所示，注意，过期时间是通过在运行 Apache 和 PHP 的机器的当前系统时间加上一定的秒数而创建的。如果这个系统时间不是准确的，有可能它发送一个已经过去的过期时间到 cookie 中。

我们可以在最新的 Web 浏览器中查看自己的 cookie。图 14.1 显示了程序清单 14.1 中存储的 cookie 信息，cookie 的名字、内容和过期日期都如期出现。当我们在自己的域上运行这个脚本的时候，域名可能不同。

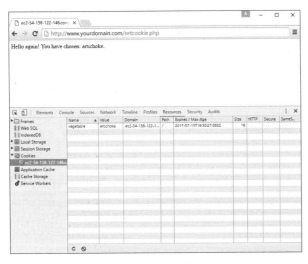

图 14.1

在一个 Web 浏览器中查看存储的 cookie

要了解使用 cookie 的更多信息，尤其是 setcookie()函数的信息，请参考 PHP 手册。

要使用 JavaScript 设置相同的 cookie，必须在标头信息中表明，就像在本节中的第一个示例中一样：

```
document.cookie = "vegetable=artichoke; expires=Sat, 15 Jul 2017 13:00:00 GMT;
path=/; domain=.yourdomain.com";
```

程序清单14.2展示了用 JavaScript 设置一个cookie并提供一个按钮来检查该cookie的值。

程序清单 14.2　用 JavaScript 设置并检查一个 Cookie

```
 1: <!DOCTYPE html>
 2: <html lang="en">
 3:  <head>
 4:   <title>Setting a Cookie</title>
 5:    <script type="text/javascript">
 6:    document.cookie = "vegetable=artichoke; expires=Sat, 15 Jul 2017 13:00:00 GMT;
 7:                       path=/; domain=.yourdomain.com";
 8:    </script>
 9: </head>
10: <body>
11:   <h1>Got a Cookie?</h1>
12:   <button onclick="alert(document.cookie);">Let's See!</button>
13: </body>
14: </html>
```

图 14.2 显示了程序清单 14.2 中存储的 cookie 信息。这个 cookie 的名称、内容和过期日期像预期的那样显示，当你在自己的域上运行这段脚本的时候，域名将会有所不同。当点击"Let's See!"按钮的时候，可以在 Developer Tools 以及所显示的警告框中看到该 cookie 的信息。

图 14.2

通过 JavaScript 查看 Web 浏览器中一个存储的 cookie

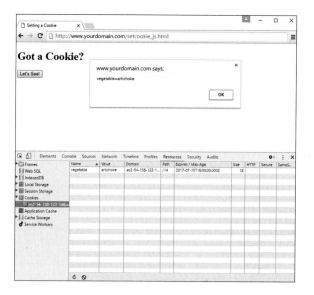

14.3　删除一个 cookie

在 PHP 中，要删除一个 cookie，只需要使用 name 参数调用 setcookie()，这实际上重新设置了所有存储的值：

```
setcookie("vegetable");
```

要绝对确保你的 cookie 不再有效，或者存储任意的值，也可以用一个确定已经过去的日期（也就是一个已经过去的日期）来设置该 cookie：

```
setcookie("vegetable", "", time()-60, "/", ".yourdomain.com", 0);
```

当以这种方式删除一个 cookie 的时候，确保给 setcookie()传递与最初设置相同的路径、域名和安全参数。

类似地，在 JavaScript 中，我们通过重置值来删除一个 cookie，如下所示：

```
document.cookie = "vegetable=; expires=Thu, 01 Jan 1970 00:00:00 GMT";
```

在这个例子中，cookie 的过期时间设置为过去的一个特定日期，这意味着，它已经过去的并且因此不会再被设置。

14.4　会话函数概览

服务器端会话为用户提供了一个唯一的标识符，随后可以用来存储和获取连接到该标识符的信息。当一个访客访问一个支持会话的页面，要么分配一个新的标识符，要么这个用户和之前的访问已经建立的一个标识符重新关联。任何已经和会话相关联的变量，都通过 $_SESSION 超全局变量变得可供你的代码使用。

会话状态通常存储在一个临时文件中，尽管你可以使用一个名为 session_set_save_handler()的函数实现数据库存储。session_set_save_handler()函数的使用以及有关其他高级会话功能的讨论已经超出了本书的范围，但是，你可以在 PHP 手册关于会话的部分找到这里没有讨论的项目的所有信息。

要使用一个会话，我们需要显式地开始或继续会话，除非我们已经改变了 php.ini 配置文件。默认情况下，会话不会自动启动。如果想要按这种方法启动一个会话，我们必须在 php.ini 文件中找到如下的一行，将其值从 0 改为 1，并且重新启动 Web 服务器。

```
session.auto_start = 0
```

通过把 session.auto_start 的值改为 1，我们可以确保一个会话针对每个 PHP 文档而启动。如果你不想改变这一设置，需要在每个脚本中调用 session_start()函数。

会话启动之后，我们立即可以通过 session_id()函数访问用户的会话 ID，session_id ()函数允许你设置或访问一个会话 ID。程序清单 14.3 开始一个会话并且将会话 ID 输出到浏览器。

程序清单 14.3　开始或继续一个会话

```
1: <?php
2: session_start();
3: echo "<p>Your session ID is ".session_id().".</p>";
4: ?>
```

当这个脚本第一次从一个浏览器运行时，在第 2 行的 session_start()函数调用产生一个会话 ID。如果这个脚本稍后重新载入或者重新访问，同一个会话 ID 也分配给该用户。这个操作假设该用户已经可以使用 cookie 了，因为在用户浏览器创建了一个 cookie，它保存了可供引用的信息。

例如，当我们第一次运行这个脚本时，输出如下。

```
Your session ID is 59f8a4cd676c96986ce293726d66b070.
```

当我们重新载入这个页面时，输出仍然如下。

```
Your session ID is 59f8a4cd676c96986ce293726d66b070.
```

因为我们已经可以使用 cookie 了并且会话 ID 仍然存在。

当第一次初始化一个会话时，由于 start_session()尝试设置一个 cookie，因此必须在向浏览器输出任何内容之前调用这个函数。如果没有遵守这一规则，会话就不会被设置，并且你将可能在页面上看到警告。

只要 Web 浏览器是激活的，就将一直保持当前会话。如果用户重新打开浏览器，cookie 就不再存储。我们可以在 php.ini 文件中修改 session.cookie_lifetime 设置，从而改变这一行为。默认值是 0，但是我们可以设置一个以秒为单位的过期周期。

14.5 使用会话变量

在每一个 PHP 文档中访问一个唯一的会话标识符只是会话功能的开始。当一个会话启动后，我们可以在超全局变量$_SESSION 中存储任意多个变量，然后在任何支持会话的页面上访问它们。

程序清单 14.4 向超全局变量$_SESSION 添加了两个变量：product1 和 product2（第 3 行和第 4 行）。

程序清单 14.4 在一个会话中存储变量

```
1: <?php
2: session_start();
3: $_SESSION['product1'] = "Sonic Screwdriver";
4: $_SESSION['product2'] = "HAL 2000";
5: echo "The products have been registered.";
6: ?>
```

在用户移动到另一个新的页面之前，程序清单 14.4 中的神奇之处不会体现出来。程序清单 14.5 创建了一个单独的 PHP 脚本，这个脚本访问存储在超全局变量$_SESSION 中的变量。

程序清单 14.5 访问存储的会话变量

```
1: <?php
2: session_start();
3: ?>
4: <!DOCTYPE html>
5: <html lang="en">
```

```
6:    <head>
7:     <title>Your Products</title>
8:    </head>
9:    <body>
10:   <h1>Your Products</h1>
11:   <p>Your chosen products are:</p>
12:   <ul>
13:     <li><?php echo $_SESSION['product1']; ?></li>
14:     <li><?php echo $_SESSION['product2']; ?></li>
15:   </ul>
16:   </body>
17: </html>
```

图 14.3 显示了来自程序清单 14.5 的输出。正如你所见到的，我们已经在一个全新的页面中访问了 $_SESSION ['product1']和$_SESSION ['product2']变量。也可以在浏览器的 Developer Tools 中看到对 PHPSESSID cookie 的引用。

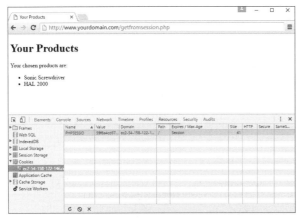

图 14.3

访问存储的会话
变量

在幕后，PHP 把信息写入到一个临时文件，可以使用 session_save_path()函数查看这个文件被写到了系统上的什么地方。这个函数可选地接受到一个目录的路径，并且把所有的会话文件都写入其中。如果我们不给它传递参数，它返回一个字符串，表示会话文件保存的当前目录。在我的系统上执行如下语句。

```
echo session_save_path();
```

会显示出一个/tmp。看一下我的/tmp 目录会显示出很多文件，其名字如下所示。

```
sess_59f8a4cd676c96986ce293726d66b070
sess_76cae8ac1231b11afa2c69935c11dd95
sess_bb50771a769c605ab77424d59c784ea0
```

当我第一次运行程序清单 14.5 的时候，打开和所分配的会话 ID 相匹配的文件，可以看到已注册的变量是如何存储的。

```
product1|s:17:"Sonic Screwdriver";product2|s:8:"HAL 2000";
```

当一个值放置在$_SESSION 超全局变量中，PHP 把变量名和值写入到一个文件中。正如我们所看到的，这个信息可以读取并且变量可以稍后恢复。当我们把这个变量添加到超全局变量$_SESSION 后，你仍然可以在脚本执行过程中的任何时刻修改其值，但是，这个修改后的值不会反映到全局设置中，直到把这个变量重新赋值给超全局变量$_SESSION。

程序清单 14.4 中的例子展示了把变量添加到超全局变量$_SESSION 的过程。然而，这个例子并不是非常灵活。理想情况下，你所能注册的值的数目应该是可变的。例如，可能希望用户从一个列表中选择产品。在这种情况下，可以使用 serialize()函数来把数组存储到会话中。

程序清单 14.6 创建了一个表单，它允许一个用户来选择多个产品。我们可以使用会话变量来创建一个基本的购物车。

程序清单 14.6　把一个数组变量添加到一个会话变量中

```php
1: <?php
2: session_start();
3: ?>
4: <!DOCTYPE html>
5: <html lang="en">
6: <head>
7: <title>Storing an array with a session</title>
8: </head>
9: <body>
10: <h1>Product Choice Page</h1>
11: <?php
12: if (isset($_POST['form_products'])) {
13:     if (!empty($_SESSION['products'])) {
14:         $products = array_unique(
15:         array_merge(unserialize($_SESSION['products']),
16:         $_POST['form_products']));
17:         $_SESSION['products'] = serialize($products);
18:     } else {
19:         $_SESSION['products'] = serialize($_POST['form_products']);
20:     }
21:     echo "<p>Your products have been registered!</p>";
22: }
23: ?>
24: <form method="post" action="<?php echo $_SERVER['PHP_SELF']; ?>">
25: <p><label for="form_products">Select some products:</label><br>
26: <select id="form_products" name="form_products[]" multiple="multiple" size="3">
27: <option value="Sonic Screwdriver">Sonic Screwdriver</option>
28: <option value="Hal 2000">Hal 2000</option>
29: <option value="Tardis">Tardis</option>
30: <option value="ORAC">ORAC</option>
31: <option value="Transporter bracelet">Transporter bracelet</option>
32: </select></p>
33: <button type="submit" name="submit" value="choose">Submit Form</button>
34: </form>
35: <p><a href="session1.php">go to content page</a></p>
36: </body>
37: </html>
```

我们通过在第 2 行调用 session_start() 来启动或继续一个会话。这个调用使我们能够访问之前设置的任何会话变量，第 24 行开始一个 HTML 表单，在第 26 行创建了一个名为 form_products [] 的 SELECT 元素，其中包含了多个产品的 OPTION 元素。

> **提示：**
> 别忘了，HTML 的表单元素允许拥有方括号的多个选项附加到它们的 NAME 参数的值之后。这就使得用户的选择可以在一个数组中使用。

在第 11 行开始的 PHP 代码块中，我们测试了 $_POST ['form_products'] 数组的存在（第 12 行）。如果这个变量存在，我们可以假设表单已经提交并且信息已经存储到超全局变量 $_SESSION 中。

随后，在第 12 行测试一个叫作 $_SESSION ['products'] 的数组。如果这个数组存在，之前访问这个脚本的时候填充过该数组，这样我们就可以将其和 $_POST ['form_products'] 数组合并，提取出唯一的元素，并且把结果赋值回 $products 数组（第 14 行到第 16 行）。随后，在第 17 行把 $products 数组添加到 $_SESSION 超全局变量。

第 35 行包含了到其他脚本的一个链接，我们将用这个脚本展示对用户选取的产品的访问。我们在程序清单 12.6 中创建了这个脚本，同时把程序清单 12.5 中的代码保存为 arraysession.php。

来看看程序清单 14.7 是如何访问存储到会话中的那些项的，注意会话是在 arraysession.php 中创建的。

程序清单 14.7　访问会话变量

```
1: <?php
2: session_start();
3: ?>
4: <!DOCTYPE html>
5: <html lang="en">
6: <head>
7: <title>Accessing Session Variables</title>
8: </head>
9: <body>
10: <h1>Content Page</h1>
11: <?php
12: if (isset($_SESSION['products'])) {
13:     echo "<strong>Your cart:</strong><ol>";
14:     foreach (unserialize($_SESSION['products']) as $p) {
15:         echo "<li>".$p."</li>";
16:     }
17:     echo "</ol>";
18: }
19: ?>
20: <p><a href="arraysession.php">return to product choice page</a></p>
21: </body>
22: </html>
```

再一次，我们在第 2 行使用 session_start() 来继续会话，在第 12 行测试了 $_SESSION ['products'] 变量的存在性。如果存在，就会将它反序列化，并且在第 14 行到第 16 行遍历它，在浏览器显示出每个用户的选择项。图 14.4 给出了这个例子的运行效果。

图 14.4

访问会话变量的一
个数组

当然，对于一个真正的购物车程序，我们应该把产品细节保存在一个数据库中并且测试用户输入，而不是盲目地存储和显示它。但是，程序清单 14.6 和程序清单 14.7 展示了我们可以很容易地使用会话函数来访问其他页面中设置的数组变量。

14.6 销毁会话和重置变量

我们可以使用 session_destroy()来结束一个会话，消除所有的会话变量。session_destroy()函数不需要参数，应该有一个已经建立的会话供这个函数操作。如下的代码段首先继续一个会话然后销毁它。

```
session_start();
session_destroy();
```

当我们移动到使用一个会话的其他页面的时候，已经销毁的会话将不能再使用，这迫使它们启动自己的新的会话。任何已注册的变量将会丢失。

然而，session_destroy()函数不会立刻销毁已注册的变量。对于那些在其中调用了 session_destroy()的脚本，它们仍然可以访问这些变量直到变量被重新载入。下面的代码段首先继续或者启动一个会话，并且注册一个名为 test 的变量，这个变量的值我们设置为 5。销毁这个会话并不会销毁这个已注册的变量。

```
session_start();
$_SESSION['test'] = 5;
session_destroy();
echo $_SESSION['test']; // prints 5
```

要从一个会话中删除所有已注册变量，只需要简单地重置变量，如下所示。

```
session_start();
$_SESSION['test'] = 5;
session_destroy();
unset($_SESSION['test']);
echo $_SESSION['test']; // prints nothing (or a notice about an undefined index)
```

14.7 在一个带有注册用户的环境中使用会话

到现在所见到的例子对于会话还都只是浅尝辄止，但是，可以这么说，可能需要一些附加说明来防止会话的"滥用"。下面的两个小节给出了常见会话用法的一些例子。在本书稍后的各章中，会话将用于我们将要构建的一个示例应用程序。

14.7.1　使用注册的用户

假设你已经创建了一个在线社区或门户网站，或者是用户可以加入的某种其他类型的应用，这个过程通常包含一个注册表单，用户在其中创建一个用户名和密码并且填写一个个人身份表格。从这个页面发送的那一刻开始，每次一个注册的用户登录到系统的时候，我们都可以抓取用户的身份信息并且将其存储到一个用户会话中。

你决定要存储到一个用户会话中的项目应该是这样的项，我们可以想象得到，这些项会用得很少，并且不断地从数据库中提取它们的效率很差。例如，假设我们创建了一个门户网站，其中的用户会分配一个级别，例如管理员、注册用户、匿名访客等等。在我们的显示模式中，应该总是要检查验证用户所访问的模块是否对他有相应的许可。因此，"用户级别"应该是存储在用户会话中的一个值，所以，在显示请求的模块中所用到的身份验证脚本只需要去检查一个会话变量，就没必要连接到数据库并查询数据了。

14.7.2　使用用户偏好

如果你想在一个基于用户的应用程序的设计阶段感受新潮，可以构建这样一个系统，让注册用户可以设置具体的偏好来影响他浏览你的站点的方式。例如，可以允许用户从一个预先确定的颜色方案、字体字号等等中做出选择。或者，我们可能会允许用户打开或关闭对于某一组内容的浏览。

这些功能元素中的每一个都应该存储到一个会话中。当用户登录，这个应用程序应该把所有相关的值都载入到该用户的会话中，并且据此来对后续请求的每一个页面做出反应。这个用户可以修改其偏好，他可以在登录的时候做到这一点，我们甚至应该根据存储在会话中的项目来预先装载一个"偏好"表单，而不是回到数据库来获取这些项目。如果该用户在登录的时候修改了任何偏好，只要使用新的选项来替换$_SESSION 超全局变量中的值就可以了，不需要迫使用户退出然后重新登录。

14.7.3　理解浏览器中的本地存储和会话存储

刚刚所介绍的两种场景，也可以完全在浏览器自身之中执行，使用 HTML5 的本地存储（local storage）和会话存储（session storage）机制就可以了。本地存储和会话存储都可以用来减少向 Web 服务器持续请求数据的时候所固有的延迟，从而增强 Web 站点的用户体验。

浏览器中的本地存储和会话存储做相同的事情，区别在于它们执行自己的任务所持续的时间。本地存储允许我们在用户浏览器中持久化存储数据，直到用户显式地删除数据。这对于需要长期存储的用户偏好来说是很好的，但是，当和其他人共享计算机的时候，这种情况真的很糟糕，因为在浏览器关闭或者计算机关机之后，该数据还将持久化。另一方面，只要标签页、窗口或浏览器是打开的，会话存储中的数据项就会持久化。

要在本地存储或会话存储中放置数据项，可以使用 JavaScript 来访问 HTML5 Web Storage API，如下所示：

```
localStorage.setitem("loggedIn", true);
sessionStorage.setitem("displayName", "Jane");
```

随后要访问这些值，可以再次使用 JavaScript：

```
var loggedIn = localStorage.getItem("loggedIn");
var displayName = sessionStorage.getItem("displayName");
```

14.8　小结

在本章中，我们学习了在一个无状态的协议中保存状态的不同方法，包括设置一个 cookie 和启动一个会话。所有这些保存状态的方法都使用了某种方式的 cookie 或者查询字符串，有时候会结合使用到文件或数据库。

我们了解了一个 cookie 本质上不是可靠的，并且不能存储太多的信息。另一方面，它可以维持一个较长的时间。把信息写入文件或数据库将导致速度的降低，并且在一个公共的站点上可能会有问题，这是和系统管理相关的一个问题。

关于会话自身，我们学习了如何使用 session_start() 启动或继续一个会话。当处于一个会话中时，我们学习了如何向 $_SESSION 超全局变量添加变量，检查其存在性，如果需要的话重置它们，以及销毁整个会话。

14.9　问与答

Q：如果用户不能够使用 cookie 的话，应用程序将会发生什么情况？

A：简而言之，如果应用程序较强地依赖于 cookie 并且用户禁用 cookie，应用程序将无法工作。然而，可以通过声明你要使用 cookie 来告诉用户开启 cookie；并且，在对应用程序做任何"重要的"事情之前，也要检查 cookie 是否可以使用。当然，这么做的意图是，即便用户忽略了你为了使用应用程序必须打开 cookie 的提示，如果 cookie 测试失效了而导致不允许用户执行一个操作，这也会唤起用户的注意。

Q：我应该知道到会话函数的所有缺点吗？

A：会话函数通常是可靠的。然而，别忘了，cookie 不能跨越多个域读取，因此，如果项目在同一个服务器上使用多个域名（可能作为一个电子商务环境的一部分），你可能需要考虑通过在 php.ini 文件中把 session.use_cookies 指令设置为 0 来关闭会话的 cookie。

14.10　测验

这个实践练习设计用来帮助你预测可能的问题、复习已经学过的知识，并且开始把知识用于实践。

14.10.1　问题

1．哪个函数用来以一个 PHP 脚本启动或继续一个会话？

2．哪个函数可以返回当前会话的 ID？

3．如果想要将用户偏好在客户端上长期存储，应该使用本地存储或会话存储？

14.10.2　解答

1．我们可以在脚本中使用 session_start() 函数来启动一个会话。

2．我们可以使用 session_id() 函数来访问会话的 ID。

3．应该使用本地存储，但是，如果你的使用情况中包括要使用共享的设备，那么你要小心。

14.10.3　练习

1．创建一个脚本，它使用会话函数来记录在你的环境中用户访问了哪些页面。

2．创建一段新的脚本，它整页整页地列出在你的环境中访问的用户，以及他们访问的时间。

第 15 章

处理基于 Web 的表单

在本章中，你将学习以下内容：

➢ HTML 表单的工作方式；

➢ 怎样创建 HTML 表单的前端；

➢ 怎样命名各种表单数据；

➢ 怎样在表单中包括隐藏的数据；

➢ 怎样视情况选择正确的表单输入控件；

➢ 怎样验证表单数据；

➢ 怎样提交表单数据；

➢ 通过 JavaScript 使用 form 对象；

➢ 如何使用 PHP 访问信息；

➢ 如何创建一个单个的文档，包含一个 HTML 表单以及处理其提交的 PHP 代码；

➢ 如何保存隐藏字段的状态；

➢ 如何使用表单和 PHP 来发送 E-mail。

Web 表单使你能够从访问 Web 页面的用户那里接收反馈、订单或其他信息。如果你曾经使用过诸如 Google、Yahoo!或 Bing 之类的搜索引擎，就会熟悉 HTML 表单——那些带有单个输入框和一个按钮的表单，当按下该按钮时，将提供你正在寻找的所有信息以及一些其他的信息。产品订单表单也是表单的一种极其流行的应用，如果从 Amazon.com 上订购任何东西或者从 eBay 销售商那里购买某件产品，那么你就使用了表单。

在本章中，你将学习如何创建你自己的表单，包括前端的显示和后端的处理。

15.1　HTML 表单的工作方式

HTML 表单是 Web 页面的一部分，它包括一些区域，用户可以在其中输入一些信息，然后把这些信息发回给你、发送到你指定的另一个电子邮件地址、发送到你管理的数据库，或者完全发送到另一个系统，比如用于你所在公司的示范生成表单的第三方管理系统，如 Salesforce.com。

在学习用于创建你自己的表单的 HTML 标签之前，你至少应该从概念上理解了信息是如何从那些表单中发回给你的。实际的幕后（服务器端[server-side]或后端[back-end]）过程需要至少一种程序设计语言的知识，或者在使用别人的服务器端脚本处理表单输入时至少需要能够遵循特定的指导。

表单包括一个按钮，可以让用户提交表单，该按钮可以是一幅你自己创建的图像，或者是标准的 HTML 表单按钮，它是在创建表单的<input>元素时创建的，并且把它的 type 值设置为 submit。当有人单击表单提交按钮时，在表单中输入的所有信息都会被发送到在<form>元素的 action 属性中指定的URL。该 URL 应该指向将处理表单的特定脚本，并通过电子邮件发送表单内容，或者执行交互式过程中的另一个步骤（比如通过搜索引擎请求结果或者把商品放到在线购物车中）。

在开始考虑对表单内容执行更多的处理（而不仅仅是通过电子邮件把结果发送给你自己）时，将需要额外的技术知识。例如，如果你想创建将接受信用卡和流程交易的在线商店，那么就有一些针对此目的的行之有效的做法，它们都适合于确保顾客的数据安全。你可不想在这方面掉以轻心，

15.2　创建表单

每个表单都必须开始于<form>开始标签，它可以位于 HTML 文档主体中的任意位置。<form>标签通常具有 3 个属性：name、method 和 action，如下所示：

```
<form name="my_form" method="post" action="myprocessingscript.php">
```

最常见的 method 是 post，它把表单输入结果作为文档进行发送。在一些情况下，你可能需要使用 method="get"，它代之以把结果作为 URL 查询字符串的一部分进行提交。action 属性指定了要把表单数据发送到的地址，这里有两种选择。

➢ 可以输入表单处理程序或脚本在 Web 服务器上的位置，然后将把表单数据发送给该程序。这是迄今为止最常见的情形。

➢ 可以输入 mailto:，其后接着你的电子邮件地址，无论何时有人填写了表单，都将把表单数据直接发送给你。不过，这种方法完全依赖于用户的计算机正确地配置了电子邮件客户。如果有人从没有配置电子邮件客户的公共计算机上访问你的站点，那么在代码中将不会理睬他。

```
<form name="my_form" method="post" action="mailto:me@mysite.com">
```

在程序清单 15.1 中创建并在图 15.1 中显示的表单包括你目前可以在现代浏览器中的 HTML 表单上使用的几乎每一种类型的用户输入组件。在你阅读下面关于每种输入元素的解释时可以参考这个程序清单和这幅图。

图 15.1

程序清单 15.1 中的
代码使用了许多常
见的 HTML 表单元素

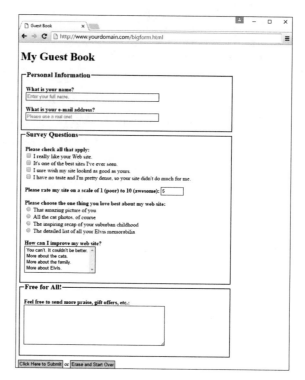

程序清单 15.1 带有各种用户输入组件的表单

```
<!DOCTYPE html>

<html lang="en">
  <head>
    <title>Guest Book</title>

    <style type="text/css">
      fieldset {
        width: 75%;
        border: 2px solid #ff0000;
      }

      legend {
        font-weight: bold;
        font-size: 125%;
      }

      label.question {
        width: 225px;
        float: left;
        text-align: left;
        font-weight: bold;
      }

      span.question {
        font-weight: bold;
      }
```

```
    input, textarea, select {
      border: 1px solid #000;
      padding: 3px;
    }

    #buttons {
      margin-top: 12px;
    }

  </style>
</head>
<body>
  <h1>My Guest Book</h1>
  <form name="gbForm" method="post" action="URL_to_script">

  <fieldset>
    <legend>Personal Information</legend>

    <p><label class="question" for="the_name">
        What is your name?</label>
    <input type="text" id="the_name" name="the_name"
        placeholder="Enter your full name."
        size="50" required autofocus></p>

    <p><label class="question" for="the_email">What is your e-mail
        address?</label>
    <input type="email" id="the_email" name="the_email"
        placeholder="Please use a real one!"
        size="50" required></p>
  </fieldset>

  <fieldset>
    <legend>Survey Questions</legend>

    <p><span class="question">Please check all that apply:</span><br>
    <input type="checkbox" id="like_it" name="some_statements[]"
        value="I really like your Web site.">
    <label for="like_it">I really like your Web site.</label><br>
    <input type="checkbox" id="the_best" name="some_statements[]"
        value="It's one of the best sites I've ever seen">
    <label for="the_best">It's one of the best sites I've ever
        seen.</label><br>
    <input type="checkbox" id="jealous" name="some_statements[]"
        value="I sure wish my site looked as good as yours.">
    <label for="jealous">I sure wish my site looked as good as
        yours.</label><br>
    <input type="checkbox" id="no_taste" name="some_statements[]"
        value="I have no taste and I'm pretty dense, so your site
        didn't do much for me.">
    <label for="no_taste">I have no taste and I'm pretty dense, so
        your site didn't do much for me.</label></p>
```

```
   <p><label for="choose_scale"><span class="question">Please rate my
         site on a scale of 1 (poor) to 10 (awesome):</span></label>
   <input type="number" id="choose_scale" name="choose_scale"
         min="0" max="10" step="1" value="5"></p>

   <p><span class="question">Please choose the one thing you love
         Best about my web site:</span><br>
   <input type="radio" id="the_picture" name="best_thing"
         value="me">
   <label for="the_picture">That amazing picture of you</label><br>
   <input type="radio" id="the_cats" name="best_thing"
         value="cats">
   <label for="the_cats">All the cat photos, of course</label><br>
   <input type="radio" id="the_story" name="best_thing"
         value="childhood story">
   <label for="the_story">The inspiring recap of your suburban
         childhood</label><br>
   <input type="radio" id="the_treasures" name="best_thing"
         value="Elvis treasures">
   <label for="the_treasures">The detailed list of all your Elvis
         memorabilia</label></p>
   <p><label for="how_improve"><span class="question">How can I
         improve my web site?</span></label><br>
   <select id="how_improve" name="how_improve" size="4" multiple>
         <option value="You can't. It couldn't be better.">You
         can't. It couldn't be better.</option>
         <option value="More about the cats.">More about the cats.
         </option>
         <option value="More about the family.">More about the
         family.</option>
         <option value="More about Elvis.">More about Elvis.
         </option>
   </select></p>
   </fieldset>

   <fieldset>
      <legend>Free for All!</legend>
      <p><label for="message"><span class="question">Feel free to send
            more praise, gift offers, etc.:</span></label>
      <textarea id="message" name="message" rows="7" cols="55">
      </textarea></p>
   </fieldset>

   <div id="buttons">
     <input type="submit" value="Click Here to Submit"> or
     <input type="reset" value="Erase and Start Over">
   </div>

   </form>
  </body>
 </html>
```

程序清单 15.1 中的代码使用了一个<form>元素，它包含相当多的<input>标签。每个<input>标签都对应一个特定的用户输入组件，比如复选框或单选按钮。输入、选择和文本区元素在样式表中包含边框，因此很容易在表单中看到元素的外框。记住：可以对这些元素应用各种各样的 CSS。

下面几节详细研究了<input>标签以及其他与表单相关的标签。

15.3 接受文本输入

如果要求用户在表单内提供一份特定的信息，可以使用<input>标签。尽管这个标签不必明确地出现在<form>和</form>标签之间，但是这样做是一种良好的实践，并且可以使你的代码更容易理解。可以把<input>元素放在页面上与文本、图像及其他 HTML 标签相关的任意位置。例如，要询问某个人的名字，可以输入以下文本，其后紧接着一个<input>字段：

```
<p><label class="question" for="the_name">What is your name?</label>
<input type="text" id="the_name" name="the_name"
       placeholder="Enter your full name."
       size="50" required autofocus></p>
```

type 属性指示要显示的表单元素的类型——在这里是一个简单的单行文本输入框（在本章中将单独讨论每种元素类型）。在这个示例中，注意 placeholder、required 和 autofocus 属性的使用。你将在本章后面学习 required 属性，一旦浏览器呈现表单，autofocus 属性就会把用户的光标置于这个文本框中。一个表单只能有一个 autofocus 字段。placeholder 属性使你能够定义一些出现在文本框中的文本，但是当你开始输入时它们将会消失。使用这个属性，可以给用户提供更多一点的指导来完成表单。

> **提示：**
> 如果你希望用户在输入文本时不在屏幕上把它们显示出来，可以使用<input type="password">代替<input type="text">。这样，将在用户输入文本的位置显示星号（***）。对于 type="password"，size、maxlength 和 name 属性的工作方式与 type="text"完全相同。记住：这种隐藏密码的技术只提供了视觉保护，对于传输的密码，没有与之关联的加密或其他保护措施。

size 属性近似地指示了文本输入框应该具有多少个字符的宽度。如果使用按比例间隔的字体，那么输入的宽度将因用户输入的内容而异。如果输入的内容太长而导致在框中放不下，大多数 Web 浏览器将自动把文本滚动到左边。

maxlength 属性确定了允许用户在文本框中输入的字符个数。如果用户尝试输入超过指定长度的内容，额外的字符将不会显示。可以指定比文本框的物理尺寸更长、更短或与之相同的长度。size 和 maxlength 属性仅用于那些打算用于文本值的输入字段，比如 type="text"、type="email"、type="URL"和 type="tel"，而不能用于复选框和单选按钮，因为它们具有固定的尺寸。

15.4 命名各种表单数据

不管输入元素是什么类型，都必须给它收集的数据提供一个名称。可以为每个输入项目使用你喜欢的任何名称，只要表单上的每个项目都不同即可（除了单选按钮和复选框的情况之外，本章后面将讨论它们）。当表单被后端脚本处理时，将按名称标识每个数据项。这个名称变成了一个变量，利用值填充它。这个值可以是用户在表单中输入的值，或者与用户所选的元素关联的值。

例如，如果用户在以前定义的文本框中输入 Jane Doe，就会把一个变量发送给表单处理脚本，变量是 user_name，变量的值是 Jane Doe。表单处理脚本将处理这些类型的变量名称和值。

> **注意：**
>
> 出于在本书的范围内做解释的原因，这里过度简化了表单处理脚本。变量的精确外观（或名称）使得它可供处理脚本使用，这依赖于该脚本使用的程序设计语言。但是，从概念上讲，可以合情合理地说：输入元素的名称变成了变量的名称，并且输入元素的值在后端变成了该变量的值。

要在 JavaScript 中使用这个（或其他）文本框，需要记住文本对象使用 name 属性，你将在以前的代码段中引用字段的值，比如：

```
document.formname.user_name.value
```

15.5 标记各种表单数据

标记表单数据与使用 name 和 id 属性标识表单元素以便以后使用不是一回事。作为替代，<label></label>标签包围的文本将充当表单元素的一种文字说明。表单元素<label>为元素提供了额外的环境，它对于屏幕阅读器软件特别重要。

在程序清单 15.1 中可以看到两个不同的示例。首先，可以看到包围用户询问的第一个问题（What is your name?）的<label>。使用 for 属性把这个标签绑定到具有相同 id 的<input>元素上（在这里是 the_name）：

```
<p><label class="question" for="the_name">What is your name?</label>
<input type="text" id="the_name" name="the_name"
       placeholder="Enter your full name."
       size="50" required autofocus></p>
```

屏幕阅读器将向用户读出"What is your name?"，然后还会说出"文本框"，提醒用户利用合适的信息完成文本框。在程序清单 15.1 中的另一个示例中，将看到<label>用于包围复选框列表中的不同选项（还有一个单选按钮列表，它出现在程序清单后面）：

```
<p><span class="question">Please check all that apply:</span><br>
<input type="checkbox" id="like_it" name="some_statements[]"
       value="I really like your Web site.">
<label for="like_it">I really like your Web site.</label><br>
<input type="checkbox" id="the_best" name="some_statements[]"
       value="It's one of the best sites I've ever seen">
<label for="the_best">It's one of the best sites I've ever
       seen.</label><br>
<input type="checkbox" id="jealous" name="some_statements[]"
       value="I sure wish my site looked as good as yours.">
<label for="jealous">I sure wish my site looked as good as
       yours.</label><br>
<input type="checkbox" id="no_taste" name="some_statements[]"
```

```
        value="I have no taste and I'm pretty dense, so your site
        didn't do much for me.">
<label for="no_taste">I have no taste and I'm pretty dense, so your
        site didn't do much for me.</label></p>
```

在这种情况下，屏幕阅读器将读出被\<label\>标签包围的文本，接着读出"复选框"，提醒用户选择给定的选项之一。标签应该用于所有的表单元素，并且可以利用与其他容器元素相同的方式使用 CSS 编排样式——样式编排不会影响屏幕阅读器，但它确实有助于改进布局的美感和易读性。

15.6 组合表单元素

在程序清单 15.1 中，可以看到 3 次不同地使用了\<fieldset\>和\<legend\>元素，用于创建 3 组不同的表单字段。\<fieldset\>正是用于做这个的——它包围表单元素的分组，以为用户提供额外的环境，而无论他们是直接在 Web 浏览器中访问它，还是在屏幕阅读器软件的帮助下访问它。\<fieldset\>元素就用于定义分组，\<legend\>元素包含将显示或者被大声读出的文本，用于描述这种分组，比如程序清单 15.1 中的如下代码：

```
<fieldset>
    <legend>Personal Information</legend>
    <p><label class="question" for="the_name">What is your name?</label>
    <input type="text" id="the_name" name="the_name"
        placeholder="Enter your full name."
        size="50" required autofocus></p>
...
</fieldset>
```

在这种情况下，当屏幕阅读器读取与表单元素关联的\<label\>时，如你在上一节中所学过的，它还会追加\<legend\>文本。在上面的示例中，它将读作"Personal Information. What is your name? Text box"。可以使用 CSS 编排\<fieldset\>和\<legend\>元素的样式，使得在 Web 浏览器中可以轻松地看见分组元素的视觉提示（正如你前面在图 15.1 中所看到的那样）。

在表单中包括隐藏的数据

如果你想把某些数据项发送给处理表单的服务器脚本，但是不想让用户看到那些数据项，该怎么办？可以使用具有 type="hidden"属性的\<input\>标签，这个属性对显示没有影响，它只会在提交表单时把你指定的任何名称和值添加到表单结果中。

如果你使用 Web 托管提供商提供的表单处理脚本，就可能指示你使用这个属性告诉脚本通过电子邮件把表单结果发送到哪里。例如，通过包括下面的代码，将在提交表单之后通过电子邮件把结果发送到 me@mysite.com：

```
<input type="hidden" name="mailto" value="me@mysite.com">
```

你有时可能会看到使用隐藏的输入元素的脚本携带额外的数据，它们在你接收表单提交的结果时可能是有用的，隐藏的表单字段的一些示例包括电子邮件地址和电子邮件的主题。

如果使用 Web 托管提供商提供的脚本，就要参考与该脚本一起提供的文档，了解关于可能必需的隐藏字段的额外详细信息。

15.7　探索表单输入控件

有多种输入控件可用于从用户那里获取信息。你已经见过一个文本输入选项，下面几节将介绍可用于设计表单的其余大多数表单输入选项。

15.7.1　复选框

除了文本框之外，最简单的输入类型之一就是复选框（check box），它显示为一个小方块。用户可以单击复选框以选择或取消选择组中的一个或多个项目。例如，程序清单 15.1 中的复选框显示在文本 "Please check all that apply" 后面，暗示用户的确可以选中所有适用的选项。

用于程序清单 15.1 中的复选框的 HTML 代码显示它们的 name 属性的值全都是相同的：

```
<p><span class="question">Please check all that apply:</span><br>
<input type="checkbox" id="like_it" name="some_statements[]"
        value="I really like your Web site.">
<label for="like_it">I really like your Web site.</label><br>
<input type="checkbox" id="the_best" name="some_statements[]"
        value="It's one of the best sites I've ever seen">
<label for="the_best">It's one of the best sites I've ever
        seen.</label><br>
<input type="checkbox" id="jealous" name="some_statements[]"
        value="I sure wish my site looked as good as yours.">
<label for="jealous">I sure wish my site looked as good as
        yours.</label><br>
<input type="checkbox" id="no_taste" name="some_statements[]"
        value="I have no taste and I'm pretty dense, so your site
        didn't do much for me.">
<label for="no_taste">I have no taste and I'm pretty dense, so your
        site didn't do much for me.</label></p>
```

在 name 属性中使用方括号（[]）指示处理脚本将把一系列值（而不仅仅是一个值）放在这一个变量中（好吧，如果用户只选择一个复选框，它可能就只是一个值）。如果用户选择第一个复选框，将把文本字符串 "I really like your Web site." 放在 website_response [] 框中。如果用户选择第三个复选框，则还将把文本字符串 "I sure wish my site looked as good as yours." 放在 website_response [] 框中。处理脚本然后将把该变量作为数据的数组（而不仅仅是单个条目）进行处理。

提示：

如果你发现用于某个输入元素的标签显示得距离元素太近，只需在<input>标签的末尾与标签文本的开头之间添加一个空格即可，如下所示：

```
<input type="checkbox"name="mini" >
<label>Mini Piano Stool </label>
```

不过，你可能看到复选框组为组中的变量使用单独的名称。例如，下面是编写复选框组的另一种方式：

```
<p><span class="question">Please check all that apply:</span><br>
<input type="checkbox" id="like_it" name="liked_site" value="yes"
        value="I really like your Web site.">
<label for="like_it">I really like your Web site.</label><br>
<input type="checkbox" id="the_best" name="best_site" value="yes"
        value="It's one of the best sites I've ever seen">
<label for="the_best">It's one of the best sites I've ever
        seen.</label><br>
<input type="checkbox" id="jealous" name="my_site_sucks" value="yes"
        value="I sure wish my site looked as good as yours.">
<label for="jealous">I sure wish my site looked as good as
        yours.</label><br>
<input type="checkbox" id="no_taste" name="am_dense" value="yes"
        value="I have no taste and I'm pretty dense, so your site
        didn't do much for me.">
<label for="no_taste">I have no taste and I'm pretty dense, so your
        site didn't do much for me.</label></p>
```

在上面的第二个复选框列表中，当被后端处理脚本处理时，第一个复选框的变量名是"liked_site"，其值（如果选中的话）是"yes"。

如果你希望在 Web 浏览器呈现表单时默认会选中复选框，可以包括 checked 属性。例如，下面的代码将创建两个复选框，并且第一个默认是选中的：

```
<input type="checkbox" id="like_it" name="liked_site" value="yes"
        value="I really like your Web site." checked>
<label for="like_it">I really like your Web site.</label><br>
<input type="checkbox" id="the_best" name="best_site" value="yes"
        value="It's one of the best sites I've ever seen">
<label for="the_best">It's one of the best sites I've ever
        seen.</label><br>
```

在这个示例中，标记为 "I really like your Web site." 的复选框默认是选中的。用户必须单击复选框以取消选中它，从而指示他们对你的站点有另一种看法。标记为 "It's one of the best sites I've ever seen" 的复选框开始时未选中，因此用户必须单击它以打开它。未选择的复选框根本不会出现在表单输出中。

如果你想在 JavaScript 中处理来自 checkbox 对象的值，则该对象具有以下 4 个属性。

➢ name 是复选框的名称，也是对象的名称。

➢ value 是复选框的"真"值，通常为 on。服务器端程序使用这个值来指示复选框是否被选中。在 JavaScript 中，应该代之以使用 checked 属性。

➢ defaultChecked 是复选框的默认状态，由 HTML 中的 checked 属性指定。

➢ checked 是当前值。这是一个布尔值：true 代表选中，false 代表未选中。

要操作复选框或者使用它的值，可以使用 checked 属性。例如，下面这条语句将在名为

order 的表单中打开名为 same_address 的复选框：

```
document.order.same.checked = true;
```

复选框具有单个方法：click()，这个方法模拟复选框上的单击动作。它也具有单个事件：
onClick，无论何时单击复选框，都会发生这个事件。无论打开或关闭复选框，这都会发生，
因此需要通过 JavaScript 检查 checked 属性，以查看实际发生了什么动作。

15.7.2　单选按钮

单选按钮（radio button）是指一次只能选择一个选项，它几乎与实现复选框一样简单。
单选按钮的最简单的应用是用于判断题，或者当只能选择一位候选人时用于投票。

要创建单选按钮，只需使用 type="radio"，并给每个选项提供它自己的<input>标签。为
组中的所有单选按钮使用相同的 name，但是不要像复选框那样使用[]，因为不必包容多个
答案：

```
<input type="radio" id="vote_yes" name="vote" value="yes" checked>
<label for="vote_yes">Yes</label><br>
<input type="radio" id="vote_no" name="vote" value="no">
<label for="vote_no">No</label>
```

value 可以是你所选的任何名称或代码。如果包括 checked 属性，默认就会选择该按钮。
不能选中多个具有相同 name 的单选按钮。

在设计表单并在复选框与单选按钮之间做出选择时，可以问问自己："询问的问题只能
以一种方式回答吗？"如果是，就使用单选按钮。

> **注意：**
> 单选按钮之所以得此名，是由于它们类似于古老的按钮式收音机（radio）上的按钮。这
> 些按钮使用一种机械装置，使得当按下一个按钮时，其他任何按钮都将会弹出。

就脚本编程而言，单选按钮类似于复选框，只不过一整组单选按钮共享单个名称和单个
对象。可以引用 radio 对象的以下属性。

➤ name 是单选按钮的公共名称。

➤ length 是组中的单选按钮的个数。

要在 JavaScript 中访问各个按钮，可以把 radio 对象视作一个数组。对按钮建立索引，并
且索引从 0 开始。每个单独的按钮都具有以下属性。

➤ value 是赋予按钮的值。

➤ defaultChecked 指示 checked 属性的值和按钮的默认状态。

➤ checked 是当前状态。

例如，可以利用下面这条语句选中 form1 表单上的 radio1 组中的第一个单选按钮：

```
document.form1.radio1[0].checked = true;
```

不过，如果你这样做，就要确保根据需要把其他值设置为 false。这不会自动完成，可以使用 click()方法在一个步骤中执行这两个操作。

像复选框一样，单选按钮具有一个 click()方法和一个 onClick 事件处理程序。每个单选按钮都可以具有用于这个事件的单独的语句。

15.7.3　选择列表

滚动列表（scrolling list）和下拉选取列表（pull-down pick list）是利用<select>标签创建的。可以把这个标签与<option>标签一起使用，如下面的示例所示（取自程序清单 15.1）：

```
<p><label for="how_improve"><span class="question">How can I
    improve my web site?</span></label><br>
<select id="how_improve" name="how_improve" size="4" multiple>
    <option value="You can't. It couldn't be better.">You can't.
        It couldn't be better.</option>
    <option value="More about the cats.">More about the cats.</option>
    <option value="More about the family.">More about the
        family.</option>
    <option value="More about Elvis.">More about Elvis.</option>
</select></p>
```

与你在上一节中简单学过的 text 输入类型不同的是，这里的 size 属性确定在选择列表中同时显示多少个项目。如果在前面的代码中使用 size="2"，则只有前两个选项可见，并且在列表旁边会出现一个滚动条，使得用户可以向下滚动，以查看第 3 个和第 4 个选项。

包括 multiple 属性将使用户能够一次选择多个选项，selected 属性将产生默认最初选择的选项。当提交表单时，在 value 属性中为每个选项指定的文本将与所选的选项一起出现。

> **提示：**
>
> 如果省略 size 属性或者指定 size="1"，列表将创建一个简单的下拉选取列表。选取列表不允许进行多项选择，它们在逻辑上等价于一组单选按钮。下面的示例显示了为某个问题选择 yes 或 no 的另一种方式：
>
> ```
> <select name="vote">
>   <option value="yes">Yes</option>
>   <optionvalue="no"> No</option>
> </select>
> ```

用于选择列表的对象是 select 对象。该对象本身具有以下属性。

➢ name 是选择列表的名称。

➢ length 是列表中的选项的数量。

➢ options 是选项的数组。每个可选的选项都在这个数组中具有一个条目。

➤ selectedIndex 返回当前所选项目的索引值，可以使用它轻松地检查值。在多项选择列表中，这指示第一个所选的项目。

options 数组具有它自己的单个属性 length，它指示选项的数量。此外，options 数组中的每个项目还具有以下属性。

➤ index 是数组的索引。

➤ defaultSelected 指示 selected 属性的状态。

➤ selected 是选项的当前状态。把这个属性设置为 true 将选择选项。如果在<select>标签中包括了 multiple 属性，那么用户将可以选择多个选项。

➤ name 是 name 属性的值，服务器将使用它。

➤ text 是选项中显示的文本。

select 对象具有两个方法：blur()和 focus()，它们的作用与 text 对象的对应方法相同。事件处理程序是 onBlur、onFocus 和 onChange，也类似于其他的对象。

注意：

可以动态地更改选择列表，例如，在一个列表中选择一件产品可以控制在另一个列表中哪些选项是可用的。也可以从列表中添加和删除选项。

读取所选项目的值是一个包含两个步骤的过程。首先使用 selectedIndex 属性，然后使用 value 属性查找所选项目的值。下面显示了一个示例：

```
ind = document.mvform.choice.selectedIndex;
val = document.mvform.choice.options[ind].value;
```

这使用 ind 变量存储所选的索引，然后把所选选项的值赋予 val 变量。对于多项选择，事情要更复杂一点，必须单独测试每个选项的 selected 属性。

除了<option>和</option>标签之外，其他任何 HTML 标签都不应该出现在<select>和</select>标签之间，只有<optgroup>标签（未出现在程序清单 15.1 中）除外。如下面的代码段中所示，使用<optgroup>将允许创建选项组（这就是 optgroup 这个名称的出处），它带有一个显示在列表中的标签，但是不能将其选作表单字段的“答案”。例如下面的代码段：

```
<select name="grades">
    <optgroup label="Good Grades">
        <option value="A">A</option>
        <option value="B">B</option>
    </optgroup>
    <optgroup label="Average Grades">
        <option value="C">C</option>
    </optgroup>
    <optgroup label="Bad Grades">
        <option value="D">D</option>
        <option value="F">F</option>
    </optgroup>
</select>
```

产生一个如下所示的下拉列表：

```
Good Grades
   A
   B
Average Grades
   C
Bad Grades
   D
   F
```

在这种情况下，只有 A、B、C、D 和 F 是可选的，但是<optgroup>标签是可见的。

15.7.4 文本框、文本区及其他输入类型

本章前面提及的<input type="text">属性允许用户只输入一行文本。当你想允许在单个输入项目中输入多行文本时，可以使用<textarea>和</textarea>标签创建一个文本区来代替文本框。在这两个标签之间包括的任何文本都将在那个框中显示为默认的条目。下面显示了程序清单 15.1 中的一个示例：

```
<textarea id="message" name="message" rows="7" cols="55">Your
    message here.</textarea>
```

如你可能猜到的，rows 和 cols 属性控制可以在输入框中放下的文本的行数和列数。cols 属性的精确性比 rows 属性稍差一点，接近于在一行文本中可以放下的字符个数。不过，文本区可以具有滚动条，因此用户输入的文本可以多于能在显示区域中放下的文本。

text 和 textarea 对象也具有几个你可以使用的 JavaScript 方法。

➢ focus()设置字段获得焦点。这将把光标定位在文本框中，并使之成为当前文本框。

➢ blur()恰好相反，它从文本框中移除焦点。

➢ select()选取文本框中的文本，就像用户可以利用鼠标所做的那样。它将选取全部文本，而无法选取部分文本。

也可以使用事件处理程序检测文本框的值何时发生了改变。text 和 textarea 对象支持以下事件处理程序。

➢ 当文本框获得焦点时，将发生 onFocus 事件。

➢ 当文本框失去焦点时，将发生 onBlur 事件。

➢ 当用户更改文本框中的文本然后移出文本框时，将发生 onChange 事件。

➢ 当用户选取文本框中的一些或全部文本时，将发生 onSelect 事件。遗憾的是，无法准确指出选取的是哪一部分文本（如果利用前面描述的 select()方法选取文本，将不会触发这个事件）。

如果使用这些事件处理程序，应该把它们包括在<input>标签声明中。例如，下面给出了一个文本框，其中包括一个 onChange 事件，用于显示一个报警：

```
<input type="text" name="text1" onChange="window.alert('Changed.');">
```

不过，让我们暂且返回到基本的<input>元素上来，因为 HTML5 为输入提供了比简单的"文本"多得多的 type 选项，比如内置的日期选择器。其缺点是：并非所有的浏览器都完全支持其中的许多选项（比如内置的日期选择器）。下面列出了几种不同的输入类型（其中一些是新的，另外一些则不是），它们都受到完全支持，但是我们在本章中还没有详细讨论它们。

- **type="email"**：这显示了一个常规的文本框，但是当使用表单验证时，内置的验证器将检查它是一个构造良好的电子邮件地址。一些移动设备默认将显示相关的键（例如，@符号），而无需额外的用户交互。

- **type="file"**：这种输入类型将打开一个对话框，使你能够在计算机上搜索要上传的文件。

- **type="number"**：这种类型将不会利用用于每个数字的<option>标签创建一个<select>列表，它将使你能够指定 min 和 max 值以及数字之间的步长，以在浏览器端自动生成一份列表。在程序清单 26.1 中可以看到它的应用。

- **type="range"**：与刚才介绍的 number 类型非常相似，这种类型使你能够指定 min 和 max 值以及数字之间的步长，但是在这种情况下，它将显示为一个水平滑块。

- **type="search"**：这显示为一个常规的文本框，但是具有额外的控件，有时用于允许用户使用"x"或类似的字符清除搜索框。

- **type="url"**：这种输入类型显示为一个常规的文本框，但是当使用表单验证时，内置的验证器将检查它是一个构造良好的 URL。一些移动设备默认将显示相关的键（例如，.com 虚拟键），而无须额外的用户交互。

使用 Mozilla 开发者网站上的图表，可以了解这些及其他<input>类型的最新状态。

15.8 使用 HTML5 表单验证

HTML5 中的许多特性使 Web 开发人员成为非常愉快的人。其中最简单但是使生活变化最大的特性之一可能是包括表单验证。在 HTML5 表单验证出现之前，我们不得不创建错综复杂的、基于 JavaScript 的表单验证，它会使牵涉到的每一个人都感到头疼。

但是这一切都一去不复返了！HTML5 默认会验证表单，除非在<form>元素中使用 novalidate 属性。当然，如果没有在任何表单字段本身中使用 required 属性，将没有什么要验证的。如你在上一节中所学的，字段不仅要验证内容（包括任何内容），而且要依据它们的类型来验证它们。例如，在程序清单 15.1 中，我们具有一个用于电子邮件地址的必需字段：

```
<p><label class="question" for="the_email">What is your e-mail
    address?</label>
<input type="email" id="the_email" name="the_email"
    placeholder="Please use a real one!"
    size="50" required></p>
```

在图 15.2 和图 15.3 中，可以看到表单自动验证内容存在与否，但是当你尝试在框中输入一个垃圾字符串（而不是一个电子邮件地址）时，它还会阻止你输入。

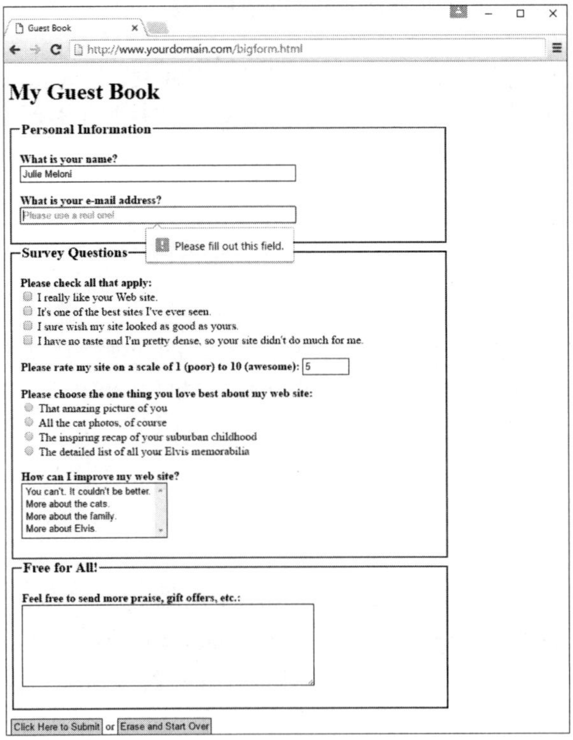

图 15.2

当表单的必需字段中没有内容时，尝试提交表单将引发验证错误

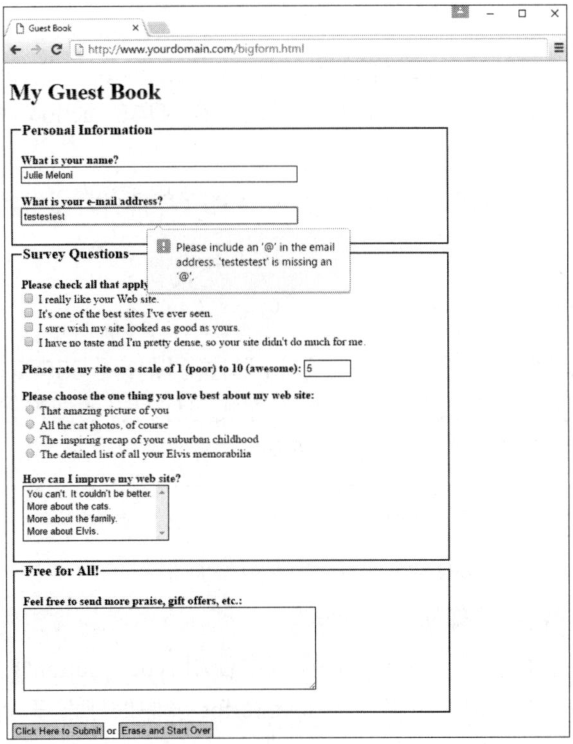

图 15.3

当表单中期望一个电子邮件地址的字段中的内容不符合要求时，尝试提交表单将引发验证错误

> **注意：**
> 电子邮件地址的验证开始和结束于仅仅看上去像电子邮件地址的条目。除了费时的后端处理脚本之外，这类模式匹配确实是可以用于电子邮件地址的唯一"验证"类型。

可以使用<input>字段的 pattern 属性，指定你自己的模式匹配要求。pattern 属性使用正则表达式，这个主题非常大，足以编写一本它自己的书。但是可以考虑一个小示例。如果你想确保<input>元素只包含数字和字母（没有特殊字符），可以使用如下代码：

```
<input type="text" id="the_text" name="the_text"
    placeholder="Please enter only letters and numbers!"
    size="50" pattern="[a-z,A-Z,0-9]" required >
```

这里的模式指示：如果字段包含 a～z 的任何字母、A～Z 的任何字母（大写字母）以及 0～9 的任何数字，那么它就是有效的。要了解关于正则表达式的更多知识，无须购买一整本书，看看相关网站上的在线教程即可。

15.9　提交表单数据

表单通常包括一个按钮，用于把表单数据提交给服务器上的脚本，或者调用一个 JavaScript 动作。在本章剩下的内容中，我们先介绍一些 JavaScript 动作，然后介绍使用 PHP 进行后端处理。那么，关于按钮，可以利用 value 属性把你喜欢的任何标签放在 Submit（提交）按钮上：

```
<input type="submit" value="Place My Order Now!">
```

除非使用 CSS 更改样式，否则灰色按钮将调整大小，以便能够放下在 value 属性中设置的标签。当用户单击它时，将把表单上的所有数据项发送给在表单的 action 属性中指定的电子邮件地址或脚本。

也可以包括一个 Reset（重置）按钮，用于清除表单上的所有条目，使得当用户改变了主意或者犯错时可以重新开始。可以使用以下语句：

```
<input type="reset" value="Clear This Form and Start Over">
```

如果标准的 Submit 和 Reset 按钮在你看来有点乏味，记住可以使用 CSS 编排它们的样式。如果这不够好，你将很高兴地知道可以使用一种轻松的方式用你自己的图形代替这些按钮。要为 Submit 按钮使用你所选的图像，可以使用以下语句：

```
<input type="image" src="button.gif" alt="Order Now!">
```

button.gif 图像将显示在页面上，并且当用户单击该图像时也会提交表单。可以包括通常与<img>标签一起使用的任何属性，比如 alt 和 style。

表单元素也包括普通的按钮类型。当在<input>标签中使用 type="button"时，将会获得一个按钮，它自己不会执行任何动作，但是可以使用 JavaScript 事件处理程序（如 onclick）给它分配一个动作。

为表单事件使用 JavaScript

form 对象具有两个方法：submit()和 reset()。你自己可以使用这些方法来提交数据或者重置表单，而无须用户按下按钮。这样做的一个原因是：当用户单击图像或者执行另一个通常不会提交表单的动作时用以提交表单。

> **警告：**
> 如果使用 submit()方法把数据发送给服务器或者通过电子邮件发送，那么大多数浏览器将提示用户验证他想提交信息。无法背着用户执行该操作（也不应该在用户不知情的情况下对数据做任何事情）。

form 对象具有两个事件处理程序：Submit 和 Reset。可以在定义表单的<form>标签内为这些事件指定一组 JavaScript 语句或者一个函数调用。

如果为 Submit 事件指定一个语句或函数，则会在把数据提交给服务器端脚本之前调用该语句。可以通过从 Submit 事件处理程序返回一个 false 值，阻止提交发生。如果语句返回 true，则会提交数据。同样，可以利用 Reset 事件处理程序阻止 Reset 按钮工作。

15.10 利用 JavaScript 访问表单元素

form 对象的最重要的属性是 elements 数组，它包含用于每个表单元素的对象。可以通过元素自己的名称或者它在数组中的索引来引用它。例如，下面的两个表达式都将引用程序清单 15.1 中所示的表单中的第一个元素：

```
document.gbForm.elements[0]
document.gbForm.name
```

> **注意：**
> 表单和元素都可以通过它们自己的名称或者作为 forms 和 elements 数组中的索引进行引用。为了清楚起见，本章中的示例使用了单独的表单和元素名称，而不是数组引用。你还将发现在你自己的脚本中使用名称更容易。

如果你作为数组引用表单和元素，就可以使用 length 属性确定数组中的对象数量：document.forms.length 是文档中的表单数量，document.gbForm.elements.length 则是 gbForm 表单中的元素数量。

也可以使用 W3C DOM 访问表单元素。在这种情况下，可以在 HTML 文档中使用表单元素上的 id 属性，并且使用 document.getElementById()方法查找用于表单的对象。例如，下面这条语句将查找用于名为 name 的文本框的对象，并把它存储在 name 变量中：

```
name = document.getElementById("name");
```

这使你能够快速访问表单元素，而无须先查找 form 对象。如果你需要处理表单的属性和方法，就可以给<form>标签分配一个 id，并查找相应的对象。

显示来自表单的数据

作为一个纯粹在客户端与表单交互的简单示例，程序清单 15.2 显示了一个带有名称、地址和电话号码字段的表单，以及一个 JavaScript 函数，它用于在一个弹出式窗口中显示来自表单的数据。

程序清单 15.2　在弹出式窗口中显示数据的表单

```
<!DOCTYPE html>

<html lang="en">
  <head>
    <title>Form Display Example</title>
    <script type="text/javascript">
    function display() {
      dispWin = window.open('','NewWin',
      'toolbar=no,status=no,width=300,height=200')

      message = "<ul><li>NAME:" +
      document.form1.name.value;
      message += "<li>ADDRESS:" +
      document.form1.address.value;
      message += "<li>PHONE:" +
      document.form1.phone.value;
      message += "</ul>";
      dispWin.document.write(message);
    }
    </script>
  </head>
  <body>
    <h1>Form Display Example</h1>
      <p>Enter the following information. When you press the Display
      button, the data you entered will be displayed in a pop-up.</p>
      <form name="form1" method="get" action="">
      <p>NAME: <input type="text" name="name" size="50"></p>
      <p>ADDRESS: <input type="text" name="address" size="50"></p>
      <p>PHONE: <input type="text" name="phone" size="50"></p>
      <p><input type="button" value="Display"
              onclick="display();"></p>
      </form>
  </body>
</html>
```

下面详细分析了这个简单的 HTML 文档和脚本是如何工作的。

➢　文档头部中的<script>区域定义了一个名为 display()的函数，用于打开一个新窗口，并显示来自表单的信息。

➢　<form>标签用于开始表单。由于这个表单完全由 JavaScript 处理，因此表单的 action 和 method 没有值。

➢　<input/>标签定义了表单的 3 个字段：yourname、address 和 phone。最后一个<input>标签定义了 Display 按钮，它被设置成运行 display()函数。

图 15.4 显示了这个表单的运行结果。其中按下了 Display 按钮，并且在弹出式窗口中显示结果。尽管这不是客户端表单交互的最激动人心的示例，但它清楚说明了基本的知识，而这构成了以后工作的基础。

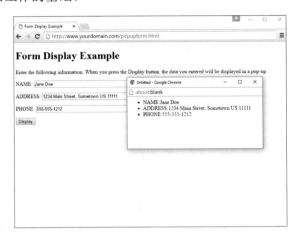

图 15.4

在弹出式窗口中显示来自表单的数据

15.11　创建一个简单的输入表单

为了强调一个静态的 HTML 表单和一个后端处理脚本之间的通信过程，从现在开始，让我们把 HTML 和 PHP 代码分开。程序清单 15.3 构建了一个简单的 HTML 表单。

程序清单 15.3　简单的 HTML 表单

```
1:  <!DOCTYPE html>
2:  <html>
3:    <head>
4:      <title>A simple HTML form</title>
5:    </head>
6:    <body>
7:      <form method="post" action="send_simpleform.php">
8:        <p><label for="user">Name:</label><br>
9:        <input type="text" id="user" name="user"></p>
10:       <p><label for="message">Message:</label><br>
11:       <textarea id="message" name="message" rows="5" cols="40"></textarea></p>
12:       <button type="submit" name="submit" value="send">Send Message</button>
13:     </form>
14:   </body>
15: </html>
```

把上述代码放入到一个名为 simpleform.html 的文本文件中，并且将其放置在 Web 服务器文档根目录下。这个代码清单定义了一个表单，它包含在第 9 行定义的一个名为"user"的文本字段，在第 11 行定义的一个名为"message"的文本域，以及在第 12 行定义的一个提交按钮。FORM 元素的 ACTION 参数指向一个名为 send_simpleform.php 的文件，它会处理表单信息。这个表单的方法是 post，因此，表单中的数据变量存储在超全局变量 $_POST 中。

程序清单 15.4 创建了接受用户输入的代码。

程序清单 15.4 从一个表单读取输入

```
 1: <!DOCTYPE html>
 2: <html>
 3:   <head>
 4:     <title>A simple response</title>
 5:   </head>
 6:   <body>
 7:     <p>Welcome, <strong><?php echo $_POST['user']; ?></strong>!</p>
 8:     <p>Your message is:
 9:     <strong><?php echo $_POST['message']; ?></strong></p>
10:   </body>
11: </html>
```

把上述代码放入到一个名为 send_simpleform.php 的文本文件中，并且将其放置在 Web
服务器文档根目录下。

当用户提交程序清单 15.4 所创建的表单时，将会调用程序清单 15.3 中的脚本。在程序
清单 15.4 的代码中，我们访问了两个变量：$_POST ['user']和$_POST ['message']。这些都是
对超全局变量$_POST 中的变量的引用，这些变量包含了用户输入到 user 文本字段和 message
文本域中的值。PHP 中的表单就是如此之简单。

在表单字段中输入某些信息并单击发送按钮。我们应该看到自己的输入显示在屏幕上。
示例如图 15.5 所示。

图 15.5

完成表单提交

15.11.1 使用用户定义数组访问表单输入

前面的例子展示了如何从 HTML 元素收集信息，这些元素向每个元素名提交一个单独的
值，例如文本字段、文本域和单选按钮。当使用像 SELECT 这样的元素的时候，这就给我们
带来一个问题，因为用户可能从一个多选 SELECT 列表中选取一个或多个项目。如果我们使
用一个一般的名字来命名 SELECT 元素，如下所示。

```
<input type="checkbox" id="products" name="products">
```

在这个例子中，接受这个数据的脚本只是获取了和这个名字($_POST ['products'])对应的
一个单个值。我们可以通过重新命名这类元素，使其名字以一对空的方括号结尾，从而改变
这种行为。我们已经在程序清单 15.1 中见过这种情况，其中一个调查问题要求用户"check all
that apply（选中所有适用的情况）"。然后，应该将回答放入到一个名为 some_statements 的
数组中。

```
<p><span class="question">Please check all that apply:</span><br>
    <input type="checkbox" id="like_it" name="some_statements[]"
```

```
value="I really like your Web site.">
<label for="like_it">I really like your Web site.</label><br>
<input type="checkbox" id="the_best" name="some_statements[]"
value="It's one of the best sites I've ever seen">
<label for="the_best">It's one of the best sites I've ever
seen.</label><br>
<input type="checkbox" id="jealous" name="some_statements[]"
value="I sure wish my site looked as good as yours.">
<label for="jealous">I sure wish my site looked as good as
yours.</label><br>
<input type="checkbox" id="no_taste" name="some_statements[]"
value="I have no taste and I'm pretty dense, so your site
didn't do much for me.">
<label for="no_taste">I have no taste and I'm pretty dense, so
your site didn't do much for me.</label>
</p>
```

在处理表单输入的脚本中，我们发现，名为“some_statements[]”的所有选中的复选框的值，在一个名为$_POST['some_statements']的数组中是可用的。可以像下面的代码段那样，遍历该数组，并构建所选中的项的一个项目列表：

```php
<?php
if (!empty($_POST['products'])) {
  echo "<ul>";
  foreach ($_POST['products'] as $value) {
      echo "<li>$value</li>";
  }
  echo "</ul>";
} else {
  echo "None";
}
?>
```

循环技术不仅对于 SELECT 元素特别有用，也可以对其他类型的表单元素起作用。例如，通过给定具有相同名字的多个复选框，我们使得一个用户可以在一个单独的字段名中选择多个值。

只要我们选择的名字是以一个空白方括号结束的，PHP 都会把这个字段的用户输入编译到一个数组中。

15.11.2 在单个页面上组合 HTML 和 PHP 代码

在某些条件下，我们可能想要把解析表单的 PHP 代码和直接编码的 HTML 表单包含到同一个页面中。如果需要对多个用户显示同一个表单的话，这种组合可能会有用。当然，如果动态地编写整个页面，将会有更多的灵活性，但是我们会错过 PHP 最强大的功能之一，这就是和标准 HTML 的良好结合。可以在页面中包含的标准 HTML 越多，设计者或页面开发者修复起来就越轻松，而不必寻找程序员帮忙。

对于下面的例子，假设我们要创建一个站点，它向学龄前儿童教授基本的数学知识。它要求我们创建一个脚本，该脚本从表单输入一个数字，并且告诉用户它比一个预定义的整数大还是小。

程序清单 15.5 创建了 HTML。对于这个例子，我们只需要一个文本字段，但是即便如此，我们还是包含了一些 PHP。

程序清单 15.5　调用自身的一个 HTML 表单

```
1: <!DOCTYPE html>
2: <html>
3:   <head>
4:     <title>An HTML form that calls itself</title>
5:   </head>
6:   <body>
7:     <form action="<?php echo $_SERVER['PHP_SELF']; ?>" method="post">
8:     <p><label for="guess">Type your guess here:</label><br>
9:     <input type="text" id="guess" name="guess" ></p>
10:    <button type="submit" name="submit" value="submit">Submit</button>
11:    </form>
12:   </body>
13: </html>
```

正如第 7 行所示，这个脚本的动作是$_SERVER ['PHP_SELF']，这个全局变量显示了当前脚本的名字。换句话说，这个操作告诉脚本重新载入自己。程序清单 15.5 中的脚本并不产生任何输出，但是，如果向 Web 服务器上传了这个脚本，访问该页面并察看页面的源代码，我们将会注意到，表单动作现在包含了脚本自身的名字。

在程序清单 15.6 中，我们开始构建这个页面的 PHP 元素。

程序清单 15.6　一个 PHP 猜数字脚本

```
1: <?php
2: $num_to_guess = 42;
3: if (!isset($_POST['guess'])) {
4:   $message = "Welcome to the guessing machine!";
5: } elseif (!is_numeric($_POST['guess'])) { // is not numeric
6:   $message = "I don't understand that response.";
7: } elseif ($_POST['guess'] == $num_to_guess) { // matches!
8:   $message = "Well done!";
9: } elseif ($_POST['guess'] > $num_to_guess) {
10:  $message = $_POST['guess']." is too big! Try a smaller number.";
11: } elseif ($_POST['guess'] < $num_to_guess) {
12:  $message = $_POST['guess']." is too small! Try a larger number.";
13: } else { // some other condition
14:  $message = "I am terribly confused.";
15: }
16: ?>
```

首先，必须定义让用户猜的数字，我们在第 2 行做了这件事情，把 42 赋给了$num_to_guess 变量。接下来，必须定义表单是否提交了，我们可以通过查看变量$_POST ['guess']的存在来测试提交，只有在脚本已经用 guess 字段的一个值提交的时候，这个变量才可用。如果$_POST ['guess']的值不存在，我们可以安全地假设访问页面的用户没有提交一个表单。如果这个值存在，我们可以测试该变量所包含的值。对$_POST ['guess']变量存在性的测试在第 3 行进行。

第 3 行到第 15 行使用了一个 if…else if…else 控制结构。根据表单提交了什么内容（如果有提交内容的话），在任何时候，这些条件中只有一个为 true。根据条件，不同的值会赋给$message变量。随后，该变量在脚本的第 18 行显示到屏幕上，那是这段脚本的 HTML 的一部分。

程序清单 15.7　一个 PHP 猜数字脚本（续）

```
17: <!DOCTYPE html>
18: <html lang="en">
19:   <head>
20:     <title>A PHP number guessing script</title>
21:   </head>
22:   <body>
23:     <h1><?php echo $message; ?></h1>
24:     <form action="<?php echo $_SERVER['PHP_SELF']; ?>" method="post">
25:     <p><label for="guess">Type your guess here:</label><br>
26:     <input type="text" is="guess" name="guess"></p>
27:     <button type="submit" name="submit" value="submit">Submit</button>
28:     </form>
29:   </body>
30: </html>
```

把程序清单 15.6 和程序清单 15.7 中的所有代码放入到一个名为 numguess.php 的文本文件中，并且将这些文件放入到 Web 服务器文档根目录下。现在，使用浏览器访问这些脚本，将看到如图 15.6 所示的结果。

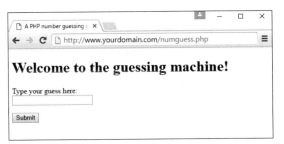

图 15.6

程序清单 15.6 和程序清单 15.7 所生成的表单

进行一次猜测并点击提交按钮，并且你应该会被相应地引导到如图 15.7 所示的界面进行再次猜测。

图 15.7

猜错了的结果

仍然还有一些额外的事情可以做，但是，你可能会明白，把代码交给一个设计师让他进行艺术加工，这是一件多么简单的事情。设计师可以做好他的那部分工作，而不必以任何方式干扰程序设计，PHP 代码在最上面，剩下的 99%都是 HTML。

15.12　使用隐藏字段来保存状态

通过程序清单 15.6 中的脚本我们没有办法知道一个用户的猜测是多少，但是，我们可以使用一个隐藏字段来记录这个值。隐藏字段的行为和一个文本字段一样，只不过用户无法看到它，除非查看包含它的文档的 HTML 源代码。

取出最初的 numguess.php 脚本并将其保存为一个名为 numguess2.php 的副本。在新的版本中，在最初给$num_to_guess 变量赋值的后面添加如下一行。

```
$num_tries = (isset($_POST['num_tries'])) ? $num_tries + 1 : 1;
```

这一行初始化一个名为$num_tries 的变量并且为它赋一个值。如果$_POST ['num_tries'] 为空且这个表单还没有提交，$num_tries 变量的值为 1，因为我们将要开始第一次猜数。如果这个表单已经发送，新的值就是$_POST ['num_tries']的值加 1。

下一个改变在 HTML 的 H1 层标题之后。

```
<p><strong>Guess number:</strong><?php echo $num_tries; ?></p>
```

这个新行只是在屏幕上显示$num_tries 的当前值。

最后，在表单提交按钮的 HTML 代码之前，添加隐藏字段。这个字段保存了$num_tries 递增后的值，如下所示。

```
<input type="hidden" name="num_tries" value="<?php echo $num_tries; ?>">
```

程序清单 15.8 显示了完整的新脚本。

程序清单 15.8　使用一个隐藏字段保存状态

```
 1: <?php
 2: $num_to_guess = 42;
 3: $num_tries = (isset($_POST['num_tries'])) ? $num_tries + 1 : 1;
 4: if (!isset($_POST['guess'])) {
 5:   $message = "Welcome to the guessing machine!";
 6: } elseif (!is_numeric($_POST['guess'])) { // is not numeric
 7:    $message = "I don't understand that response.";
 8: } elseif ($_POST['guess'] == $num_to_guess) { // matches!
 9:    $message = "Well done!";
10: } elseif ($_POST['guess'] > $num_to_guess) {
11:    $message = $_POST['guess']." is too big! Try a smaller number.";
12: } elseif ($_POST['guess'] < $num_to_guess) {
13:    $message = $_POST['guess']." is too small! Try a larger number.";
14: } else { // some other condition
15:    $message = "I am terribly confused.";
16: }
17: ?>
18: <!DOCTYPE html>
19: <html lang="en">
20:   <head>
```

```
21:     <title>A PHP number guessing script</title>
22:   </head>
23:   <body>
24:     <h1><?php echo $message; ?></h1>
25:     <p><strong>Guess number:</strong><?php echo $num_tries; ?></p>
26:     <form action="<?php echo $_SERVER['PHP_SELF']; ?>" method="post">
27:       <p><label for="guess">Type your guess here:</label><br>
28:       <input type="text" id="guess" name="guess"></p>
29:       <input type="hidden" name="num_tries" value="<?php echo $num_tries; ?>">
30:       <button type="submit" name="submit" value="submit">Submit</button>
31:     </form>
32:   </body>
33: </html>
```

将上述代码保存为 numguess2.php 文件并且将其放置到 Web 服务器文档的根目录下。使用 Web 浏览器访问表单几次，并且尝试猜这个数字（假装你还并不知道它）。每次访问表单，计数器将会增加 1。

15.13 根据表单提交发送邮件

我们已经看到了如何获取表单响应并且把结果显示到屏幕，距离在一个 E-mail 消息中发送响应只有一步之遥。然而，在了解如何发送邮件之前，阅读下面的小节，确保已正确地配置了我们的系统。

15.13.1 mail()函数的系统配置

在我们可以使用 mail()函数发送邮件之前，必须在 php.ini 文件中设置一些指令，以使该函数能够正常地工作。使用一个文本编辑器打开 php.ini，并查找下面这些行。

```
[mail function]
; For Win32 only.
; http://php.net/smtp
SMTP = localhost
; http://php.net/smtp-port
smtp_port = 25

; For Win32 only.
; http://php.net/sendmail-from
;sendmail_from = me@example.com

; For Unix only. You may supply arguments as well (default: "sendmail -t -i").
; http://php.net/sendmail-path
;sendmail_path =
```

如果我们使用 Windows 作为 Web 服务器平台，前两条指令适用于我们。为了让 mail() 函数能够发送邮件，它必须可以访问一个有效的发送邮件服务器。如果你计划使用 ISP 的发送邮件服务器（在下面的例子中，我们将使用 EarthLink），php.ini 中的条目应该如下所示。

```
SMTP = smtp.yourisp.net
```

第二条配置指令是 sendmail_from，这是在发送邮件的 From 标头中的 E-mail 地址。它可以在邮件脚本本身中被覆盖，这里通常作为默认值使用，如下面的例子所示。

```
sendmail_from = youraddress@yourdomain.com
```

对于 Windows 用户来说，一个较好的首要原则是，不管你的 Email 客户端在机器上安装了什么发送邮件服务器，都应该作为 php.ini 中的 SMTP 值使用。

如果 Web 服务器运行在一个 Linux/UNIX 平台上，可以使用特定机器的 sendmail 功能。在这个例子中，只有最后的命令适合于你，即 sendmail_path。默认的值是 sendmail –t – i，但是，如果 sendmail 是临时的或者如果你需要指定不同的参数，也可以不这么做，就像在下面的例子中，它没有使用真实值。

```
sendmail_path = /opt/sendmail -odd -arguments
```

在任何平台上，对 php.ini 做出改变以后，必须重新启动 Web 服务器以使改变生效。

15.13.2　创建表单

在程序清单 15.9 中，我们看到用来创建一个简单反馈表单的基本 HTML，让我们称其为 feedback.html。这个表单具有一个 sendmail.php 的 action，我们将在下一节中创建它。feedback.html 中的字段很简单，第 8 行和第 9 行创建了一个 name 字段和标签，第 10 行和第 11 行创建了回信的 Email 地址字段和标签，而第 12 行和第 13 行包含了用于用户消息的文本域和标签。

程序清单 15.9　创建一个简单的反馈表单

```
1:  <!DOCTYPE html>
2:  <html lang="en">
3:    <head>
4:      <title>E-Mail Form</title>
5:    </head>
6:    <body>
7:      <form action="sendmail.php" method="post">
8:        <p><label for="name">Name:</label><br>
9:        <input type="text" size="25" id="name" name="name"></p>
10:       <p><label for="email">E-Mail Address:</label><br>
11:       <input type="text" size="25" id="email" name="email"></p>
12:       <p><label for="msg">Message:</label><br>
13:       <textarea id="msg" name="msg" cols="30" rows="5"></textarea></p>
14:       <button type="submit" name="submit" value="send">Send Message</button>
15:      </form>
16:    </body>
17:  </html>
```

把上述代码放入到一个名为 feedback.html 的文本文件中，并且将其放置在 Web 服务器文档根目录下。当通过 Web 浏览器来访问这个脚本的时候，它产生如图 15.8 所示的结果。

图 15.8

程序清单 15.9 创建
的表单

在下一节中，我们将创建把这个表单发送给接受者的脚本。

15.13.3 创建发送邮件的脚本

这个脚本和程序清单 15.4 中的脚本在概念上只是略有不同，后者只是在屏幕上显示表单响应。在程序清单 15.10 的脚本中，除了把响应显示到屏幕上，我们还将其发送给一个 E-mail 地址。

程序清单 15.10 发送简单的反馈表单

```
1: <?php
2: //start building the mail string
3: $msg = "Name: ".$_POST['name']."\n";
4: $msg .= "E-Mail: ".$_POST['email']."\n";
5: $msg .= "Message: ".$_POST['message']."\n";
6:
7: //set up the mail
8: $recipient = "you@yourdomain.com";
9: $subject = "Form Submission Results";
10:$mailheaders = "From: My Web Site <defaultaddress@yourdomain.com> \n";
11:$mailheaders .= "Reply-To: ".$_POST['email'];
12:
13: //send the mail
14: mail($recipient, $subject, $msg, $mailheaders);
15: ?>
16: <!DOCTYPE html>
17: <html>
18:   <head>
19:     <title>Sending mail from the form in Listing 15.9</title>
20:   </head>
21:   <body>
22:     <p>Thanks, <strong><?php echo $_POST['name']; ?></strong>,
23:     for your message.</p>
24:     <p>Your e-mail address:
25:     <strong><?php echo $_POST['email']; ?></strong></p>
26:     <p>Your message: <br/><?php echo $_POST['message']; ?></p>
27:   </body>
28: </html>
```

在第 22 行到第 26 行所使用的变量是$\_POST ['name']、$_POST ['email']和$\_POST ['message']，它们是表单中字段的名字，它们的值作为超全局变量$_POST 的一部分保存。这对于把信息显示到屏幕上来说都是很不错的，但是在这个脚本中，我们还需要创建一个在 Email 中发送的字符串。为此，我们基本上需要通过连接字符串来形成一条长长的消息字符串从而构成邮件，并且在适当的地方使用换行符(\n)。

第 3 行到第 5 行创建了 $msg 变量，这是包含用户在表单字段中输入的值以及一些额外的说明文字的一个字符串。这个字符串将会形成 E-mail 的主体。注意在第 4 行和第 5 行向$msg 变量添加内容时连接操作符(.=)的使用。

第 8 行和第 9 行对邮件接受者和邮件消息的主题的变量直接赋值。显然，要用自己的邮件地址来替代 you@yourdomain.com。如果想要改变邮件的主题，也可以直接去做。

第 10 行和第 11 行设置了一些邮件标头，即 From:和 Reply-to:标头。你可以把任何值放入到 From:标头中，这就是当你接受这封邮件的时候显示在发件人或收件人栏的信息。

提示：

如果发送邮件服务器是一台 Windows 机器，那么换行符\n 应该替换为\r\n。

---

mail()函数需要 5 个参数：收件人、主题、消息、任何附加的邮件标头，以及任何附加的发送邮件参数。在我们的例子中，我们只使用前 4 个参数。这些参数的顺序如第 14 行所示。

把上述代码放入到一个名为 sendmail.php 的文本文件中，并且将其放置在 Web 服务器文档根目录下。使用 Web 浏览器来访问这个表单，并且输入一些信息，然后单击提交按钮。我们将会在浏览器中看到如图 15.9 所示的结果。

图 15.9

来自 sendmail.php
的示例结果

如果我们查看自己的 E-mail，应该会有一条消息在等着我们去阅读。它看上去如图 15.10 所示。

图 15.10

sendmail.php 发送
的邮件

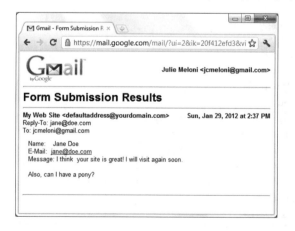

这个示例并不包含任何服务器端的表单元素验证，并且只是假设用户已经在表单中输入了值。在现实的情况中，在对邮件做任何事情之前，你可能要检查表单中是否输入了值以及值的有效性，这可能要像在本章前面看到的那样，从 HTML5 表单验证开始。

15.14 小结

本章演示了如何创建 HTML 表单，当访问者连接到后端处理脚本时，它允许访问者给你提供信息。我们学习了所有主要的表单元素，以及 JavaScript 和 PHP 如何解释那些元素的名称和值属性。关于 PHP，我们学习了如何使用各种超全局变量和表单输入。我们学习了如何从表单提交获取列表信息以及如何使用隐藏字段在脚本调用之间传递信息。我们还学习了如何在 Email 中发送表单结果，这是一个不错的学习成果。

表 15.1 总结了本章中介绍的 HTML 标签和属性。

表 15.1　本章介绍的 HTML 标签和属性

标签/属性	作用
<form>...</form>	指示输入表单
属性	**作用**
action="scripturl"	提供用于处理这个表单输入的脚本的地址
method="post/get"	指示如何把表单输入发送到服务器。通常设置为 post，而不是 get
<label>...</label>	提供与表单元素关联的信息
<fieldset>...</fieldset>	把一组相关的表单元素组合起来
<legend>...</legend>	给一组相关的表单元素提供标签
<input>	指示表单的输入元素
type="controltype"	给出这个输入构件的类型。一些可能的值有：checkbox、hidden、radio、reset、submit、text 和 image 等
name="name"	给出这个项目在传递给脚本时的独特名称
value="value"	给出文本或隐藏项目的默认值。对于复选框或单选按钮，它是随同表单提交的值。对于重置或提交按钮，它是按钮本身的标签
src="imageurl"	显示图像的源文件
checked	用于复选框和单选按钮。指示这个项目被选中
autofocus	在加载表单时把焦点放在元素上
required	指示应该依据类型（在合适时）验证字段的内容
pattern="pattern"	指示应该针对这个正则表达式验证这个字段的内容
size="width"	指定文本输入区的宽度（以字符数计）
maxlength="maxlength"	指定可以输入文本区中的最大字符数
<textarea>...</textarea>	指示一个可以输入多行文本的表单元素。可以包括默认的文本
name="name"	指定传递给脚本的名称
rows="numrows"	指定这个文本区显示的行数
cols="numchars"	指定这个文本区显示的列数（字符数）
autofocus	在加载表单时把焦点放在元素上

续表

属性	作用
required	指示应该依据类型（在合适时）验证字段的内容
pattern="pattern"	指示应该针对这个正则表达式验证这个字段的内容
\<select\>...\</select\>	创建可能项目的菜单或滚动列表
name="name"	显示传递给脚本的名称
size="numelements"	指示要显示的元素个数。如果指定 size，选择列表就会变成滚动列表。如果没有给出 size，选择列表就是下拉选取列表
multiple	允许从列表中进行多项选择
required	指示应该验证字段的选项
\<optgroup\>...\</optgroup\>	指示\<option\>元素的组合
label="label"	提供组的标签
\<option\>...\</option\>	指示\<select\>元素内的可能的项目
selected	当包括这个属性时，将在列表中默认选择\<option\>
value="value"	当提交表单时，如果没有选择这个\<option\>，则指定要提交的值

15.15　问与答

Q：有任何方式可用于创建大量的文本框而无需为它们都使用不同的名称吗？

A：是的。如果为表单中的多个元素使用相同的名称，那么它们的对象将构成一个数组。例如，如果利用名称 member 定义了 20 个文本框，就可以把它们称为 member[0]～member[19]。这也适用于其他类型的表单元素。

Q：如果 HTML5 包含表单验证，我还不得不再次担心验证吗？

A：是的。尽管 HTML5 表单验证极其优秀，你还是应该在后端验证发送给你的表单信息。后端处理超出了本书的范围，但是作为一个规则，永远也不应该信任任何用户输入——在执行使用它的动作之前总是要对其进行检查（尤其是当与数据库交互时）。

15.16　测验

作业包含测验问题和练习，可以帮助你巩固对所学知识的理解。要尝试先解答所有的问题，然后再查看其后的"解答"一节的内容。

15.16.1　问题

1．\<form\>标签的下面哪个属性确定将把数据发送到什么位置？

a．action

b．method

c．name

2．哪个内建的关联数组包含了作为 POST 请求的一部分提交的所有的值？

3．mail()函数所使用的 5 个参数是什么？

15.16.2　解答

1．a．action 属性用于确定把数据发送到哪里。

2．$_POST 超全局变量。

3．收件人、主题、消息、任何附加的邮件标头以及附加的参数。

15.16.3　练习

➢ 创建一个 PHP 脚本来处理程序清单 15.1 中的大表单，并且通过电子邮件将它发送给你。

➢ 创建一个计算器脚本，它允许用户提交两个数字并且选择一种对这两个数执行的运算（加减乘除）。

第 4 部分：将数据库整合到应用程序中

第 16 章

理解数据库设计过程

在本章中，你将学习以下内容：

> ➤ 良好的数据库设计的一些优点；

> ➤ 表关系的三种类型；

> ➤ 如何规范化数据库；

> ➤ 如何实现一个良好的数据库设计过程。

在本章中，我们将学习设计一个关系数据库背后的过程。根据如何确定自己在未来的技术工作（你可能专注前端、后端，或者二者都关注），你可能不需要直接在数据库中工作，或者从头开始设计一个数据库框架（也就是表示数据库的逻辑视图的一个结构）。然而，不管你将从事何种工作，理解数据是如何定义的、如何构造的以及如何存储到关系数据库中的，对于理解你能够对这些数据做些什么以及如何做，这都很关键。

在学习完这个关注理论的一章之后，我们将开始学习基本的 MySQL 命令，为把 MySQL 整合到自己的应用程序中而做准备。

16.1   良好的数据库设计的重要性

良好的数据库设计对于一个高性能的应用程序非常重要，就像一个空气动力装置对于一辆赛车的重要性一样。如果一辆汽车没有平滑的曲线，将会产生阻力从而变慢。关系没有经过优化，数据库无法尽可能高效地运行。应该把数据库的关系和性能（包括易维护性、最小化、可重复性以及避免不一致性）看作是规范化的一部分。

> **提示：**
> 规范化指的是为了尽量避免重复性和不一致性而组织数据结构的过程。

除了性能以外的问题，就是维护的问题了，数据库应该易于维护。这包括只存储数量有限的（如果有的话）重复性数据。如果有很多的重复性数据，这些数据的一个实例发生一次改变（例如，一个名字的改变），这个改变必须对所有的其他的数据都进行。为了避免重复，并且增强维护数据的能力，我们可以创建可能的值的一个表并使用一个键来引用该值。在这种方式中，如果值改变了名字，这个改变只在主表中发生一次，所有的其他表的引用都保持不变。

例如，假设你负责维护一个学生数据库以及他们所注册的课程。如果有 35 个学生在同一个课堂中，让我们将这门课叫作 Advanced Math（高等数学），课程的名字将会在表中出现35 次。现在，如果老师决定把这门课的名字改为 Mathematics IV，我们必须修改 35 条记录以反映出新的课程名。如果数据库设计为课程名出现在一个表中，只有课程 ID 号码和学生记录一起存储，那么要更改课程名称，我们就只需要改变一条记录而不是 35 条记录，并且你应该能够确定数据库中的数据实际上是保持同步的。

一个规划和设计良好的数据库的优点是众多的，它也证实了这样一个道理，前期做的工作越多，后面所要做的就越少。在使用数据库的应用程序公开发布之后，还要对数据库进行重新设计，这是最糟糕的，然而，确实会发生这种情况，并且其代价高昂。

因此，在开始编写一个应用程序的代码之前，请花大量的时间来设计你的数据库。在本章其余的部分中，我们将学习很多有关关系和规范化的内容，这是设计难题中最重要的两部分。

16.2 表关系的类型

表关系具有以下几种形式。

➢ 一对一关系。

➢ 一对多关系。

➢ 多对多关系。

例如，假设有一个名为 employees 的表，其中包含了每个人的社会安全号码、名字和他所在的部门。假设我们还有一个名为 departments 的表，其中包含了所有部门的列表，每个部门有一个部门 ID 和一个名字。在 employees 表中，部门 ID 字段和 departments 表中的 ID 字段相对应。我们可以在图 16.1 中见到这种类型的关系。字段名旁边的 PK 表示该表的主键。

图 16.1

employees 表和
departments 表通过
DeptID 键联系起来

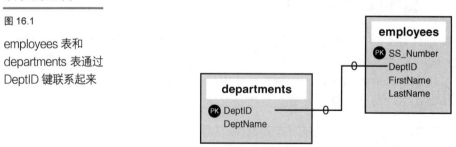

在下面的小节中，我们将进一步详细介绍每种关系。

16.2.1 一对一关系

在一对一的关系中，一个键只能在一个关系表中出现一次。employees 表和 departments 表没有一对一的关系，因为显然很多职员都属于同一个部门。但是，如果公司中的每个职员分配了一台计算机，这就存在一对一的关系了。图 16.2 给出了职员和计算机之间的一对一的关系。

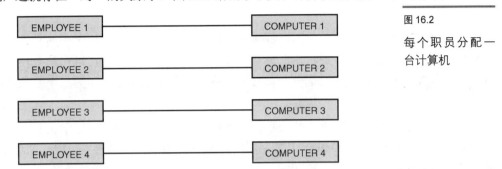

图 16.2

每个职员分配一台计算机

数据库中的 employees 表和 computers 表看上去如图 16.3 所示，表示了它们一对一的关系。

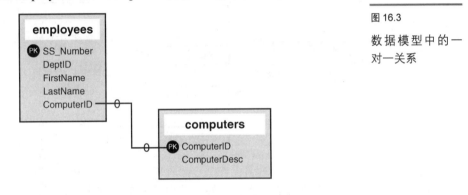

图 16.3

数据模型中的一对一关系

16.2.2 一对多关系

在一个一对多关系中，一个表中的键在一个相关的表中出现多次。如图 16.1 中的例子所示，它表示的是职员和部门之间的关系，即一个一对多的关系。现实中的一个例子就是部门的组织图，如图 16.4 所示。

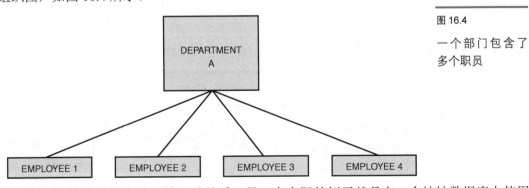

图 16.4

一个部门包含了多个职员

一对多的关系是最为常见的一种关系。另一个实际的例子就是在一个地址数据库中使用一个州的缩写，每个州都有一个唯一的标识符（CA 表示 California、PA 表示 Pennsylvania 等），并且美国的每个地址都有一个相关的州。

如果我们有 8 个朋友在 California 并且有 5 个朋友在 Pennsylvania，在我们的表中将只使用两个不同的缩写。一个缩写（CA）表示一个一对八的关系，另一个缩写（PA）表示一个一对五的关系。

16.2.3 多对多关系

多对多关系通常会在规范化的数据库的实际例子中引发问题，以至于通常直接把多对多关系分解为一系列的一对多关系。在多对多关系中，一个表的键值可以在一个相关的表中出现多次。因此，它听上去就像是一个一对多关系；但是反之亦然，即第二个表的主键也可以在第一个表中出现多次。

按照这样一种方式来思考一种关系，可以以学生和课程为例：一个学生有一个 ID 和一个名字；一门课程有一个 ID 和一个名字。正如图 16.5 所示，一个学生可能一次选多门课程；而一门课程总是有一个以上的学生。

图 16.5

学生选择课程，课程的班里包含学生

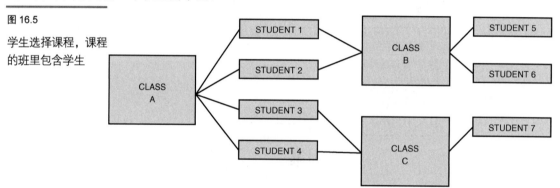

正如你所看到的，这种关系不能以一种相关表的简单方法表示。这个表也可能看上去如图 16.6 所示，似乎是不相关的。

图 16.6

表 students 和表 classes 不相关

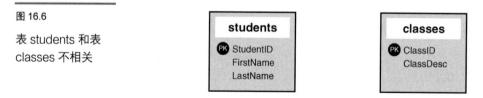

为了让多对多关系更理论化，我们可能创建一个中间表，这个表位于两个表之间，并且实际上把它们映射到一起。我们可以构建和图 16.7 中所示的表类似的一个表。

图 16.7

students_classes_map 表充当一个中间表

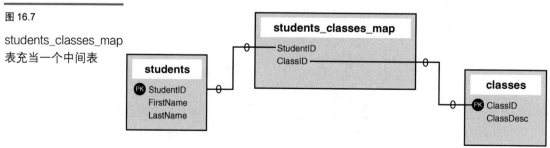

如果取出图 16.5 中的信息并且将其放入到这个中间表中，我们会得到如图 16.8 所示的结果。

STUDENTID	CLASSID
STUDENT 1	CLASS A
STUDENT 2	CLASS A
STUDENT 3	CLASS A
STUDENT 4	CLASS A
STUDENT 5	CLASS B
STUDENT 6	CLASS B
STUDENT 7	CLASS C
STUDENT 1	CLASS B
STUDENT 2	CLASS B
STUDENT 3	CLASS C
STUDENT 4	CLASS C

图 16.8

填充了数据的 students_classes_ map 表

可以看到，多个学生和多门课程在 students_classes_map 表中愉快地共存。

在介绍了关系的类型之后，我们再来学习规范化就是小菜一碟了。

16.3 理解规范化

规范化只是一组规则，当我们作为一名数据库管理员的时候，这套规则会让我们的生活很容易。按照这样一种方式来组织数据库，使得其相关的表能够适应和灵活应对未来的增长，这是一门技艺。

规范化中用到的这一套规则叫作范式。如果数据库设计遵从了第一组规则，它就考虑使用第一范式。如果遵从了前 3 组规则，就说明我们的数据库使用了第三范式。

在整个本章中，我们将学习第一范式、第二范式和第三范式中的每条规则。我们希望，在你创建自己的应用程序的时候能够遵从它们。下面还将使用学生和课程数据库的一组示例表，并且用第三范式规范它们。

16.3.1 平表带来的问题

在开始学习第一范式之前，我们必须从需要修复的地方开始。在一个数据库的例子中，这就是一个平表（flat table）。平表就像是一个表单，它有很多很多的列。多个表之间没有关系，我们需要的所有数据都可能在这个平表之中。这是一种没有效率的情景，而且会比规范化的数据库消耗掉更多的硬盘物理空间。

在学生和课程数据库中，假设在平表中有如下的字段。

➢ **StudentName**——学生的名字。

> **CourseID1**——学生选择的第一门课程的 ID。
> **CourseDescription1**——学生选择的第一门课程的说明。
> **CourseInstructor1**——学生选择的第一门课程的老师。
> **CourseID2**——学生选择的第二门课程的 ID。
> **CourseDescription2**——学生选择的第二门课程的说明。
> **CourseInstructor2**——学生选择的第二门课程的老师。
> 针对学生在他们的学业中涉及的所有课程，CourseID、CourseDescription 和 CourseInstructor 列可以多次重复出现。

根据我们目前已经学习的内容，我们应该能够识别第一个问题：CourseID、Course Description 和 CourseInstructor 列是重复的组。

去除冗余是规范化的第一步，因此，接下来我们要把平表纳入到第一范式中。如果我们的表保留了平的格式，我们可能有很多未占用的空间并且很多空间都没必要使用，这不是一个有效率的表设计。

16.3.2 第一范式

第一范式的规则如下。

> 去除重复的信息。
> 为相关的数据单独创建一个表。

如果考虑学生和课程数据库使用带有很多重复的字段组的平表设计，我们可以区分两个明显的主题，即学生和课程。把学生和课程数据库纳入到第一范式，意味着我们要创建两个表，一个用于学生，一个用于课程，如图 16.9 所示。

图 16.9

把平表分解为
两个表

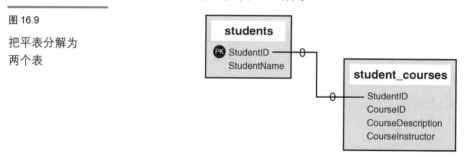

两个表现在表示了一个学生到多门课程的一对多的关系。学生可以选取尽可能多的课程，而不会受到平表中已有的 CourseID/CourseDescription/CourseInstructor 组的数目的限制。

下一步把这些表纳入第二范式。

16.3.3 第二范式

第二范式的规则如下。

> 没有依赖于主键的真子集的非主键属性。

用通俗易懂的语言来说，这意味着，如果表中的字段不是完全和一个主键相关，我们有更多的工作要做。在学生和课程的例子中，我们需要把课程分解到他们自己的表中并且修改 students_courses 表。

CourseID、CourseDescription 和 CourseInstructor 可能成为一个叫做 courses 的表，它拥有一个 CourseID 主键。随后，students_courses 表应该只包含两个字段 StudentID 和 CourseID。我们可以在图 16.10 中看到这个新的设计。

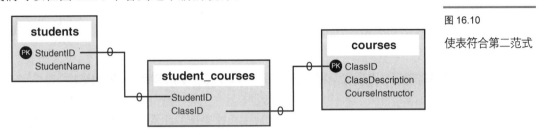

图 16.10

使表符合第二范式

这个结构我们应该熟悉了，就像在一个多对多的关系中使用一个中间映射表那样。第三范式是我们将要学习的最后一个范式，你将发现，它理解起来和前两个范式一样简单。

16.3.4 第三范式

第三范式的规则如下所示。

➤ 没有依赖于非主键属性的属性。

这条规则只是意味着我们需要查看表，看看表是否有更多的字段可以进一步分解，以便可以不再依赖于一个键。考虑删除重复的数据，我们将找到答案，这就是教师。不可避免的，一个教师将要教授多门课程。然而，CourseInstructor 不是任何类型的一个主键。因此，如果我们把这个信息分解并且纯粹为了效率和可维护性来创建一个单独的表（如图 16.11 所示），这就是第三范式。

第三范式通常删除了常见的冗余并且考虑到了灵活性和增长性。

下面将针对涉及数据库设计的思考过程以及数据库设计在何处加入到应用程序的全面设计过程中给出一些指南。

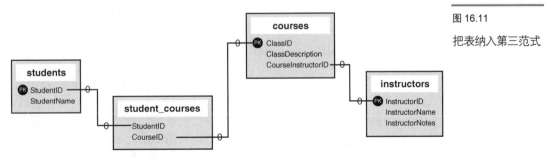

图 16.11

把表纳入第三范式

16.4 遵从设计过程

应用程序设计中的最大问题就是缺乏前期思考。这也适用于数据库驱动的应用程序，设计过程必须包含对数据的全面考虑，这应当包括数据应该如何彼此相关。最重要的是，数据是否是灵活的且可扩展的。后面这一点很重要，因为不管你在开始的时候考虑得多么全面，开发的本质总是会不可避免地在稍后会有更好的想法，并且你需要将这些想法加入到具有灵活性的设计之中。

设计过程中的一般步骤如下。

➢　定义目标。

➢　设计数据结构（表、字段）。

➢　分清关系。

➢　定义和实现业务规则。

➢　创建应用程序。

创建应用程序是最后一步，而不是第一步。很多开发者从应用程序开始构建它，然后回过头来试图构建一组数据库表来填入应用程序的数据。这种方法完全是南辕北辙，效率低下，并且花费很多的时间和金钱。并不是说这样的一种方法在快速原型或非常快速的开发周期中没有一席之地，相反，它确实有用武之地。我敢保证，我们所有人日常都要使用的很多令人惊讶的应用程序，都是从一个结构糟糕的数据库开始的。然而，在某些时候，数据库框架的快速整合能够使得应用程序尽可能快地发布，并且将达到其极限。你在开发过程中越早地关注数据库，结果就越好，因为随着时间的流逝和功能的添加，数据库的重构工作将变得代价极其昂贵。

在我们开始任何应用程序设计过程之前，坐下来进行详细的讨论。如果我们不能描述应用程序，包括目标、用户和目标市场，那么，我们还没有准备好构建它，更不要说对数据库建模了。

在可以向其他人描述应用程序的功能和差别，并且使这对他们有意义之后，我们可以开始考虑想要创建的表了。首先从一个大的平表开始，因为在创建好平表之后，我们刚刚学习的规范化技巧才有了用武之地。我们将能够找到冗余，并且把关系可视化。随着你越来越有经验，你将能够把这个过程的步骤最简化，但是，仔细而明确地经过这些步骤也不为过。

下一步就是进行规范化。从平表到第一范式，然后，可能的话继续升级到第三范式。使用纸、铅笔、记事贴等任何能够有助于可视化表和关系的工具。在你准备自己创建表之前，在记事贴上进行数据建模，这没什么丢人的。另外，使用记事贴比购买软件来进行建模要便宜很多，建模软件的价格从数百美元到数千美元不等。

在我们有了一个初步的数据模型之后，从应用程序的角度看看它，或者从我们所构建的应用程序的用户的角度来看看它。我们也正是从这个角度来定义业务规则并且看看数据模型是否违反了规则。例如，一个在线注册应用程序的一条业务规则是"每个用户必须有一个 Email 地址，并且它必须不属于任何其他已有的用户"。如果 EmailAddress 在你的数据模型里不是一个唯一的字段，你的模型将会违反这一业务规则。

在业务规则已经应用到数据模型后，只有这时候才可以开始应用程序编程。只要确保数据模型是健壮的，我们就可以安心了，不需要把自己也加入到程序编写中去。后续的事情没什么特别的问题，但很容易避免。

16.5　小结

遵照正确的数据库设计是确保应用程序能够高效、灵活并且易于管理和维护的唯一方法。数据库设计的一个重要方面就是使用表之间的关系，而不是把所有的数据都一股脑放到一个长长的平表文件中。关系的类型包括一对一关系、一对多关系和多对多关系。

使用关系来恰当地组织数据，这叫作规范化。有很多层级的规范化，但是主要的层级是第一范式、第二范式和第三范式。每个层级都有必须遵守的一条或两条规则。遵守所有的这些规则将确保我们的数据库设计良好而且灵活。

要让一个思想从刚刚起步到产生成果，我们需要遵从一个设计过程。这个过程通常是"三思而后行"。讨论规则、需求以及目标，然后创建规范化表的最后版本。

16.6　问与答

Q：只有 3 种范式？

A：不是的。有多种范式。其他的范式是 Boyce-Codd 范式、第四范式和第五范式（也称为 Join-Projection 范式）。在实际的应用程序开发中，通常并不使用这些范式，因为遵守这些范式需要付出的人力和数据库效率代价太大。（但如果你实现它们的话，有可能很不错）

16.7　测验

这个测验设计用来帮助你预测可能的问题、复习已经学过的知识，并且开始把知识用于实践。

16.7.1　问题

1．说出 3 种数据关系类型。
2．由于多对多的关系在高效率的数据库设计中很难表示，我们该怎么做呢？
3．说出创建数据关系可视化的几种方式。

16.7.2　解答

1．一对一关系、一对多关系和多对多关系。
2．使用中间映射表来创建一系列一对多的关系。
3．你可以使用各种工具，从记事贴和字符串（注意，其中是表格以及表示表格之间的关系的字符串），到用于绘图的软件，到说明 SQL 语句和提供可视化的软件程序。

16.7.3　练习

向使用表单和平表的一个人解释全部 3 种范式。

第 17 章

SQL 基本命令

在本章中，你将学习以下内容：

- 基本的 MySQL 数据类型；
- 如何使用 CREATE TABLE 命令来创建表；
- 如何使用 INSERT 命令来输入记录；
- 如何使用 SELECT 命令来获取记录；
- 如何在 SELECT 表达式中使用基本函数、WHERE 子句以及 GROUP BY 子句；
- 如何使用 JOIN 或子查询从多个表中查询；
- 如何使用 UPDATE 和 REPLACE 命令来修改已有记录；
- 如何使用 DELETE 命令来删除记录；
- 如何使用 MySQL 内建的字符串函数；
- 如何使用 MySQL 内建的日期和时间函数。

上一章已经介绍了数据库设计过程的基础知识，本章介绍核心 SQL 语法的初步知识，我们将会使用这些语法来创建和操作 MySQL 数据库表。这是动手实践的一章，并且假设你能够直接向 MySQL 发布命令，要么通过 MySQL 命令行界面，或者通过 phpMyAdmin 这样的管理界面。在本书第 1 章的 Quick Start 过程的 XAMPP 安装中包含了 phpMyAdmin。

请注意，这可能不是本书中最令人激动的一章，但它将展示很多元素的操作示例，随着你用 PHP 执行相同的查询以创建动态的应用程序，你将在以后的工作中用到这些元素。

17.1 MySQL 数据类型

在表中正确地定义字段对于全面优化数据库很重要。我们应该对字段只使用真正需要使用的类型和大小,如果我们只需要使用两个字符,就不要把一个字段定义为 10 个字符的宽度,数据库必须考虑那 8 个额外的字符,即便不会使用它们。这些字段的类型也叫作数据类型,因为我们将要在这些字段中存入"该类型的数据"。

MySQL 使用多种不同的数据类型,这些数据类型可以划分为 3 类:数字类型、日期和时间类型以及字符串类型。请密切注意它们,因为定义数据类型比表创建过程中的任何其他部分都更为重要。

17.1.1 数字数据类型

MySQL 使用所有标准的 ANSI SQL 数字数据类型,因此,如果我们从其他的数据库系统转到 MySQL,这些定义对你来说会很熟悉。如下的列表给出了常用的数字数据类型以及其说明。

> **提示:**
> 数字数据类型的列表中将用到有符号或者无符号这样的术语。如果你还记得基本的代数知识,就会知道一个有符号整数可以是一个正整数或者负整数,而一个无符号的整数总是一个非负的整数。

> ➤ **INTEGER**,通常被称为 INT——一个常规大小的整数,可以是有符号的或者无符号的。如果是有符号的,允许的范围从-2147483648 到 2147483647。如果是无符号的,允许的范围从 0 到 4294967295。我们可以指定最大 11 位的宽度。

> ➤ **TINYINT**——一个小的整数,可以是有符号的或者无符号的。如果是有符号的,允许的范围从-128 到 127。如果是无符号的,允许的范围从 0 到 255。我们可以指定最大 4 位的宽度。

> ➤ **SMALLINT**——一个小的整数,可以是有符号的或者无符号的。如果是有符号的,允许的范围从-32768 到 32767。如果是无符号的,允许的范围从 0 到 65535。我们可以指定最大 5 位的宽度。

> ➤ **MEDIUMINT**——一个中等大小的整数,可以是有符号的或者无符号的。如果是有符号的,允许的范围从-8388608 到 8388607。如果是无符号的,允许的范围从 0 到 16777215。我们可以指定最大 9 位的宽度。

> ➤ **BIGINT**——一个较大的整数,可以是有符号的或者无符号的。如果是有符号的,允许的范围从-9223372036854775808 到 9223372036854775807。如果是无符号的,允许的范围从 0 到 18446744073709551615。我们可以指定最大 11 位的宽度。

> ➤ **FLOAT(M,D)**——一个浮点数,不能是无符号的。我们可以定义显示长度(M)和小数位长度(D)。但这不是必需的,默认值为 10,2,其中 2 是小数位数,而 10 是总位数(包括小数位)。一个 FLOAT 的小数位精度可以达到 24 位。

> ➢ **DOUBLE(M,D)**——一个双精度浮点数，不能是无符号的。我们可以定义显示长度（M）和小数位长度（D）。但这不是必需的，默认值为 16，4，其中 4 是小数位数。一个 DOUBLE 的小数位精度可以达到 53 位。REAL 是 DOUBLE 的同义词。

> ➢ **DECIMAL(M,D)**——一个未打包的双精度浮点数，不能是无符号的。在未打包的小数中，每个小数对应一个字节。定义显示长度（M）和小数位长度（D）是必需的。NUMERIC 是 DECIMAL 的同义词。

在所有的 MySQL 数字数据类型中，最经常使用 INT。如果我们定义自己的字段比实际所需的小，可能会遇到问题。例如，如果我们把一个 ID 字段定义为无符号的 TINYINT，如果 ID 是一个主键（并且是必需的字段），我们将不能成功地插入第 256 条记录。

17.1.2 日期和时间类型

MySQL 有几种数据类型可以用来存储日期和时间，这些数据类型在输入方面很灵活。换句话说，我们可以输入那些并不是真正的日子的日期，例如 2 月 30 日，而 2 月只有 28 或 29 日，没有 30 日。另外，我们可以存储带有遗失的信息的日期。例如，如果我们知道某人出生于 1980 年 11 月的某天，可以使用 1980-11-00，而 00 表示出生的日期，如果我们知道日期的话。然而，在 MySQL 5.7 级更高的版本中，ALLOW_INVALID_DATES 设置默认并不是打开的。

如果你使用较早的 MySQL 版本，或者使用打开了 ALLOW_INVALID_DATES 的版本，MySQL 的日期和时间类型的灵活性也意味着，日期检查的职责落到了应用程序开发者的肩上。MySQL 只检查两个元素的有效性：月份是否在 0 到 12 之间，以及日期是否在 0 到 31 之间。MySQL 不会自动验证 2 月的 30 号是否是有效的日期。因此，应用程序内所要进行的任何日期验证，都应该在 PHP 代码中进行，而且在试图用假的日期向数据库表添加一条记录之前就进行验证。

MySQL 的日期和时间数据类型如下。

> ➢ **DATE**——YYYY-MM-DD 格式的一个日期，在 1000-01-01 到 9999-12-31 之间。例如，1973 年 12 月 30 日，将存储为 1973-12-30。

> ➢ **DATETIME**——YYYY-MM-DD HH:MM:SS 格式的一个日期和时间组合，在 1000-01-01 00:00:00 到 9999-12-31 23:59:59 之间。例如，1973 年 12 月 30 日下午 3:30 将存储为 1973-12-30 15:30:00。

> ➢ **TIMESTAMP**——1970 年 1 月 1 日午夜和 2037 年某个时间之间的一个时间戳。我们可以为 TIMESTAMP 定义多个长度，这直接和其中存储的内容相关。TIMESTAMP 缺省的长度是 14，其中存储了 YYYYMMDDHHMMSS。这看上去和前面的 DATETIME 格式相似，只是在数字之间没有连字符号。1973 年 12 月 30 日下午 3:30，将存储为 19731230153000。TIMESTAMP 的其他定义是 12 (YYMMDDHHMMSS)、8 (YYYYMMDD)和 6 (YYMMDD)。

> ➢ **TIME**——以 HH:MM:SS 格式存储时间，这可能还包括消逝的时间，而不只是时钟

时间。例如，可以存储 48:10 表示 48 小时又 10 分钟。

> **YEAR(M)**——以 2 位或 4 位的格式存储年份。如果长度指定为 2（例如 YEAR(2)），
  YEAR 可以是 1970 到 2069（70 到 69）。如果长度指定为 4，YEAR 可以是 1901 到
  2155。默认长度是 4。

DATETIME 比其他的日期和时间相关的数据类型更为常用，但是要确保理解 DATETIME
和其他数据类型之间的区别。

17.1.3 字符串类型

尽管数字和日期类型很有趣，但我们所存储的大多数数据将是字符串格式的。这里列出
了 MySQL 中常用的字符串数据类型。

> **CHAR(M)**——一个定长的字符串，长度在 1 到 255 个字符之间，例如 CHAR(5)。
  存储的时候，右边使用空白填充到指定的长度，定义时长度不是必需的，但默认
  为 1。

> **VARCHAR(M)**——一个变长的字符串，长度在 1 到 65 535 个字符之间，例如
  VARCHAR(192)。在创建一个 VARCHAR 字段的时候，必须定义一个长度。

> **BLOB 或 TEXT**——最大长度为 65535 个字符的一个字段。BLOB 表示 "Binary Large
  Objects"（二进制大对象），并且用来存储大容量的二进制数据，例如图像或者其他
  类型的文件。定义为 TEXT 的字段也存储大量的数据。二者之间的不同在于，对于
  存储的数据的排序和比较，在 BLOB 上是区分大小写的，而在 TEXT 字段上是不区
  分大小写的。我们不对 BLOB 或 TEXT 指定长度。

> **TINYBLOB 或 TINYTEXT**——最大长度为 255 个字符的一个 BLOB 或 TEXT。我
  们不对 TINYBLOB 或 TINYTEXT 指定一个长度。

> **MEDIUMBLOB 或 MEDIUMTEXT**——最大长度为 16777215 个字符的一个 BLOB
  或 TEXT。我们不对 MEDIUMBLOB 或 MEDIUMTEXT 指定一个长度。

> **LONGBLOB 或 LONGTEXT**——最大长度为 4294967295 个字符的一个 BLOB 或
  TEXT。我们不对 LONGBLOB 或 LONGTEXT 指定一个长度。

> **ENUM**——一个枚举类型，即指定项目的一个列表。当定义一个 ENUM 的时候，我
  们创建了一个项目的列表，值必须从这个列表中选定或者为 NULL。例如，如果希
  望自己的字段包含 "A" 或 "B" 或 "C"，我们可以定义 ENUM 为 ENUM（'A'，'B'，
  'C'），则只有这些值或者 NULL 可以填入到这个字段。ENUM 可以有 65535 个不
  同的值。ENUM 使用一个索引来存储项目。

提示：
SET 类型和 ENUM 类型相似，因为它也定义了一个列表。然而，SET 类型存储为一个完
整的值，而不是像 ENUM 那样，存储为一个值的一个索引，并且只能存储 64 个成员。

VARCHAR 字段比其他的字段类型更为常用，而 ENUM 也很有用。

17.2 表的创建语法

表创建命令需要如下几个要素。

➢ 表的名字。

➢ 字段的名字。

➢ 每个字段的定义。

创建表的一般语法如下。

```
CREATE TABLE table_name (column_name column_type);
```

表名取决于你，但是应该是能够反应表的用途的名字。例如，如果你有一个表用来存储一个杂货店的存货，不应该把这表命名为 s 而应该将其命名为类似 grocery_inventory 的名字。类似地，我们所选择的字段名也应该尽可能地精炼，并且和它们所起的作用以及它们所存储的数据相关。例如，我们可能把保存商品名字的一个字段命名为 item_name，而不是 n。

下面的例子创建了一个通用的 grocery_inventory 表，它保存了用于商品 ID、商品名称、商品介绍、定价和数量的字段。这些字段的数据类型各不相同，ID 和数量字段保存整数，商品名称字段最多保存 50 个字符，商品介绍字段最多保存 65535 个文本字符，而定价字段保存一个浮点数，示例如下。

```
CREATE TABLE grocery_inventory (
  id INT NOT NULL PRIMARY KEY AUTO_INCREMENT,
  item_name VARCHAR (50) NOT NULL,
  item_desc TEXT,
  item_price FLOAT NOT NULL,
  curr_qty INT NOT NULL
);
```

> **提示：**
>
> id 字段定义为一个主键。我们将在后面的章节中，即在把具体的表作为示例应用程序的一部分创建的环境中，学习有关键的内容，简单而言，主键就是表中的一条记录（或一行）的唯一性标识符。在这个字段定义中，通过使用 auto_increment 作为字段属性，我们告诉 MySQL 当下一条记录插入并且没有为该字段指定值的时候，就使用下一个可用的整数作为 id 字段的值。NOT NULL 用于表示该字段必须获得一个值。

MySQL 服务器使用 Query OK 响应一条成功执行的命令，而不管这条命令的类型是什么。否则，将会显示一条错误消息，告诉你查询出错。根据你所使用的界面的不同，你可能会也可能不会看到这条特定的响应。然而，不管使用什么界面，它应该都会给出和查询状态相关的提示。

17.3 使用 INSERT 命令

在创建了一些表后，可以使用 SQL 命令 INSERT 来向这些表添加新的记录。INSERT 的基本语法如下。

```
INSERT INTO table_name (column list) VALUES (column values);
```

在括号中的值列表中，我们必须使用引号括起字符串。SQL 标准是单引号，但 MySQL 允许使用单引号或者双引号。如果你习惯了使用 Oracle，它强制使用单引号字符串，那就不需要改变自己的行为以符合 MySQL 中的规范。如果引号在字符串本身之中，别忘了对所用的引号的类型进行转义。

> **提示:**
> 整数不需要使用引号括起来。

下面是一个需要转义的字符串的例子。

```
O'Connor said "Boo"
```

如果我们把字符串放入到双引号中，INSERT 语句将会如下所示。

```
INSERT INTO table_name (column_name) VALUES ("O'Connor said \"Boo\"");
```

如果我们把字符串放入到一个单引号中，INSERT 语句将会如下所示。

```
INSERT INTO table_name (column_name) VALUES ('O\'Connor said "Boo"');
```

进一步学习 INSERT 语句

除了表的名字，INSERT 语句中还有两个重要的部分，即列列表和值列表。只有值列表是必需的，但是，如果省略了列列表，必须严格按照对应的顺序在值列表中为这些列指定值。

以 grocery_inventory 表为例，我们有 5 个字段：id、item_name、item_desc、item_price 和 curr_qty。要插入一条完整的记录，可以使用如下这些语句中的任何一条。

> 带有所有列名的一条语句，示例如下。

```
INSERT INTO grocery_inventory
(id, item_name, item_desc, item_price, curr_qty)
VALUES (1, 'Apples', 'Beautiful, ripe apples.', 0.25, 1000);
```

> 使用所有列，但不显式指定这些列的一条语句，示例如下。

```
INSERT INTO grocery_inventory VALUES (2, 'Bunches of Grapes',
'Seedless grapes.', 2.99, 500);
```

尝试一下这两条语句，看看会发生什么。两条语句都应该产生"Query OK"结果。

现在，介绍使用 INSERT 的一些更为有趣的方法。由于 id 是一个自动增加的整数，我们不必将其放入到值列表中。然而，如果有一个值我们有意不想列出，例如 id，那必须把后续使用到的其他列都列出来。例如，如下的语句没有给出列列表，并且也没有给 id 一个值。

```
INSERT INTO grocery_inventory VALUES
  ('Bottled Water (6-pack)', '500ml spring water.', 2.29, 250);
```

上述语句或产生如下的一个错误。

```
ERROR 1136: Column count doesn't match value count at row 1
```

由于没有列出任何列，MySQL 期待它们都出现在值列表中，从而导致前面一条语句产生错误。如果目标是让 MySQL 通过自动增加 id 字段来为你完成工作，我们可以使用下面这些语句中的一条。

➢ 带有除了 id 以外的所有列名的一条语句。

```
INSERT INTO grocery_inventory (item_name, item_desc, item_price, curr_qty)
VALUES ('Bottled Water (6-pack)', '500ml spring water.', 2.29, 250);
```

➢ 使用所有的列，但是，不显式给出它们的名字，并且对 id 使用一个 NULL 值以便 MySQL 可以自动填入一个值。

```
INSERT INTO grocery_inventory VALUES (NULL, 'Bottled Water (12-pack)',
'500ml spring water.', 4.49, 500);
```

这两条语句都尝试一下，这样 grocery_inventory 表一共就有了 4 条记录了。选择哪条语句对于 MySQL 来说没有什么区别，这是你个人的偏好而已，但是应在你的应用程序开发中保持一致。一致的结构将会使你随后的调试工作更容易，因为你将知道预期得到什么结果。

17.4 使用 SELECT 命令

SELECT 是用来从表中获取数据的命令。这条命令的语法可以非常简单也可能非常复杂，取决于你所要选择的字段，你是否从多个表中选取，以及你计划施加什么条件。随着对数据库程序设计越来越熟悉，你将会学习扩展 SELECT 语句，最终使得你的数据库做尽可能多的工作而不会让编程语言负担过重。

最基本的 SELECT 语法如下所示。

```
SELECT expressions_and_columns FROM table_name
[WHERE some_condition_is_true]
[ORDER BY some_column [ASC | DESC]]
[LIMIT offset, rows]
```

看看其中第一行，内容如下。

```
SELECT expressions_and_columns FROM table_name
```

一个方便的表达式就是*符号，它表示一切内容。因此，要查询 grocery_inventory 表中的一切内容（所有行、所有列），SQL 语句如下。

```
SELECT * FROM grocery_inventory;
```

根据在 grocery_inventory 中找到的数据的多少，我们的结果可能各不相同，但是，结果会如下所示。

```
+----+------------------------+-------------------------+------------+----------+
| id | item_name              | item_desc               | item_price | curr_qty |
+----+------------------------+-------------------------+------------+----------+
|  1 | Apples                 | Beautiful, ripe apples. | 0.25       | 1000     |
|  2 | Bunches of Grapes      | Seedless grapes.        | 2.99       | 500      |
|  3 | Bottled Water (6-pack) | 500ml spring water.     | 2.29       | 250      |
|  4 | Bottled Water (12-pack)| 500ml spring water.     | 4.49       | 500      |
+----+------------------------+-------------------------+------------+----------+
4 rows in set (0.00 sec)
```

> **提示：**
> 这是 MySQL 命令行界面的输出，你可以看到，MySQL 创建了一个可爱的、格式化的表，使用结果集的第一行作为表的列名。如果你使用不同的 MySQL 界面，结果看上去会有所不同（注意观察期望的数据，而不是界面的不同）。

如果我们只想选择特定的列，使用列名来替代*，多个列名之间用逗号隔开。如下的语句只从 grocery_inventory 表选择 id、item_name 和 curr_qty 字段。

```
SELECT id, item_name, curr_qty FROM grocery_inventory;
```

结果显示如下所示。

```
+----+------------------------+----------+
| id | item_name              | curr_qty |
+----+------------------------+----------+
|  1 | Apples                 | 1000     |
|  2 | Bunches of Grapes      | 500      |
|  3 | Bottled Water (6-pack) | 250      |
|  4 | Bottled Water (12-pack)| 500      |
+----+------------------------+----------+
4 rows in set (0.00 sec)
```

17.4.1 排序 SELECT 结果

默认情况下，SELECT 查询的结果默认按照它们插入到表中的顺序来排序，并且不会依赖于一个有意义的排序系统。如果我们想要按照一种特定方式对结果排序，例如，按照日期、ID、名字等等来排序，需要使用 ORDER BY 子句来明确我们的需求。在下面的语句中，结果按照 item_name 的字母顺序来排序。

```
SELECT id, item_name, curr_qty FROM grocery_inventory
ORDER BY item_name;
```

执行成功的结果如下所示。

```
+----+------------------------+----------+
| id | item_name              | curr_qty |
```

```
+----+-------------------------+----------+
|  1 | Apples                  | 1000     |
|  4 | Bottled Water (12-pack) | 500      |
|  3 | Bottled Water (6-pack)  | 250      |
|  2 | Bunches of Grapes       | 500      |
+----+-------------------------+----------+
4 rows in set (0.03 sec)
```

提示

当从表中查询了结果而没有指定排列顺序的时候，结果可能按照键值排序，也可能不这样排序。由于 MySQL 重新使用了前面删除的行所占用的空间，就会发生这种情况。换句话说，如果我们添加了 ID 值从 1 到 5 的记录，删除了 ID 为 4 的记录，然后又添加了另外一条记录（ID 为 6），记录可能按照下面的顺序出现在表中。

1, 2, 3, 6, 5.

ORDER BY 默认的排序是升序（ASC），字符串顺序是从 A 到 Z，整数顺序是从 0 开始，日期顺序是从最早的日期到最近的日期。也可以指定一个降序，使用 DESC，示例如下。

```
SELECT id, item_name, curr_qty FROM grocery_inventory
ORDER BY item_name DESC;
```

执行的结果如下。

```
+----+-------------------------+----------+
| id | item_name               | curr_qty |
+----+-------------------------+----------+
|  2 | Bunches of Grapes       | 500      |
|  3 | Bottled Water (6-pack)  | 250      |
|  4 | Bottled Water (12-pack) | 500      |
|  1 | Apples                  | 1000     |
+----+-------------------------+----------+
4 rows in set (0.00 sec)
```

我们并没有受限于只对一个字段排序，可以指定尽可能多的字段，字段之间用逗号隔开。排序优先级按照列出的字段的顺序。

17.4.2 限制结果

可以使用 LIMIT 子句来从 SELECT 查询结果中返回一定数目的记录。使用 LIMIT 子句的时候可以有两个参数：偏移量和行数。偏移量是起始位置，而行数应该是自说明的（并且这也是必需的）。

假设 grocery_inventory 表中有多于两或三条记录，并且我们希望选择按照 curr_qty 排序的前两条记录的 ID、name 和 quantity。换句话说，我们希望选取存货最少的两项。如下的单参数限制将会从 0 位置开始，并且到达第二条记录。

```
SELECT id, item_name, curr_qty FROM grocery_inventory
ORDER BY curr_qty LIMIT 2;
```

执行的结果如下。

```
+----+-----------------------+----------+
| id | item_name             | curr_qty |
+----+-----------------------+----------+
|  3 | Bottled Water (6-pack)| 250      |
|  2 | Bunches of Grapes     | 500      |
+----+-----------------------+----------+
2 rows in set (0.00 sec)
```

LIMIT 子句在实际的应用中很有用。例如，我们可以在一组 SELECT 语句中使用 LIMIT 来分步骤遍历结果。首先是头两项，然后是接下来的两项，最后又是接下来的两项，示例如下。

> **SELECT * FROM grocery_inventory ORDER BY curr_qty LIMIT 0, 2;**

> **SELECT * FROM grocery_inventory ORDER BY curr_qty LIMIT 2, 2;**

> **SELECT * FROM grocery_inventory ORDER BY curr_qty LIMIT 4, 2;**

如果在查询中指定了行的一个偏移量和数目，但没有找到结果，我们也不会看到错误，而只是看到一个空的结果集。例如，如果 grocery_inventory 表只包含了 6 条记录，一条带有一个偏移量为 6 的 LIMIT 的查询将不会产生结果。

在基于 Web 的应用程序中，当数据的列表通过一个"前 10 条"和"后 10 条"之类的链接来显示的时候，这很可能就需要使用 LIMIT 子句。

17.5　在查询中使用 WHERE

我们已经学习了很多方法来从表中获取特定的列，但还没有获取指定的行，而这正是 WHERE 子句的用武之地。从 SELECT 语法的例子中，我们看到了 WHERE 用来指定一个特定的条件。

```
SELECT expressions_and_columns FROM table_name
[WHERE some_condition_is_true]
```

下面的一个例子是，获取那些数量为 500 的商品的记录。

```
SELECT * FROM grocery_inventory WHERE curr_qty = 500;
```

结果如下所示。

```
+----+-----------------------+-------------------+------------+----------+
| id | item_name             | item_desc         | item_price | curr_qty |
+----+-----------------------+-------------------+------------+----------+
|  2 | Bunches of Grapes     | Seedless grapes.  | 2.99       | 500      |
|  4 | Bottled Water (12-pack)| 500ml spring water.| 4.49      | 500      |
+----+-----------------------+-------------------+------------+----------+
2 rows in set (0.00 sec)
```

正如前面所展示的，如果我们使用一个整数作为 WHERE 子句的一部分，并不需要引号。

需要用引号把字符串括起来，对于转义字符也适用同样的规则，这些规则我们已在前面有关 INSERT 的小节中学习过。

17.5.1 在 WHERE 子句中使用操作符

我们已经在 WHERE 子句中使用了相等操作符（=）来确定一个条件的真，也就是说，一个事物是否等于另外一个事物。我们可以使用多种操作符，其中，比较操作符和逻辑操作符是最为常用的类型。表 17.1 列出了比较操作符及它们的含义。

表 17.1　　　　　　　　　　　　　　基本比较操作符及其含义

操作符	含义
=	等于
<	小于
!=	不等于
>=	大于或等于
<=	小于或等于
>	大于

还有一个叫作 BETWEEN 的方便的操作符，它在比较整数或数据的时候很有用，因为它搜索位于一个最小值和最大值之间的结果，示例如下。

```
SELECT * FROM grocery_inventory WHERE
item_price BETWEEN 1.50 AND 3.00;
```

结果如下所示。

```
+----+----------------------+---------------------+------------+----------+
| id | item_name            | item_desc           | item_price | curr_qty |
+----+----------------------+---------------------+------------+----------+
|  2 | Bunches of Grapes    | Seedless grapes.    | 2.99       | 500      |
|  3 | Bottled Water (6-pack) | 500ml spring water. | 2.29       | 250      |
+----+----------------------+---------------------+------------+----------+
2 rows in set (0.00 sec)
```

其他的操作符包括逻辑操作符，它们使得我们可以在 WHERE 子句中使用多个比较。基本逻辑操作符是 AND 和 OR。当使用 AND 的时候，子句中的所有比较结果必须是真才能得到结果，而使用 OR 则允许至少有一个比较结果为真。另外，我们可以使用 IN 操作符来指定想要匹配的商品的一个列表。

17.5.2 使用 LIKE 比较字符串

前面已经介绍了在一个 WHERE 子句中通过使用=或!=来匹配字符串，但是，还有另外一种有用的操作符可以用来在 WHERE 子句中比较字符串，这就是 LIKE 操作符。这个操作符在模式匹配中可以使用如下两个字符作为通配符。

➢ %——匹配多个字符。

➢ _——匹配一个字符。

例如，如果我们想要在 grocery_inventory 表中找到名字的第一个字母为 A 的商品，可以使用如下语句。

```
SELECT * FROM grocery_inventory WHERE item_name LIKE 'A%';
```

结果如下所示。

```
+----+-----------+-------------------------+------------+----------+
| id | item_name | item_desc               | item_price | curr_qty |
+----+-----------+-------------------------+------------+----------+
|  1 | Apples    | Beautiful, ripe apples. |       0.25 |     1000 |
+----+-----------+-------------------------+------------+----------+
1 row in set (0.00 sec)
```

> **提示：**
> 除非在一个二进制字符串上执行一个 LIKE 比较，否则这个比较总是不区分大小写的。我们可以使用 BINARY 关键字来强制执行一个区分大小写的比较。

17.6 从多个表中查询

我们并没有受到限制只能同时查询一个表。如果是那样的话，应用程序编程将会是一个漫长而枯燥的任务。当我们在一条 SELECT 语句中对多个表查询的时候，确实会把这些表连接到一起。

假设我们有两个表：fruit 表和 color 表。我们可以使用两条单独的 SELECT 语句，分别从这两个表中的每一个来查询行，示例如下。

```
SELECT * FROM fruit;
```

这条查询会产生如下结果。

```
+----+-----------+
| id | fruitname |
+----+-----------+
|  1 | apple     |
|  2 | orange    |
|  3 | grape     |
|  4 | banana    |
+----+-----------+
4 rows in set (0.00 sec)
```

```
SELECT * FROM color;
```

第二条查询会产生如下结果。

```
+----+-----------+
| id | colorname |
```

```
+----+----------+
| 1 | red      |
| 2 | orange   |
| 3 | purple   |
| 4 | yellow   |
+----+----------+
4 rows in set (0.00 sec)
```

当我们想要一次从两个表查询数据的时候，SELECT 语句在语法上略有不同。首先，必须确保在查询中所使用的所有的表都出现在 SELECT 语句的 FROM 子句中。以 fruit 和 color 为例，如果只是想从两个表中获取所有的列和行，你可能会考虑使用如下的 SELECT 语句。

SELECT * FROM fruit, color;

使用这条查询，我们会得到如下结果。

```
+----+----------+----+----------+
| id | fruitname | id | colorname |
+----+----------+----+----------+
| 1 | apple    | 1 | red      |
| 2 | orange   | 1 | red      |
| 3 | grape    | 1 | red      |
| 4 | banana   | 1 | red      |
| 1 | apple    | 2 | orange   |
| 2 | orange   | 2 | orange   |
| 3 | grape    | 2 | orange   |
| 4 | banana   | 2 | orange   |
| 1 | apple    | 3 | purple   |
| 2 | orange   | 3 | purple   |
| 3 | grape    | 3 | purple   |
| 4 | banana   | 3 | purple   |
| 1 | apple    | 4 | yellow   |
| 2 | orange   | 4 | yellow   |
| 3 | grape    | 4 | yellow   |
| 4 | banana   | 4 | yellow   |
+----+----------+----+----------+
16 rows in set (0.00 sec)
```

16 行重复的信息可能不是我们所要查找的。这个查询所做的是把 color 表中的每一行逐个地连接到 fruit 表中的每一行。由于 fruit 表中有 4 条记录，并且 color 表中有 4 条记录，所以返回了 16 条记录。

当我们想从多个表选择的时候，必须构建正确的 WHERE 子句来确保确实能够得到想要的记录。在 fruit 和 color 表的例子中，我们真正想要的是看到 ID 相同的来自两个表中的 fruitname 和 colorname 记录。这给我们带来了下一个略有不同的查询——当字段在两个表中的名字都相同的时候，如何表示到底是哪个表中的字段。

很简单，我们只需要给字段名前面添加上表名就行了，如下所示。

```
tablename.fieldname
```

这样，从两个表中查询 ID 相等的 fruitname 和 colorname 的查询就是如下语句。

```
SELECT fruitname, colorname FROM fruit, color WHERE fruit.id = color.id;
```

这条查询会产生更好一点的结果，示例如下。

```
+-----------+-----------+
| fruitname | colorname |
+-----------+-----------+
| apple     | red       |
| orange    | orange    |
| grape     | purple    |
| banana    | yellow    |
+-----------+-----------+
4 rows in set (0.00 sec)
```

然而，如果我们试图查找在两个表中都出现的且名字相同的一个列，就会得到一个二义性的错误。

```
SELECT id, fruitname, colorname FROM fruit, color
WHERE fruit.id = color.id;
```

这条查询会产生如下的错误。

```
ERROR 1052: Column: 'id' in field list is ambiguous
```

如果是想要从 fruit 表中获取 ID，使用如下语句。

```
SELECT fruit.id, fruitname, colorname FROM fruit,
color WHERE fruit.id = color.id;
```

这条查询会产生如下结果。

```
+------+-----------+-----------+
| id   | fruitname | colorname |
+------+-----------+-----------+
|    1 | apple     | red       |
|    2 | orange    | orange    |
|    3 | grape     | purple    |
|    4 | banana    | yellow    |
+------+-----------+-----------+
4 rows in set (0.00 sec)
```

这是把两个表连接在一起以便在一个单个的 SELECT 查询中使用的一个基本的例子。JOIN 关键字实际上是 SQL 的一部分，它使得我们能够构建更为复杂的查询。

17.6.1　使用 JOIN

在 MySQL 中，有几种类型的 JOIN 可供使用，所有的这些都涉及表组合到一起的顺序以及结果显示的顺序。与 fruit 表和 color 表一起使用的 JOIN 叫作 INNER JOIN，尽管不必显式地这样写。要使用正确的 INNER JOIN 语法来重新编写上述 SQL 语句，示例如下。

```
SELECT fruitname, colorname FROM fruit
INNER JOIN color ON fruit.id = color.id;
```

结果如下所示。

```
+-----------+-----------+
| fruitname | colorname |
+-----------+-----------+
| apple     | red       |
| orange    | orange    |
| grape     | purple    |
| banana    | yellow    |
+-----------+-----------+
4 rows in set (0.00 sec)
```

ON 子句替代了我们前面所见到的 WHERE 子句，在这个例子中，它告诉 MySQL 把表中 ID 相匹配的行连接起来。当使用 ON 子句连接表的时候，可以使用那些能够在 WHERE 子句中使用的任何条件，包括所有各种逻辑操作符和算术操作符。

另一种常见的 JOIN 类型是 LEFT JOIN。使用 LEFT JOIN 把两个表连接到一起的时候，第一个表中的所有的行都将返回，不管它在第二个表中是否有匹配。假设在一个地址簿中有两个表，一个叫作 master_name，包含基本的记录，一个叫作 email，包括 Email 记录。email 表中的任何记录都将绑定到 master_name 表中的一条记录的一个特定 ID。首先看看这两个表的内容。

```
+---------+-----------+----------+
| name_id | firstname | lastname |
+---------+-----------+----------+
| 1       | John      | Smith    |
| 2       | Jane      | Smith    |
| 3       | Jimbo     | Jones    |
| 4       | Andy      | Smith    |
| 5       | Chris     | Jones    |
| 6       | Anna      | Bell     |
| 7       | Jimmy     | Carr     |
| 8       | Albert    | Smith    |
| 9       | John      | Doe      |
+---------+-----------+----------+


+---------+--------------------+
| name_id | email              |
+---------+--------------------+
| 2       | jsmith@jsmith.com  |
| 6       | annabell@aol.com   |
| 9       | jdoe@yahoo.com     |
+---------+--------------------+
```

在这两个表上使用 LEFT JOIN，我们可以看到，如果 email 表中的一个值不存在，一个空值将会出现在一个 Email 地址的位置，执行如下语句。

```
SELECT firstname, lastname, email FROM master_name
LEFT JOIN email ON master_name.name_id = email.name_id;
```

这条 LEFT JOIN 查询产生如下的结果。

```
+-----------+----------+-------------------+
| firstname | lastname | email             |
+-----------+----------+-------------------+
| John      | Smith    |                   |
| Jane      | Smith    | jsmith@jsmith.com |
| Jimbo     | Jones    |                   |
| Andy      | Smith    |                   |
| Chris     | Jones    |                   |
| Anna      | Bell     | annabell@aol.com  |
| Jimmy     | Carr     |                   |
| Albert    | Smith    |                   |
| John      | Doe      | jdoe@yahoo.com    |
+-----------+----------+-------------------+
9 rows in set (0.00 sec)
```

一个 RIGHT JOIN 的作用和 LEFT JOIN 类似，只不过表的顺序相反。换句话说，当使用 RIGHT JOIN 的时候，第二个表中的所有的行都将返回，不管它们在第一个表中是否有匹配。然而，在 master_name 和 email 表的例子中，email 表中只有 3 行，而 master_name 表中有 9 行。这就意味着，master_name 表中的 9 行中只有 3 行会返回，执行如下语句。

```
SELECT firstname, lastname, email FROM master_name
RIGHT JOIN email ON master_name.name_id = email.name_id;
```

结果和预期的一样，如下所示。

```
+-----------+----------+-------------------+
| firstname | lastname | email             |
+-----------+----------+-------------------+
| Jane      | Smith    | jsmith@jsmith.com |
| Anna      | Bell     | annabell@aol.com  |
| John      | Doe      | jdoe@yahoo.com    |
+-----------+----------+-------------------+
3 rows in set (0.00 sec)
```

MySQL 中有几种不同类型的 JOIN 可以使用，我们已经学习了最常见的类型。要学习 CROSS JOIN、STRAIGHT JOIN 和 NATURAL JOIN 这样的 JOIN，请查看 MySQL 手册。当你继续学习的时候，我强烈建议你了解并练习 JOIN，这是 SQL 工具箱中最强大的一款工具之一。

17.6.2 使用子查询

简单地说，一个子查询就是出现在另一条 SQL 语句中的一条 SELECT 语句。这样的一个查询很有用，因为它们往往去除了大量的 JOIN 查询的需要。在应用程序编程的例子中，子查询可以避免了在循环中进行多个查询的必要。

基本子查询语法的一个例子如下所示。

```
SELECT expressions_and_columns FROM table_name WHERE somecolumn = (SUBQUERY);
```

我们还可以用带有 UPDATE 和 DELETE 语句的子查询，如下所示。

```
DELETE FROM table_name WHERE somecolumn = (SUBQUERY);
```

或

```
UPDATE table_name SET somecolumn = 'something' WHERE somecolumn = (SUBQUERY);
```

> **提示：**
> 一个子查询的外围语句可以是 SELECT、INSERT、UPDATE、DELETE，以及一些本书中没有介绍的较为高级的语句（如 SET 和 DO）。

子查询必须总是出现在括号中，没有例外。

当我们使用子查询的时候，外部语句的 WHERE 部分不一定必须使用=比较操作符。除了=，我们可以使用任何的基本比较操作符以及 IN 这样的关键字，稍后我们将会介绍它。

如下的例子使用一个子查询来获取 master_name 表中那些在 email 表中拥有一个 Email 地址的用户的记录。

```
SELECT firstname, lastname FROM master_name
WHERE name_id IN (SELECT name_id FROM email);
```

这条查询的结果可能如下所示。

```
+-----------+----------+
| firstname | lastname |
+-----------+----------+
| Jane      | Smith    |
| Anna      | Bell     |
| John      | Doe      |
+-----------+----------+
3 rows in set (0.00 sec)
```

要了解关于子查询的更多讨论，包括限制，请参考 MySQL 手册的"Subqueries"部分。

17.7 使用 UPDATE 命令来修改记录

UPDATE 是用来修改已有的单条或多条记录中的一列或多列的内容的 SQL 命令。最基本的 UPDATE 语法如下所示。

```
UPDATE table_name
SET column1='new value',
column2='new value2'
[WHERE some_condition_is_true]
```

更新一条记录的规则和插入一条记录的规则类似：输入的数据必须和字段的数据类型对应，并且必须用单引号或双引号把字符串括起来，必要的时候要转义。

例如，假设你有一个名为 fruit 的表，其中包含一个 ID、一个水果名称和水果的状态（ripe 或 rotten）。

```
+----+------------+--------+
| id | fruit_name | status |
+----+------------+--------+
|  1 | apple      | ripe   |
|  2 | orange     | rotten |
|  3 | grape      | ripe   |
|  4 | banana     | rotten |
+----+------------+--------+
4 rows in set (0.00 sec)
```

要把水果的状态改为 ripe，使用如下语句。

UPDATE fruit SET status = 'ripe';

你将会得到来自数据库的如下一条响应。

```
Query OK, 2 rows affected (0.00 sec)
Rows matched: 4 Changed: 2 Warnings: 0
```

进一步看一下这个查询的结果，它成功执行了，我们从 Query OK 消息就可以看出来。还要注意，只有两行受到影响，如果我们要把一列的值设置为它已经拥有的值，更新将不会对该列进行。

响应消息的第 2 行显示，有 4 行已经匹配了，并且只有两行修改了。如果想知道哪些行匹配上了，答案很简单。因为我们没有制定一个特定的条件进行匹配，那么所有的行都匹配上了

在更新一个表的时候，我们必须小心仔细并且使用一个条件，除非真的想把所有记录的所有列都修改为相同的值。为了证明这一点，假设 "grape" 在表中没有拼写正确，并且我们想使用 UPDATE 来修改这个错误。这个查询将会产生可怕的后果。

UPDATE fruit SET fruit_name = 'grape';

该查询的结果可能很糟糕，如下所示。

```
Query OK, 4 rows affected (0.00 sec)
Rows matched: 4 Changed: 4 Warnings: 0
```

当我们读取结果的时候，将会陷入噩梦中，4 条记录都修改了，这意味着 fruit 表内容如下所示。

```
+----+------------+--------+
| id | fruit_name | status |
+----+------------+--------+
|  1 | grape      | ripe   |
|  2 | grape      | ripe   |
|  3 | grape      | ripe   |
|  4 | grape      | ripe   |
+----+------------+--------+
4 rows in set (0.00 sec)
```

现在，所有的水果记录都是 grape。然而，当你试图更改一条记录的拼写的时候，所有的记录都会更改，因为你没有指定一个条件。

在将 UPDATE 权限赋予用户的时候，你是否会发现自己处在管理员的位置？考虑一下给予你的用户的责任，一次错误的更新，整个表都将是 grape。在前面的例子中，你本来应该在 WHERE 子句中使用 id 或 fruit_name 字段，正如我们在后面的小节将要看到的。

17.7.1 条件式 UPDATE

进行一次条件式 UPDATE 意味着使用 WHERE 子句来匹配特定记录。在 UPDATE 语句中使用一个 WHERE 子句和在 SELECT 语句中使用一个 WHERE 子句是相同的。所有相同的比较操作符和逻辑操作符一样可以使用，例如等于、大于、OR 和 AND。

假设 fruit 表没有完全用 grape 填充而是包含 4 条记录，其中的一条记录有一个拼写错误，写成了 grappe 而不是 grape。用来修改拼写错误的 UPDATE 语句如下所示。

```
UPDATE fruit SET fruit_name = 'grape' WHERE fruit_name = 'grappe';
```

在这个例子中，只有一行匹配，并且只有一行修改，如下面的结果所示。

```
Query OK, 1 row affected (0.00 sec)
Rows matched: 1 Changed: 1 Warnings: 0
```

我们的 fruit 表应该是完整的，并且，所有的水果名应该是拼写正确的。

```
SELECT * FROM fruit;
```

这条 SELECT 查询显示如下结果。

```
+----+------------+--------+
| id | fruit_name | status |
+----+------------+--------+
|  1 | apple      | ripe   |
|  2 | pear       | ripe   |
|  3 | banana     | ripe   |
|  4 | grape      | ripe   |
+----+------------+--------+
4 rows in set (0.00 sec)
```

17.7.2 在 UPDATE 中使用已有的列值

UPDATE 的另一个功能是使用记录中当前的值作为一个基准值。例如，回到 grocery_inventory 表的例子，假设有如下的一张表。

```
+----+-----------------------+------------------------+------------+----------+
| id | item_name             | item_desc              | item_price | curr_qty |
+----+-----------------------+------------------------+------------+----------+
| 1  | Apples                | Beautiful, ripe apples.| 0.25       | 1000     |
| 2  | Bunches of Grapes     | Seedless grapes.       | 2.99       | 500      |
| 3  | Bottled Water (6-pack)| 500ml spring water.    | 2.29       | 250      |
| 4  | Bottled Water (12-pack)| 500ml spring water.   | 4.49       | 500      |
| 5  | Bananas               | Bunches, green.        | 1.99       | 150      |
| 6  | Pears                 | Anjou, nice and sweet. | 0.5        | 500      |
| 7  | Avocado               | Large Haas variety.    | 0.99       | 750      |
+----+-----------------------+------------------------+------------+----------+
7 rows in set (0.00 sec)
```

当某个人购买了一件商品，例如一个苹果（id=1），inventory 表将相应地更新。然而，我们不知道在 curr_qty 列中输入什么数值，只知道卖掉了一件。在这种情况下，使用该列的当前值并且减 1，语句如下。

`UPDATE grocery_inventory SET curr_qty = curr_qty - 1 WHERE id = 1;`

这会在 curr_qty 列给出一个 999 的新值，实际上正是如此。

`SELECT * FROM grocery_inventory;`

这条 SELECT 查询显示了新的库存数量，如下所示。

```
+----+-----------------------+------------------------+------------+----------+
| id | item_name             | item_desc              | item_price | curr_qty |
+----+-----------------------+------------------------+------------+----------+
| 1  | Apples                | Beautiful, ripe apples.| 0.25       | 999      |
| 2  | Bunches of Grapes     | Seedless grapes.       | 2.99       | 500      |
| 3  | Bottled Water (6-pack)| 500ml spring water.    | 2.29       | 250      |
| 4  | Bottled Water (12-pack)| 500ml spring water.   | 4.49       | 500      |
| 5  | Bananas               | Bunches, green.        | 1.99       | 150      |
| 6  | Pears                 | Anjou, nice and sweet. | 0.5        | 500      |
| 7  | Avocado               | Large Haas variety.    | 0.99       | 750      |
+----+-----------------------+------------------------+------------+----------+
7 rows in set (0.00 sec)
```

17.8 使用 REPLACE 命令

修改记录的另一个方法是使用 REPLACE 命令，它类似于 INSERT 命令。

`REPLACE INTO table_name (column list) VALUES (column values);`

REPLACE 语句像这样工作：如果插入到表中的记录包含了一个主键值，这个主键值和表中已有的一条记录的主键值相等，表中的记录将被删除掉，并且新的记录会插入到它所在的位置。

> **提示：**
> REPLACE 命令是 MySQL 对 ANSI SQL 的一个特定的扩展。这条命令模拟了 DELETE 的操作并重新 INSERT 一条特定记录的操作。换句话说，我们用一条命令完成了两条命令的工作。

使用 grocery_inventory 表，如下的命令将替换 Apple 的记录。

```
REPLACE INTO grocery_inventory VALUES
  (1, 'Granny Smith Apples', 'Sweet!', '0.50', 1000);
```

结果如下所示。

```
Query OK, 2 rows affected (0.00 sec)
```

在查询结果中，注意结果状态中的 "2 rows affected"。在这个例子中，由于 id 是一个在 grocery_inventory 表中有对应的值的一个主键，最初的行被删除而一个新行插入，因此是 2 行受到影响。

使用 SELECT 语句查询数据以验证记录是正确的，结果如下。

```
+----+-----------------------+----------------------+------------+----------+
| id | item_name             | item_desc            | item_price | curr_qty |
+----+-----------------------+----------------------+------------+----------+
| 1  | Granny Smith Apples   | Sweet!               | 0.50       | 1000     |
| 2  | Bunches of Grapes     | Seedless grapes.     | 2.99       | 500      |
| 3  | Bottled Water (6-pack) | 500ml spring water. | 2.29       | 250      |
| 4  | Bottled Water (12-pack) | 500ml spring water. | 4.49      | 500      |
| 5  | Bananas               | Bunches, green.      | 1.99       | 150      |
| 6  | Pears                 | Anjou, nice and sweet. | 0.5      | 500      |
| 7  | Avocado               | Large Haas variety.  | 0.99       | 750      |
+----+-----------------------+----------------------+------------+----------+
7 rows in set (0.00 sec)
```

如果使用一条 REPLACE 语句，并且新记录中的主键的值没有和表中已经存在的一个主键的值匹配，这条记录会直接插入，这样就只有一条记录受到影响。

17.9　使用 DELETE 命令

DELETE 的基本语法如下。

```
DELETE FROM table_name
[WHERE some_condition_is_true]
[LIMIT rows]
```

　　注意，在 DELETE 命令中如果没有条件，那么当你使用 DELETE 的时候，表中所有记录都会被删除掉。你可能还记得在本章前面的一次关于 fruit 表中的 grape 的失败，当更新一个表而没有指定条件的时候，导致所有的记录都更新了。在使用 DELETE 时候也要小心出现类似的情况。

　　如下的语句

```
DELETE FROM fruit;
```

删除了该表中的所有记录。我们假设 fruit 表的结构和数据如下所示：

```
+----+------------+--------+
| id | fruit_name | status |
+----+------------+--------+
|  1 | apple      | ripe   |
|  2 | pear       | rotten |
|  3 | banana     | ripe   |
|  4 | grape      | rotten |
+----+------------+--------+
4 rows in set (0.00 sec)
```

我们总是可以通过对表使用 SELECT 语句来验证删除。在删除所有记录后执行下面这条命令。

```
SELECT * FROM fruit;
```

将会看到 fruit 表中所有的水果都已经删除掉了。

```
Empty set (0.00 sec)
```

条件式 DELETE

　　一个条件式 DELETE 语句，和条件式 SELECT 或 UPDATE 语句一样，意味着我们使用 WHERE 子句来匹配特定的记录。我们有了全部可用的比较操作符和逻辑操作符，因此，可以挑选和选取要删除哪些记录。

　　一个基本的例子是，从 fruit 表中删除所有状态为 rotten 的水果的记录，如下所示。

```
DELETE FROM fruit WHERE status = 'rotten';
```

将会删除两条记录，

```
Query OK, 2 rows affected (0.00 sec)
```

而只有成熟的水果会保留下来。

```
+----+------------+--------+
| id | fruit_name | status |
+----+------------+--------+
|  1 | apple      | ripe   |
```

```
| 3 | banana      | ripe   |
+----+-----------+--------+
2 rows in set (0.00 sec)
```

我们也可以在 DELETE 语句中使用 ORDER BY 子句，下面看一下把 ORDER BY 子句添加到结构中以后的基本 DELETE 语法。

```
DELETE FROM table_name
[WHERE some_condition_is_true]
[ORDER BY some_column [ASC | DESC]]
[LIMIT rows]
```

乍一看，你可能会问："为什么我删除记录与顺序有关系呢"？ORDER BY 子句不是用来删除记录的，而是用来排序记录的。

在这个例子中，一个名为 access_log 的表给出了访问时间和用户名，如下所示。

```
+----+--------------------+----------+
| id | date_accessed      | username |
+----+--------------------+----------+
| 1 | 2016-01-06 06:09:13 | johndoe  |
| 2 | 2016-01-06 06:09:22 | janedoe  |
| 3 | 2016-01-06 06:09:39 | jsmith   |
| 4 | 2016-01-06 06:09:44 | mikew    |
+----+--------------------+----------+
4 rows in set (0.00 sec)
```

要删除最早的记录，首先使用 ORDER BY 来正确地排序记录，然后，使用 LIMIT 来仅删除一条记录，如下所示。

DELETE FROM access_log ORDER BY date_accessed DESC LIMIT 1;

查询 access_log 的记录，从而验证只有如下 3 条记录存在。

SELECT * FROM access_log;

结果如下所示。

```
+----+--------------------+----------+
| id | date_accessed      | username |
+----+--------------------+----------+
| 2 | 2016-01-06 06:09:22 | janedoe  |
| 3 | 2016-01-06 06:09:39 | jsmith   |
| 4 | 2016-01-06 06:09:44 | mikew    |
+----+--------------------+----------+
3 rows in set (0.00 sec)
```

17.10 MySQL 中常用的字符串函数

MySQL 内建的和字符串相关的函数，可以以几种方式使用。我们可以在 SELECT 语句中使用函数而不用指定一个表就可以获取函数的结果。或者我们可以通过把两个字段连接为一个新的字符串，使用函数来扩展 SELECT 的结果。后面的例子绝不是 MySQL 与字符串相关的函数的完整的库。要了解更多信息，请参考 MySQL 手册。

17.10.1 长度和连接函数

长度和连接函数主要用于字符串的长度和把字符串连接起来。与长度相关的函数包括 LENGTH()、OCTET_LENGTH()、CHAR_LENGTH()和 CHARACTER_LENGTH()，它们所做的事情实际上是相同的，即计算字符串中的字符数。

```
SELECT LENGTH('This is cool!');
```

结果如下所示。

```
+------------------------+
| LENGTH('This is cool!') |
+------------------------+
|                     13 |
+------------------------+
1 row in set (0.00 sec)
```

有趣的事情从 CONCAT()函数开始，这个函数用来把两个或多个字符串连接起来。

```
SELECT CONCAT('My', 'S', 'QL');
```

这条查询的结果如下所示。

```
+------------------------+
| CONCAT('My', 'S', 'QL') |
+------------------------+
| MySQL                  |
+------------------------+
1 row in set (0.00 sec)
```

假设我们对一个包含了名字的表使用这个函数，名字划分为 firstname 字段和 lastname 字段。我们使用两个字段名来连接 firstname 字段和 lastname 字段的值，而不是使用两个字符串。通过连接字段，减少了在应用程序中得到相同结果所需的代码。

```
SELECT CONCAT(firstname, lastname) FROM master_name;
```

结果如下所示。

```
+---------------------------+
| CONCAT(firstname, lastname) |
+---------------------------+
| JohnSmith                 |
| JaneSmith                 |
| JimboJones                |
| AndySmith                 |
```

```
| ChrisJones                      |
| AnnaBell                        |
| JimmyCarr                       |
| AlbertSmith                     |
| JohnDoe                         |
+---------------------------------+
9 rows in set (0.00 sec)
```

> **提示：**
> 如果在函数中使用一个字段名而不是一个字符串，不要把字段名包含到引号中。如果你这么做了，MySQL逐字地解析字符串。在CONCAT()的例子中，我们得到如下结果。

```
SELECT CONCAT('firstname', 'lastname') FROM master_name;
```

将会得到如下结果。

```
+---------------------------------+
| CONCAT('firstname', 'lastname') |
+---------------------------------+
| firstnamelastname               |
| firstnamelastname               |
| firstnamelastname               |
| firstnamelastname               |
| firstnamelastname               |
| firstnamelastname               |
| firstnamelastname               |
| firstnamelastname               |
| firstnamelastname               |
+---------------------------------+
9 rows in set (0.00 sec)
```

如果名字之间有某种类型的分隔符，CONCAT()函数将会很有用，这也就引出了下一个函数。

你可能还记得，CONCAT_WS()代表使用分隔符的连接。可以选择任何分隔符，下面的例子使用空格。

```
SELECT CONCAT_WS(' ', firstname, lastname) FROM master_name;
```

这条查询的结果如下所示。

```
+------------------------------------+
| CONCAT_WS(' ', firstname, lastname) |
+------------------------------------+
| John Smith                         |
| Jane Smith                         |
| Jimbo Jones                        |
| Andy Smith                         |
| Chris Jones                        |
| Anna Bell                          |
| Jimmy Carr                         |
```

```
| Albert Smith                 |
| John Doe                     |
+------------------------------+
9 rows in set (0.00 sec)
```

如果想要缩短结果表的宽度，可以使用 AS 来命名自定义结果字段，示例如下。

SELECT CONCAT_WS(' ', firstname, lastname) AS fullname FROM master_name;

使用这条语句，将会得到如下结果。

```
+--------------+
| fullname     |
+--------------+
| John Smith   |
| Jane Smith   |
| Jimbo Jones  |
| Andy Smith   |
| Chris Jones  |
| Anna Bell    |
| Jimmy Carr   |
| Albert Smith |
| John Doe     |
+--------------+
9 rows in set (0.00 sec)
```

17.10.2 截断和填充函数

MySQL 提供了几个函数来向字符串中添加和删除额外的字符，包括空格。RTRIM()和LTRIM()函数从一个字符串的右端或者左端删除空格。

SELECT RTRIM('stringstring ');

该查询的结果如下所示，尽管很难看出它的变化。

```
+-------------------------+
| RTRIM('stringstring  ') |
+-------------------------+
| stringstring            |
+-------------------------+
1 row in set (0.00 sec)
```

LTRIM()函数使得更容易看明白，示例如下。

SELECT LTRIM(' stringstring');

这条查询导致如下结果，空白明显被去掉了，示例如下。

```
+-----------------------+
| LTRIM('  stringstring') |
+-----------------------+
```

```
| stringstring            |
+-------------------------+
1 row in set (0.00 sec)
```

如果字符串产生自一个固定宽度的字段，并且它要么不需要添加其他的填充，要么将插入到一个 varchar 或其他非固定宽度的字段，我们可以截断填充过的字符串。如果字符串使用空格以外的其他字符来填充，使用 TRIM()函数来指定想要删除的字符。例如，要把前面的 X 字符从字符串 XXXneedleXXX 中删除，使用如下语句。

SELECT TRIM(LEADING 'X' FROM 'XXXneedleXXX');

这条查询的结果如下。

```
+---------------------------------------+
| TRIM(LEADING 'X' FROM 'XXXneedleXXX') |
+---------------------------------------+
| needleXXX                             |
+---------------------------------------+
1 row in set (0.00 sec)
```

可以使用 TRAILING 从字符串末尾删除字符。

SELECT TRIM(TRAILING 'X' FROM 'XXXneedleXXX');

这条查询的结果如下所示。

```
+----------------------------------------+
| TRIM(TRAILING 'X' FROM 'XXXneedleXXX') |
+----------------------------------------+
| XXXneedle                              |
+----------------------------------------+
1 row in set (0.00 sec)
```

如果没有指定 LEADING 或 TRAILING，则假设两种方式都使用，语句如下。

SELECT TRIM('X' FROM 'XXXneedleXXX');

这条查询结果如下。

```
+-------------------------------+
| TRIM('X' FROM 'XXXneedleXXX') |
+-------------------------------+
| needle                        |
+-------------------------------+
1 row in set (0.00 sec)
```

和 RTRIM()和 LTRIM()删除填充字符一样，RPAD()和 LPAD()向一个字符串添加字符。例如，在用于销售的一个数据库中，对于作为订单号的一部分的一个字符串，我们可能想要添加一个特定的标识字符。当我们使用填充函数时，所需的元素是字符串、目标长度以及填充字符。例如，用一个 X 字符填充字符串 needle，直到字符串达到 10 个字符的长度，使用如下语句。

```
SELECT RPAD('needle', 10, 'X');
```

结果如下。

```
+-----------------------+
| RPAD('needle', 10, 'X') |
+-----------------------+
| needleXXXX            |
+-----------------------+
1 row in set (0.00 sec)
```

17.10.3　定位和位置函数

定位和位置函数用来在另一个字符串中查找一个字符串的部分。LOCATE()函数返回一个给定的子字符串在目标字符串中第一次出现的位置。例如，我们可以在一个 haystack 中查找 needle，语句如下。

```
SELECT LOCATE('needle', 'haystackneedlehaystack');
```

应该会看到如下结果。

```
+--------------------------------------+
| LOCATE('needle', 'haystackneedlehaystack') |
+--------------------------------------+
|                                    9 |
+--------------------------------------+
1 row in set (0.00 sec)
```

子字符串 needle 从目标字符串的第 9 个字符开始。如果没有在目标字符串中找到子字符串，MySQL 返回 0 作为结果。

> **提示：**
> 和大多数程序设计语言中的位置计算不同，那些语言中的位置计算都是从 0 开始的，而 MySQL 则是从 1 开始计算位置的。

LOCATE()函数的一个扩展是对起始位置使用第 3 个参数。如果从 haystack 中的位置 9 之前开始查找 needle，我们将能够得到一个 9 的结果。否则，由于 needle 是从位置 9 开始的，如果我们指定了一个更大的数字作为开始位置，将会得到一个 0 的结果。

17.10.4　子字符串函数

从一个目标字符串中提取一个子字符串，有几个函数能够满足要求。给定一个字符串、起始位置和长度，我们可以使用 SUBSTRING()函数。如下例子从字符串 MySQL 中获取 3 个字符，从位置 2 开始。

```
SELECT SUBSTRING("MySQL", 2, 3);
```

结果如下所示。

```
+-------------------------+
| SUBSTRING("MySQL", 2, 3) |
+-------------------------+
| ySQ                     |
+-------------------------+
1 row in set (0.00 sec)
```

如果只想要字符串左端或右端的几个字符，可以使用 LEFT()和 RIGHT()函数，示例如下。

```
SELECT LEFT("MySQL", 2);
```

这条查询的结果如下。

```
+------------------+
| LEFT("MySQL", 2) |
+------------------+
| My               |
+------------------+
1 row in set (0.00 sec)
```

同样地，使用 RIGHT()函数示例如下。

```
SELECT RIGHT("MySQL", 3);
```

这条查询的结果如下。

```
+-------------------+
| RIGHT("MySQL", 3) |
+-------------------+
| SQL               |
+-------------------+
1 row in set (0.00 sec)
```

子字符串函数的很多常见用法之一就是提取订单号码的一部分来看看是谁下了这个订单。在一些应用程序中，系统设计来产生一个包含日期、客户身份和其他信息的订单号码。如果这个订单号码总是遵守一种特定的模式，如 XXXX-YYYYY-ZZ，我们可以使用子字符串函数来提取整个订单号码的单个部分。例如，如果 ZZ 总是表示订单要发往哪个州，我们可以使用 RIGHT()函数来提取这些字符并且显示订单中关于送往哪个州的数字。

17.10.5 字符串修改函数

我们所选择的程序设计语言可能有修改字符串的函数，但是，如果可以执行任务作为 SQL 语句的一部分，那会更好，尽可能地让数据库系统做更多的工作，以缓解应用程序层面的负担。

MySQL 的 LCASE() 和 UCASE() 函数将分别一个字符串转换为小写的或大写的，示例如下。

```
SELECT LCASE('MYSQL');
```

这条查询的结果如下。

```
+---------------+
| LCASE('MYSQL') |
+---------------+
| mysql         |
+---------------+
1 row in set (0.00 sec)
```

要将其变成大写字符，使用如下语句。

```
SELECT UCASE('mysql');
```

这条查询将会得到如下结果。

```
+---------------+
| UCASE('mysql') |
+---------------+
| MYSQL         |
+---------------+
1 row in set (0.00 sec)
```

> **提示：**
> 当我们根据存储在 MySQL 中的数据验证用户输入的时候，例如，在用户登录表单的情况下，LCASE() 和 UCASE() 函数很实用。如果我们想要登录过程不区分大小写，可以尝试用用户输入的大写（或小写）版本来匹配存储在表中的数据的大写（或小写）版本。

记住，如果把字段名和函数一起使用，不要使用引号。例如：

```
SELECT UCASE(lastname) FROM master_name;
```

使用上面的查询，将会得到如下的结果。

```
+----------------+
| UCASE(lastname) |
+----------------+
| BELL           |
| CARR           |
| DOE            |
| JONES          |
| JONES          |
| SMITH          |
| SMITH          |
```

```
| SMITH            |
| SMITH            |
+------------------+
9 rows in set (0.00 sec)
```

另一个有趣的字符串操作函数是 REPEAT()，它所做的事情正如其名字那样，重复一个字符串给定的次数，示例如下。

SELECT REPEAT("bowwow", 4);

应该会看到如下的结果。

```
+-------------------------+
| REPEAT("bowwow", 4)     |
+-------------------------+
| bowwowbowwowbowwowbowwow |
+-------------------------+
1 row in set (0.00 sec)
```

REPLACE()函数把另一个字符串中一个给定字符串的所有出现都替换掉，示例如下。

SELECT REPLACE('bowwowbowwowbowwowbowwow', 'wow', 'WOW');

这条查询将会产生如下的结果。

```
+----------------------------------------------------+
| REPLACE('bowwowbowwowbowwowbowwow', 'wow', 'WOW') |
+----------------------------------------------------+
| bowWOWbowWOWbowWOWbowWOW                            |
+----------------------------------------------------+
1 row in set (0.00 sec)
```

17.11 在 MySQL 中使用日期和时间函数

MySQL 内建的和日期相关的函数可以用在 SELECT 语句中来获取函数的结果，指定或不指定一个表都可以。或者，可以把任何类型的日期字段（如日期、日期时间、时间戳、年份等）和函数一起使用。根据所用的字段类型，和日期相关的函数的结果或多或少都有用处。下面的例子绝不是 MySQL 日期和时间函数的完整库。要了解更多信息，请参阅 MySQL 手册。

17.11.1 操作日期

DAYOFWEEK()和 WEEKDAY()函数做类似的事情，但是结果略有不同。这两个函数都用来查找一个日期的星期索引，但是，不同之处在于开始日期和位置。

如果使用 DAYOFWEEK()，一个星期的第一天是星期日，位置为 1。一个星期的最后一天是星期六，位置为 7，示例如下。

```
SELECT DAYOFWEEK('2016-07-04');
```

这条查询产生如下的结果。

```
+----------------------+
| DAYOFWEEK('2016-07-04') |
+----------------------+
|                    2 |
+----------------------+
1 row in set (0.00 sec)
```

结果显示，2016 年 7 月 4 日的星期索引是 2，也就是说该天是星期一。对于 WEEKDAY() 函数使用同样的日期，将会得到不同的结果，但含义是相同的，示例如下。

```
+---------------------+
| WEEKDAY('2016-07-04') |
+---------------------+
|                   0 |
+---------------------+
1 row in set (0.00 sec)
```

结果显示，2016 年 7 月 4 日的星期索引是 0。因为 WEEKDAY() 使用星期一作为星期的第一天，位置为 0，而使用星期日作为最后一天，位置为 6。结果为 0 是正确的，表示这一天是星期一。

DAYOFMONTH() 和 DAYOFYEAR() 函数更加直接，只有一个结果，并且，DAYOFMONTH() 的结果的范围从 1 到 31，而 DAYOFYEAR() 的范围从 1 到 366。看下面的例子。

```
SELECT DAYOFMONTH('2016-07-04');
```

这条查询产生如下的结果。

```
+------------------------+
| DAYOFMONTH('2016-07-04') |
+------------------------+
|                      4 |
+------------------------+
1 row in set (0.00 sec)
```

现在试试下面的例子。

```
SELECT DAYOFYEAR('2016-07-04');
```

这条查询产生如下的结果。

```
+----------------------+
| DAYOFYEAR('2016-07-04') |
+----------------------+
|                  186 |
+----------------------+
1 row in set (0.00 sec)
```

根据一个特定的日期来返回它在月份中的天数，看上去似乎有些奇怪，因为这个天数就在日期字符串中。但是，考虑一下在 WHERE 子句中使用这一函数来对记录进行比较。如果我们有一个表保存了在线订单，其中一个字段包含了下订单的日期，我们可以很快地得到一周中任何一天的订单数量，或者看到前半个月和后半个月分别有多少订单。

如下的两个查询显示了在每个星期的前三天中（包括各个月）以及这周其他的各天中的订单数。

```
SELECT COUNT(id) FROM orders WHERE DAYOFWEEK(date_ordered) < 4;
SELECT COUNT(id) FROM orders WHERE DAYOFWEEK(date_ordered) > 3;
```

使用 DAYOFMONTH()，如下的例子给出了在任何一个月份中前半个月和后半月的订单数目。

```
SELECT COUNT(id) FROM orders WHERE DAYOFMONTH(date_ordered) < 16;
SELECT COUNT(id) FROM orders WHERE DAYOFMONTH(date_ordered) > 15;
```

可以使用 DAYNAME()函数来为结果添加更多的生机，因为它会返回给定日期的星期名。

```
SELECT DAYNAME(date_ordered) FROM orders;
```

这条查询产生如下的结果。

```
+----------------------+
| DAYNAME(date_ordered) |
+----------------------+
| Thursday             |
| Monday               |
| Thursday             |
| Thursday             |
| Wednesday            |
| Thursday             |
| Sunday               |
| Sunday               |
+----------------------+
8 rows in set (0.00 sec)
```

函数并不仅限于用在 WHERE 子句中，也可以在 ORDER BY 子句中使用它们，示例如下。

```
SELECT DAYNAME(date_ordered) FROM orders
ORDER BY DAYOFWEEK(date_ordered);
```

17.11.2　操作月份和年份

星期几并不是日历的唯一部分，MySQL 也有专门用于月份和年份的函数。就像 DAYOFWEEK()和 DAYNAME()函数一样，MONTH()和 MONTHNAME()函数返回了一年中的月份数和给定日期的月份的名字，示例如下。

```
SELECT MONTH('2016-07-04'), MONTHNAME('2016-07-04');
```

这条查询产生如下的结果。

```
+--------------------+------------------------+
| MONTH('2016-07-04') | MONTHNAME('2016-07-04') |
+--------------------+------------------------+
|                  7 | July                   |
+--------------------+------------------------+
1 row in set (0.00 sec)
```

orders 表使用 MONTHNAME()来显示相应的结果，但很多都是重复的数据，示例如下。

```
+------------------------+
| MONTHNAME(date_ordered) |
+------------------------+
| November               |
| November               |
| November               |
| November               |
| November               |
| November               |
| November               |
| October                |
+------------------------+
8 rows in set (0.00 sec)
```

可以使用 DISTINCT 来获取非重复性的结果，示例如下。

```
SELECT DISTINCT MONTHNAME(date_ordered) FROM orders;
```

这条查询产生如下的结果。

```
+------------------------+
| MONTHNAME(date_ordered) |
+------------------------+
| November               |
| October                |
+------------------------+
2 rows in set (0.00 sec)
```

要操作年份，YEAR()函数返回给定日期的年份，示例如下。

```
SELECT DISTINCT YEAR(date_ordered) FROM orders;
```

这条查询产生如下的结果。

```
+-------------------+
| YEAR(date_ordered) |
+-------------------+
```

```
|                   2015 |
|                   2016 |
+------------------------+
1 row in set (0.00 sec)
```

17.11.3 操作周

操作周可能是有些技巧性的地方，如果星期日是一周的第一天而 12 月份还没有到达一周的结束，那么，一年中就会有 53 周。例如，2001 年的 12 月 30 号是星期日。

SELECT DAYNAME('2001-12-30');

这条查询产生的结果如下。

```
+----------------------+
| DAYNAME('2001-12-30') |
+----------------------+
| Sunday               |
+----------------------+
1 row in set (0.00 sec)
```

2001 年的 12 月 30 号是该年份的第 53 周的一部分，如果用 8 种不同方式之一来计算周的话，使用如下的查询可以看到这一点：

SELECT WEEK('2001-12-30', 4);

结果中显示出了该年份所拥有的正确的星期数。

```
+----------------------+
| WEEK('2001-12-30', 4) |
+----------------------+
|                   53 |
+----------------------+
1 row in set (0.00 sec)
```

第 53 周包含 12 月 30 日和 12 月 31 日，只有两天，2002 年的第一周从 1 月 1 日开始。

如果我们想要一个周从星期一开始但仍然能够得到一个年份中的星期数，可选的第二个参数使得我们能够更改开始日期。1 表示这个周从星期一开始。在后面的例子中，从星期一开始使得 12 月 30 日成为 2001 年第 52 周的一部分，但 12 月 31 日仍然是 2001 年第 53 周的一部分。

SELECT WEEK('2001-12-30',1);

这条查询产生如下的结果。

```
+----------------------+
| WEEK('2001-12-30',1) |
+----------------------+
|                   52 |
```

```
+---------------------+
1 row in set (0.00 sec)
```

而如下的查询，

```sql
SELECT WEEK('2001-12-31',1);
```

产生如下的结果。

```
+---------------------+
| WEEK('2001-12-31',1) |
+---------------------+
|                   53 |
+---------------------+
1 row in set (0.00 sec)
```

这个练习的关键是展示由很多不同的日期和时间操作和访问函数，每一个函数中都用众多的选项，如果你并不确定或者感到好奇的话，请一定查阅 MySQL 手册。

17.11.4　操作小时、分钟和秒

如果我们想使用一个包含了确切时间的日期，例如日期时间或时间戳，或者仅仅是一个时间字段，也有函数能够从字符串中得出小时、分钟和秒。这并不令人惊讶，这些函数叫作 HOUR()、MINUTE() 和 SECOND()。HOUR() 返回了给定时间的小时，这个值在 0 到 23 之间。MINUTE() 和 SECOND() 的范围在 0 到 59 之间。

示例如下。

```sql
SELECT HOUR('2016-01-09 07:27:49') AS hour,
MINUTE('2016-01-09 07:27:49') AS minute,
SECOND('2016-01-09 07:27:49') AS second;
```

这条查询将产生如下的结果。

```
+------+--------+--------+
| hour | minute | second |
+------+--------+--------+
|    7 |     27 |     49 |
+------+--------+--------+
1 row in set (0.00 sec)
```

有很多的查询可以从一个日期时间字段获取一个时间，我们可以把小时和分钟放在一起，甚至可以使用 CONCAT_WS() 在结果之间放置一个 ":"，从而得到一个时间的表示，示例如下。

```sql
SELECT CONCAT_WS(':',HOUR('2016-01-09 07:27:49'),
MINUTE('2016-01-09 07:27:49')) AS sample_time;
```

这条查询产生如下的结果。

```
+-------------+
| sample_time |
+-------------+
| 7:27        |
+-------------+
1 row in set (0.00 sec)
```

在下一小节中，我们将学习使用 DATE_FORMAT()函数来正确地格式化日期和时间。

17.11.5　使用 MySQL 格式化日期和时间

DATE_FORMAT()函数把一个日期、日期时间或者时间戳字段格式化为一个字符串，它通过选项来明确制定如何显示结果。DATE_FORMAT()的语法如下。

```
DATE_FORMAT(date,format)
```

表 17.2 列出了很多格式化选项。

表 17.2　　　　　　　　　DATE_FORMAT()格式化字符串选项

选项	结果
%M	月份名称（January 到 December）
%b	缩略的月份名称（Jan 到 Dec）
%m	带有填充数字的月份（01 到 12）
%c	月份（1 到 12）
%W	星期几的名称（Sunday 到 Saturday）
%a	缩略的星期几的名称（Sun 到 Sat）
%D	使用英文后缀的月份中的第几天，如 first、second、third 等等
%d	带有填充的月份中的第几天（00 到 31）
%e	月份中的第几天（0 到 31）
%j	带有填充的年份中的第几天（001 到 366）
%Y	四位数的年份
%y	两位数的年份
%X	星期日是第一天的四位年份，和%V 一起使用
%x	星期一是第一天的四位年份，和%V 一起使用
%w	星期几（0=Sunday，…，6=Saturday）
%U	星期日是第一天的星期数（0 到 53）
%u	星期一是第一天的星期数（0 到 53）
%V	星期日是第一天的星期数（1 到 53），和%X 一起使用
%v	星期一是第一天的星期数（1 到 53），和%x 一起使用
%H	带有填充位的小时（00 到 23）
%k	小时（0 到 23）
%h	带有填充位的小时（01 到 12）

续表

选项	结果
%l	小时（1 到 12）
%i	带有填充位的分钟（00 到 59）
%S	带有填充位的秒数（00 到 59）
%s	带有填充位的秒数（00 到 59）
%r	12 小时时钟的时间（hh:mm:ss [AP]M）
%T	24 小时时钟的时间（hh:mm:ss）
%p	AM 或 PM

> **提示：**
> DATE_FORMAT()字符串选项中使用的任何其他的字符都是依次出现的。

要显示我们上一小节中提到的 07:27 的结果，应该使用%h 和%i 选项来从日期返回小时和分钟，并且在两个选项之间带有一个 ":"，示例如下。

```
SELECT DATE_FORMAT('2016-01-09 07:27:49, '%h:%i') AS sample_time;
```

这条查询产生如下的结果。

```
+-------------+
| sample_time |
+-------------+
| 07:27       |
+-------------+
1 row in set (0.00 sec)
```

下面只是几个关于使用 DATE_FORMAT()函数的例子，但是，自己练习使用这个函数才是理解它的最好办法。

```
SELECT DATE_FORMAT('2016-01-09', '%W, %M %D, %Y') AS sample_time;
```

这条查询产生如下的输出。

```
+-----------------------------+
| sample_time                 |
+-----------------------------+
| Saturday, January 9th, 2016 |
+-----------------------------+
1 row in set (0.00 sec)
```

如下是格式化当前时间的一条查询（对了，NOW()表示的是我编写这条语句时候的时间）。

```
SELECT DATE_FORMAT(NOW(),'%W the %D of %M, %Y
around %l o\'clock %p') AS sample_time;
```

这条查询产生如下的输出。

```
+----------------------------------------------------+
| sample_time                                        |
+----------------------------------------------------+
| Tuesday the 13th of September, 2016 around 1 o'clock PM |
+----------------------------------------------------+
1 row in set (0.00 sec)1 row in set (0.04 sec)
```

花些时间自己研究日期格式化选项；其功能很完备，并且，你会发现它们很容易使用。

17.11.6 使用 MySQL 执行日期算术

MySQL 有几个函数可以用来执行日期算术，这可能是 MySQL 做计算比使用 PHP 脚本计算更快的领域之一。给定一个起始日期和一个间隔，DATE_ADD()和 DATE_SUB()函数返回结果。两个函数的语法分别如下。

```
DATE_ADD(date,INTERVAL value type)
DATE_SUB(date,INTERVAL value type)
```

表 17.3 显示了可能的类型及它们期待的值格式。

表 17.3　　　　　　　　　　　　　　　　日期算术的值和类型

值	类型
秒数	SECOND
分钟数	MINUTE
小时数	HOUR
天数	DAY
月份数	MONTH
年数	YEAR
"分钟：秒数"	MINUTE_SECOND
"小时：分钟"	HOUR_4MINUTE
"日期小时"	DAY_HOUR
"年份-月份"	YEAR_MONTH
"小时：分钟：秒数"	HOUR_SECOND
"日期小时：分钟"	DAY_MINUTE
"日期小时：分钟：秒数"	DAY_SECOND

例如，要得到当前日期加 21 天的结果，使用如下方法。

SELECT DATE_ADD(NOW(), INTERVAL 21 DAY);

这条查询产生如下的结果。

```
+--------------------------------+
| DATE_ADD(NOW(), INTERVAL 21 DAY) |
```

```
+---------------------------------+
| 2016-10-04 16:03:41             |
+---------------------------------+
1 row in set (0.02 sec)
```

使用 DATE_SUB()产生如下的结果。

```
+---------------------------------+
| DATE_SUB(NOW(), INTERVAL 21 DAY) |
+---------------------------------+
| 2016-08-23 16:03:58             |
+---------------------------------+
1 row in set (0.00 sec)
```

使用如表 17.3 所示的表达式,不管自然趋势是什么,使用 DAY 而不是 DAYS。使用 DAYS 会导致一个如下的错误。

```
ERROR 1064: You have an error in your SQL syntax near 'DAYS)' at line 1
```

如果我们对一个日期值而不是日期时间值使用 DATE_ADD()或 DATE_SUB()函数,结果将会显示为一个日期值,除非你使用了关系到小时、分钟和秒钟的表达式。在那种情况下,结果将是一个日期时间。

例如,第一个查询的结果仍然为一个日期字段,而第二个查询的结果变成了一个日期时间。

```sql
SELECT DATE_ADD('2015-12-31', INTERVAL 1 DAY);
```

这条查询产生如下的结果。

```
+---------------------------------------+
| DATE_ADD('2015-12-31', INTERVAL 1 DAY) |
+---------------------------------------+
| 2016-01-01                            |
+---------------------------------------+
1 row in set (0.00 sec)
```

而执行如下这条查询,

```sql
SELECT DATE_ADD('2015-12-31', INTERVAL 12 HOUR);
```

产生如下的结果。

```
+----------------------------------------+
| DATE_ADD('2015-12-31', INTERVAL 12 HOUR) |
+----------------------------------------+
| 2015-12-31 12:00:00                    |
+----------------------------------------+
1 row in set (0.00 sec)
```

也可以使用+或-操作符,而不是 DATE_ADD()和 DATE_SUB()函数来执行日期算术,示例如下。

```
SELECT '2015-12-31' + INTERVAL 1 DAY;
```

这条查询产生如下的结果。

```
+-----------------------------+
| '2015-12-31' + INTERVAL 1 DAY |
+-----------------------------+
| 2016-01-01                  |
+-----------------------------+
1 row in set (0.00 sec)
```

17.11.7 特殊函数和转换函数

MySQL 的 NOW()函数返回一个当前日期时间结果，并且对于时间戳登录或访问时间以及很多其他的任务都很有用。MySQL 还有一些其他的函数可以执行类似的任务。

CURDATE()和 CURRENT_DATE()函数是相同的，并且它们都以 YYYY-MM-DD 格式返回当前日期，示例如下。

```
SELECT CURDATE(), CURRENT_DATE();
```

这条查询产生如下的结果。

```
+------------+----------------+
| CURDATE()  | CURRENT_DATE() |
+------------+----------------+
| 2016-09-13 | 2016-09-13     |
+------------+----------------+
1 row in set (0.01 sec)
```

类似地，CURTIME()和 CURRENT_TIME()函数以 HH:MM:SS 格式返回当前时间，示例如下。

```
SELECT CURTIME(), CURRENT_TIME();
```

这条查询产生如下的结果。

```
+-----------+----------------+
| CURTIME() | CURRENT_TIME() |
+-----------+----------------+
| 13:07:23  | 13:07:23       |
+-----------+----------------+
1 row in set (0.00 sec)
```

NOW()、SYSDATE()和 CURRENT_TIMESTAMP()以完整的日期时间格式（YYYY-MM-DD HH:MM:SS）返回值，示例如下。

```
SELECT NOW(), SYSDATE(), CURRENT_TIMESTAMP();
```

这条查询产生如下的结果。

```
+--------------------+--------------------+----------------------+
| NOW()              | SYSDATE()          | CURRENT_TIMESTAMP()  |
+--------------------+--------------------+----------------------+
| 2016-09-13 13:07:38 | 2016-09-13 13:07:38 | 2016-09-13 16:07:38 |
+--------------------+--------------------+----------------------+
1 row in set (0.00 sec)
```

UNIX_TIMESTAMP()函数以 UNIX 时间戳的格式返回当前日期，或者把一个给定日期转换为 UNIX 时间戳的格式。UNIX 时间戳的格式是以从 UNIX 时间戳（即 1970 年 1 月 1 日午夜）开始的秒数来表示的，示例如下。

SELECT UNIX_TIMESTAMP();

该查询运行的时候，产生如下所示的结果。

```
+------------------+
| UNIX_TIMESTAMP() |
+------------------+
|       1473782880 |
+------------------+
1 row in set (0.00 sec)
```

下面的查询获取指定日期的 UNIX 时间戳。

SELECT UNIX_TIMESTAMP('1973-12-30');

这条查询的结果如下所示。

```
+-----------------------------+
| UNIX_TIMESTAMP('1973-12-30') |
+-----------------------------+
|                    126057600 |
+-----------------------------+
1 row in set (0.00 sec)
```

当没有任何选项的时候，FROM_UNIXTIME()函数执行从一个 UNIX 时间戳到一个完整的日期时间格式的转换，示例如下。

SELECT FROM_UNIXTIME('1473782880');

这条查询的结果如下所示：

```
+----------------------------+
| FROM_UNIXTIME('1473782880') |
+----------------------------+
| 2016-09-13 16:08:00.000000 |
+----------------------------+
1 row in set (0.00 sec)
```

我们可以使用 DATE_FORMAT()函数的格式选项来以更为整齐的方式显示一个时间戳，示例如下。

```
SELECT FROM_UNIXTIME(UNIX_TIMESTAMP(), '%D %M %Y at %h:%i:%s');
```

该查询的结果如下所示。

```
+-------------------------------------------------------+
| FROM_UNIXTIME(UNIX_TIMESTAMP(), '%D %M %Y at %h:%i:%s') |
+-------------------------------------------------------+
| 13th September 2016 at 04:09:13                       |
+-------------------------------------------------------+
1 row in set (0.00 sec)
```

17.12　小结

在本章中，我们学习了 SQL 的基本知识，从表的创建到操作记录。表创建命令需要 3 块重要的信息：表名、字段名和字段定义。字段定义很重要，因为一个设计良好的表有助于加快数据库的速度。MySQL 有 3 个不同种类的数据类型：数字、日期和时间以及字符串。

INSERT 命令用来向一个表添加记录，命令指定了要填充的表和列，并且随后定义了值。当把值放入到 INSERT 语句时，字符串必须用单引号或双引号括起来。SELECT 命令用来从特定的表获取记录。*字符使得我们能够容易地选择表中记录的所有字段，但是，我们也可以指定特定的列名。如果结果集太长，而我们指定了开始位置以及要返回的记录的数目，那么 LIMIT 子句会提供一种简单的方法来提取需要的结果。要排序结果，可以使用 ORDER BY 子句来选择要排序的列。排序可以对整数、日期和字符串执行，按照升序或降序排序，默认的顺序是升序。如果没有指定顺序，结果会按照它们在表中的顺序来显示。

如果没有指定顺序，结果将会按照它们在表中出现的顺序来显示。我们可以使用 WHERE 子句来测试条件的有效性，从而挑选和选择要返回的记录。比较操作符或逻辑操作符可以在 WHERE 子句中使用，并且有时候两种类型都用以组成复合语句。在一条语句中从多个表选择记录也是比较高级的，这种类型的语句叫作 JOIN，需要提前思考和规划以得到正确的结果。JOIN 的常见类型是 INNER JOIN、LEFT JOIN 和 RIGHT JOIN，尽管 MySQL 支持很多种不同类型的 JOIN。我们还学习了，在操作多个表的时候可以使用子查询而不使用 JOIN。

UPDATE 和 REPLACE 命令用来修改 MySQL 表中已有的数据。UPDATE 用于改变特定列中的值以及根据特定的条件来改变多条记录中的值。REPLACE 是 INSERT 语句的一个变体，它删除掉一条具有匹配的主键的记录然后重新插入新记录。在使用 UPDATE 或 REPLACE 来改变一个列中的值时要小心，因为忘了添加条件将会导致表中的所有记录的给定的列都被更新。

DELETE 语句很简单，它从表中删除记录，这也会有风险，因此，要确保只把 DELETE 权限授予那些可以担负责任的用户。可以在使用 DELETE 的时候指定条件，以便只有当 WHERE 子句中的一个特定表达式为 true 的时候才删除记录。另外，可以使用一条 LIMIT 子句来删除表中记录的一个较小的集合。如果我们有一个特别大的表，删除部分比删除大表中的每条记录的资源密集性要小。

我们介绍了在字符串、日期和时间上执行操作的 MySQL 函数。如果我们在 MySQL 有一个字符串要连接起来或者想要计算字符数，可以使用 CONCAT()、CONCAT_WS()和 LENGTH()

函数。要填充字符串或者删除字符串中的填充，使用 RPAD()、LPAD()、TRIM()、LTRIM() 和
RRIM() 来得到想要的字符串。还可以使用 LOCATE()、SUBSTRING()、LEFT() 和 RIGHT() 函数
在一个字符串中查找另一个字符串的位置，或者返回一个给定字符串的一部分。像 LCASE()、
UCASE()、REPEAT() 和 REPLACE() 这样的函数，也会返回最初的字符串的变体。

MySQL 内建的日期和时间函数，可以内部地格式化日期和时间以及执行日期和时间算
术，这确实缓解了应用程序的负担。用于 DATE_FORMAT() 的格式化选项，提供了一种简单
的方法来从任何类型的日期字段产生一个自定义的显示字符串。DATE_ADD() 和 DATE_SUB()
函数以及它们的众多可用时间间隔类型，可以帮助我们确定过去或未来的日期和时间。此外，
像 DAY()、WEEK()、MONTH() 和 YEAR() 这样的函数，对于提取日期的部分以用于 WHERE
或 ORDER BY 子句也是很有用的。

17.13 问与答

Q：可以用什么字符串来命名表和字段？哪些字符是受到限制的？

A：数据库、表和字段名的最大长度是 64 个字符。任何可以用于目录名或文件名的字符，
也都可以用于数据库名和表名，除了/和.。这些限制是有必要的，因为 MySQL 在你的文件系
统中创建了目录和文件，这些与数据库名和表名对应。除了长度，字段名方面没有字符限制。

Q：我可以在一条语句中使用多个函数吗？例如，把一个连接的字符串变为全部大写。

A：当然可以，只要别忘了开始括号和结束括号。下面这个例子展示了如何把 master_name
表中的 firstname 和 lastname 连接起来并变成大写。

```
SELECT UCASE(CONCAT_WS(' ', firstname, lastname)) FROM master_name;
```

结果会如下所示。

```
+------------------------------------------+
| UCASE(CONCAT_WS(' ', firstname, lastname)) |
+------------------------------------------+
| JOHN SMITH                               |
| JANE SMITH                               |
| JIMBO JONES                              |
| ANDY SMITH                               |
| CHRIS JONES                              |
| ANNA BELL                                |
| JIMMY CARR                               |
| ALBERT SMITH                             |
| JOHN DOE                                 |
+------------------------------------------+
9 rows in set (0.00 sec)
```

如果只想把 lastname 变为大写，则使用如下语句。

```
SELECT CONCAT_WS(' ', firstname, UCASE(lastname)) FROM master_name;
```

结果会如下所示。

```
+------------------------------------------+
| CONCAT_WS(' ', firstname, UCASE(lastname)) |
+------------------------------------------+
| John SMITH                               |
| Jane SMITH                               |
| Jimbo JONES                              |
| Andy SMITH                               |
| Chris JONES                              |
| Anna BELL                                |
| Jimmy CARR                               |
| Albert SMITH                             |
| John DOE                                 |
+------------------------------------------+
9 rows in set (0.00 sec)
```

17.14 测验

测验是设计用来帮助你预料可能的问题、复习已经学过的知识，并且开始把知识用于实践。

17.14.1 问题

1. 整数 56678685 可以是什么数据类型？

2. 如何定义一个只包含如下字符串的信息：apple、pear、banana 和 cherry？

3. 从一个表中选择前 25 条记录的 LIMIT 子句是什么？选择接下来的 25 条记录的 LIMIT 子句呢？

4. 如何使用 LIKE 来进行一个字符串的比较，匹配名字为"John"或"Joseph"？

5. 如何显式地引用名为 table1 的表中的一个名为 id 的字段？

6. 编写一条 SQL 语句，它连接 orders 和 items_ordered 这两个表，每个表都有一个 order_id 主键。从 orders 表中，选择如下的字段 order_name 和 order_date。从 items_ordered 表中，选择 item_description 字段。

7. 编写一条 SQL 查询来查找一个子字符串"grape"在一个字符串"applepearbananagrape"中的开始位置。

8. 编写一条查询语句，它从字符串"applepearbananagrape"中选择最后的 5 个字符。

17.14.2 解答

1. MEDIUMINT, INT 或 BIGINT。

2. ENUM ('apple', 'pear', 'banana', 'cherry')

或

SET ('apple', 'pear', 'banana', 'cherry')。

3. LIMIT 0, 25 和 LIMIT 25, 25。

4. LIKE 'Jo%'。

5. 在查询中使用 table1.id 而不是 id。

6. SELECT orders.order_name, orders.order_date,

items_ordered.item_description FROM orders LEFT JOIN items_ordered ON orders.order_id
= items_ordered.id;

7. SELECT LOCATE('grape', 'applepearbananagrape');

8. SELECT RIGHT("applepearbananagrape", 5);

17.14.3 练习

花点时间来创建某些示例表并且练习使用基本的 INSERT 和 SELECT 命令。

第18章

使用 PHP 和 MySQL 交互

在本章中，你将学习以下内容：

➢ 如何使用 PHP 连接到 MySQL；

➢ 如何通过 PHP 脚本插入和查询数据。

既然我们已经学习了 PHP 的基础知识和使用 MySQL 的基础知识，这就为学习二者之间的交互做好了准备。把 PHP 看作是通向 MySQL 的一个管道，我们在上一章学习到的命令就是将要在本章发送到 MySQL 的命令，只是这次我们使用 PHP 发送它们。将这两部分内容结合起来，将为我们开发动态应用程序打下牢固的基础。

18.1 MySQL 函数和 MySQLi 函数

如果你多年前使用过 MySQL 的旧版本而现在又重新捡起来，可能使用过 mysql_*扩展及其函数组。

然而，从 MySQL 4.1.3 版开始（现在已经过去 10 多年了），MySQL 数据库系统包含了在 PHP 中强制使用新通信方法的功能，这些方法全部包含在 mysqli_*函数组中。然而，仍然会看到很多地方提到旧的扩展，因为你仍然能够在 Internet 上随处可以找到使用 mysql 扩展而不是 mysqli 的代码示例。

本章中的所有代码，以及本书其他部分的代码，都使用 mysqli_*函数组。要了解详细信息，请参阅 PHP 手册相关章节。

18.2 使用 PHP 连接 MySQL

要成功地使用 PHP 函数和 MySQL 交互，必须在 Web 服务器能够连接到的一个位置（不一定必须和 Web 服务器位于相同的机器）运行 MySQL。还必须创建一个 MySQL 用户（带有一个密码），并且必须知道想要连接的数据库的名字。如果遵从附录 A 和附录 B 的说明，我们应该已经做好了这些准备。如果 PHP 和 MySQL 托管于一个 Internet 服务器提供商，请在处理本章剩余内容之前，通过系统管理员确保你使用了正确的用户名、密码以及数据库名。

在本章的所有示例脚本中，示例数据库的名字是 testDB，示例用户是 testuser，而示例密码是 somepass。使用这些脚本的时候，请用你自己的信息替换它们。

提示：

本章中的所有代码以及其他章节的代码都进一步反映了过程式的 mysqli_* 函数组的使用。也可以以面向对象的方式来使用这些函数，要了解这方面的更多信息，请阅读 PHP 手册。如果你是从一种面向对象编程语言或者有面向对象思想的编程语言转向 PHP 的，我建议你阅读一下 PHP 手册中的面向对象功能介绍，并且在适当的时候用它来替换，从概念上讲，这些过程都是相似的。

然而，如果你是编程新手，或者还没有接触面向对象编程思想，在你的日常工作中学习并使用过程式方式是没问题的。在本书中，我继续使用过程式编程。因为，对于程序员新手理解过程来说，这已经证明是最好的方法。

18.2.1 进行连接

连接到 MySQL 的基本语法如下。

```
$mysqli = mysqli_connect("hostname", "username", "password", "database");
```

$mysqli 的值是函数的结果，并且随后用在与 MySQL 通信的函数中。

以一个实际的示例值，连接代码如下所示。

```
$mysqli = mysqli_connect("localhost", "testuser", "somepass", "testDB");
```

程序清单 18.1 是连接脚本的一个有效例子。它在第 2 行创建了一个新的连接，然后，测试是否发生了一个错误。如果发生了错误，第 5 行显示出一条错误消息，并且使用 mysqli_connect_error()函数来显示消息。如果没有发生错误，第 8 行显示一条消息，其中包含了调用 mysqli_get_host_info()函数得到的主机信息。

程序清单 18.1 一个简单的连接脚本

```
1: <?php
2: $mysqli = new mysqli("localhost", "testuser", "somepass", "testDB");
3:
4: if (mysqli_connect_errno()) {
5:    printf("Connect failed: %s\n", mysqli_connect_error());
6:    exit();
7: } else {
8:     printf("Host information: %s\n", mysqli_get_host_info($mysqli));
9: }
10: ?>
```

把这个脚本保存为 mysqlconnect.php，并且将其放置到 Web 服务器的文档区域。使用 Web 浏览器访问这个脚本，如果连接成功的话，将会看到如下所示的结果。

```
Host information: localhost via TCP/IP
```

你可能还会看到如下内容。

```
Host information: localhost via UNIX socket
```

如果连接失败，将会显示一条错误消息。第 5 行通过 mysqli_connect_error()函数产生一个错误，例子如下所示，这是当用户的密码更改为一个错误的密码的时候所得到的输出。

```
Connect failed: Access denied for user 'testuser'@'localhost' (using password: YES)
```

然而，如果连接成功，第 8 行将显示 mysqli_get_host_info()的输出，就像上面的例子一样。

尽管脚本执行完毕的时候这个连接已经关闭了，但是，显式地关闭连接是个好主意。我们可以在程序清单 18.2 的第 9 行看到如何做到这一点。

程序清单 18.2　修改后的简单连接脚本

```
 1: <?php
 2: $mysqli = new mysqli("localhost", "testuser", "somepass", "testDB");
 3:
 4: if (mysqli_connect_errno()) {
 5:     printf("Connect failed: %s\n", mysqli_connect_error());
 6:     exit();
 7: } else {
 8:   printf("Host information: %s\n", mysqli_get_host_info($mysqli));
 9:   mysqli_close($mysqli);
10: }
11: ?>
```

但是在第 5 行之后，我们没有使用 mysql_close()函数，这是因为如果执行了第 5 行，当初就没有建立连接。

对于使用 PHP 连接 MySQL 的介绍就告一段落了。下一节介绍查询执行函数，这比简单地打开一个连接什么也不做要有趣得多。

18.2.2　执行查询

知道如何编写 SQL 并且学习了本章前面的基本知识，那么使用 PHP 执行 MySQL 查询的任务就进行一半了。PHP 中的 mysqli_query()函数用来向 MySQL 发送 SQL 查询。

在脚本中，首先进行连接，然后执行一个查询。程序清单 18.3 中的脚本创建了一个名为 testTable 的示例表。

程序清单 18.3　创建一个表的脚本

```
 1: <?php
 2: $mysqli = mysqli_connect("localhost", "testuser", "somepass", "testDB");
 3:
```

```
 4: if (mysqli_connect_errno()) {
 5:     printf("Connect failed: %s\n", mysqli_connect_error());
 6:     exit();
 7: } else {
 8:     $sql = "CREATE TABLE testTable
 9:             (id INT NOT NULL PRIMARY KEY AUTO_INCREMENT,
10:             testField VARCHAR(75))";
11:     $res = mysqli_query($mysqli, $sql);
12:
13:     if ($res === TRUE) {
14:             echo "Table testTable successfully created.";
15:     } else {
16:         printf("Could not create table: %s\n", mysqli_error($mysqli));
17:     }
18:
19:     mysqli_close($mysqli);
20: }
21: ?>
```

> **提示：**
> 通过一个脚本执行查询的时候，SQL 语句末尾的分号不是必需的，这就像当通过命令行接口直接访问 MySQL 时候一样。

　　在第 8 行到第 10 行组成 SQL 语句的文本并赋给$sql 变量。这种做法是随意的，你甚至不需要把 SQL 查询的内容放到一个单独的变量中，这个例子中这么做只是为了使这一过程的各个步骤更清楚。

　　mysqli_query 函数返回一个值，true 或 false，从第 13 行开始的 if…else 语句检查这个值。如果$res 的值为 true，就会在屏幕上显示一条成功的消息。如果我们通过命令行界面访问 MySQL，以验证 testTable 表的创建，将会看到 DESCRIBE testTable 命令的如下输出。

```
+-----------+-------------+------+-----+---------+----------------+
| Field     | Type        | Null | Key | Default | Extra          |
+-----------+-------------+------+-----+---------+----------------+
| id        | int(11)     | NO   | PRI | NULL    | auto_increment |
| testField | varchar(75) | YES  |     | NULL    |                |
+-----------+-------------+------+-----+---------+----------------+
```

　　如果是这种情况，恭喜你，你已经使用 PHP 在 MySQL 数据库中成功地创建了一个表。

　　然而，如果$res 的值不为 true，将会显示一条错误的消息，这条消息由 mysqli_error()函数产生。

18.2.3　获取错误消息

　　花点时间熟悉一下 mysqli_error()函数，它将会成为你的朋友。当和 PHP die()函数（在遇到该函数的时候直接退出脚本）一起使用的时候，如果出现错误，mysqli_error()函数将会返回一条有用的错误信息。

例如，既然我们已经创建了一个名为 testTable 的表，就可以再次执行该脚本而没有任何错误。尝试再次执行该脚本，应该会在 Web 浏览器中看到类似下面的结果：

```
Could not create table: Table 'testtable' already exists
```

多么令人兴奋！继续学习下一节，开始向表中插入数据，我们很快将通过 PHP 获取信息并格式化它。

18.3　使用 MySQL 数据

插入、更新、删除和获取数据都围绕着使用 mysqli_query() 函数来执行我们在第 17 章学习过的基本的 SQL 查询。对于 INSERT、UPDATE 和 DELETE 查询，在查询执行后不需要额外的脚本，因为我们不要显示任何结果（除非想要这么做）。使用 SELECT 查询的时候，有几个选项用来显示查询所获取的数据。让我们从基本的插入数据开始，这样就有了可供访问的内容。

18.3.1　避免 SQL 注入

在程序清单 18.3 的创建表脚本中，SQL 查询中使用的数据是直接编码到脚本中的。然而，你可能要构建的是动态 Web 站点或者基于 Web 的应用程序。这时候，你很可能是根据一个表单的用户输入或者其他的过程，向表中插入数据或者从表中查询数据。如果你没有留意用户输入，并且在查询中使用用户输入之前没有进行安全性检查，那么，你可能会遭受 SQL 注入式攻击的安全问题。

当个别怀有恶意的人借机在你的表单字段中输入整个或部分 SQL 查询的时候，就会发生 SQL 注入式攻击；我们假设执行这些查询的时候，安全性会受到破坏，数据有暴露的潜在危险。

提示：

一篇知名的 XKCD 网络漫画《Little Bobby Tables》，很好地说明了 SQL 注入式攻击的问题。各大讨论论坛和其他编程相关的帮助站点经常引用这段漫画，并且在针对表单输入和查询相关的问题给出解答的时候，都配上相应的说明，"Don't forget Little Bobby Tables!"。

看下面的示例，它试图从一个叫作 users 的表收集用户信息，其中 name 字段与表单中输入的一个值匹配；这很像是一个 Web 登录过程。

```
$sql = SELECT * FROM users
WHERE name = '".$_POST['username_from_form']."';
```

假设 username_from_form 字段中的值如下所示。

```
' or '1'='1
```

这会产生如下的一个完整查询。

```
SELECT * FROM users
WHERE name = ' ' or '1'='1';
```

这个查询总是会产生一个有效的响应，因为 1=1 总是为真。

你可能已经明白了，但是如果还没有明白，PHP 手册中关于 SQL 注入式攻击的页面上还有更多的示例。在整本书中，代码示例都限制了 SQL 注入式攻击的可能性，只有一个例外，那就是显示错误消息。随着你不断学习，并且在一个开发环境而不是产品环境中操作，我建议你将错误消息打印到屏幕上，以便理解发生了什么（或者没有发生什么）。在产品环境中，你应该隐藏错误消息，特别是当错误消息显示出数据库用户或表的名字的时候，以进一步限制 SQL 注入式攻击的能力。

> **提示：**
> 当你掌握了以本书所介绍的过程式方式使用 MySQL 和 PHP 的概念之后，看一下 PDO(PHP Data Objects)抽象层，以进一步巩固你的产品应用程序。

18.3.2 使用 PHP 插入数据

在这个阶段，插入数据的最简单的方法就是直接编写 INSERT 语句，如程序清单 18.4 所示。

程序清单 18.4 插入一条记录的脚本

```
 1: <?php
 2: $mysqli = mysqli_connect("localhost", "testuser", "somepass", "testDB");
 3:
 4: if (mysqli_connect_errno()) {
 5:     printf("Connect failed: %s\n", mysqli_connect_error());
 6:     exit();
 7: } else {
 8:     $sql = "INSERT INTO testTable (testField) VALUES ('some value')";
 9:     $res = mysqli_query($mysqli, $sql);
10:
11:     if ($res === TRUE) {
12:         echo "A record has been inserted.";
13:     } else {
14:         printf("Could not insert record: %s\n", mysqli_error($mysqli));
15:     }
16:
17:     mysqli_close($mysqli);
18: }
19: ?>
```

和程序清单 18.3 相比，这个脚本的唯一变化就是用来插入记录，而程序清单 18.3 中的脚本是用来创建表，对二者而言 SQL 查询都是在第 8 行存储到$sql 变量中，而文本都是在第 12 行和第 14 行修改。连接代码和执行查询的结构都是相同的，实际上，连接 MySQL 的大多数过程式代码都将会遵从相同类型的代码模板。

把这个脚本命名为 mysqlinsert.php，然后将其放入到 Web 服务器中。运行这个脚本将会使 testTable 表增加额外的一行。要输入比脚本中更多的多条记录，可以编写一个更长的直接编码 SQL 语句列表并且多次使用 mysqli_query()函数来执行这些语句，或者可以为记录添加脚本创建一个基于表单的界面。

要为这个脚本创建表单，确实只需要一个字段，因为 id 字段可以自动增加。表单的动作就是记录添加脚本的名字，我们把它叫作 insert.php。HTML 表单看上去如程序清单 18.5 所示。

程序清单 18.5　一个插入表单

```
<!DOCTYPE html>
<html lang="en">
<head>
<title>Record Insertion Form</title>
</head>
<body>
  <form action="insert.php" method="post">
    <p><label for="testfield">Text to Add:</label><br>
    <input type="text" id="testfield" name="testfield" size="30"></p>
    <button type="submit" name="submit" value="insert">Insert Record</button>
  </form>
</body>
</html>
```

把这个文件保存为 insert_form.html，并且将其放置到 Web 服务器的文档根目录下。接下来，创建程序清单 18.6 所示的 insert.php 脚本。表单中输入的值将会通过一个名为$_POST['testfield']的变量来替换 SQL 查询中直接编码的值。

程序清单 18.6　和表单一起使用的一个插入脚本

```
 1: <?php
 2: $mysqli = mysqli_connect("localhost", "testuser", "somepass", "testDB");
 3:
 4: if (mysqli_connect_errno()) {
 5:     printf("Connect failed: %s\n", mysqli_connect_error());
 6:     exit();
 7: } else {
 8:     $clean_text = mysqli_real_escape_string($mysqli, $_POST['testfield']);
 9:     $sql = "INSERT INTO testTable (testField)
10:            VALUES ('".$clean_text."')";
11:     $res = mysqli_query($mysqli, $sql);
12:
13:     if ($res === TRUE) {
14:             echo "A record has been inserted.";
15:     } else {
16:         printf("Could not insert record: %s\n", mysqli_error($mysqli));
17:     }
18:
19:     mysqli_close($mysqli);
20: }
21: ?>
```

这个脚本和程序清单 18.4 中的脚本之间的唯一差别在第 8 行，其中，表单的输入进行加强以避免 SQL 注入，并且在第 10 行，我们使用了安全的$clean_text 字符串来替换前面示例中所使用的直接编码的文本字符串。为了使得输入更安全，我们使用了 mysqli_real_escape_string()函数，这个函数需要已经建立了连接，因此将它放到了 if…else 语句的 else 部分中。

把这个脚本保存为 insert.php，并且将其放置在 Web 服务器的文档根目录下。在浏览器中访问所创建的这个 HTML 表单。它看上去如图 18.1 所示。

图 18.1

用来添加一条记录的 HTML 表单

在 Text to Add 字段输入一个字符串，如图 18.2 所示。

图 18.2

表单字段中输入的文本

最后，点击 Insert Record 按钮来执行 insert.php 脚本，并且插入记录。如果成功，将会看到如图 18.3 所示的结果。

图 18.3

记录已经成功添加

为了验证我们的工作，可以使用 MySQL 命令行界面来查看表中的记录。

```
SELECT * FROM testTable;
```

输出应该如下所示：

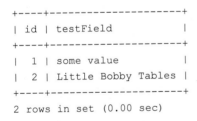

```
+----+--------------------+
| id | testField          |
+----+--------------------+
|  1 | some value         |
|  2 | Little Bobby Tables |
+----+--------------------+
2 rows in set (0.00 sec)
```

接下来，我们将学习如何使用 PHP 获取和格式化结果，而不只是通过命令行。

18.3.3 使用 PHP 获取数据

由于已经在 testTable 表中有了一些数据行，我们可以编写一个 PHP 脚本来获取这些数据。从 SQL 基础知识开始，就介绍了编写一个脚本来执行一条 SELECT 查询语句。但是我们这里的 SELECT 语句不要产生太多的结果数据，我们只要得到行数，要做到这一点，就必须使用 mysqli_num_rows() 函数（参见程序清单 18.7 中的第 12 行）。

程序清单 18.7　获取数据的脚本

```
1: <?php
2: $mysqli = mysqli_connect("localhost", "testuser", "somepass", "testDB");
3:
4: if (mysqli_connect_errno()) {
5:     printf("Connect failed: %s\n", mysqli_connect_error());
6:     exit();
7: } else {
8:     $sql = "SELECT * FROM testTable";
9:     $res = mysqli_query($mysqli, $sql);
10:
11:    if ($res) {
12:        $number_of_rows = mysqli_num_rows($res);
13:        printf("Result set has %d rows.\n", $number_of_rows);
14:    } else {
15:        printf("Could not retrieve records: %s\n", mysqli_error($mysqli));
16:    }
17:
18:    mysqli_free_result($res);
19:    mysqli_close($mysqli);
20: }
21: ?>
```

把这个脚本保存为 count.php，并放置到 Web 服务器的文档目录下，然后通过 Web 服务器访问它。将会看到如下的消息（实际上，这个数字将根据你插入到表中的记录的数目而有所不同）。

```
Result set has 4 rows.
```

第 12 行使用 mysqli_num_rows() 函数来获取结果集（$res）中的行数，然后，将这个值放入到一个名为 $number_of_rows 的变量中。第 13 行在浏览器中显示这个数字，这个数字等于你在测试的时候所插入的记录的数目。

这段程序中有一个前面程序没有用到的新函数，即第 18 行使用的 mysqli_free_result() 函数。在使用 mysqli_close() 函数关闭连接之前使用 mysqli_free_result() 函数，这确保了释放与查询和结果相关的所有内存以供其他脚本使用。

既然知道了表中有一些记录（根据输出来看，是 4 条记录），可以想象并获取这些记录的实际内容。我们可以用几种方法来做到这一点，但是，最简单的方法就是获取每一行构成一个数组。

我们将使用一条 while 语句来遍历结果集中的每条记录，把每个字段的值放入到一个特定的变量中，然后在屏幕上显示结果。mysqli_fetch_array() 的语法如下。

```
$newArray = mysqli_fetch_array($result_set);
```

下面使用程序清单 18.8 中的示例脚本。

程序清单 18.8　获取数据并显示结果的一个脚本

```
1: <?php
2: $mysqli = mysqli_connect("localhost", "testuser", "somepass", "testDB");
3:
```

```
4: if (mysqli_connect_errno()) {
5:     printf("Connect failed: %s\n", mysqli_connect_error());
6:     exit();
7: } else {
8:     $sql = "SELECT * FROM testTable";
9:     $res = mysqli_query($mysqli, $sql);
10:
11:    if ($res) {
12:        while ($newArray = mysqli_fetch_array($res, MYSQLI_ASSOC)) {
13:            $id = $newArray['id'];
14:            $testField = $newArray['testField'];
15:            echo "The ID is ".$id." and the text is: ".$testField."<br>";
16:        }
17:    } else {
18:        printf("Could not retrieve records: %s\n", mysqli_error($mysqli));
19:    }
20:
21:    mysqli_free_result($res);
22:    mysqli_close($mysqli);
23: }
24: ?>
```

把这个脚本保存为 select.php，并放置在 Web 服务器文档目录下，然后通过 Web 浏览器来访问它。你将会看到，对于输入到 testTable 中的每一条记录都将有一条消息，如图 18.4 所示。这些消息在第 12 行到第 15 行的 while 循环中创建。

图 18.4

从 MySQL 选取记录

基本上，我们可以仅仅使用 4 个或 5 个 MySQLi 函数来创建一个完整的数据库驱动的应用程序。本章对于使用 PHP 和 MySQL 只是浅尝辄止，PHP 中还有更多的 MySQLi 函数，我们将在本书其他地方了解它们。

18.3.4 PHP 中其他的 MySQL 函数

通过 PHP 中的 MySQLi 接口，有 100 多个可用的特定的 MySQL 函数。这些函数中的大多数只是改变了获取数据的方法，或改变了用来搜集所涉及的表结构的信息。在整本书中，特别是在稍后和项目相关的各章中，你将逐渐认识到 PHP 中更多的 MySQL 专用函数。然而，要获取函数的完整列表以及实际的例子，请访问 PHP 手册的 MySQLi 部分。

18.4 小结

使用 PHP 和 MySQL 来创建动态的、数据库驱动的 Web 站点只是小菜一碟。别忘了，PHP 函数基本上是通往数据库服务器的一个关口，用 MySQL 命令行界面输入的任何内容，都可以使用 mysqli_query()函数输入。我们还学习了从一个表单接受用户输入的时候如何避免 SQL 注入。

要使用 PHP 连接到 MySQL，你需要知道 MySQL 用户名、密码和数据库名。一旦连接上，可以使用 mysqli_query()函数执行标准的 SQL 命令。如果已经执行了一条 SELECT 命令，可以使用 mysqli_num_rows()来计算结果集中返回的记录的条数。如果想要显示得到的数据，可以在一个循环中使用 mysqli_fetch_array()来获取所有记录并将它们显示到屏幕上。

18.5　问与答

Q：能够在一个应用程序中同时使用 mysql_*和 mysqli_*函数吗？

A：如果 PHP 安装后对两个库都支持，我们可以使用任何一组函数来和 MySQL 通信。然而，注意，如果对 MySQL4.1.3 以后的版本使用 mysql_*函数组，可能不能够访问某些新的功能。此外，如果在整个应用程序中采用不一致的用法，维持和维护应用程序将会耗费更多时间并且效果也不理想。

18.6　测验

测验是设计用来帮助你预料可能的问题、复习已经学过的知识，并且开始把知识用于实践。

18.6.1　问题

1．用来进行 PHP 和 MySQL 之间的连接的主要函数是什么？需要哪些信息？
2．哪个 PHP 函数用来获取一个 MySQL 错误消息的文本？
3．哪个 PHP 函数用来计算一个结果集中的记录的条数？

18.6.2　解答

1．mysqli_connect()函数创建一个到 MySQL 的连接，需要主机名、用户名和密码。
2．mysqli_error()函数返回一条 MySQL 错误消息。
3．mysqli_num_rows()函数计算结果集中的记录数目。也可以通过统计表中的唯一的 ID 的数目，并且返回该数目作为结果，从而达到同样的目的。例如，SELECT COUNT(id) FROM tablename。

18.6.3　练习

1．使用一个 HTML 表单和 PHP 脚本，创建一个表，其字段包含了一个人的姓氏和名字。创建另外一段脚本，来向表中添加记录。
2．一旦表中有了记录，创建一段 PHP 脚本获取记录，并且按照姓氏的字母顺序显示这些记录。

第 5 部分：应用开发基础

第 19 章

创建一个简单的讨论论坛

在本章中，你将学习以下内容：

- ➢ 如何为一个简单的讨论论坛创建表格；
- ➢ 如何为一个简单的讨论论坛创建输入表单；
- ➢ 如何显示一个简单的讨论论坛；
- ➢ 如何添加 JavaScript 代码以改进一个讨论论坛。

在本章中，我们将要学习一个简单的讨论论坛背后的设计过程。这包括开发数据库表、用户输入表单以及显示结果。当我们像这样分解讨论论坛的时候，这样的一个任务看上去好像很简单，并且实际上它确实简单。最终目标是理解开发一个像讨论论坛这样的东西所需的概念和关系，而不是要创建世界上功能最完善的系统，实际上，你将看到它并不是功能非常完善，但它真的是有关系的。

19.1　设计数据库表

考虑一个论坛的基本组成部分：主题和帖子。如果论坛的创立者使用正确的话，一个论坛应该包括几个主题，并且每个主题应该有用户所提交的一个或多个帖子。了解了这一点，我们就应该意识到，帖子是通过一个键字段联系到主题的。这个键构成了两个表之间的关系。

考虑一下主题本身的需求。我们肯定需要一个字段来保存标题，并且随后可能需要字段来保存创建时间和创建这个主题的用户的身份。类似地，考虑一下帖子的需求：我们需要存储帖子的文本、创建的时间以及创建者。最重要的是，我们需要将帖子绑定到主题的键。

下面的两个表创建语句创建了两个表，这两个表叫作 forum_topics 和 forum_posts。

```
CREATE TABLE forum_topics (
    topic_id INT NOT NULL PRIMARY KEY AUTO_INCREMENT,
```

```
    topic_title VARCHAR (150),
    topic_create_time DATETIME,
    topic_owner VARCHAR (150)
);
CREATE TABLE forum_posts (
    post_id INT NOT NULL PRIMARY KEY AUTO_INCREMENT,
    topic_id INT NOT NULL,
    post_text TEXT,
    post_create_time DATETIME,
    post_owner VARCHAR (150)
);
```

> **提示：**
>
> 在这个简单的论坛示例中，我们将通过用户的 Email 地址来识别用户，而不需要任何其他类型的登录标识符。

现在，我们应该有两个空的表等待输入。在下一节中，我们将创建输入表单用来添加一个主题和一个帖子。

19.2 为共同函数创建一个包含文件

前面两章为共同函数创建了一个包含文件，使得脚本更为精简，并且帮助管理可能随着时间而变化的信息，例如数据库用户名和密码。在本章中也是这样。程序清单 19.1 包含了本章中的脚本共享的代码。

程序清单 19.1 包含文件中的共同函数

```
1: <?php
2: function doDB() {
3:     global $mysqli;
4:
5:     //connect to server and select database; you may need it
6:     $mysqli = mysqli_connect("localhost", "testuser",
7:         "somepass", "testDB");
8:
9:     //if connection fails, stop script execution
10:    if (mysqli_connect_errno()) {
11:        printf("Connect failed: %s\n", mysqli_connect_error());
12:        exit();
13:    }
14: }
15: ?>
```

第 2 行到第 14 行建立了一个数据库连接函数 doDB()。如果没有成功建立连接，在调用这个函数的时候，脚本将会退出；否则，它将让$mysqli 的值可供脚本其他部分使用。

把这个文件保存为 db_include.php 并将其放置到 Web 服务器上。本章中的其他代码将会在脚本的前几行中包含这个文件。

19.3　创建输入表单和脚本

在我们可以添加任何帖子之前，我们必须向论坛添加一个主题。同时添加一个主题及该主题的第一个帖子，是论坛创建过程中常见的做法。从一个用户的观点来看，添加一个主题然后返回，然后选择该主题并添加一个回复，这么做并没有多少意义。我们希望过程尽可能地平顺。程序清单 19.2 给出了一个创建新主题的表单，其中包含了为主题中的第一个帖子留出的空间。

程序清单 19.2　添加一个主题的表单

```html
<!DOCTYPE html>
<html lang="en">
<head>
  <title>Add a Topic</title>
</head>
<body>
  <h1>Add a Topic</h1>
  <form method="post" action="do_addtopic.php">

  <p><label for="topic_owner">Your Email Address:</label><br>
  <input type="email" id="topic_owner" name="topic_owner" size="40"
         maxlength="150" required="required"></p>

  <p><label for="topic_title">Topic Title:</label><br>
  <input type="text" id="topic_title" name="topic_title" size="40"
         maxlength="150" required="required"></p>
  <p><label for="post_text">Post Text:</label><br>
  <textarea id="post_text" name="post_text" rows="8"
            cols="40"></textarea></p>

  <button type="submit" name="submit" value="submit">Add Topic</button>

  </form>
</body>
</html>
```

看上去很简单，我们可以从图 19.1 看到，表单中出现了 3 个字段，这是我们需要在各个表中完成的，你的脚本和数据库可以填写其他的内容。把程序清单 19.2 保存为类似 addtopic.html 这样的文件并将其放置到 Web 服务器文档根目录下，以便我们可以执行。

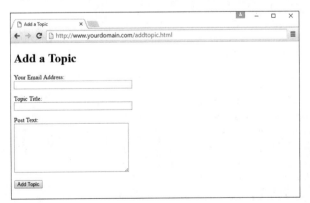

图 19.1

创建主题的表单

要在 forum_topics 表中创建条目，可以使用来自输入表单的变量$_POST['topic_title']和

$_POST['topic_owner']中的值。topic_id 和 topic_create_time 字段分别自动增加或通过 MySQL 函数 now()添加。

类似地，在 forum_posts 表中，我们使用来自输入表单的$_POST['post_text']和$_POST['topic_owner']中的值，而 post_id、post_create_time 和 topic_id 字段将会自动增加，或被提供。由于我们需要 topic_id 字段的一个值，从而完成 forum_posts 表中的条目，我们知道，这个查询必须在向 forum_topics 表插入记录的查询之后执行。程序清单 19.3 创建了一个脚本来向表添加这些记录。

程序清单 19.3　添加一个主题的脚本

```
1:  <?php
2:  include 'db_include.php';
3:  doDB();
4:
5:  //check for required fields from the form
6:  if ((!$_POST['topic_owner']) || (!$_POST['topic_title']) ||
7:      (!$_POST['post_text'])) {
8:   header("Location: addtopic.html");
9:   exit;
10: }
11:
12: //create safe values for input into the database
13: $clean_topic_owner = mysqli_real_escape_string($mysqli,
14:                     $_POST['topic_owner']);
15: $clean_topic_title = mysqli_real_escape_string($mysqli,
16:                     $_POST['topic_title']);
17: $clean_post_text = mysqli_real_escape_string($mysqli,
18:                     $_POST['post_text']);
19:
20: //create and issue the first query
21: $add_topic_sql = "INSERT INTO forum_topics
22:                 (topic_title, topic_create_time, topic_owner)
23:                 VALUES ('".$clean_topic_title ."', now(),
24:                 '".$$clean_topic_owner."')";
25:
26: $add_topic_res = mysqli_query($mysqli, $add_topic_sql)
27:                 or die(mysqli_error($mysqli));
28:
29: //get the id of the last query
30: $topic_id = mysqli_insert_id($mysqli);
31:
32: //create and issue the second query
33: $add_post_sql = "INSERT INTO forum_posts
34:                 (topic_id, post_text, post_create_time, post_owr
35:                 VALUES ('".$topic_id."', '".$clean_post_text."
36:                 now(), '".$clean_topic_owner."')";
37:
38: $add_post_res = mysqli_query($mysqli, $add_post_sql)
39:                 or die(mysqli_error($mysqli));
40: //close connection to MySQL
```

```
41: mysqli_close($mysqli);
42:
43: //create nice message for user
44: $display_block = "<p>The <strong>".$_POST["topic_title"]."</strong>
45:     topic has been created.</p>";
46: ?>
47: <!DOCTYPE html>
48: <html>
49: <head>
50:   <title>New Topic Added</title>
51: </head>
52: <body>
53:   <h1>New Topic Added</h1>
54:   <?php echo $display_block; ?>
55: </body>
56: </html>
```

第 2 行到第 3 行包含了用户创建的函数的文件，并调用了数据库连接函数。接着，第 6 行到第 10 行检查要完成两个表都必需的 3 个字段，topic owner、topic title 以及帖子的一些文本。如果这些字段中的任何一个不存在，用户将被重定向到最初的表单。第 13 行到第 18 行创建了这些变量内容的数据库安全版本。

第 21 行到第 27 行创建并插入了第一个记录，它向 forum_topics 表添加了主题。注意，第一个字段保持空白，以便自动增加的值可以由每个表定义的系统来添加。MySQL 的函数 now() 用来在插入的时候记录下当前时间的时间戳。记录中的其他字段使用来自表单的值填充。

第 30 行展示了一个方便的函数 mysqli_insert_id() 的使用。这个函数可以从这个脚本插入到数据库中的最后一条记录中获取主键 ID。在这个例子中，mysqli_insert_id() 从 forum_topics 表获取了 id 值，这将成为 forum_posts 表中的 topic_id 字段的值。

第 33 行到第 39 行创建并插入了第二个查询，再次使用了已知信息以及系统提供信息的混合。第二个查询把用户帖子的文本添加到了 forum_posts 表。第 44 行到第 45 行为用户创建了一个显示字符串，并且脚本剩下的内容负责完成浏览器所要显示的 HTML。

把这个程序清单保存为 do_addtopic.php（即前面的脚本所做的动作的名称）并且将其放置到 Web 服务器的文档根目录下。完成图 19.1 创建的表单，然后提交，我们应该看到 New Topic Added 消息。图 19.2 和图 19.3 显示了事件顺序。

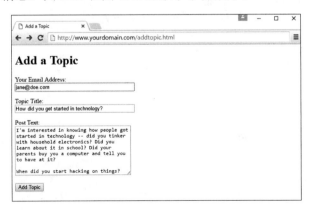

图 19.2

添加一个主题以及第一条帖子

图 19.3

一个主题和第一条
帖子的成功添加

在下一节中，我们将会把另外两个神秘的部分组合到一起：显示主题和帖子，并且回复一个主题。

19.4 显示主题列表

既然在数据库里有了一个主题以及至少一个帖子，我们可以显示这一信息并且让人们添加新的主题或者回复已有的帖子。在程序清单 19.4 中，我们退回一步并且创建一个页面列出论坛中的所有主题。这个页面显示了每个主题的基本信息并且给用户提供一个添加新主题的链接，前文已经创建了添加新主题的表单和脚本。程序清单 19.4 中的代码代表了论坛的一个入口页面。

尽管程序清单 19.4 看上去有很多代码，它实际上只涉及我们已经遇到过的很多小的、简单的概念，从第 2 行到第 3 行中的 include()函数和数据库连接函数开始。

程序清单 19.4 主题列表脚本

```php
1:  <?php
2:  include 'db_include.php';
3:  doDB();
4:
5:  //gather the topics
6:  $get_topics_sql = "SELECT topic_id, topic_title,
7:                  DATE_FORMAT(topic_create_time, '%b %e %Y at %r') AS
8:                  fmt_topic_create_time, topic_owner FROM forum_topics
9:                  ORDER BY topic_create_time DESC";
10: $get_topics_res = mysqli_query($mysqli, $get_topics_sql)
11:                 or die(mysqli_error($mysqli));
12:
13: if (mysqli_num_rows($get_topics_res) < 1) {
14:    //there are no topics, so say so
15:    $display_block = "<p><em>No topics exist.</em></p>";
16: } else {
17:    //create the display string
18:    $display_block <<<END_OF_TEXT
19:    <table>
20:    <tr>
21:    <th>TOPIC TITLE</th>
22:    <th># of POSTS</th>
23:    </tr>
24: END_OF_TEXT;
25:
26:    while ($topic_info = mysqli_fetch_array($get_topics_res)) {
27:        $topic_id = $topic_info['topic_id'];
```

```
28:          $topic_title = stripslashes($topic_info['topic_title']);
29:          $topic_create_time = $topic_info['fmt_topic_create_time'];
30:          $topic_owner = stripslashes($topic_info['topic_owner']);
31:
32:          //get number of posts
33:          $get_num_posts_sql = "SELECT COUNT(post_id) AS post_count FROM
34:                      forum_posts WHERE topic_id = '".$topic_id."'";
35:          $get_num_posts_res = mysqli_query($mysqli, $get_num_posts_sql)
36:                      or die(mysqli_error($mysqli));
37:
38:          while ($posts_info = mysqli_fetch_array($get_num_posts_res)) {
39:              $num_posts = $posts_info['post_count'];
40:          }
41:
42:          //add to display
43:          $display_block .= <<<END_OF_TEXT
44:          <tr>
45:          <td><a href="showtopic.php?topic_id=$topic_id">
46:          <strong>$topic_title</strong></a><br/>
47:          Created on $topic_create_time by $topic_owner</td>
48:          <td class="num_posts_col">$num_posts</td>
49:          </tr>
50: END_OF_TEXT;
51:      }
52:      //free results
53:      mysqli_free_result($get_topics_res);
54:      mysqli_free_result($get_num_posts_res);
55:
56:      //close connection to MySQL
57:      mysqli_close($mysqli);
58:
59:      //close up the table
60:      $display_block .= "</table>";
61: }
62: ?>
63: <!DOCTYPE html>
64: <html lang="en">
65: <head>
66:   <title>Topics in My Forum</title>
67:   <style type="text/css">
68:       table {
69:         border: 1px solid black;
70:         border-collapse: collapse;
71:       }
72:       th {
73:         border: 1px solid black;
74:         padding: 6px;
75:        font-weight: bold;
76:        background: #ccc;
77:       }
78:       td {
79:         border: 1px solid black;
```

```
80:        padding: 6px;
81:      }
82:      .num_posts_col { text-align: center; }
83:    </style>
84:  </head>
85:  <body>
86:    <h1>Topics in My Forum</h1>
87:    <?php echo $display_block; ?>
88:    <p>Would you like to <a href="addtopic.html">add a topic</a>?</p>
89:  </body>
90:</html>
```

第 6 行到第 11 行给出了第一个数据库查询,并且这个特定的查询按照日期的降序来选取所有的主题信息。换句话说,按照这样的方式收集数据:最近创建的主题出现在列表的顶部。在这个查询中,注意 date_format()函数的使用,它将会创建一个比存储在数据库中的原始值更漂亮的日期显示。

第 13 行检查了查询所返回的记录的存在性。如果没有返回记录,表明表中没有主题,我们将希望告诉用户。第 15 行创建了这条消息。此时,如果不存在主题,脚本将会跳出 if…else 结构并且就此结束;下一个操作将会在第 63 行发生,也就是静态 HTML 的开始。如果脚本在这里结束,第 15 行中创建的消息将会在第 87 行显示。

然而,如果 forum_topics 表中有了主题,脚本将在第 16 行继续。在第 18 行,一段文本赋给了$display_block 变量,其中包含了一个 HTML 表格的开始。第 19 行到第 23 行设置了一个具有两列的表格:一列表示标题,一列表示帖子的数目。在第 26 行,我们开始遍历查询的结果。

第 26 行中的 while 循环确保有元素从结果集中提取出来,把每一行作为一个名为$topic_info 的数组提取,并且使用字段名作为数组元素来向一个新变量赋值。因此,在第 27 行,我们要提取的第一个元素是 topic_id 字段。把$topic_info ['topic_id']的值赋给$topic_id 变量,意味着我们从名为$topic_info 的数组中获得了$topic_id 的一个局部值,该数组包含一个名为 topic_id 的字段。继续在第 28 行到第 30 行对$topic_title、$topic_create_time、$topic_owner 变量这么做。stripslashes()函数删除了在记录插入的时候输入到表中的任何转义字符。

在第 33 行到第 36 行,在 while 循环之中,我们执行了另一个查询来获取某个特定主题的帖子总数。在第 43 行,我们继续创建$display_block 字符串,使用连接操作符(.=)来确保这个字符串已经附加到目前为止已经构建的显示字符串的后面。在第 45 行到第 47 行,我们创建了 HTML 表格来显示出到 showtopic.php 文件的链接,这个文件将显示出主题以及主题的所有者和创建时间。

在第 48 行,第二个 HTML 表格列显示了帖子的数目。在第 51 行,我们跳出了 while 循环,并且在第 60 行向$display_block 字符串添加最后一部分以结束表格。剩下的代码显示了页面的 HTML,包括$display_block 字符串的值。

如果我们把这个文件保存为 topiclist.php 并将其放置到 Web 服务器文档根目录下,并且如果在数据库表中有主题,我们会看到如图 19.4 所示的结果。

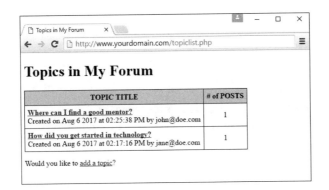

图 19.4

可用主题

19.5　显示一个主题中的帖子

你可能已经猜到了，任务列表中的下一项就是构建 showtopic.php 文件来显示主题的帖子。程序清单 19.5 正是做这些事情。在这个程序清单中，第 6 行到第 9 行检查了 GET 查询字符串中的 topic_id 的值的存在性。由于想要显示一个选定的主题中的所有的帖子，我们需要知道在查询中使用哪一个主题，并且这就是给予我们信息的方式。如果$_GET ['topic_id'] 中的值不存在，用户重定向到主题列表页面，再次尝试。

程序清单 19.5　显示主题帖子的脚本

```
1:  <?php
2:  include 'db_include.php';
3:  doDB();
4:
5:  //check for required info from the query string
6:  if (!isset($_GET['topic_id'])) {
7:      header("Location: topiclist.php");
8:      exit;
9:  }
10:
11: //create safe values for use
12: $safe_topic_id = mysqli_real_escape_string($mysqli, $_GET['topic_id']);
13:
14: //verify the topic exists
15: $verify_topic_sql = "SELECT topic_title FROM forum_topics
16:                     WHERE topic_id = '".$safe_topic_id."'";
17: $verify_topic_res = mysqli_query($mysqli, $verify_topic_sql)
18:                     or die(mysqli_error($mysqli));
19:
20: if (mysqli_num_rows($verify_topic_res) < 1) {
21:     //this topic does not exist
22:     $display_block = "<p><em>You have selected an invalid topic.<br>
23:     Please <a href=\"topiclist.php\">try again</a>.</em></p>";
24: } else {
25:     //get the topic title
26:     while ($topic_info = mysqli_fetch_array($verify_topic_res)) {
27:         $topic_title = stripslashes($topic_info['topic_title']);
28:     }
```

```
29:
30:     //gather the posts
31:     $get_posts_sql = "SELECT post_id, post_text, DATE_FORMAT(post create_time,
32:                      '%b %e %Y<br>%r') AS fmt_post_create_time, post_owner
33:                      FROM forum_posts
34:                      WHERE topic_id = '".$safe_topic_id."'
35:                      ORDER BY post_create_time ASC";
36:     $get_posts_res = mysqli_query($mysqli, $get_posts_sql)
37:                      or die(mysqli_error($mysqli));
38:
39:     //create the display string
40:     $display_block = <<<END_OF_TEXT
41:     <p>Showing posts for the <strong>$topic_title</strong> topic:</p>
42:     <table>
43:     <tr>
44:     <th>AUTHOR</th>
45:     <th>POST</th>
46:     </tr>
47: END_OF_TEXT;
48:
49:     while ($posts_info = mysqli_fetch_array($get_posts_res)) {
50:         $post_id = $posts_info['post_id'];
51:         $post_text = nl2br(stripslashes($posts_info['post_text']));
52:         $post_create_time = $posts_info['fmt_post_create_time'];
53:         $post_owner = stripslashes($posts_info['post_owner']);
54:
55:         //add to display
56:         $display_block .= <<<END_OF_TEXT
57:         <tr>
58:         <td><p>$post_owner</p>
59:         <p>created on:<br>$post_create_time</p></td>
60:         <td><p>$post_text</p>
61:         <p><a href="replytopost.php?post_id=$post_id">
62:         <strong>REPLY TO POST</strong></a></p></td>
63:         </tr>
64: END_OF_TEXT;
65:     }
66:
67:     //free results
68:     mysqli_free_result($get_posts_res);
69:     mysqli_free_result($verify_topic_res);
70:
71:     //close connection to MySQL
72:     mysqli_close($mysqli);
73:
74:     //close up the table
75:     $display_block .= "</table>";
76: }
77: ?>
78: <!DOCTYPE html>
79: <html lang="en">
80: <head>
```

```
 81:    <title>Posts in Topic</title>
 82:    <style type="text/css">
 83:       table {
 84:          border: 1px solid black;
 85:          border-collapse: collapse;
 86:       }
 87:       th {
 88:          border: 1px solid black;
 89:          padding: 6px;
 90:          font-weight: bold;
 91:          background: #ccc;
 92:       }
 93:       td {
 94:          border: 1px solid black;
 95:          padding: 6px;
 96:          vertical-align: top;
 97:       }
 98:       .num_posts_col { text-align: center; }
 99:       </style>
100: </head>
101: <body>
102:    <h1>Posts in Topic</h1>
103:    <?php echo $display_block; ?>
104: </body>
105: </html>
```

第 15 行到第 18 行给出了这些查询中的一个，并且这个查询被用来验证在查询字符串中发送的 topic_id 实际上是一个有效的条目，它通过为所涉及的主题选择相关的 topic_title 来做到这一点。如果第 20 行中的验证失效，将会在第 22 行到第 23 行产生一条消息，并且脚本将跳出 if...else 语句且通过显示 HTML 来结束。输出如图 19.5 所示。

图 19.5

无效的主题选取

然而，如果主题是有效的，我们在第 27 行提取 topic_title 的值，再次使用 stripslashes() 来删除任何转义字符。接下来，在第 31 行到第 37 行执行一个查询来按照时间的升序收集和该主题相关的所有帖子。在这个例子中，最新的帖子位于列表的底部。在第 40 行，开始了一段文本，其中包含了一个 HTML 表格的开始。第 42 行到第 46 行设置了一个具有两列的表格：其中一个用于帖子的作者，而另一个用于帖子文本本身。我们暂停编写文本块，并且在第 49 行开始遍历最初的查询的结果。

第 49 行的 while 循环确保了，虽然有从结果集提取的元素，但把每一行作为一个名为 $posts_info 的数组来提取，并且把字段名作为数组元素来向一个新的变量赋值。因此，在第 50 行，我们试图提取的第一个元素是 post_id 字段。我们把$posts_info ['post_id']的值赋给了 $post_id 变量，意味着我们从一个名为$posts_info 的数组获取了 $post_id 的一个局部值，这个数组包含一个名为 post_id 的字段。在第 51 行到第 53 行继续对$post_text、$post_create_time 和$post_owner 这么做。stripslashes()函数再次用来删除任何转义字符,并且在$posts_info['post_text']的值上使用 nl2br()函数,把所有的换行符替换为 XHTML 兼容的换行符。

在第 56 行,我们继续写入$display_block 字符串,使用连接操作符(.=)来确保这个字符串添加到目前为止已经创建的字符串的末尾。在第 58 行到第 59 行,我们创建了 HTML 表格的一列来显示帖子的作者和创建时间。在第 60 行到第 63 行,第二个 HTML 表行显示了帖子的文本以及一个用来回复帖子的链接。在第 65 行,我们跳出了 while 循环,并且在第 75 行向$display_block 字符串添加了最后一部分并且结束了这个表。其余的代码显示了这个页面的 HTML,包括$display_block 字符串的值。

如果我们把这个文件保存为 showtopic.php 并且将其放置到 Web 服务器文档根目录下,如果已经在数据库中有了帖子,将会看到如图 19.6 所示的结果。

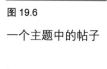

图 19.6

一个主题中的帖子

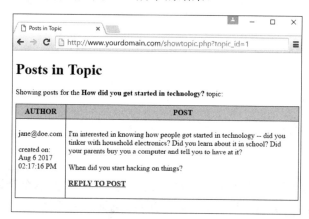

只有一个帖子的主题令人尴尬,因此,让我们通过创建向主题添加帖子的脚本来结束本章。

19.6 向主题添加帖子

在最后的这个步骤中,我们将创建 replytopost.php 脚本,其中包含了看上去和用来添加新主题的脚本类似的代码。程序清单 19.6 给出了这个一体化的表单和脚本,它首先在第 2 行和第 3 行开始函数文件的包含和数据库连接的初始化。尽管这个脚本根据表单的状态(表单是正在显示还是已经提交)来执行不同的任务,这两个条件下都需要在某个时刻和数据库交互。

程序清单 19.6 向主题添加回复的脚本

```
1:  <?php
2:  include 'db_include.php';
3:  doDB();
4:
5:  //check to see if we're showing the form or adding the post
6:  if (!$_POST) {
7:      // showing the form; check for required item in query string
8:      if (!isset($_GET['post_id'])) {
9:          header("Location: topiclist.php");
10:         exit;
```

```
11: }
12:
13:     //create safe values for use
14:     $safe_post_id = mysqli_real_escape_string($mysqli, $_GET['post_id']);
15:
16:     //still have to verify topic and post
17:     $verify_sql = "SELECT ft.topic_id, ft.topic_title FROM forum_posts
18:                     AS fp LEFT JOIN forum_topics AS ft ON fp.topic_id =
19:                     ft.topic_id WHERE fp.post_id = '".$safe_post_id."'";
20:
21:     $verify_res = mysqli_query($mysqli, $verify_sql)
22:                     or die(mysqli_error($mysqli));
23:
24:     if (mysqli_num_rows($verify_res) < 1) {
25:         //this post or topic does not exist
26:         header("Location: topiclist.php");
27:         exit;
28:     } else {
29:         //get the topic id and title
30:         while($topic_info = mysqli_fetch_array($verify_res)) {
31:             $topic_id = $topic_info['topic_id'];
32:             $topic_title = stripslashes($topic_info['topic_title']);
33:         }
34: ?>
35: <!DOCTYPE html>
36: <html>
37: <head>
38:   <title>Post Your Reply in <?php echo $topic_title; ?></title>
39: </head>
40: <body>
41:   <h1>Post Your Reply in <?php echo $topic_title; ?></h1>
42:   <form method="post" action="<?php echo $_SERVER['PHP_SELF']; ?>">
43:   <p><label for="post_owner">Your Email Address:</label><br>
44:   <input type="email" id="post_owner" name="post_owner" size="40"
45:             maxlength="150" required="required"></p>
46:   <p><label for="post_text">Post Text:</label><br>
47:   <textarea id="post_text" name="post_text" rows="8" cols="40"
48:       required="required"></textarea></p>
49:   <input type="hidden" name="topic_id" value="<?php echo $topic_id; ?>">
50:   <button type="submit" name="submit" value="submit">Add Post</button>
51:   </form>
52: </body>
53: </html>
54: <?php
55:     }
56:     //free result
57:     mysqli_free_result($verify_res);
58:
59:     //close connection to MySQL
60:     mysqli_close($mysqli);
61:
62: } else if ($_POST) {
```

```
63:     //check for required items from form
64:     if ((!$_POST['topic_id']) || (!$_POST['post_text']) ||
65:     (!$_POST['post_owner'])) {
66:         header("Location: topiclist.php");
67:         exit;
68:     }
69:
70:     //create safe values for use
71:     $safe_topic_id = mysqli_real_escape_string($mysqli, $_POST['topic_id']);
72:     $safe_post_text = mysqli_real_escape_string($mysqli, $_POST['post_text']);
73:     $safe_post_owner = mysqli_real_escape_string($mysqli, $_POST['post_owner']);
74:
75:     //add the post
76:     $add_post_sql = "INSERT INTO forum_posts (topic_id,post_text,
77:                     post_create_time,post_owner) VALUES
78:                     ('".$safe_topic_id."', '".$safe_post_text."',
79:                     now(),'".$safe_post_owner."')";
80:     $add_post_res = mysqli_query($mysqli, $add_post_sql)
81:                     or die(mysqli_error($mysqli));
82:
83:     //close connection to MySQL
84:     mysqli_close($mysqli);
85:
86:     //redirect user to topic
87:     header("Location: showtopic.php?topic_id=".$_POST['topic_id']);
88:     exit;
89: }
90: ?>
```

第 6 行检查表单是否已经提交。如果$_POST 还没有值，表明表单还没有提交，并且必须显示它。然而，在显示表单之前，必须检查一个必需的项目，第 8 行到第 11 行检查 GET 查询字符串中的 post_id 是否有一个值存在。如果$_GET['post_id']中没有值存在，用户重定向到主题列表页面。

如果我们对于$_GET['post_id']中的值的检查通过了，第 17 行到第 22 行执行一个看似复杂的查询，它根据我们所知道的唯一的值（$_GET['post_id']的值）从 forum_topics 表获取 topic_id 和 topic_title 字段的值。这个查询既验证了帖子的存在性，也获取了我们在后面的脚本中将要用到的信息。第 24 行到第 27 行根据这一验证测试的结果来执行，如果测试失败，就将用户重定向到 topiclist.php 页面。

如果$_GET['post_id']的值表示一个有效的帖子，我们在第 30 行到第 33 行提取 topic_id 和 topic_title 的值，再次使用 stripslashes()函数来删除任何转义字符。接下来，用来添加一个帖子的表单显示在整个屏幕上，直到点击提交按钮，这个脚本就是这样。在这个表单中，我们看到动作是在第 42 行的$_SERVER['PHP_SELF']，表示这个脚本将再次调用到动作执行中。第 49 行的一个隐藏字段保存了需要传递到脚本的下一次迭代中的信息。

转向第 62 行，当脚本重新载入并且$_POST 包含一个值的时候，这段代码将会执行。这段代码检查了来自表单的所有必需的字段的存在（第 64 行到第 68 行），然后，如果它们都存在，使用第 71 行到第 73 行所创建的安全值，提交查询来向数据库添加帖子（第 76 行到第

81 行）。当帖子添加到数据库之后，重定向到 showtopic.php 页面（第 87 行到第 88 行），使用相应的查询字符串来显示活动的主题。

如果我们把这个文件保存为 replytopost.php 并且将其放置到 Web 服务器文档根目录下，自己尝试后将会看到如图 19.7 和图 19.8 所示的结果。

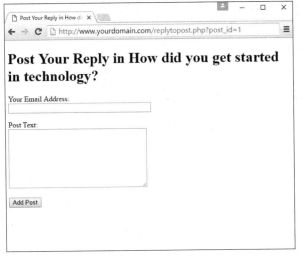

图 19.7

准备添加一个帖子

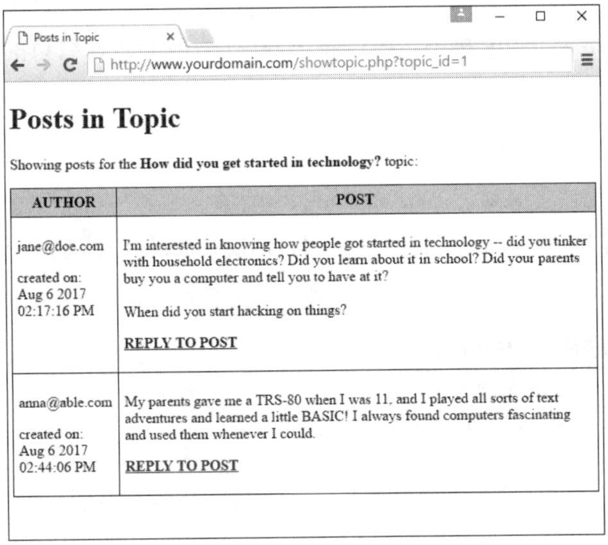

图 19.8

添加到列表的一个帖子

19.7　用 JavaScript 修改论坛的显示

一旦使用 PHP 从数据库收集到数据，可以用 JavaScript 来操作数据，因为这些数据已经发送到浏览器了，而 JavaScript 可以在那里获取数据。我们在本章所创建的简单论坛中，话题列表和帖子都是按照数据库查询所定义的顺序自动显示的,而查询是按照创建日期排序的。但是，当你在浏览器中浏览它们的时候，如果能够对其重新排序，这将是很有用的。尽管你可以向数据库发送另外一个查询并返回另一个页面供浏览器显示（这一次信息会以不同的顺序排列），从而对它们重新排序，但是，对于最终用户来说，根据需要使用 JavaScript 来重新排序它们会更具有可响应性。

为了使用 JavaScript 进行排序，首先需要修改一下 HTML。新的 JavaScript 代码将使用
HTML 的 tbody 标签来排序表的单元格，而保持表头在顶部。从程序清单 19.4 开始，修改第
18 到第 24 行，添加 JavaScript 钩子使得表成为可排序的，如程序清单 19.7 所示。在程序清
单 19.7 中，修改的部分突出显示。

程序清单 19.7　让表成为可排序的

```
18:     $display_block <<<END_OF_TEXT
19:     <table id="myTable">
        <thead>
20:     <tr>
21:     <th><a href="javascript:sortTable(myTable,0,0);">TOPIC
            TITLE</a></th>
22:     <th><a href="javascript:sortTable(myTable,1,0);"># of
            POSTS</a></th>
23:     </tr>
        </thead>
        <tbody>
24: END_OF_TEXT;
```

除了添加 thead 和 tbody 标签，还需要给表添加一个 ID，并且将表的表头元素转变为链
接，以便能够将文档排序。

在 PHP 的底部，还需要结束 tbody 标签，通过将第 60 行修改为包含结束的</tbody>标签
而做到这一点。

```
60:     $display_block .= "</tbody>
        </table>";
```

为了让代码有效，需要将JavaScript添加到页面的 HTML 中。在程序清单 19.8 中的</body>
标签之前（第 89 行）插入脚本。

程序清单 19.8　用于排序表的 JavaScript

```
1: <script type="text/javascript">
2:   function sortTable(table, col, reverse) {
3:     var tb = table.tBodies[0];
4:     var tr = Array.prototype.slice.call(tb.rows, 0);
5:     var i;
6:     reverse = -((+reverse) || -1);
7:     tr = tr.sort(function (a, b) {
8:         return reverse // '-1 *' if want opposite order
9:             * (a.cells[col].textContent.trim()
10:                 .localeCompare(b.cells[col].textContent.trim())
11:             );
12:     });
13:     for(i = 0; i < tr.length; ++i) tb.appendChild(tr[i]);
14:   }
15:   // sortTable(tableNode, columnId, false);
16: </script>
```

这段简单的脚本查看 sortTable()函数调用中指明的表，以找到<tbody>部分（第 3 行）。

它将表的主体中的所有的行，都放入到一个数组中（第 4 行）并且将它们排序（第 7 行）。最后，它按照顺序将所有的行添加到页面上（第 13 行）。排序的顺序是由最后一个参数设置的。如果该参数不为零的话，第 6 行将改变排序方向。

19.8 小结

在本章中，我们看到了论坛为什么本质上是层级的：论坛包括主题，主题包括帖子。我们不能拥有一个没有帖子的主题，并且帖子也不会存在于不属于任何主题的论坛中。我们把这一知识应用到用来存储论坛主题和帖子的表的创建中，并且使用 PHP 脚本来创建这些项的输入和输出页面。最后，我们给脚本添加了 JavaScript 以支持对页面上的数据排序。

19.9 问与答

Q：如果我们想要有多个论坛，该怎么办？假设只有一个论坛系统可用。

A：如果我们想在讨论板块上拥有多个论坛，创建一个名为 forums 或者具有类似效果的名字的表，它包含一个 ID 字段、name 字段并且可能还有一个论坛说明字段。然后，在 forum_topics 和 forum_posts 表中，添加一个名为 forum_id 的字段，以便这些在层级中较低的元素可以绑定到主论坛。确保修改用来插入记录的 SQL 语句，考虑到 forum_id 的值。

接下来，从论坛层级开始显示，而不是从主题层级开始。就像我们不能先创建一个显示主题的脚本，然后再创建一个显示论坛的脚本。到论坛显示的链接应该包含 forum_id，并且页面自身应该在该论坛中显示所有的主题。

19.10 测验

这个测验设计用来帮助你预测可能的问题、复习已经学过的知识，并且开始把知识用于实践。

19.10.1 问题

1. 主题 ID 的值是如何传递到 showtopic.php 脚本中的？

2. 除了告诉用户主题被成功地添加了，在 do_addtopic.php 脚本的末尾我们还能做什么？

3. 这段脚本为何根据表单中的值使用 mysqli_real_escape_string()函数？

4. 为什么使用 JavaScript 来排序显示的数据要好一些？

19.10.2 解答

1. 通过超全局变量$_GET，即$_GET['topic_id']的值。

2. 就像 replytopost.php 脚本一样，我们可以删除消息显示而直接把用户重定向到他刚刚创建的主题，显示新主题及其中的所有帖子。

3．mysqli_real_escape_string()函数通过准备"安全的"字符串以将其插入到数据库表中，从而预防 SQL 注入式攻击。

4．JavaScript 允许更快地对数据排序，这使得页面对于最终用户来说更具有响应性。此外，它并不需要任何额外的 SQL 调用，因此让页面加载更快。

19.10.3　练习

1．你将注意到没有页面会真正地和任何类型的导航绑定到一起。获取这些基本的框架脚本并且将一些导航流程用到其中。确保用户总是可以添加一个主题或者从任何给定的页面返回到主题列表。

2．如果你感到意犹未尽，使用 Q&A 部分提供的信息来把多个论坛整合并显示到紧凑而小巧的讨论板块中。当你这么做的时候，应用一些文本样式和颜色，给原本简陋的示例添加一些亮色。

3．修改 JavaScript，以便不管数据是从前向后还是从后向前排序，当点击切换按钮的时候，能够对排序顺序进行切换。尝试添加一种排序功能来重置数据列表，从而让论坛功能更强大。

第 20 章

创建一个在线商店

在本章中，你将学习以下内容：

➢ 为一个在线商店创建关系表；

➢ 创建用来显示商品分类的脚本；

➢ 创建显示个别商品的脚本；

➢ 如何创建 JavaScript 来增强前端。

在这个简短的动手实践课程中，我们将创建一个通用的在线商店。你将学会创建相关数据库表的方法，以及用来为用户显示信息的脚本。本章中使用的这个例子表示了完成这些任务的无数多种可能性方法中的一种，并且本例用来为你提供基础的知识，而不是完成这一任务的确定方法。我们还将学习如何使用 JavaScript 使得前端更容易使用，并且对用户更具有吸引力。

20.1 规划和创建数据库表

在我们为一个在线商店处理创建数据库的过程之前，考虑一下现实生活中的购物过程。当我们走进一家商店，商品都是按照某种顺序排列：计算机硬件和婴儿的衣服是不会放在一起的，电器和洗衣粉不会挨着摆放，等等。把这些知识应用到数据库规范化中，你就能明白需要一个表来存储分类，一个表来存储商品。在这个简单的商店中，所有商品都属于某一个类别。

接下来，考虑一下商品本身。根据我们所拥有的商店的类型，商品可能有也可能没有颜色，可能有大小也可能没有大小。但是，所有的商品都有一个名字、一个说明以及一个价格。我们再一次考虑规范化的问题，你可以看到自己拥有一个通用商品表以及和通用商品表相关的两个其他的表。

表 20.1 显示了在线商店的示例表和字段名。只需要一分钟的时间，就可以编写实际的 SQL 语句，但是，首先你需要看看这些信息并且尝试看看其关系。自己思考一下哪个字段应该是主键或唯一键。

表 20.1　　　　　　　　　　　　　　　　　商店的表和字段名

表名	字段名
store_categories	id, cat_title, cat_desc
store_items	id, cat_id, item_title, item_price, item_desc, item_image
store_item_size	item_id, item_size
store_item_color	item_id, item_color

正如我们将在如下的 SQL 语句中看到的，除了 id 字段以外，store_categories 表还拥有两个其他的字段：cat_title 和 cat_desc，用来存储标题和说明。id 字段是主键，而 cat_title 是一个唯一键，因为，没有理由拥有两个相同的分类。

```
CREATE TABLE store_categories (
    id INT NOT NULL PRIMARY KEY AUTO_INCREMENT,
    cat_title VARCHAR (50) UNIQUE,
    cat_desc TEXT
);
```

接下来，我们要处理 store_items 表，除了 id 字段，它还拥有 5 个字段，没有一个是唯一键。字段定义中指定的长度是任意的，你应该使用最适合自己的大小。

cat_id 字段把商品和 store_categories 表中的一个特定分类关联起来。这个字段不是唯一的，因为我们希望每个分类有多个商品。item_title、item_price 和 item_desc（用于说明）字段都是一目了然的。item_image 字段将保存一个文件名，在这个例子中，假设文件是服务器的本地文件，当需要显示商品信息的时候，我们用这个文件名来构建一个 HTML <img>标记。

```
CREATE TABLE store_items (
    id INT NOT NULL PRIMARY KEY AUTO_INCREMENT,
    cat_id INT NOT NULL,
    item_title VARCHAR (75),
    item_price FLOAT (8,2),
    item_desc TEXT,
    item_image VARCHAR (50)
);
```

store_item_size 和 store_item_color 表包含了可选的信息：如果我们销售图书，图书是不会有大小和颜色的，但如果销售衬衫，它们就有大小和颜色了。对于这些表中的每一个，都不包含键，因为我们可以把任意多种颜色和大小与一个特定商品关联起来。

```
CREATE TABLE store_item_size (
    id INT NOT NULL PRIMARY KEY AUTO_INCREMENT,
    item_id INT NOT NULL,
    item_size VARCHAR (25)
);
```

```
CREATE TABLE store_item_color (
    id INT NOT NULL PRIMARY KEY AUTO_INCREMENT,
    item_id INT NOT NULL,
    item_color VARCHAR (25)
);
```

这就有了构建一个基本的商店所需的所有的表，也就是说，用来显示要销售的商品，而这只是本书例子所关注的有限领域。

在第 19 章中，我们学习了如何使用 PHP 表单和脚本来添加或删除表中的记录。如果我们把相同的原理应用到这一组表上，可以很容易地创建一个对商店的管理前端。我们在本书中不会介绍这一过程，但你可以自己去尝试这么做。在这里，我们只是告诉你，你学习的 PHP 和 MySQL 的知识已经足够完成这个任务。

现在，我们可以通过 MySQL 监视器或其他的界面来简单地执行 MySQL 查询，向表中添加信息。如下是一些例子，如果你想要使用示例数据的话。

20.1.1 向 store_categories 表插入记录

如下的查询在 store_categories 表中创建了 3 个分类：hats、shirts 和 books。

```
INSERT INTO store_categories VALUES
 (1, 'Hats', 'Funky hats in all shapes and sizes!');

INSERT INTO store_categories VALUES (2, 'Shirts', 'From t-shirts to
sweatshirts to polo shirts and beyond.');

INSERT INTO store_categories VALUES (3, 'Books', 'Paperback, hardback,
books for school or play.');
```

在下一节中，我们将向分类中添加商品。

20.1.2 向 store_items 表插入记录

如下的查询向每个分类中添加了 3 种商品。可以任意添加更多商品。

```
INSERT INTO store_items VALUES (1, 1, 'Baseball Hat', 12.00,
'Fancy, low-profile baseball hat.', 'baseballhat.gif');

INSERT INTO store_items VALUES (2, 1, 'Cowboy Hat', 52.00,
'10 gallon variety', 'cowboyhat.gif');

INSERT INTO store_items VALUES (3, 1, 'Top Hat', 102.00,
'Good for costumes.', 'tophat.gif');

INSERT INTO store_items VALUES (4, 2, 'Short-Sleeved T-Shirt',
12.00  , '100% cotton, pre-shrunk.', 'sstshirt.gif');

INSERT INTO store_items VALUES (5, 2, 'Long-Sleeved T-Shirt',
```

```
15.00  , 'Just like the short-sleeved shirt, with longer sleeves.',
'lstshirt.gif');

INSERT INTO store_items VALUES (6, 2, 'Sweatshirt', 22.00,
'Heavy and warm.', 'sweatshirt.gif');

INSERT INTO store_items VALUES (7, 3, 'Jane\'s Self-Help Book',
12.00  , 'Jane gives advice.', 'selfhelpbook.gif');

INSERT INTO store_items VALUES (8, 3, 'Generic Academic Book',
35.00  , 'Some required reading for school, will put you to sleep.',
'boringbook.gif');

INSERT INTO store_items VALUES (9, 3, 'Chicago Manual of Style',
9.99  , 'Good for copywriters.', 'chicagostyle.gif');
```

> **提示:**
>
> 上面的查询引用了名称类似于"baseballhat.gif"的各种图形,而这些图形并没有包含在代码中。你可以自己找一些示例图像或自己制作一些占位符图形。

20.1.3 向 store_item_size 表中插入记录

下面的查询把大小和 shirts 分类中的 3 种商品中的一种关联起来,并且把一个通用的"one size fits all"(均码)的大小和 hats 分类中的每一种商品关联起来(假设这些帽子都是奇怪的帽子)。请你自行对 shirts 分类中的其他商品插入相关的同一组大小。

```
INSERT INTO store_item_size (item_id, item_size) VALUES (1,'One Size Fits All');
INSERT INTO store_item_size (item_id, item_size) VALUES (2,'One Size Fits All');
INSERT INTO store_item_size (item_id, item_size) VALUES (3,'One Size Fits All');
INSERT INTO store_item_size (item_id, item_size) VALUES (4,'S');
INSERT INTO store_item_size (item_id, item_size) VALUES (4,'M');
INSERT INTO store_item_size (item_id, item_size) VALUES (4,'L');
INSERT INTO store_item_size (item_id, item_size) VALUES (4,'XL');
```

20.1.4 向 store_item_color 表插入记录

如下的查询把颜色和 shirts 分类中的 3 种商品中的一种关联起来。请自行为其他的 shirts 和 hats 插入颜色记录。

```
INSERT INTO store_item_color (item_id, item_color) VALUES (1,'red');
INSERT INTO store_item_color (item_id, item_color) VALUES (1,'black');
INSERT INTO store_item_color (item_id, item_color) VALUES (1,'blue');
```

20.2 显示商品分类

不管你是否相信,这个项目中最难的任务现在已经完成了。和考虑分类及商品相比,创建用来显示信息的脚本更加容易。

我们将要创建的第一个脚本用来列出分类和商品。显然，我们不希望在用户刚一进门的时候就列出所有的分类和商品，但是确实希望给用户一个选择能够立即选取分类、查看商品，并且随后选择其他分类。换句话说，这个脚本有两个目的：它显示分类，然后如果用户点击一个分类连接，它显示该分类中的商品。

程序清单 20.1 给出了 seestore.php 的代码。如果你按照顺序阅读本书，将会注意到，在前面各章中有很多同样的基本结构；正如我在本书前面提到的，这些项目是基本的 CRUD（创建、读取、更新、删除）应用程序的所有示例。即便如此，在程序清单之后，我们还是详细解释了这些代码。

程序清单 20.1　浏览分类的脚本

```
 1: <?php
 2: //connect to database
 3: $mysqli = mysqli_connect("localhost", "testuser", "somepass", "testDB");
 4:
 5: $display_block = "<h1>My Categories</h1>
 6: <p>Select a category to see its items.</p>";
 7:
 8: //show categories first
 9: $get_cats_sql = "SELECT id, cat_title, cat_desc FROM
10:                  store_categories ORDER BY cat_title";
11: $get_cats_res = mysqli_query($mysqli, $get_cats_sql)
12:                 or die(mysqli_error($mysqli));
13:
14: if (mysqli_num_rows($get_cats_res) < 1) {
15:     $display_block = "<p><em>Sorry, no categories to browse.</em></p>";
16: } else {
17:     while ($cats = mysqli_fetch_array($get_cats_res)) {
18:         $cat_id = $cats['id'];
19:         $cat_title = strtoupper(stripslashes($cats['cat_title']));
20:         $cat_desc = stripslashes($cats['cat_desc']);
21:
22:         $display_block .= "<p><strong><a href=\"".$_SERVER['PHP_SELF'].
23:         "?cat_id=".$cat_id."\">".$cat_title."</a></strong><br>"
24:         .$cat_desc."</p>";
25:
26:         if (isset($_GET['cat_id']) && ($_GET['cat_id'] == $cat_id)) {
27:             //create safe value for use
28:             $safe_cat_id = mysqli_real_escape_string($mysqli,
29:                 $_GET['cat_id']);
30:
31:             //get items
32:             $get_items_sql = "SELECT id, item_title, item_price
33:                              FROM store_items WHERE
34:                              cat_id = '".$cat_id."' ORDER BY item_title";
35:             $get_items_res = mysqli_query($mysqli, $get_items_sql)
36:                             or die(mysqli_error($mysqli));
37:
38:             if (mysqli_num_rows($get_items_res) < 1) {
39:                 $display_block = "<p><em>Sorry, no items in this
40:                 category.</em></p>";
```

```
41:                } else {
42:                    $display_block .= "<ul>";
43:                    while ($items = mysqli_fetch_array($get_items_res)) {
44:                        $item_id = $items['id'];
45:                        $item_title = stripslashes($items['item_title']);
46:                        $item_price = $items['item_price'];
47:
48:                        $display_block .= "<li><a href=\"showitem.php?item_id=".
49:                        $item_id."\">".$item_title."</a>
50:                        (\$".$item_price.")</li>";
51:                    }
52:
53:                    $display_block .= "</ul>";
54:                }
55:                //free results
56:                mysqli_free_result($get_items_res);
57:            }
58:        }
59:    }
60: }
61: //free results
62: mysqli_free_result($get_cats_res);
63: //close connection to MySQL
64: mysqli_close($mysqli);
65: ?>
66: <!DOCTYPE html>
67: <html lang="en">
68: <head>
69:    <title>My Categories</title>
70: </head>
71: <body>
72:    <?php echo $display_block; ?>
73: </body>
74: </html>
```

  既然我们在第 19 章看到过更长的代码，这个 74 行的功能完整的代码就比较容易接受一些。在第 3 行，先打开了数据库连接，因为不管脚本要采取什么动作（显示分类或者显示分类中的商品）都需要数据库。也可以通过一个 include 来使用数据库连接函数，就像我们在第 19 章的整个例子中所做的那样。

  在第 5 行，开始了 $display_block 字符串，将一些基本的页面标题信息添加到其中。第 9 行到第 12 行创建并执行了查询来获取分类信息。第 14 行检查分类，如果表中没有分类，在 $display 块变量中存储一条消息，以便向用户显示，这就是这个脚本所做的所有的事情（它跳转到第 66 行的 HTML，并且在空出一些数据库结果之后打印到屏幕上）。然而，如果找到分类，脚本移动到第 17 行，开始一个 while 循环来提取分类信息。

  在这个 while 循环中，第 18 行到第 20 行获取 ID、标题和分类的说明。执行了字符串操作以确保文本中没有斜杠并且分类标题是大写格式，以便显示。第 22 行到第 24 行放置分类信息，包括一个自引用的页面链接，位于 $display_block 字符串中。如果用户点击了这个链接，它将返回这个脚本，只不过将一个分类 ID 在查询字符串中传递。这个脚本在第

26 行检查这个值。

如果用户希望查看商品而点击了一个分类连接，从而使$_GET['cat_id']的值传递给了脚本，这个脚本将会构建并执行另一个查询（第 32 行到第 36 行）来获取此分类中的商品。第 38 行到第 51 行检查了商品，然后构建了一个商品字符串作为$display_block 的一部分。字符串中的部分信息是到一个名为 showitem.php 的脚本的链接，这个脚本将在下一节创建。

到这里之后，脚本所要做的事情就不多了，它显示了 HTML 以及$display_block 的值。图 20.1 显示直接访问脚本时它的输出，只有分类信息显示出来。

图 20.1

商店中的分类

在图 20.2 中，我们看到了当用户点击 HATS 链接的时候会发生什么：脚本收集了和该分类相关的所有商品并且将它们显示在屏幕上。用户仍然可以跳转到同一个页面上的另一个分类，并且它将收集该分类的所有商品。

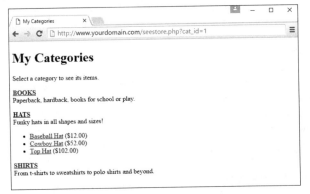

图 20.2

商店的一个分类
中的商品

本章的难题的最后一部分是商品显示页面的创建。

20.3　显示商品

接下来要构建的商品显示页面显示了数据库中的所有商品信息。程序清单 20.2 显示了 showitem.php 的代码。

程序清单 20.2　浏览商品信息的脚本

```
1: <?php
2: //connect to database
3: $mysqli = mysqli_connect("localhost", "testuser", "somepass", "testDB");
4:
5: $display_block = "<h1>My Store - Item Detail</h1>";
6:
```

```
 7: //create safe values for use
 8: $safe_item_id = mysqli_real_escape_string($mysqli, $_GET['item_id']);
 9:
10: //validate item
11: $get_item_sql = "SELECT c.id as cat_id, c.cat_title, si.item_title,
12:                  si.item_price, si.item_desc, si.item_image FROM store_items
13:                  AS si LEFT JOIN store_categories AS c on c.id = si.cat_id
14:                  WHERE si.id = '".$safe_item_id."'";
15: $get_item_res = mysqli_query($mysqli, $get_item_sql)
16:                 or die(mysqli_error($mysqli));
17:
18: if (mysqli_num_rows($get_item_res) < 1) {
19:     //invalid item
20:     $display_block .= "<p><em>Invalid item selection.</em></p>";
21: } else {
22:     //valid item, get info
23:     while ($item_info = mysqli_fetch_array($get_item_res)) {
24:         $cat_id = $item_info['cat_id'];
25:         $cat_title = strtoupper(stripslashes($item_info['cat_title']));
26:         $item_title = stripslashes($item_info['item_title']);
27:         $item_price = $item_info['item_price'];
28:         $item_desc = stripslashes($item_info['item_desc']);
29:         $item_image = $item_info['item_image'];
30:     }
31:
32:     //make breadcrumb trail & display of item
33:     $display_block .= <<<END_OF_TEXT
34:     <p><em>You are viewing:</em><br>
35:     <strong><a href="seestore.php?cat_id=$cat_id">$cat_title</a>
36:         &gt; $item_title</strong></p>
37:     <div style="float: left;"><img src="$item_image" alt="$item_title"></div>
38:     <div style="float: left; padding-left: 12px">
39:     <p><strong>Description:</strong><br>$item_desc</p>
40:     <p><strong>Price:</strong> \$$item_price</p>
41: END_OF_TEXT;
42:     //free result
43:     mysqli_free_result($get_item_res);
44:
45:     //get colors
46:     $get_colors_sql = "SELECT item_color FROM store_item_color WHERE
47:                        item_id = '".$safe_item_id."' ORDER BY item_color";
48:     $get_colors_res = mysqli_query($mysqli, $get_colors_sql)
49:                       or die(mysqli_error($mysqli));
50:
51:     if (mysqli_num_rows($get_colors_res) > 0) {
52:         $display_block .= "<p><strong>Available Colors:</strong><br>";
53:         while ($colors = mysqli_fetch_array($get_colors_res)) {
54:             item_color = $colors['item_color'];
55:             $display_block .= $item_color."<br>";
56:         }
57:     }
58:     //free result
59:     mysqli_free_result($get_colors_res);
60:
```

```
61:     //get sizes
62:     $get_sizes_sql = "SELECT item_size FROM store_item_size WHERE
63:                     item_id = ".$safe_item_id." ORDER BY item_size";
64:     $get_sizes_res = mysqli_query($mysqli, $get_sizes_sql)
65:                     or die(mysqli_error($mysqli));
66:
67:     if (mysqli_num_rows($get_sizes_res) > 0) {
68:         $display_block .= "<p><strong>Available Sizes:</strong><br>";
69:         while ($sizes = mysqli_fetch_array($get_sizes_res)) {
70:             $item_size = $sizes['item_size'];
71:             $display_block .= $item_size."<br>";
72:         }
73:     }
74:     //free result
75:     mysqli_free_result($get_sizes_res);
76:
77:     $display_block .= "</div>";
78: }
79: //close connection to MySQL
80: mysqli_close($mysqli);
81: ?>
82: <!DOCTYPE html>
83: <html lang="en">
84: <head>
85:    <title>My Store</title>
86: </head>
87: <body>
88:    <?php echo $display_block; ?>
89: </body>
90: </html>
```

在第 3 行，进行了数据库的连接，因为数据库中的信息构成了这个页面的所有内容。在第 5 行，开始了 $display_block 字符串，其中带有一些基本的页面标题信息。

第 11 行到第 13 行创建并执行了一个查询，来获取分类和商品信息。这个特定的查询是一个表连接。这个查询只是根据分类 ID 来连接表从而获取分类名称，而不是从一个表选取商品信息然后执行一个二次查询来获取分类名称。

第 15 行检查结果。如果表中没有匹配的商品，一条消息将显示给用户，并且脚本除此以外什么也不做。然而，如果找到了商品信息，脚本继续并且在第 23 行到第 30 行收集信息。

在第 34 行到第 35 行，我们创建了所谓的面包屑路径（breadcrumb trail）。这是用来回到上级页面的一个导航。上述说法的含义是"显示出一个链接以便我们能够回到分类"。这个脚本中的分类 ID 获取自主查询，并且附加到面包屑路径中的链接之后。

在第 37 行到第 40 行，我们继续添加$display_block，为有关商品的信息建立一个表格。我们使用在第 23 行到第 30 行收集的值来创建一个图像链接，显示出说明以及价格。所缺的就是颜色和大小，因此第 46 行到第 57 行选择并显示出和这一商品相关的任何颜色，并且第 62 行到第 73 行收集了和这个商品相关的尺寸。

第 77 行到第 78 结束了 $display_block 字符串和主 if…else 语句，并且由于脚本没有其他事情要做，它显示了 HTML（第 82 行到第 90 行），包括$display_block 字符串的值。图 20.3

显示了当从 hats 分类中选择棒球帽后脚本的输出。当然，你的显示可能和我的不同，但是你应该知道其中的原因。

图 20.3

棒球帽商品页面

这就是创建一个简单产品显示以从数据库提取信息的全部内容。

20.4 对在线商店前端使用 JavaScript

在线商店所面临的最大的挑战之一，就是让顾客在网站上停留足够长的时间以购买一些商品。每次顾客不得不进行一项操作的时候，他们就有一次放弃购买的机会。为了避免这种情况，很多在线商店显示尽可能多的信息，而不需要顾客在该部分采取任何操作，除了点击"购买"按钮。

在我们在本章中所创建的简单的商店目录界面中，在顾客能够购买一件商品之前，有几个步骤：顾客必须选择一个分类，然后选择商品，然后选择大小和颜色，然后，点击进行购买或者添加到购物车中（后者超出了本书的讨论范围）。通过删除这些步骤之一，你可以降低放弃的概率，而增加购买的概率。做到这一点的一种容易的方式是，重新设计分类列表，用一个幻灯放映的方式直接显示商品，而不是在一次点击之后才显示。图 20.4 展示了如果将显示修改为一个 JavaScript 幻灯效果的话（也称为传送带），显示将会有什么样的变化。

图 20.4

网络商店使用传送
带显示分类

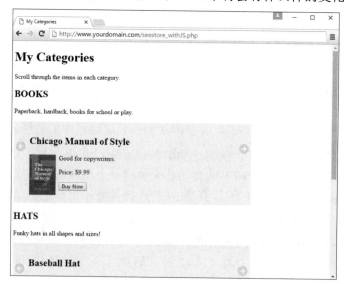

尽管你可以使用 JavaScript 从头创建自己的传送带效果，但是有很多免费的和开源的选择，可以很容易地使用它们。例如，我安装了 Kevin Batdorf 的 Liquid Slider。这个幻灯片的优点是具有可响应性，并且能够包含标题标签以及幻灯片箭头，从而使传送效果更具有可用性。

要使用这个幻灯片库，必须下载该库文件并且将其放到你的 Web 服务器上，然后在脚本中引用它们。通常，当你使用第三方库的时候，它们将包含用于入门的文档，并且这个专门的幻灯片库也不例外。

在下载了该库并且将其放到 Web 服务器的文档根目录下的一个名为 liquidslider 的目录中之后，可以修改 seestore.php 脚本，以便以幻灯片的形式在分类页面上直接显示商品。程序清单 20.3 给出了这个新的脚本。

程序清单 20.3　修改为使用幻灯片的商店

```
 1: <?php
 2: //connect to database
 3: $mysqli = mysqli_connect("localhost", "testuser", "somepass", "testDB");
 4:
 5: $display_block = "<h1>My Categories</h1>
 6: <p>Scroll through the items in each category.</p>";
 7:
 8: //show categories first
 9: $get_cats_sql = "SELECT id, cat_title, cat_desc FROM store_categories
10:                 ORDER BY cat_title";
11: $get_cats_res = mysqli_query($mysqli, $get_cats_sql)
12:                 or die(mysqli_error($mysqli));
13:
14: if (mysqli_num_rows($get_cats_res) < 1) {
15:    $display_block = "<p><em>Sorry, no categories to browse.</em></p>";
16: } else {
17:    while ($cats = mysqli_fetch_array($get_cats_res)) {
18:         $cat_id = $cats['id'];
19:         $cat_title = strtoupper(stripslashes($cats['cat_title']));
20:         $cat_desc = stripslashes($cats['cat_desc']);
21:
22:         $display_block .= "<h2>".$cat_title."</h2>\n<p>".$cat_desc."</p>";
23:
24:         //get items
25:         $get_items_sql = "SELECT id, item_title, item_price, item_desc,
26:            item_image FROM store_items WHERE cat_id = '".$cat_id."'
27:            ORDER BY item_title";
28:         $get_items_res = mysqli_query($mysqli, $get_items_sql)
29:                         or die(mysqli_error($mysqli));
30:
31:         if (mysqli_num_rows($get_items_res) < 1) {
32:            $display_block = "<p><em>Sorry, no items in this category.</em></p>";
33:         } else {
34:             $display_block .= "<section class=\"liquid-slider\"
35:                             id=\"main-slider-".$cat_id."\">";
36:
```

```
37:                  while ($items = mysqli_fetch_array($get_items_res)) {
38:                      $item_id = $items['id'];
39:                      $item_title = stripslashes($items['item title']);
40:                      $item_price = $items['item_price'];
41:                      $item_img = $items['item_image'];
42:                      $item_desc = $items['item_desc'];
43:
44:                      $display_block .= <<<END_OF_TEXT
45:    <div>
46:    <h2 class="title">$item_title</h2>
47:    <p>
48:    <img src="$item_img" alt="$item_title" style=" float: left;
49:               margin-right:0.5rem;">
50:    $item_desc
51:    </p>
52:    <p>Price: \$$item_price</p>
53:    <p><a href="seestore.php?cat_id=$cat_id"><button id="">Buy Now</button></a></p>
54:    </div>
55:    END_OF_TEXT;
56:                  }
57:
58:                  $display_block .= <<<END_OF_TEXT
59: </section>
60: <script type="text/javascript">
61: $(function(){
62:   $('#main-slider-$cat_id').liquidSlider({
63:     dynamicTabs: false,
64:     hoverArrows: false
65:   });
66: });
67: </script>
68: END_OF_TEXT;
69:
70:       }
71:     //free results
72:     mysqli_free_result($get_items_res);
73:   }
74: }
75:
76: //free results
77: mysqli_free_result($get_cats_res);
78:
79: //close connection to MySQL
80: mysqli_close($mysqli);
81: ?>
82: <!DOCTYPE html>
83: <html lang="en">
84: <head>
85:   <title>My Categories</title>
86:   <link rel="stylesheet" href="liquidslider/css/liquid-slider.css">
87:   <script src="https://cdnjs.cloudflare.com/ajax/libs/jquery/3.2.1/jquery.min.
    js"></script>
```

```
88:     <script src="https://cdnjs.cloudflare.com/ajax/libs/jquery-easing/1.4.1/
        jquery.easing.min.js"></script>
89:     <script src="https://cdnjs.cloudflare.com/ajax/libs/jquery.touchswipe/1.6.18/
        jquery.touchSwipe.min.js"></script>
90:     <script src="liquidslider/js/jquery.liquid-slider.min.js"></script>
91: </head>
92: <body>
93:     <?php echo $display_block; ?>
94: </body>
95: </html>
```

通过程序清单 20.3 可以看到，它在程序清单 20.1 的基础上做出了一些修改。在第 6 行，介绍性的文本修改为表明你可以通过在每一个分类中滚动来浏览其中的商品。在第 22 行，每个分类都显示了一个标题和说明，然后，直接用 SQL 语句来获取该分类中的所有的商品，因为要像以前一样"打开"这个分类，不需要点击和任何后端请求。

在第 34 行到第 35 行，放置了一个新的 HTML 元素，这个元素将通过获取商品结果并且在第 44 行到第 55 行创建的一个\<div\>中显示它们，从而包含接下来将要构建的幻灯片内容。现在，这个\<div\>包含了所有的商品信息，以便用户在已经显示的单个页面上滚动的时候，用户可以看到它。在第 58 行到第 68 行，幻灯片脚本初始化了并且准备好当用户点击了将要在页面上显示的箭头之一的时候采取的动作。

在第 81 行结束了 PHP 代码后，在第 86 行到第 90 行，HTML 还做出了一些修改。在这些代码行中，我们链接到幻灯片的 CSS 文件以及完成该功能所需的其他的一些脚本库。

20.5　小结

在本章中，我们应用了基本的 PHP 和 MySQL 知识来创建一个商店的显示。我们学习了如何创建数据库表以及浏览分类、商品列表和单个商品的脚本。你还看到了如何整合一个第三方 JavaScript 库，以调整页面的显示方式并且与客户的交互方式，从而使得整个应用更具有可用性并且更吸引人。

20.6　问与答

Q：在商品明细记录中，我们在 item_image 字段中使用单个的文件名，如果想要链接到不同的服务器上的商品，该怎么办？

A：可以在 item_image 字段输入一个 URL，只要我们定义了字段来存储 URL 这样的长字符串。

Q：为什么不能只是用 JavaScript 来构建整个前端呢？那样的话，是否会更好？

A：只使用 HTML 和 JavaScript 来创建一个完整的购物车体验是可能的，但是，这个商店将会很容易被劫持，因为顾客可以在前端修改价格（以及还有其他非善意的行为）。使用 JavaScript 实现交互性，而使用 PHP 和数据库来增强并保证前端的功能，这样做会更好。

20.7 测验

这个测验设计用来帮助你预测可能的问题、复习已经学过的知识，并且开始把知识用于实践。

20.7.1 问题

1. 哪个 PHP 函数用来把分类标题字符串大写？

2. 为什么 store_item_size 和 store_item_color 表没有包含任何主键或唯一键？

3. 为什么对将要用于数据库查询的值继续使用 mysqli_real_escape_string()？

20.7.2 解答

1. strtoupper()

2. 根据推测，对于商品你将会具有多种颜色和多种尺寸。因此，item_id 不是一个主键或唯一键。另外，不同商品可以具有相同的颜色或大小，因此 item_color 和 item_size 字段一定不是主键或唯一键。

3. 你应该使用 mysqli_real_escape_string()来确保来自用户的值可以安全地使用，这些值要用于数据库的查询中，不论你是要创建一段脚本、10 段脚本或 100 段脚本，使用起来要足够安全。

20.7.3 练习

➢ 通过用 MySQL 执行自己的查询，再创建 3 个分类，每个分类中带有一项或两项商品。

➢ 为你存储的项目中的每一项制作一些图像（或者使用创作共用许可的图像），并且，将它们放置到你自己的服务器上的一个图像目录中。对 showitem.php 做一些必要的修改（或者如果你使用了 JavaScript 幻灯效果的话，就修改 secstore_withJs.php），把该图像目录添加到生成的<img>标签的文件路径中。

第 21 章

创建一个简单的日历

在本章中，你将学习以下内容：

➢　如何构建一个简单的日历脚本；

➢　如何在日历中查看和添加事件。

本章将把我们到目前为止已经学习到的有关 PHP 语言和构建应用程序的内容揉合到一起。在本章中，我们将在创建一个简单日历的背景下继续学习。

21.1　构建一个简单的显示日历

我们将使用在本书前面所学的语言结构和功能来构建一个日历，它将显示 1980 年到 2010 年之间的任何月份的日期（这是随机选择的年份，没有任何意义。如果你愿意，可以让自己的日历范围从 1990～2005 年）。用户将能够通过下拉菜单选择年份和月份，并且选择的月份的日期按照星期几来组织排列。

在这个脚本中，我们将使用两个变量，一个用于月份，一个用于年份，这两个变量将通过用户输入提供。这些信息片断将用来根据所选月份的第一天来构建一个时间戳。如果用户输入无效或者缺失，默认值将会是当前月份的第一天。

21.1.1　检查用户输入

当用户第一次访问这个日历应用程序的时候，还没有提交任何信息。因此，我们必须确保脚本能够处理这样的事实，就是月和年的变量可能还没有定义。我们使用 isset()函数来做到这一点，如果传递给它的变量还没有定义，该函数将返回 false。然而，让我们使用 checkdate()函数来替代它，这个函数不仅查看变量是否存在，而且还对它做一些有意义的事情，即验证它是一个日期。程序清单 21.1 给出了一个代码段，它检查来自一个表单的 month 和 year 变量，并根据它们构建一个时间戳。

程序清单 21.1　检查来自日历脚本的用户输入

```php
 1: <?php
 2: if ((!isset($_POST['month'])) || (!isset($_POST['year']))) {
 3:     $nowArray = getdate();
 4:     $month = $nowArray['mon'];
 5:     $year = $nowArray['year'];
 6: } else {
 7:     $month = $_POST['month'];
 8:     $year = $_POST['year'];
 9: }
10: $start = mktime (12, 0, 0, $month, 1, $year);
11: $firstDayArray = getdate($start);
12: ?>
```

程序清单 21.1 只是一个较大的脚本中的一个片断，因此，它自身不会产生任何输出。但是，这是需要理解的一个重要的代码段，这也是为什么单独列出它来以便做出一些说明。

在第 2 行的 if 语句中，我们测试表单是否提供了 month 和 year。如果 month 和 year 还没有定义，代码段中稍后所使用的 mktime()函数无法从未定义的 month 和 year 参数生成一个日期。

如果这些值已经有了，我们在第 3 行使用 getdate()来根据当前时间创建一个关联数组。随后，我们使用数组的 mon 和 year 元素来设置$month 和$year 的值（第 4 行和第 5 行）。如果已经从表单设置了这些变量，我们把数据放入到$month 和$year 变量中，免得去动最初的超全局变量$_POST 中的值。

既然我们可以确保在$month 和$year 中有了有效的日期，就可以使用 mktime()来为该月的第一天创建一个时间戳（第 10 行）。随后还需要有关这一时间戳的信息，因此，在第 11 行，我们创建了一个名为$firstDayArray 的变量，它将存储 getdate()根据这一时间戳所返回的一个关联数组。

21.1.2　构建 HTML 表单

现在需要创建一个界面，以便可以让用户看到一个月份或一年的日期。为此，我们使用了 SELECT 元素。尽管可以用 HTML 直接编码，但是我们必须确保下拉列表默认的是当前选择的月份，因此，将动态地创建这一下拉列表，通过向相应的 OPTION 元素添加一个 SELECT 属性。表单在程序清单 21.2 中产生。

程序清单 21.2　为日历脚本构建 HTML 表单

```php
 1: <?php
 2: if ((!isset($_POST['month'])) || (!isset($_POST['year']))) {
 3:     $nowArray = getdate();
 4:     $month = $nowArray['mon'];
 5:     $year = $nowArray['year'];
 6: } else {
 7:     $month = $_POST['month'];
```

```
 8:        $year = $_POST['year'];
 9: }
10: $start = mktime (12, 0, 0, $month, 1, $year);
11: $firstDayArray = getdate($start);
12: ?>
13: <!DOCTYPE html>
14: <html lang="en">
15: <head>
16:   <title><?php echo "Calendar:".$firstDayArray['month']."
17:     ".$firstDayArray['year']; ?></title>
18: </head>
19: <body>
20: <h1>Select a Month/Year Combination</h1>
21:   <form method="post" action="<?php echo $_SERVER['PHP_SELF']; ?>">
22:     <select name="month">
23:     <?php
24:     $months = Array("January", "February", "March", "April", "May",
25:     "June", "July", "August", "September", "October", "November", "December");
26:     for ($x=1; $x <= count($months); $x++) {
27:         echo"<option value=\"$x\"";
28:         if ($x == $month) {
29:             echo " selected";
30:         }
31:         echo ">".$months[$x-1]."</option>";
32:     }
33:     ?>
34:     </select>
35:     <select name="year">
36:     <?php
37:     for ($x=1990; $x<=2020; $x++) {
38:         echo "<option";
39:         if ($x == $year) {
40:             echo " selected";
41:         }
42:         echo ">$x</option>";
43:     }
44:     ?>
45:     </select>
46:     <button type="submit" name="submit" value="submit">Go!</button>
47:   </form>
48: </body>
49: </html>
```

已经创建了的$start 时间戳和$firstDayArray 日期出现在第 2 行到第 11 行，让我们开始向页面写 HTML。注意，在第 15 行和第 16 行，我们使用$firstDayArray 来把月份和年份添加到 TITLE 元素。

第 20 行是表单的开始。要为月份下拉列表创建 SELECT 元素，我们在第 22 行又回到了 PHP 模式，来编写单个的 OPTION 标记。首先，我们在第 23 行到第 24 行创建了一个名为 $months 的数组，其中包含了 12 个月份的名字，以便用来显示。然后，我们遍历了这个数组，为每个名字创建了一个 OPTION 标记（第 25 行到第 31 行）。

如果不是我们要在第 27 行根据$month 变量测试$x（for 语句中的计数变量）的话，这真是编写一个简单 SELECT 的过于复杂的方法。如果$x 和$month 相等，我们把字符串 SELECTED 添加到 OPTION 标记，以确保页面载入的时候正确的月份被自动选取。在第 36 行到第 42 行，我们使用一种类似的技术来把年份写入到下拉列表中。最后，回到 HTML 模式，我们在第 45 行创建了一个提交按钮。

现在，我们有了一个表单可以向它自己发送 month 和 year 参数，并且要么默认为当前的月份和年份，要么是之前选取的年份和月份。如果我们把这个程序清单保存为 dateselector.php，将其放置到 Web 服务器文档根目录下，然后使用 Web 浏览器访问它，将会看到如图 21.1 所示的结果（你的月份和年份可能不同）。

图 21.1

日历表单

21.1.3 创建日历表格

现在需要创建一个表格，并且使用选定的月份的日期来填充它。我们在程序清单 21.3 中做到这一点，这是一个完整的日历显示脚本。

尽管第 2 行是新内容，但是第 3 行到第 64 行完全来自于程序清单 21.2。第 2 行只是定义了一个常量，在这个例子中就是值为 86400 的 ADAY (例如，"a day")。这个值表示一天之中的秒数，我们将在这个脚本的后面用到它。

程序清单 21.3　完整的日历显示脚本

```
 1: <?php
 2: define("ADAY", (60*60*24));
 3: if ((!isset($_POST['month'])) || (!isset($_POST['year']))) {
 4:     $nowArray = getdate();
 5:     $month = $nowArray['mon'];
 6:     $year = $nowArray['year'];
 7: } else {
 8:     $month = $_POST['month'];
 9:     $year = $_POST['year'];
10:  }
11: $start = mktime (12, 0, 0, $month, 1, $year);
12: $firstDayArray = getdate($start);
13: ?>
14: <!DOCTYPE html>
15: <html>
16: <head>
17:   <title><?php echo "Calendar: ".$firstDayArray['month']."
18:    ".$firstDayArray['year'']; ?></title>
19:   <style type="text/css">
```

```
20:    table {
21:        border: 1px solid black;
22:        border-collapse: collapse;
23:    }
24:    th {
25:        border: 1px solid black;
26:        padding: 6px;
27:        font-weight: bold;
28:        background: #ccc;
29:    }
30:    td {
31:        border: 1px solid black;
32:        padding: 6px;
33:        vertical-align: top;
34:        width: 100px;
35:    }
36:    </style>
37: </head>
38: <body>
39:    <h1>Select a Month/Year Combination</h1>
40:    <form method="post" action="<?php echo $_SERVER['PHP_SELF']; ?>">
41:    <select name="month">
42:    <?php
43:    $months = Array("January", "February", "March", "April", "May",
44:    "June", "July", "August", "September", "October", "November", "December");
45:    for ($x=1; $x <= count($months); $x++) {
46:        echo"<option value=\"$x\"";
47:        if ($x == $month) {
48:            echo " selected";
49:        }
50:        echo ">".$months[$x-1]."</option>";
51:    }
52:    ?>
53:    </select>
54:    <select name="year">
55:    <?php
56:    for ($x=1980; $x<=2010; $x++) {
57:        echo "<option";
58:        if ($x == $year) {
59:            echo " selected";
60:        }
61:        echo ">$x</option>";
62:    }
63:    ?>
64:    </select>
65:    <button type="submit" name="submit" value="submit">Go!</button>
66:    </form>
67:    <br>
68:    <?php
69:    $days = Array("Sun", "Mon", "Tue", "Wed", "Thu", "Fri", "Sat");
70:    echo "<table><tr>\n";
71:    foreach ($days as $day) {
```

```
72:          echo "<td>".$day.</td>\n";
73:      }
74:      for ($count=0; $count < (6*7); $count++) {
75:          $dayArray = getdate($start);
76:          if (($count % 7) == 0) {
77:              if ($dayArray['mon'] != $month) {
78:                  break;
79:              } else {
80:                  echo "</tr><tr>\n";
81:              }
82:          }
83:          if ($count < $firstDayArray['wday'] || $dayArray['mon'] != $month) {
84:              echo "<td> </td>\n";
85:          } else {
86:              echo "<td>".$dayArray['mday']."</td>\n";
87:              $start += ADAY;
88:          }
89:      }
90:      echo "</tr></table>";
91:      ?>
92: </body>
93: </html>
```

我们在第 66 行看到新代码。由于这个表格将按照星期几来索引，我们在第 71 行到第 73 行遍历星期几名称的一个数组，在第 71 行，将每个名称显示在其自己的表格单元格中。这个脚本的所有神奇之处在于最后，即从第 74 行开始的语句。

在第 74 行，我们初始化一个名为$count 的变量，并且确保循环在第 42 次迭代之后结束。这就确保了将有足够的单元格来填充日期信息，考虑到包含 4 个星期的一个月可能实际在月初和月末还有几天，因此，需要 6 个 7 天的周（行）。

在这个 for 循环中，我们使用 getdate()把$start 变量转换为一个日期数组，把结果赋给$dayArray（第 75 行）。尽管在循环的最初执行中，$start 是该月的第一天，对于每次迭代，我们将使用 ADAY（24 小时）的值来递增这个时间戳（参见第 85 行）。

在第 76 行，我们使用模除操作符根据数字 7 来测试$count 变量。只有当$count 是 0 或者是 7 的倍数的时候，属于这个 if 语句的代码块才会运行。通过这种方式，我们就知道了应该结束循环或者开始一个新的行，这里，行表示周。

当我们已经确定处于第一次迭代中或者到达了一行的末尾，可以继续在第 76 行执行另一个测试。如果$dayArray 的 mon（月份编号）元素不再等于$month 变量，我们就结束了。别忘了，$dayArray 包含了有关$start 时间戳的信息，这就是我们所显示的月份的当前位置。当$start 超出了当前月份的范围，$dayArray['mon']将会保存和用户输入所提供的$month 不同的一个数字。我们的模除测试显示，到达了一行的末尾，并且我们在一个新的月份意味着可以跳出循环了。然而，假设依然在所显示的月份中，我们在第 80 行结束一行并开始新的一行。

在第 82 行下一条 if 语句中，我们确定了是否把日期信息写入到一个单元格。并不是每个月份都从周日开始，因此，行很可能包含一个或两个空单元格。类似地，很少有月份刚好在一行末尾结束，因此，在结束表格前可能有几个空单元格。

我们已经把和一个月份的第一天相关的信息存储到$firstDayArray 中，特别是可以访问 $firstDayArray['wday']中表示星期几的数字了。如果$count 的值比这个数字小，我们知道还没有到达要写入的正确的单元格。以此类推，如果$month 变量的值不再等于$dayArray['mon']，我们知道到达了月末，但还没有到达行末，正如我们在前面的模除测试中所判定的那样。在这两种情况下，我们都在第 84 行向浏览器中写入一个空单元格。

在第 85 行的最后一个 else 子句中，我们可以做一些有趣的事情。我们已经确定在想要列出的月份之中，并且当前日期列和$firstDayArray['wday']中存储的星期几的数字是相等的。现在，必须使用前面在循环中建立的$dayArray 关联数组来把月份中的日期和一些空白写入到一个单元格中。

最后，在第 86 行需要递增$start 变量，其中包含了时间戳。我们只是将其增加一天的秒数（在第 2 行定义了这个数字），并且，我们准备好再次测试$start 中的新值来开始循环。如果把这个程序清单保存为 showcalendar.php，将其放置到 Web 服务器的文档根目录下，并且通过 Web 浏览器来访问它，将会看到如图 21.2 所示的结果（你的月份和年份可能有所不同）。

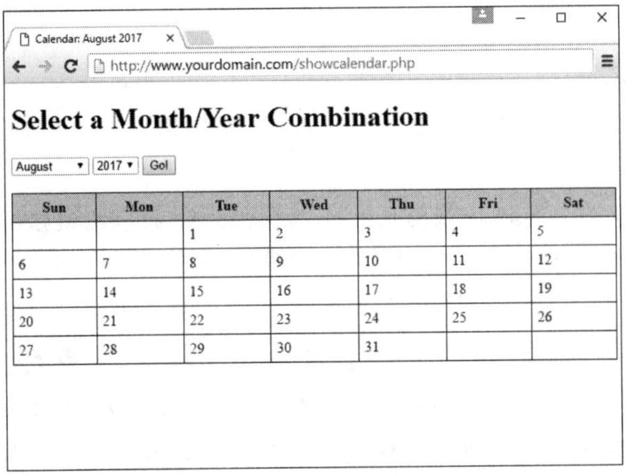

图 21.2

日历表单和脚本

21.1.4 向日历添加事件

显示日历是不错的事情，但是，只需要略多几行的代码，就可以让日历更具有交互性。也就是说，我们可以在给定的一天添加和浏览事件。要开始做到这一点，让我们创建一个简单的数据库表，其中存储了事件信息。为了简单起见，这些事件只在单独的一天发生，并且将只显示其开始日期和时间。尽管我们可以让事件记录尽可能地复杂，这里的这个例子只是为了展示所涉及的基本过程。

calendar_events 表将包含用于开始日期和时间、事件标题以及事件的简短说明的字段。

```
CREATE TABLE calendar_events (
    id INT NOT NULL PRIMARY KEY AUTO_INCREMENT,
    event_title VARCHAR (25),
    event_shortdesc VARCHAR (255),
    event_start DATETIME
);
```

我们可以使用程序清单 21.3 中的代码作为基础。在新的脚本中，将添加一个到弹出窗口的链接作为日历显示的一部分。每个日期都是一个链接，弹出窗口将调用另外一个脚本，该脚本显示一个事件的完整文本并且能够添加事件。首先，先在程序清单 21.3 中的最初的脚本的第 90 行之后，在结束的</body>标记之前，添加如下的 JavaScript 代码。

```
<script type="text/javascript">
function eventWindow(url) {
    event_popupWin = window.open(url, 'event', 'resizable=yes, scrollbars=yes,
            toolbar=no,width=400,height=400');
    event_popupWin.opener = self;
}
</script>
```

这个 JavaScript 函数定义了一个 400×400 的窗口，它将调用我们所提供的一个 URL。在程序清单 21.3 中的最初脚本的第 85 行使用这个 JavaScript 函数，我们现在把这个链接中显示的日期包装到基于 JavaScript 的弹出窗口中，这个窗口将调用一个名为 event.php 的脚本。新的代码行如下所示。

```
echo "<td><a href=\"javascript:eventWindow('event.php?m=".$month.
"&amp;d=".$dayArray['mday']."&amp;y=$year');\">".$dayArray['mday']."</a>
<br>".$event_title."</td>\n";
```

我们不仅调用 event.php 文件，而且必须与它一起发送被点击的特定链接的日期信息。这通过查询字符串来做到，并且我们可以看到一起发送 3 个变量，这就是针对月份的$_GET['m']，针对日期的$_GET['d']，和针对年份的$_GET['y']。

在我们处理 event.php 脚本之前，对于这个特定的脚本只保留了一点更改：如果事件确实存在，我们对这个特定的视图添加一个指示器。这个查询检查某个给定日期的已有事件，它出现在最初脚本第 85 行的 else 语句的开始。出现了一个全新的 else 语句，我们可以看到查询在这里执行了，并且，如果找到结果，文本将在那一天的表格单元格中显示出来。

```
} else {
    $event_title = "";
    $mysqli = mysqli_connect("localhost", "testuser", "somepass", "testDB");
    $chkEvent_sql = "SELECT event_title FROM calendar_events WHERE
                    month(event_start) = '".$month."' AND
                    dayofmonth(event_start) = '".$dayArray['mday']."'
                    AND year(event_start) = '".$year."' ORDER BY event_start";
    $chkEvent_res = mysqli_query($mysqli, $chkEvent_sql)
                    or die(mysqli_error($mysqli));

    if (mysqli_num_rows($chkEvent_res) > 0) {
        while ($ev = mysqli_fetch_array($chkEvent_res)) {
            $event_title = stripslashes($ev['event_title']);
        }
    } else {
        $event_title = "";
    }
```

```
echo "<td><a href=\"javascript:eventWindow('event.php?m=".$month.
"&amp;d=".$dayArray['mday']."&amp;y=$year');\">".
$dayArray['mday']."</a><br>".$event_title."</td>\n";

    unset($event_title);

    $start += ADAY;
}
```

在程序清单 21.4 中，我们可以看到完整的新的脚本，名为 showcalendar_withevent.php。

程序清单 21.4 带有条目相关的修改的日历显示脚本

```
 1: <?php
 2: define("ADAY", (60*60*24));
 3: if ((!isset($_POST['month'])) || (!isset($_POST['year']))) {
 4:     $nowArray = getdate();
 5:     $month = $nowArray['mon'];
 6:     $year = $nowArray['year'];
 7: } else {
 8:     $month = $_POST['month'];
 9:     $year = $_POST['year'];
10: }
11:
12: $start = mktime (12, 0, 0, $month, 1, $year);
13: $firstDayArray = getdate($start);
14: ?>
15: <!DOCTYPE html>
16: <html lang="en">
17: <head>
18:   <title><?php echo "Calendar: ".$firstDayArray['month']."
19:    ".$firstDayArray['year'']; ?></title>
20:   <style type="text/css">
21:     table {
22:         border: 1px solid black;
23:         border-collapse: collapse;
24:     }
25:     th {
26:         border: 1px solid black;
27:         padding: 6px;
28:         font-weight: bold;
29:         background: #ccc;
30:     }
31:     td {
32:         border: 1px solid black;
33:         padding: 6px;
34:         vertical-align: top;
35:         width: 100px;
36:     }
37:   </style>
38: </head>
39: <body>
```

```
40:    <h1>Select a Month/Year Combination</h1>
41:    <form method="post" action="<?php echo $_SERVER['PHP_SELF']; ?>">
42:     <select name="month">
43:      <?php
44:      $months = Array("January", "February", "March", "April", "May", "June", "July",
45:      "August", "September", "October", "November", "December");
46:      for ($x=1; $x <= count($months); $x++) {
47:        echo"<option value=\"$x\"";
48:        if ($x == $month) {
49:          echo " selected";
50:          }
51:        echo ">".$months[$x-1]."</option>";
52:        }
53:      ?>
54:     </select>
55:     <select name="year">
56:     <?php
57:     for ($x=1990; $x<=2020; $x++) {
58:         echo "<option";
59:     if ($x == $year) {
60:         echo " selected";
61:     }
62:     echo ">$x</option>";
63:     }
64:     ?>
65:     </select>
66:     <button type="submit" name="submit" value="submit">Go!</button>
67:     </form>
68:     <br>
69:     <?php
70:     $days = Array("Sun", "Mon", "Tue", "Wed", "Thu", "Fri", "Sat");
71:     echo "<table><tr>\n";
72:      foreach ($days as $day) {
73:          echo "<th>".$day."</th>\n";
74:     }
75:     for ($count=0; $count < (6*7); $count++) {
76:         $dayArray = getdate($start);
77:         if (($count % 7) == 0) {
78:             if ($dayArray['mon'] != $month) {
79:                 break;
80:             } else {
81:                 echo "</tr><tr>\n";
82:             }
83:         }
84:         if ($count < $firstDayArray['wday'] || $dayArray['mon'] != $month) {
85:             echo "<td> </td>\n";
86:         } else {
87:             $event_title = "";
88:             $mysqli = mysqli_connect("localhost", "testuser", "somepass", "testDB");
89:             $chkEvent_sql = "SELECT event_title FROM calendar_events WHERE
90:                     month(event_start) = '".$month."' AND
91:                     dayofmonth(event_start) = '".$dayArray['mday']."'
```

```
92:                    AND year(event_start) = '".$year."' ORDER BY event_start";
93:                 $chkEvent_res = mysqli_query($mysqli, $chkEvent_sql)
94:                     or die(mysqli_error($mysqli));
95:
96:                 if (mysqli_num_rows($chkEvent_res) > 0) {
97:                     while ($ev = mysqli_fetch_array($chkEvent_res)) {
98:                         $event_title .= stripslashes($ev['event_title'])."<br>";
99:                     }
100:                } else {
101:                    $event_title = "";
102:                }
103:
104:                echo "<td><a href=\"javascript:eventWindow('event.php?m=".$month.
105:                "&amp;d=".$dayArray['mday']."&amp;y=$year');\">".$dayArray['mday']."</a>
106:                <br>".$event_title."</td>\n";
107:                unset($event_title);
108:                $start += ADAY;
109:            }
110:        }
111:    echo "</tr></table>";
112:
113:    //close connection to MySQL
114:    mysqli_close($mysqli);
115:    ?>
116:
117: <script type="text/javascript">
118: function eventWindow(url) {
119:     event_popupWin = window.open(url, 'event', 'resizable=yes,
120:       scrollbars=yes, toolbar=no,width=400,height=400');
121:     event_popupWin.opener = self;
122: }
123: </script>
124:
125: </body>
126: </html>
```

在图 21.3 中，我们可以看到新的日历，包括在填写了一个事件的日期上显示事件标题，为了便于说明，在这里，我们在 calendar_events 表中增加了一个事件。

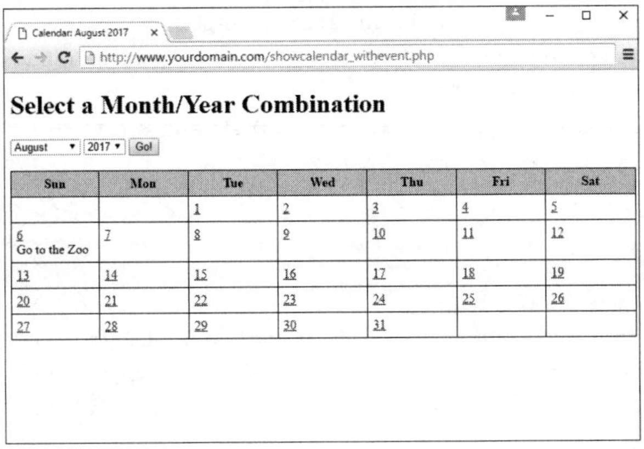

图 21.3

显示带有事件的日历

剩下的就只是添加一体化的 event.php 脚本，这个脚本用于弹出窗口的显示并且也添加一个事件到日历（在一个特定的日期）。程序清单 21.5 包含了所有所需的代码，有趣的部分从第 8 行开始，那里连接到 MySQL 数据库。第 11 行查看事件条目表单是否已经提交，如果已经提交，在第 14 行到第 24 行创建了对数据库安全的值，创建并执行一条 INSERT 语句，向 calendar_events 表添加事件，然后再继续执行（第 29 行到第 34 行）。

程序清单 21.5　通过弹出窗口显示事件/添加事件

```
1:   !DOCTYPE html>
2:   <html>
3:   <head>
4:    <title>Show/Add Events</title>
5:   </head>
6:   <body>
7:    <h1>Show/Add Events</h1>
8:    <?php
9:   $mysqli = mysqli_connect("localhost", "testuser", "somepass", "testDB");
10:
11:   //add any new event
12:   if ($_POST) {
13:
14:     //create database-safe strings
15:     $safe_m = mysqli_real_escape_string($mysqli, $_POST['m']);
16:     $safe_d = mysqli_real_escape_string($mysqli, $_POST['d']);
17:     $safe_y = mysqli_real_escape_string($mysqli, $_POST['y']);
18:     $safe_event_title = mysqli_real_escape_string($mysqli,
19:       $_POST['event_title']);
20:     $safe_event_shortdesc = mysqli_real_escape_string($mysqli,
21:       $_POST['event_shortdesc']);
22:     $safe_event_time_hh = mysqli_real_escape_string($mysqli,
23:       $_POST['event_time_hh']);
24:     $safe_event_time_mm = mysqli_real_escape_string($mysqli,
25:       $_POST['event_time_mm']);
26:
27:     $event_date = $safe_y."-".$safe_m."-".$safe_d."
28:       ".$safe_event_time_hh.":".$safe_event_time_mm.":00";
29:
30:     $insEvent_sql = "INSERT INTO calendar_events (event_title,
31:            event_shortdesc, event_start) VALUES
32:            ('".$safe_event_title."', '".$safe_event_shortdesc."',
33:            '".$event_date."')";
34:     $insEvent_res = mysqli_query($mysqli, $insEvent_sql)
35:         or die(mysqli_error($mysqli));
36:
37:   } else {
38:
39:     //create database-safe strings
40:     $safe_m = mysqli_real_escape_string($mysqli, $_GET['m']);
41:     $safe_d = mysqli_real_escape_string($mysqli, $_GET['d']);
42:     $safe_y = mysqli_real_escape_string($mysqli, $_GET['y']);
43:   }
```

```
44:
45:    //show events for this day
46:    $getEvent_sql = "SELECT event_title, event_shortdesc,
47:                     date_format(event_start, '%l:%i %p') as fmt_date
48:                     FROM calendar_events WHERE month(event_start) =
49:                     '".$safe_m."' AND dayofmonth(event_start) =
50:                     '".$safe_d."' AND year(event_start) =
51:                     '".$safe_y."' ORDER BY event_start";
52:    $getEvent_res = mysqli_query($mysqli, $getEvent_sql)
53:        or die(mysqli_error($mysqli));
54:
55:    if (mysqli_num_rows($getEvent_res) > 0) {
56:        $event_txt = "<ul>";
57:        while ($ev = @mysqli_fetch_array($getEvent_res)) {
58:            $event_title = stripslashes($ev['event_title']);
59:            $event_shortdesc = stripslashes($ev['event_shortdesc']);
60:            $fmt_date = $ev['fmt_date'];
61:            $event_txt .= "<li><strong>".$fmt_date."</strong>:
62:                    ".$event_title."<br>".$event_shortdesc."</li>";
63:        }
64:        $event_txt .= "</ul>";
65:        mysqli_free_result($getEvent_res);
66:    } else {
67:        $event_txt = "";
68:    }
69:    // close connection to MySQL
70:    mysqli_close($mysqli);
71:
72:    if ($event_txt != "") {
73:        echo "<p><strong>Today's Events:</strong></p>
74:        $event_txt
75:        <hr>";
76:    }
77:
78:    // show form for adding an event
79:    echo <<<END_OF_TEXT
80: <form method="post" action="$_SERVER[PHP_SELF]">
81: <p><strong>Would you like to add an event?</strong><br>
82: Complete the form below and press the submit button to
83: add the event and refresh this window.</p>
84:
85: <p><label for="event_title">Event Title:</label><br>
86: <input type="text" id="event_title" name="event_title"
87:        size="25" maxlength="25"></p>
88:
89: <p><label for="event_shortdesc">Event Description:</label><br>
90: <input type="text" id="event_shortdesc" name="event_shortdesc"
91:        size="25" maxlength="255"></p>
92: <fieldset>
93: <legend>Event Time (hh:mm):</legend>
94: <select name="event_time_hh">
95: END_OF_TEXT;
```

```
96:
97:     for ($x=1; $x <= 24; $x++) {
98:         echo "<option value=\"$x\">$x</option>";
99:     }
100:
101:    echo <<<END_OF_TEXT
102: </select> :
103: <select name="event_time_mm">
104: <option value="00">00</option>
105: <option value="15">15</option>
106: <option value="30">30</option>
107: <option value="45">45</option>
108: </select>
109: </fieldset>
110: <input type="hidden" name="m" value="$safe_m">
111: <input type="hidden" name="d" value="$safe_d">
112: <input type="hidden" name="y" value="$safe_y">
113:
114: <button type="submit" name="submit" value="submit">Add Event</button>
115: </form>
116: END_OF_TEXT;
117:    ?>
118: </body>
119: </html>
```

第45行到第52行执行了该查询并且获取了和给定的一天的事件对应的所有记录。用来显示条目的文本块在第54行到第67行创建。然而，用户也需要看到添加一个事件的表单，并且这个表单在第79行到第114行创建，实际上也就是这个脚本的末尾。

在图21.4中，我们看到了当从日历打开一个链接的时候，一个弹出窗口是什么样的，并且显示了一个条目。在这个例子中，我们想要在这一天添加另外一个事件，因此，这个表单已经完成并准备好添加另一个事件。

图 21.4

显示了这一天的细节，准备添加另一个事件。

在图21.5中，在这个特定的日期添加了第二个事件。

显然，这是一个简单的例子，但是它展示了构建一个日历类型的系统实际上很容易，只需要一个简短的脚本。

图 21.5

在这个特定的日期添加了第二个事件

21.2　用 JavaScript 创建一个日历库

要用 JavaScript 构建日历，要做一些和使用 PHP 所做的相同的事情：

➤　检查用户输入；

➤　构建一个 HTML 表单；

➤　创建一个日历表格；

➤　给日历添加事件。

你只是用不同的方式完成它们。在本章中，我们学习了在 JavaScript 中如何使用 jQuery 构建日历，我们在第 10 章学习过 jQuery。

21.2.1　创建日历的 HTML

让我们首先创建日历的基本的 HTML。由于我们将使用 jQuery 和其他的一些无干扰性的 JavaScript 技术，可以创建最少的 HTML 文档。所有的工作都将由脚本完成。基本的 HTML 如程序清单 21.6 所示。

程序清单 21.6　基于脚本的日历的基本 HTML

```
1:    <!DOCTYPE html>
2:    <html lang="en">
3:    <head>
4:      <title>My Calendar</title>
5:      <style type="text/css">
6:      table {
7:          border: 1px solid black;
8:          border-collapse: collapse;
```

```
 9:          margin-top: 1rem;
10:        }
11:      th {
12:          border: 1px solid black;
13:          padding: 6px;
14:          font-weight: bold;
15:          background: #ccc;
16:        }
17:      td {
18:          border: 1px solid black;
19:          padding: 6px;
20:          vertical-align: top;
21:          width: 100px;
22:        }
23:      </style>
24:      <script src="https://code.jquery.com/jquery-3.2.1.min.js"></script>
25:    </head>
26:    <body>
27:      <h1>Select a Month/Year Combination</h1>
28:      <form id="datePicker"></form>
29:      <div id="myCal"></div>
30:
31:      <script>
32:      // script will go here!
33:      </script>
34:    </body>
35:    </html>
```

第 6 行到第 23 行是日历变得可视化的时候将要使用的样式。HTML 包含了一个标题（第 27 行）、一个表单（第 28 行）和一个用于日历的<div>容器（第 29 行）。第 31 行到第 33 行用于放置构建整个页面的 JavaScript。

21.2.2　构建接受用户输入的表单

放置到页面上的第一个表单是日期选取器，我们现在用 JavaScript 构建它。这个 JavaScript 函数以 jQuery 为基础，将会放在程序清单 21.6 的第 31 行到第 33 行，以构建该表单。程序清单 21.7 给出了这个 JavaScript 函数。

程序清单 21.7　日期选取器的 JavaScript 函数

```
 1:  function buildDateForm() {
 2:    var months = ["January", "February", "March", "April", "May", "June", "July",
 3:    "August", "September", "October", "November", "December"];
 4:    $('#datePicker').append('<select id="month"></select>');
 5:    for(var i = 0; i < months.length;i++) {
 6:      $('#month').append('<option value="'+i+'">'+months[i]+'</option>')
 7:    }
 8:    $('#datePicker').append('<select id="year"></select>');
 9:    for(i = 1990; i < 2021; i++) {
10:      $('#year').append('<option value="'+i+'">'+i+'</option>')
11:    }
12:    $('#datePicker').append('<button id="submit">Go!</button>');
```

```
13:
14:    // set date to current month and year
15:    var d = new Date();
16:    var n = d.getMonth();
17:    var y = d.getFullYear();
18:    $('#month option:eq('+n+')').prop('selected', true);
19:    $('#year option[value="'+y+'"]').prop('selected', true);
20: }
```

这段脚本的工作和本章前面基于 PHP 的脚本很相似，只不过它是将 HTML 元素直接创建到 DOM 中。程序清单 21.7 的第 4 行在页面中查找 ID 为 datePicker 的元素，并且添加一个 select 元素以选取月份。第 5 行到第 7 行遍历了 months 数组（第 2 行到第 3 行创建），并且将它们作为下拉菜单的选项。第 8 行到第 11 行对年份下拉列表做同样的事情，只不过这里使用一个 for 循环来填充年份。第 12 行给日期选择器添加一个按钮，以便可以提交新的值。第 14 行到第 20 行将下拉菜单设置为当前的月份和年份，以使得日历更加用户友好。

如果我们现在停下来，这个页面将会保持空白，因为没有什么东西会告诉浏览器去运行该脚本。为此，我们需要使用 jQuery $().ready 函数，我们在第 10 章学习过该函数。这里回顾一下，使用该函数能够保证脚本只有在页面上的所有内容都已经渲染完之后才运行。如果你试图在页面剩下的内容渲染完之前运行脚本，将会引发问题。例如，如果我们试图在 HTML 的 <form id="datePicker"></form> 行加载之前运行程序清单 21.6 中的脚本，脚本将会失败，因为该页面上还没有具有该 ID 的元素。

对于日历来说，我们想要在 DOM 准备好之后调用函数 buildDateForm()，如下所示：

```
$().ready(function(){
  // build the picker form
  buildDateForm();
});
```

我们应该给该函数添加一个监听器，以告诉浏览器当提交该表单的时候做些什么：

```
// watch for clicks on the submit button
$("#submit").click(function() {
  var newMonth = $('#month').val();
  var newYear = $('#year').val();
  var newDate = new Date(newYear, newMonth, 1);
  calendar(newDate);
  return false;
});
```

这段 JavaScript 代码检查在 ID 为 #submit 的任何元素上的点击。然后，它用提交的值创建了一个新的日期，并且将该日期提交给日历脚本，而日历脚本则负责重新绘制日历。这个 return false; 很重要，以便脚本不会试图将该表单提交给服务器。让我们在下一小节整合这些代码段。

21.2.3 创建日历

一旦让日历选择器显示了出来，就可以生成日历了。就像我们对表单所做的一样，我们将在HTML中的空的div元素内的一个表中添加一个日历。在生成日历的时候，这个JavaScript函数完成任务的方式和PHP类似。程序清单21.7显示了这段脚本。

程序清单 21.8　用 JavaScript 生成一个日历

```
 1:  function calendar(date) {
 2:    $( "#myCal" ).empty();
 3:    if (date == null) {
 4:      date = new Date;
 5:    }
 6:    day = date.getDate();
 7:    month = date.getMonth();
 8:    year = date.getFullYear();
 9:    months = new Array('January','February','March','April','May','June',
10:       'July','August','September','October','November','December');
11:    this_month = new Date(year, month, 1);
12:    next_month = new Date(year, month + 1, 1);
13:    days = new Array('Sun', 'Mon', 'Tue', 'Wed', 'Thu', 'Fri', 'Sat');
14:    first_week_day = this_month.getDay(); // day of the week of the first day
15:    days_in_this_month = Math.round((next_month.getTime() - this_month.getTime())
16:       / (1000 * 60 * 60 * 24));
17:
18:    $('#myCal').append('<table id="myCalendar"></table>');
19:    $('#myCalendar').append('<thead><tr></tr></thead>');
20:    for (var i=0; i < days.length; i++) {
21:      $('#myCalendar thead tr').append('<th>'+days[i]+'</th>')
22:    }
23:    $('#myCalendar').append('<tbody></tbody>');
24:    $('tbody').append('<tr>');
25:    for(week_day = 0; week_day < first_week_day; week_day++) {
26:      $('tbody tr').append('<td id="'+week_day+'"></td>');
27:    }
28:    week_day = first_week_day;
29:
30:    for (day_counter=1; day_counter <= days_in_this_month; day_counter++) {
31:      week_day %= 7;
32:      if (week_day == 0) {
33:         // go to the next line of the calendar
34:      $('tbody').append('</tr><tr>');
35:      }
36:      $('tbody tr:last').append('<td id="day'+day_counter+'">' +
37:         day_counter + '</td>');
38:
39:      week_day++;
40:    }
41: }
```

这个函数首先使用jQuery empty()方法，删除指定的元素中的所有内容，从而确保#myCal元素为空（第2行）。然后，我们使用JavaScript Date对象创建了日期（第3行到第8行）。如果不带任何参数调用该日历函数，我们将使用今天的日期作为起始的日历条目。

第9行到第16行创建了月份和星期几数组，以及和具体的日历月份相关的其他变量，如本月、下个月、该月的第 1 天以及第 1 天是星期几等。最后，我们使用 Math 对象来确定每个月份的天数。

第 18 行到第 27 行构建了日历表最外围的标签。由于 jQuery 在 DOM 中构建 HTML，它分别创建每一个元素，并且随后将它们添加到父容器。第 18 行把<table>元素添加到了名为 #myCal 的<div>元素，并且给它一个名为 myCalendar 的 ID。第 19 行添加了表头和第 1 行。第 20 行到第 22 行遍历了星期几的数组，并且用它们作为表的表头单元格。然后第 23 行给表添加了 tbody 部分，这就是主日历单元格的所在位置。第 30 行到第 39 行创建了每一个周，并用每个单元格中的一个数字来表示日期。为了显示这个日历，给 ready 函数添加了 calendar() 调用，使得其如下所示：

```
$().ready(function(){
  // build the picker form
  buildDateForm();
  calendar();

  $("#submit").click(function() {
    var newMonth = $('#month').val();
    var newYear = $('#year').val();
    var newDate = new Date(newYear, newMonth, 1);
    calendar(newDate);
    return false;
  });
});
```

让我们做一些清理工作，并且把 buildDateForm()和 calendar()函数都放入到它们自己的文件中，这个文件名为 calendar_functions.js。然后，就像是对 jQuery 库所做的那样，将其包含到 HTML 文件中：

```
<script src="calendar_functions.js"></script>
```

HTML 文件现在看上去应该如程序清单 21.8 所示。

程序清单 21.9　用 JavaScript 构建一个日历

```
 1:    <!DOCTYPE html>
 2:    <html lang="en">
 3:    <head>
 4:      <title>My Calendar</title>
 5:      <style type="text/css">
 6:      table {
 7:        border: 1px solid black;
 8:        border-collapse: collapse;
 9:        margin-top: 1rem;
10:      }
11:      th {
12:        border: 1px solid black;
13:        padding: 6px;
14:        font-weight: bold;
15:        background: #ccc;
```

```
16:     }
17:     td {
18:       border: 1px solid black;
19:       padding: 6px;
20:       vertical-align: top;
21:       width: 100px;
22:     }
23:     </style>
24:     <script src="https://code.jquery.com/jquery-3.2.1.min.js"></script>
25:     <script src="calendar_functions.js"></script>
26:  </head>
27:  <body>
28:    <h1>Select a Month/Year Combination</h1>
29:    <form id="datePicker"></form>
30:    <div id="myCal"></div>
31:
32:    <script type="text/javascript">
33:    $().ready(function(){
34:      // build the picker form
35:      buildDateForm();
36:      calendar();
37:
38:    $("#submit").click(function() {
39:      var newMonth = $('#month').val();
40:      var newYear = $('#year').val();
41:        var newDate = new Date(newYear, newMonth, 1);
42:        calendar(newDate);
43:        return false;
44:      });
45:    });
46:    </script>
47:  </body>
48:  </html>
```

如果在浏览器中加载这个 HTML 文件，应该会看到如图 21.6 所示的结果，它看上去和图 21.2 非常相似，但是当前的月份的日历已经显示了出来，并且这个日历不是由 PHP 代码所驱动的。

图 21.6

显示 JavaScript 所创建的日历

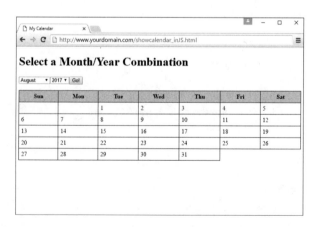

21.3　小结

在本章中，我们把在本书前面学习过的和日期相关的 PHP 函数组合到一起，开发了一个基本的日历显示应用程序。我们学习了如何使用 checkdate()测试一个输入日期的有效性，并且通过一个示例脚本应用了已经学到的一些工具。我们还学习了在日历应用程序中添加和浏览事件的一种方法。我们还学习了如何使用 JavaScript 和 jQuery 构建相同类型的日历，以实现更好（更高效）的用户体验，以避免和 Web 服务器往返通信从而编译 PHP 代码来渲染 HTML。

21.4　问与答

Q：有很多函数用来在不同的日历之间转换吗？

A：是的。PHP 提供了适合不同日历的一整套函数。我们可以在官方 PHP 手册中阅读到这些内容。还有一个叫作 jQuery Calendars 的 jQuery 插件可以帮助你用 JavaScript 实现日历之间的转换。

21.5　测验

这个测验设计用来帮助你预测可能的问题、复习已经学过的知识，并且开始把知识用于实践。

21.5.1　问题

1．我们使用哪个 PHP 函数来创建一个时间戳？
2．我们使用哪个 PHP 函数来创建一个和日期相关的信息的关联数组？
3．为什么将 JavaScript 函数调用放到 jQuery 的 ready 函数中这一点很重要？

21.5.2　解答

1．mktime()
2．getdate()
3．如果函数调用放在了 jQuery 的 ready 函数之外，将无法保证所必须的元素在我们试图使用它之前已经被加载了。

21.5.3　练习

➢ 修改日历显示脚本，以显示整个一年的日历，从 1 月到 12 月。然后，将日历显示为一个 3×4 的表格，或者 4 行，每行 3 个月。
➢ 修改基于 JavaScript 的日历，将其和基于 PHP 的动作组合起来，以添加和显示事件。

第 22 章

管理 Web 应用程序

在本章中，你将学习以下内容：

- ➢ Web 应用程序开发中的一些最佳实践；
- ➢ 如何编写可维护的代码；
- ➢ 如何开始进行版本控制；
- ➢ HTML、CSS、JavaScript 和 PHP 框架的价值和用法。

本书的大部分内容教你如何设计和创建基本的静态的和动态的 Web 内容，从文本到图形和多媒体，还介绍了一些 JavaScript 交互和后端 PHP 技术，并且额外地介绍了数据库的交互。对于你的个人生涯和技术开发进程的下一步，这些都是一些基础知识。

本章介绍如何考虑开发和管理较大的 Web 应用程序，而不只是我们在本书中已经见过的那些简单的原型和基本的结构。我们将学习和其他人一起从事项目开发的方法，这包括添加注释，以及使用版本控制，以便你能够个人或者作为团队的一部分进行创新，而不会在一些想要节省的工作上浪费太多的精力。最后，我们将学习一些有关应用程序框架的知识，这些框架使得你和其他人在每次开始一个新的项目的时候，不需要重新发明轮子，也就是说，不需要做任何准备。

22.1 理解 Web 应用开发中的一些最佳实践

如果你已经在本书中了解了一些事情，那么，我希望你再多了解一件事情，这就是你可以创建原型并且非常快地对基于 Web 的内容和应用进行修改。有时候，你可能会发现自己处于这样一种情况——你在尝试解决一个问题并且很难抽出时间来将该问题的解决方案系统化，最终你只是忙碌于样式表、HTML、JavaScript 和 PHP，并且只有在你触及解决方案的时候才会回过头来说："我完全是要从头开始做这件事情"。这是很常见的情况。

但是，这并不意味着你不应该尝试规划你的 Web 应用开发项目，或者说你不应该一路遵从一些最佳实践。你应该这么做。然而，令人惊讶的是，对于 Web 项目来说没有最佳的方法学或项目生命周期，但是有很多的事情是你应该考虑的。如果这些事情不符合你的项目的实际情况的话，你并不需要遵从所有这些事情或者按照这个顺序来做这些事情，但是，要意识到这些并且选择适合你的技术。

> 在开始之前，考虑一下你想要构建什么。考虑一下这个目标。考虑谁将要使用你的 Web 应用程序，也就是说，你的目标受众是谁。很多技术完美的 Web 项目之所以失败，是因为在一开始的时候，没有人考虑用户是否会对这样的一个应用程序感兴趣。

> 尝试将你的应用分解为组成部分。你的应用程序有哪些部分或过程？这些组成部分中的每一个将如何工作？它们如何组合到一起？列出场景、叙事板和用例，将会对搞清楚这些组成部分和步骤很有用。

> 在你有了组成部分的一个列表之后，看看有哪些组成部分已经存在了。这就是框架的用武之地，或者说至少在开源的社区里已经存在代码片段和库是可以使用的。在开始动手编写代码之前，确定你必须从头开始编写哪些代码，并且粗略估算工作量有多大。如果你要使用取自开源社区的某些内容，确定你理解那些代码做些什么事情，不要盲目地使用它们。

> 对于编码标准、目录结构、本本控制、开发环境和文档等做出决策。在 Web 项目中，很多时候这个步骤被忽略了，并且浪费了太多的时间来返工，让代码重新符合标准，在犯错之后才开始记录文档，等等。

> 在整个这个过程中，尝试将应用程序中的内容和逻辑区分开。当你的团队不再只是你自己的时候，你可能有了专门从事内容和设计的人以及从事逻辑工作的人，你将会想要避免工作中的冲突。

> 根据所有前面的信息，构建一个原型。将这个原型展示给用户，和用户一起进行设计，几乎马不停蹄地迭代，并且测试、测试，还是测试，但是要记住，只有确定"完成"才是对你的组织有意义的事情。

我们将在后面的各节中更详细地介绍这些。

22.1.1 将逻辑和内容分离开

对于只有数行代码或脚本的简单项目，将内容和逻辑分离开来可能会比较麻烦，似乎不值得这么做。随着你的项目变得越来越大，找到一种方法来分离逻辑和内容是必需的事情。如果你不这么做，代码将会变得越来越难以维护。如果你或者决策者决定对 Web 站点使用一种新的设计，并且很多的 HTML 都嵌入到了你的代码中，那么，修改设计将会是一场梦魇。

将逻辑和内容分离开来要遵从 3 种基本的方法，在阅读本书的时候，你可能已经对其中的一些方法很熟悉了。

> 使用包含文件来存储内容的不同部分。这个方法很简单，但是，如果你的站点主要是静态的，那么它会很有效。

> 使用一个函数或类 API 以及一组成员函数，将动态内容插入到静态页面模板中。

➢ 使用一个模板系统。这种方法的主要优点是，如果其他的某个人设计你的模板，他
根本不需要知道有关 PHP 代码的任何事情。你只需要做最小化的修改，就能够使用
所提供的模板了。对于 PIIP 来说，有一些模板引擎可供使用，例如 Smarty、Twig
和 Plates。

22.1.2　原型

原型是搞清楚客户需求的一种有用的工具。通常，它是应用程序的一个简化的、部分有
效的版本，可以在和客户讨论的时候使用，并且用作最终系统的一个基础。通常，在一个原
型上经过多次迭代，才能够得到最终的应用程序。这种方法的优点是，它允许你和客户或最
终用户密切协作，以得到一种让他们满意并有主人翁感受的系统。

为了能够快速敲定一个原型，你需要一些特殊的技能和工具。在这样的环境下，一种基
于组成部分的方法很有效。如果你有了一组已有的组成部分，而它们在内部或者公开地都可
供使用，你将能够更快地做这些事情。快速开发原型的另一个有用的工具是模板，它通常来
自于框架，而本章后面将会介绍框架。

使用原型这种方法，你会碰到两个主要的问题，通过沟通和计划，这两个问题都可以很
容易地克服。

➢ 开发者经常发现，由于某一种原因或其他的原因，他们很难抛弃已经编写好的代码。
原型通常会很快地编写出来，并且，你将会想要抛弃代码，并且最终你也应该这么
做。你可以通过做一些计划来避免这个问题，在计划中，你和每一个人达成一个预
期，在某一个时间点将会抛弃代码。有的时候，将某些东西报废并重新开始，比修
复问题要容易。

➢ 你认为应该是一个快速原型的东西，最终变成了一个永久的原型。例如，每次你认
为自己要完成了的时候，客户会建议做一些进一步的改进或者增加一些额外的功能，
以更新你的站点。这种"功能蠕变"可能阻止你完结一个项目。通过为你的开发里
程碑设置预期和成功标准，从而避免这个问题。

22.1.3　测试

评审和测试代码是在 Web 开发中经常被忽视的另外一个软件工程的基本要领。试图用两
三个测试用例来运行系统，然后就说"哦，它工作得很好"，这也太过容易了。不要跌入这个
陷阱之中，在让项目产品做好准备之前，要确保进行广泛的测试并且回顾数个场景。

在你的团队中，采用代码评审的做法。代码评审是这样的一个过程，其中另一个程序员
或者一组程序员会查看你的代码并给出改进建议。这种类型的分析往往能发现：

➢ 你遗漏掉的错误；

➢ 你所没有考虑到的测试用例；

➢ 优化；

➢ 安全性的提高；

> 可以用来改进代码片段的已有的组成部分;

> 需求定义了但是在你的工作中漏掉了的功能。

最后，为你的应用程序找一些测试者，让他们作为产品的最终用户的代表。Web 应用程序和桌面应用程序之间的主要的区别在于，任何人并且每个人都将会使用 Web 应用程序。你不应该假设用户一定熟悉计算机。你无法给他们提供一本厚厚的手册或者快速参考卡片。相反，你必须让 Web 应用程序是自带说明的并且其用法是显而易见的。你必须按照想要使用你的应用程序的用户的方式来思考问题。可用性绝对是首要原则。

22.2 编写可维护的代码

如果在阅读本书之前，你已经编写了一些代码，你应该知道编写可维护的代码有多么重要，也就是说，你或者其他人稍后应该能够看懂你的代码并且不会被搞混淆了。挑战在于，要让你的代码变得尽可能地一看就能理解。总会有这样的时候，你回过头来看自己编写的页面，对于你自己当时是如何思考的以及为什么以这样的方式来编写代码，却一点线索也找不到。好在，有很多的方法可以解决这个类似于失忆的问题。

很多组织都有编码标准，包括文件或变量的命名标准、代码注释的规则、缩进的规则等等。如果你只是自己编写代码或者在一个很小的团队里编写代码，你可能不是很容易理解编码标准的重要性。不要忽视这样的标准，因为你的团队和项目可能会长大，并且它们可能会很快增大到你开始要进行合理的文档化的程度。

22.2.1 确定命名惯例

确定命名惯例有两个作用。

> 让代码更容易阅读，如果你明智地定义变量名和函数名，你应该能够做到阅读代码几乎就像是阅读英语语句一样轻松。

> 让标识符的名称容易记住。如果你的标识符格式固定，那么，记住你给一个特定的变量或函数起的名称将会很容易。

正如我们在本书前面各章中所学到的，变量名应该能够描述它们所包含的数据。如果你要存储某个人的姓氏，就把变量命名为$surname。通常，要在名称的长度和可读性之间寻求一个平衡。例如，将存储名字的变量命名为$n，会使得它很容易录入，但是，代码会变得很难理解。将名字存储到$surname_of_the_current_user 变量中，这个变量名含义丰富，但是，它太长了，要录入太多的字母（因此，很容易导致录入错误），而且也并没有增加太多的价值。

确定大小写。正如本书前面所介绍的，在 PHP 中，变量名是区分大小写的。你需要确定变量名是全部小写、全部大写，还是大小写混合——例如，将单词的首字母大写。一些程序员所使用的一种糟糕的做法是，让两个变量拥有相同的名称但却使用不同的大小写形式，例如$name 和$Name。这种做法为什么是一种糟糕的思路，我希望这一点现在对你是显而易见的事情。

函数名和变量名一样，也有很多问题要考虑，而且还有几个额外的问题要考虑。函数名通常应该是动词。考虑一下内建的 PHP 函数，例如 addslashes()和 mysqli_connect()，都说明了它们要做什么事情，或者它们与所传递的参数有什么关系。这种命名方法大大地增加了代码的可读性。注意，这两个函数都有一个不同的命名方案，以处理多个单词的函数名的情况。PHP 的函数在这方面是不一致的，一部分原因是这些函数是由很庞大的一群人编写的，但主要是因为很多函数名都是从各种不同的编程语言和 API 中未经修改就直接采用的。

和变量名不同，PHP 中的函数名是不区分大小写的。当创建你自己的函数的时候，无论如何，你应该坚持一种特殊的格式，以避免在代码中（或者同你的团队）搞混淆。

此外，你可能要考虑使用在很多 PHP 模块中采用的模块命名方案，也就是说，用模块名作为函数名的前缀。例如，所有的改进的 MySQL 函数都是以 mysqli_开头的，并且所有的 IMAP 函数都是以 imap_开头的。例如，如果你的代码中有一个购物车模块，你应该用 cart_作为该模块中的函数的前缀。

最后，当编写代码的时候，你所使用的惯例和标准本身并不是真的很重要，只要你在自己的代码基和团队中应用某种一致的规则就好了。

22.2.2　用注释作为代码文档

无论何时，当你开发一个 HTML 页面、CSS 代码段、JavaScript 函数或 PHP 代码的时候，记住，你或者其他某人几乎肯定需要在某一天对它做出修改。简单的 Web 页面通常很容易读取并修改，但是，带有图形、表和其他布局技术的复杂页面可能很难解读。对于简单的 JavaScript 或 PHP，以及用这两种语言编写的较为复杂的代码来说，也都是如此。

上面提到的每一种技术都有一种略微不同的注释语法，并且你已经在整个本书中见到过它们的用法。这里来做一些回顾：

> 在一个样式表中包含注释，用/*开头并用*/结尾（注释应该在这两个字符之间）；

> HTML <!--和-->注释语法在样式表、JavaScript 或 PHP 中无效，但是在普通的、旧式的 HTML 中很有用；

> 要在 JavaScript 或 PHP 中注释代码，在单行注释之前使用//，用/*和*/包围多行注释。

要搞清楚我说的意思，只要在 Web 浏览器中访问任何的页面，并且浏览其源代码就可以了。使用 IE，在任何的页面上点击鼠标右键，并且选择 View Source。使用 Chrome 或 Firefox，在任何页面上点击鼠标右键，并且选择 View Page Source。你可能会看到一大堆的代码，它们并不像是纯 HTML 代码那样容易看懂。这可能是因为内容管理软件系统已经动态地生成了标签，或者可能是因为维护者并没有注意结构、易读性、代码注释以及通过人为方式让代码更加可读的其他方法。为了维护你自己的页面，我鼓励你在 HTML 标签、样式表条目和 JavaScript 代码上强行施加更多一点的顺序。记住，正确的缩进也是你（以及你未来的开发伙伴）的良师益友。

正如你在本书的几个部分中所见到过的，可以使用 HTML 开始和结束注释语法<!--和-->来包围你或者你的同伴的注释。当使用浏览器浏览 Web 页面的时候，这些注释并不会出现在页面上，但是，在文本编辑器中或者通过 Web 浏览器的 View Source（或 View Page Source）功能查看 HTML 代码的任何人，都能够看到这些注释。如下是一个例子：

```
<!-- This image needs to be updated daily. -->
<img src="headline.jpg" alt="Today's Headline" >
```

正如这段代码所显示的，位于<img>标签之前的注释提供了一点线索，说明该图像用来做什么。读到这段代码的任何人，都立即知道这幅图像必须每天都更新。Web 浏览器完全忽略了注释中的文本。

通常，你应该考虑给如下的各项添加注释。

➢ **文件**——不管是一个完整的脚本还是包含文件，每个文件都应该有一条注释，说明这个文件是什么、谁编写了它，以及它是何时更新的。

➢ **函数**——说明该函数做什么，它期待什么参数，以及它返回什么。

➢ **类**——说明该类的作用。类方法应该和任何其他的函数具有相同的类型和注释层级。

➢ **脚本或函数中的任何成段的代码**——这是一种特别的情况，尤其是如果代码作为一个占位符或者以一组伪代码样式的注释而存在。

➢ **复杂代码或 hack 技术**——这是一种特别情况，其中你必须以一种奇怪的方式来实现 hack 或做事情。编写一段注释说明你为什么使用这种方式，以便当你或者你的同事下一次看到代码的时候，不会抓耳挠腮、苦思冥想——"这段代码到底是要做什么呢？"

最后并且可能也是最重要的事情，就是要随着工作进展随时写注释。你可能会认为，自己可以在完成了一个项目的时候再回过头来写代码注释，但是，在你的开发生涯中，这很可能是奢侈而极少见的事情。

22.2.3 清晰地缩进代码

我必须坦白相告。在整个本书中，我很仔细地向你灌输一种代码开发风格，而不是故意假装这么做。毫无疑问，你会注意到整个本章中的代码在缩进方面保持了一种一致的风格。例如，在 HTML 的示例中，每一个子标签都根据其父标签向右缩进 2 个空格。此外，标签之中占位超过一行的内容，在标签中也缩进了。

了解缩进的价值的最好的方式，是看一些没有使用缩进的 HTML 代码。就像一首诗所描写的："此情可待成追忆，只是当时已惘然"。无论如何，这里有一段非常简单的、不带缩进的表格代码：

```
<table><tr><td>Cell One</td><td>Cell Two</td></tr>
<tr><td>Cell Three</td><td>Cell Four</td></tr></table>
```

这里不仅没有缩进，而且表中的行和列之间没有分隔。现在，将这段代码和如下的代码进行比较，下面这段代码也描述了相同的表格：

```
<table>
  <tr>
    <td>Cell One</td>
    <td>Cell Two</td>
  </tr>
```

```
  <tr>
    <td>Cell Three</td>
    <td>Cell Four</td>
  </tr>
</table>
```

这段大量使用缩进的代码使得行和列通过\<tr\>和\<td\>标签划分变得一目了然。

在 JavaScript 和 PHP 中，考虑一下你放置花括号的方式。如下是两种最常用的方案：

```
if (condition) {
  // do something
}
```

和

```
if (condition)
{
  // do something else
}
```

要使用哪一种方式取决于你自己。在使得你的 HTML 代码变得可理解和可维护方面，一致的缩进和其他的风格，甚至比注释更为重要。这里要表达的主要思想是，开发一种自己的（或者你自己的团队的）编码风格并且严格地遵守，这是很重要的。

22.2.4 分解代码

巨大的代码块是很可怕的。有些人会编写一个庞大的脚本，在一条庞大的 switch 语句中做所有的事情。现在，我喜欢 switch 语句，并且它们有自己的用武之地，特别是当首先搞清楚了你想要应用的逻辑的时候，但是，尽可能地将代码分解到函数中或类中，并且将相关的项放入到包含文件中，这种做法要好很多。随着本书内容的进行，你已经看到过通过包含文件，将较大的脚本转变为较小的脚本的做法。

将代码分解为合理的小块，这种做法的理由有以下几点。

➢ 这使得代码更容易阅读和理解，对于你自己稍后重读代码以及对于那些可能加入你的项目的人来说，都是如此。

➢ 这使得你的代码更具有可复用性，并且将冗余性最小化。例如，在 PHP 中，有一个单个的文件建立了到你的数据库的连接，那么，在需要连接到数据库的每一个脚本中，你都可以复用它。如果你想要改变完成这一任务的方式，你只需要对一个地方做出修改。

➢ 这方便了团队协作。如果将代码分解为不同的部分，你随后可以将编写单个的部分的任务分配给团队成员。这也意味着，你可以避免这种情况：一个程序员要等待其他人完成其对 GiantScript.php 的工作，然后他才能继续自己的工作。

22.3 在工作中实现版本控制

如果你曾经使用过 Google Doc，你肯定已经见过了某种形式的版本控制，当你使用 Google Doc 的时候，随着你的录入，Google 自动保存你的工作的版本。这和直接自动保存你的工作是不同的（尽管它也达到了相同的效果），因为在此过程中，你随时可以返回到任何的版本。当你使用流行的博客写作软件（例如 WordPress，或者甚至编辑维基百科）的时候，你可能已经遇到过这种概念，这些类型的应用程序都支持用户不需要重写就能够恢复自己的工作，并且随时可以删除之前的工作成果。

你可能会问："哦，这和开发 HTML、CSS、JavaScript 和 PHP 有什么关系？你只是在讨论文档吗？"答案很简单，所有的一切都是相同的。就像你可能想要恢复一篇文章或一封信的之前的版本，你也可能想要恢复到 HTML、CSS、JavaScript 或 PHP 代码的之前的版本。这可能是因为你自始至终坚持一个很好的思路，但你的代码被证明是不堪一击的，而你又不想完全重新开始，你只是想要沿着其演进之路回到之前的某一个时刻。或者，让我们假设你开发了一段特别的 JavaScript 代码，并且发现其中的一些内容只是在某些浏览器中无法工作，你想要继续并扩展已经做过的工作，而不想要完全抛弃它，并且你知道自己过去所做的那些事情将会对将来有帮助。

版本控制所涉及的事情，远远不只是修订的历史记录。当你开始使用版本控制系统维护代码的时候，你将会听到如下的这些术语。

> **提交（Commit）/签入（Check in）和签出（Check out）**——当你把一个目标放入到代码库中的时候，你就提交了这个文件；当你签出一个文件的时候，你就从代码库抓取了它（代码库中存储了所有的当前的和历史的版本）并且对它进行改动，直到你准备好再次提交或者签入该文件。

> **分支**——在你的版本控制下的文件，随时可以分支出来，由此创建两条或多条开发路径。假设你想要尝试一些新的显示布局或者表单交互性，但是，你不想让一个已有的站点以任何形式显得是被修改过。你可能从文件的一个主集合开始，但是随后对这组文件创建分支以得到一个新的站点，继续独立地开发它们。如果你继续开发最初的那组文件，那就是在对主干进行操作。

> **修改/比较**——在版本控制下，这只是表示所做的一次修改的术语（你也可以说 change 或 diff）。你可能听到 diff 像一个动词一样使用，例如，我 diff 了文件，这表示比较一个对象的两个版本的动作（有一条底层的 UNIX 命令叫作 diff）。

> **创建分支（fork）**——当你找到了一个开源的库，你想要将其用做自己的工作的基础（或者说，你想要为其贡献代码），你可以对这个库创建分支，然后创建一个副本，以便你按照自己的计划来操作它。对于创建分支的库，你可以用 push 命令来提交自己的版本，用 fetch 来从最初的库做出修改，并且如果你想要把自己的修改贡献你所创建分支的最初的库的话，你可以像最初的所有者发出 pull 请求。

你将会听到比这里列出的术语多得多的术语，但是，如果你能够对于库、（本地）工作副本以及签入和签出文件建立很好的概念的话，那么你在对自己的工作成果实现版本控制的时候将会做得很好。

使用版本控制系统

有几个版本控制系统可供使用，其中一些是免费的且开源的，另一些是专有的。

流行的一些系统包括 Subversion、Mercurial 和 Git。如果你有一个 Web 托管服务支持你安装任何这些工具，你可以创建自己的库并且使用一个 GUI 或者命令行客户端来连接它。然而，对于那些想要通过一个库初学但又并不想要、需要或理解由此带来的所有额外的安装和维护负担的人来说，有很多的托管的版本控制系统可以免费地供个人或者开源项目使用。这些托管的解决方案并不只是针对个人的，大大小小的各种公司和组织都使用托管的版本控制系统，例如 GitHub 和 Bitbucket，这里只是列举两个例子。只需要花很少的钱，你可以将自己的免费的、公有的账户变为私有的账户，并且保留自己的代码。

对于想要开始学习版本控制的任何人，我强烈推荐 GitHub 这款相对容易使用的、免费的、跨平台的工具。GitHub Help 网站是一个开始起步的很好的地方。已有的免费 GitHub 账户的一个额外的好处是，能够使用 Gist 和其他人共享代码段（这些代码段本身是 Git 库，并且由此自身也是版本化管理并且可以创建分支的）。GitHub 库，包括 Gist，也是开始你的版本控制工作的不错工具。

22.4　理解代码框架的价值和用法

代码框架只不过是一组库和模板，它们使得你能够快速开发功能丰富的动态站点和 Web 应用程序，而不需要从头开始构建任何的功能模块。如今，几乎在每一种流行的标记语言和编程语言中，都有框架存在。使用应用程序框架，使得你有底气这么说："我知道有很多种方法来创建一个登录过程（或者购物车、讨论论坛等），并且我将使用（某种应用程序框架）的方式来实现它，而不是从头开始编码。"

一些框架以包罗万象的内容管理系统（content management system，CMS）的形式呈现，例如 WordPress 和 Drupal。但是，在定制 Web 应用程序开发领域中，你可以使用针对 HTML和 CSS、JavaScript、PHP 或者任意这些组合的框架。很多这样的框架都是开源的，并且可以通过 GitHub 库下载或创建分支。

我推荐 3 个流行的 HTML、CSS 和 JavaScript 框架。

➢ **Bootstrap**——这是由 Twitter 工程师内部开发的，这个框架是开源的软件，任何人都可以使用它作为现代设计元素的起点。通过 Bootstrap 官网了解其更多信息，该网站包含了一个"Get Started"部分，说明了该框架包含了什么以及如何使用它。

➢ **Foundation**——Foundation 是另一个开源的框架，它强调响应式设计，以便使用所有各种设备的人（从桌面计算机到手机）都能够访问并使用你的 Web 站点。请访问 http://foundation.zurb.com/以了解更多信息，这里包含了一个内容广泛的"Getting Started"部分，该部分详细介绍了你可以使用的显示模板的各个部分。

➢ **HTML5 Boilerplate**——这是目前为止最新的框架之一，对于初学者来说，可能也是最有用的框架，因为它提供了你所需要的基础知识，而不是让你被所有的可能性淹没。请访问其官网了解更多信息，并且看看 GitHub 库中所维护的文档。

很多 HTML、CSS 和 JavaScript 前端框架都包含了 jQuery，我们在本书第 10 章中介绍过该框架。至于这个框架对于快速原型开发多么有用，是再怎么强调也不过分的，但也要意识到陷入"饼干模型"的陷阱，这意味着你的站点和所有其他人的站点看上去都是相似的（至少，和使用相同框架的那些站点是相似的）。要有一些创意，并且确保你的原型不会直接用作产品，这样就可以很容易地绕开这个陷阱。

22.4.1 使用 JavaScript 框架

JavaScript 库（即便是像 jQuery 这样的很大的库）和 JavaScript 框架之间有很大的区别，库提供已经准备好的代码段，这些代码段所具备的功能是专用于增强你的定制架构；而框架更大一些，更复杂一些，并且在你的应用上施加了一种架构模式，例如模型—视图—控制器模式。在模型—视图—控制器模式中，我们将应用程序构思为拥有 3 个相互连接的组件。

> **模型**——充当中央组件，即便它的名字是最先列出来的。它包括应用程序数据、业务规则、功能和其他的逻辑元素。

> **视图**——从模型请求信息，并显示给用户。

> **控制器**——向模型发送信息，以便通过用户交互处理。

你可以按照这样的方式来思考它们，在一个基于 Web 的应用程序中，用户和一个控制器交互，控制器操作底层的模型，模型更新视图，用户随后在 Web 浏览器中看到视图。

在传统的基于 Web 的应用程序中，你可能会有这种体验：模型和控制器组件都位于后端，远离浏览器，并且通过表单元素或者其他交互调用，而用户要这么说才能进行这种交互："嗨，后端脚本，根据我给你的这个输入，去对逻辑和数据做一些事情，并且将结果发送回屏幕。"在这个例子中，屏幕可能会包含动态生成的 HTML（视图）。

在一个基于 JavaScript 的 MVC 应用程序中——这个应用程序很可能是使用我们刚才所介绍的框架之一开发出来的，所有的 3 个组件都可能位于客户端，也就是说，一个用户可以和完全在前端中存储和操作的数据进行交互，而不会接触后端脚本或数据库。或者，3 个组件中的大部分都位于前端，并且使用 AJAX 请求调用后端的一个脚本，该脚本随后将结果发送回视图。

如果你构建了一个主要是只读的 Web 站点，并且使用少量的 JavaScript 和 jQuery 以实现一些显示功能，那么使用一个框架有点杀鸡用牛刀了。但是，如果你开始考虑将这个 Web 站点扩展为包含用户交互的方式，那么，应该考虑使用一个框架来完成工作。

如下是当今使用的一些主要的 JavaScript 框架，所有这些框架都是进一步探究的很好的起点。

> **AngularJS**——这是一个非常强大且灵活的框架，其学习的曲线很陡峭。然而，它有一个非常活跃的用户社群，随时可以帮助开发者理解这个框架。

> **React**——和 AngularJS 很像，React 也是一个强大的、灵活的、高效的、基于组件的 JavaScript 框架，一旦你深入其中，就会发现它真是这样的。React 有一个非常活跃的用户社群，而且有大量的教程。

➢ **Backbone.js**——这个框架已经存在一段时间了（相对来说），并且激发了很多其他的框架。它使得一个开发者新手能够快速上手，但是缺点是，对于某些人来说，你的应用程序将会包含很多无用的模板代码。

➢ **Ember**——和 Backbone.js 一样，Ember 使得开发者新手能够快速上手。尽管对某些人来说，它可能有些"太神奇"了，但是，它保持和常用编程惯例的严格一致，这对于开发者新手来说是一个好处。

在编写本书的时候，除了这里所介绍的，还有很多的 JavaScript 框架，而且完全可以预料，在未来的几年，还将有更多的框架。

22.4.2 使用 PHP 框架

除了针对常用功能复用一个稳定的代码基的好处，使用框架还能够帮助开发者保持一致的软件架构模式。在 PHP 框架的例子中，这个模式通常是模型—视图—控制器（MVC）模式。是的，这和 JavaScript 部分所讨论的模式相同。

MVC 软件架构模式是为基于 Web 的应用程序量身打造的，并且实际上，很多的应用程序（或者甚至只是动态的 Web 站点）甚至很容易就可以遵从这一模式的某种版本。本节中明确提到的每一种 PHP 框架，都支持你很轻松地对自己的软件应用程序应用 MVC 模式。很多其他的 PHP 框架也这么做，并且，尽管你可能不选择遵从这一模式，但是，框架会推荐你这么做，以便能够对你的应用程序更容易地进行测试、开发、部署和随时维护。

注意:

想要查看关于 MVC 模式的更多示例和说明，请阅读 Jeff Atwood 的清晰而简洁的博客帖子"Understanding Model-View-Controller"。

全世界的开发者可以从 20 多个 PHP 应用程序框架中做出选择，但是，我在这里介绍的框架都拥有（相对）较长的历史，并且有一个颇具规模的、活跃的开发者社区。实际上，这里有 3 个和代码本身不相干的问题，但是当你在为了自己的用途而评估一款框架的时候，应该考虑这几个问题，那就是——该框架已经存在一段时间并且稳定了吗？人们积极地使用该框架吗？框架的开发者团队或者父公司积极地维护它吗？

选择应用程序框架的时候的其他考虑还包括如下几个方面。

➢ 确定框架是否最适合于你要开发的应用程序的类型。一些框架很适合于电子商务，一些框架很适合于内容发布，有些框架则两者都适合。

➢ 确定该框架是否为你提供了机会以使用一种软件架构模式，如果是这样的话，它是否是你想要使用的模式。

➢ 确定该框架是否需要额外的 PHP 模块或服务器库。如果是，但是你无法控制自己的服务器，并且由此无法修改安装的库和模块的话，你将无法使用该框架。

> **注意:**
> 维基百科提供了维护良好的 PHP 应用程序框架的一个列表。

下面推荐的 PHP 框架是进一步探究的一个很好的起点。

- ➢ **Zend Framework**——Zend 是支持 Zend 框架的公司，其创始人几乎从 PHP 语言发明的时候起，就一直是 PHP 语言的贡献者。核心的 PHP 引擎通常也称为 Zend 引擎。换句话说，如果按照我之前提到的标准，你可能很难找到一款框架比 Zend 更加稳定、存在时间更长或者有更多的人积极开发该框架和使用其开发软件了。

- ➢ **CakePHP**——CakePHP 的核心就是一个 MVC 框架，它带有支持常见功能的组件，例如数据库连接、验证、授权和会话管理，以及消费和暴露 Web 服务等功能，这和 Zend 框架以及很多其他的框架相似。CakePHP 最大的卖点之一是，它很容易使用和集成，并且它还胜在有详细的、用户友好的文档和教程。

- ➢ **Laravel**——这个框架相对较新（尽管它从 2011 年就投入使用了），但是很快成为最流行的框架之一，因为它进行了专门的开发，从而在早期流行的、功能丰富的 CodeIgniter (http://www.codeigniter.org)等框架基础上进行了改进。

不管你是否选择使用框架(如果你曾经用过的话)，记住要花点时间去理解你将要使用的代码的组件，并且不要只是盲目地遵从框架。

22.5　小结

本章介绍代码之外的一些基本要素，它们将帮助你在个人和技术开发过程中更进一步。通过添加注释和缩进以及一般性地遵从编码标准，可以使得代码更容易维护，我们了解了这一点的重要性。由于你很可能会很快需要代码管理工具，以供自己或组织中的其他的开发者使用，本章介绍了关于版本控制的一些概念。版本控制使得你能够进行创新，且不会丢掉扎实的、具备产品质量的工作，并且还提供了更多的机会让其他的开发者在你的代码基上工作。

最后，我们学习了有关 HTML、CSS、JavaScript 和 PHP 框架的一些知识，这些框架只是众多框架中的一小部分。这些框架给出了已经包含现代的和经过验证的标记的模板，并且遵守诸如模型—视图—控制器这样的、强大的软件架构模式，从而帮助你加快 Web 开发项目的速度。

22.6　问与答

Q：添加很多的注释和空格，会使得别人浏览我的页面的时候，页面加载变得更慢吗？

A：和其他的、大量的 Web 页面资源（例如，较大的图像和高清晰度的多媒体）相比，你的页面中的一点额外的文本的大小是可以忽略的。你可能要输入数百个注释单词，才会导致页面加载的时候 1 秒钟的延迟。还要记住一点，对于大多数人使用的带宽连接来说，文本传输非常快。多媒体内容会导致页面速度下降，因此当你需要优化的时候，要尽可能优化图

像，而可以放心地使用文本。你也可以通过

Google 开发者网站了解到关于将 HTML、CSS 和 JavaScript "最小化"的更多概念。

Q：对于我这样较小的个人网站来说，使用版本控制似乎杀鸡用牛刀了。我必须使用它吗？

A：当然不是。任何类型的网站，不管是个人的还是其他类型的，都不一定要使用版本控制或其他的备份系统。然而，大多数人都有数据丢失或网站崩溃的体验，因此，如果你没有使用版本控制的话，我强烈建议你至少采用某种工具将文件自动备份到一个外部系统上。这里所说的"外部系统"是指一个外部硬盘，可以是连接到计算机的一个物理硬盘，或者是像 Dropbox 这样的一个基于云的备份服务。

22.7　测验

这个测验设计包括测试题和联系，用来帮助你巩固对所学知识的理解。在查看"解答"部分之前，阐释回答所有的问题。

22.7.1　问题

1．你想要向 Web 页面的未来的编辑说这样一句话："Don't change this image of me. It's my only chance at immortality."，但是又不想要让浏览页面的用户看到这条消息。该怎么做？

2．使用一个应用程序框架有哪些好处？

3．在 MVC 模式中，模型负责什么？

22.7.2　解答

1．在 `<img />` 标签的前面，放置如下的注释。

```
<!-- Don't change this image of me.
     It's my only chance at immortality. -->
```

2．使用一个稳定的代码基，遵从一个软件架构模式，并且不用重新发明轮子。

3．模型存储数据，并且将数据和控制以及视图组件隔离开来。

22.7.3　练习

➢ 打开你的 Web 站点的 HTML、CSS 和 JavaScript 文件，并且检查它们的注释和代码缩进。有没有哪一部分代码是需要向将来看到它们的人做出一些解释的？如果有，添加说明性的注释。区分出你的代码的层级很困难吗？分清楚标题和小节部分有困难吗？如果是的，缩进代码，以使得其结构和层级相一致，并且由此使得你能够快速跳转到需要编辑的小节。

➢ 在 GitHub 创建一个账号，然后为你自己的 Web 站点或其他的基于代码的项目创建一个库。从此之后,通过向这个 Github 库提交你的修改,从而保证这个库和你的个人计算机上的工作同步。

➤ 至少下载并安装本章所提到的框架中的一个(如果你安装了多个框架,首先删除旧的框架以避免冲突)。至少阅读一下框架的作者所提供的教程,以便能够获取关于框架用法以及 MVC 模式的一些实际知识。

附录 A

使用 XAMPP 的安装入门指南

在本附录中，你将学习以下内容：

> ➤ 如何在多种平台上通过第三方安装包来安装 Apache、MySQL 和 PHP；
> ➤ 如何测试你的安装。

为了帮助你快速起步，这个简单的附录将帮助你熟悉整体的跨平台安装软件包 XAMPP 的安装过程。后续的 3 个附录分别介绍了如何从互联网上获取并安装 MySQL、Apache 和 PHP，从而可以确保软件版本是最新的。另外，这几个附录还展开说明了安装过程中的每一步，以及理解这些技术如何一起工作的其他重要信息。

你应该在接下来的 3 个附录中熟悉每一种技术的扩展信息。然而，如果你只是想要开始在本地机器上工作的话，本章也是很好的参考。这里针对 XAMPP 的配图和说明可能会针对 MariaDB 而不是 MySQL，但是，这里所介绍的所有意图和目的都是一样的。

A.1 使用第三方的安装包

第三方安装包是由最初创建者以外的公司或组织所提供的程序包。在本章中，我们将学习如何使用 XAMPP 安装包来同时安装 PHP、MySQL 和 Apache，可以在我们将要使用的任何操作系统上（Linux/UNIX、Windows 或 Mac）完成安装。

除了因为我自己使用 XAMPP 数年了，我选择这个附录中使用 XAMPP 的另一个原因是其名称中带有 X。X 表示这是 AMPP（Apache、MySQL、PHP 和 Perl）的一个跨平台安装程序（Perl 不是本书的主题，因此，请将其作为额外的学习内容）。

还有两种其他很好的 Apache、MySQL 和 PHP 安装程序包，但它们针对特定的操作系统。

> ➤ **WAMP**——在 Windows 上安装 Apache、MySQL 和 PHP。

➤ **MAMP**——在 Mac 上安装 Apache、MySQL 和 PHP。

使用第三方安装程序包的一个潜在的缺点是，绑定在一起的核心技术的版本，总是正式版之后的几个修订版。这恰好是因为创建和测试程序包本身涉及一些工作，以便确保这些技术的最新版本之间没有冲突；这还必须经过一个质量保证的过程。然而，这一方案的优点是，当你使用安装程序包来安装这些技术的时候，升级的过程只不过是运行一个新的安装程序，它会负责为你删除或升级所有的文件。

接下来的 3 节介绍了 XAMPP 的基本安装过程。你只需要阅读适用于你的操作系统的章节。然而，一定要阅读 A.5 节，因为它适用于所有的操作系统。

A.2 Linux/UNIX 下的安装

如下的说明在 Ubuntu Linux 17.04 上进行了测试，但是，对于其他的 Linux 或商用的 UNIX 发布应该是相同的。如果你在安装过程中遇到了意外的错误消息，请访问针对 Linux 用户的 XAMPP FAQ。

下载 XAMPP 的最新版本。该文件的命名方式类似于 xampp-linux-x64-VERSION-NUMBER-installer.run，其中 VERSION-NUMBER 根据所绑定的 PHP 发布版本的不同而不同。在编写本书的时候，该版本是 7.1.6,，因此文件名是 xampp- linux-x64-7.1.6-0- installer.run。随后的版本拥有不同的文件名，因此，请确保相应地调整命令。

接下来，要执行安装程序，运行如下命令：

```
chmod +x xampp-linux-x64-7.1.6-0-installer.run
```

现在，可以运行安装程序了。它在/opt 系统目录下创建了一个子目录，将软件安装到其中，因此，我们需要使用 su 或 sudo 来提高运行它的账户权限：

```
sudo ./xampp-linux-x64-7.1.6-0-installer.run
```

你将会看到一些提示，这是 XAMPP 安装向导的一部分。这个向导允许你指定想要安装哪个部分，并且设置安装的目录。我建议接受默认的值。

在安装完成之后，你将会在/opt/lamp 目录下（或者你使用该向导指定的其他位置）找到所有内容。要启动 XAMPP（它会启动 Apache 和 MySQL），使用如下的命令：

```
sudo /opt/lampp/lampp start
```

将会看到如下的信息。

```
Starting XAMPP for Linux 7.1.6-0...
XAMPP: Starting Apache...ok.
XAMPP: Starting MySQL...ok.
XAMPP: Starting ProFTPD...ok.
```

要测试 Web 服务器是否运行，打开一个 Web 浏览器并且输入 http://localhost/dashboard index.php。XAMPP 服务的菜单应该会显示出来，如图 A.1 所示。

图 A.1

XAMPP 的欢迎页面

　　所有要做的就是这些，XAMPP 已经在你的机器上安装了 Apache、PHP 和 MySQL，并且，你可以看到服务的状态。在浏览 http://localhost/dashboard/的时候，你可以通过左边列出的链接了解更多的相关信息。

　　要停止 XAMPP 及其服务，可以在任何时候通过命令行执行如下命令。

```
sudo /opt/lampp/lampp stop
```

　　确保阅读 A.5 节，了解有关保护安装了 XAMPP 的机器的更多信息（即使该机器只是用于开发）。

A.3　在 Windows 上安装 XAMPP

　　如下的说明在 Windows 10 上进行了测试。对于 Windows 2008、Windows 2012、Windows Vista、Windows 8 和 Windows 10 都是支持的，但 Windows 较早的版本则不支持。此外，只有 32 位的版本可用。由于 Windows 操作系统发布版本之前的细微差异，并且由于 Windows 机器上可能安装了不同的安全设置和程序，如果安装步骤遇到问题，请访问针对 Windows 用户的 XAMPP FAQ。

　　从官网下载 XAMPP 的最新版本。文件的命名方式类似于 xampp-win32-VERSION-NUMBER-installer.exe。其中，VERSION-NUMBER 是基于绑定的 PHP 发布的。在编写本书的时候，PHP 的版本是 7.1.6，因此，XAMPP 的安装文件名是 xampp-win32-7.1.6-0-VC14-installer.exe。

　　找到下载的文件并且双击其图标，以启动基于向导的安装程序。根据系统的安全设置，你可能会看到一个提示，要求你确认是否想要允许应用程序对你的系统做出修改，还有一条警告消息告诉你避免将其安装到 C:\Program Files (x86)目录中。在这些提示之后，你将会看到如图 A.2 所示的安装程序欢迎界面。

图 A.2

XAMPP 安装主界面

　　点击 Next 按钮以继续安装过程。你应该保留默认的安装选项，并且点击 Next 按钮继续进入下一个界面。此时，安装过程自动进行，如图 A.3 所示。

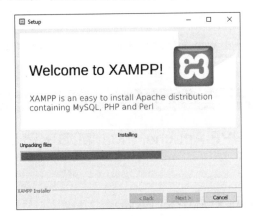

图 A.3

XAMPP 安装继续，解压文件

　　安装过程完成之后，安装程序会提示你当前状态；单击 Finish 按钮完成安装。在 XAMPP 安装过程结束之前，它询问你是否想要启动 Control Panel，以管理所安装的服务，如图 A.4 所示。

图 A.4

XAMPP 安装完成

　　XAMPP Control Panel 使你能够只单击一次鼠标就启动并停止在机器上运行的 Apache 和

MySQL 服务器进程，如图 A.5 所示。如果你只是为了进行开发而在本地机器上运行这些服务器进程，并且只有当你需要它们的时候，才想要打开它们；Control Panel 允许你快速地做到这一点。

图 A.5

XAMPPControl
Pane

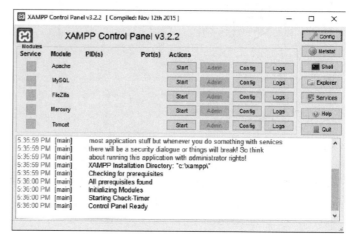

要测试 Web 服务器是否运行，打开 Web 浏览器并且输入 http://localhost/dashboard/。应该会显示 XAMPP 菜单，如图 A.6 所示。

图 A.6

XAMPP 菜单页面

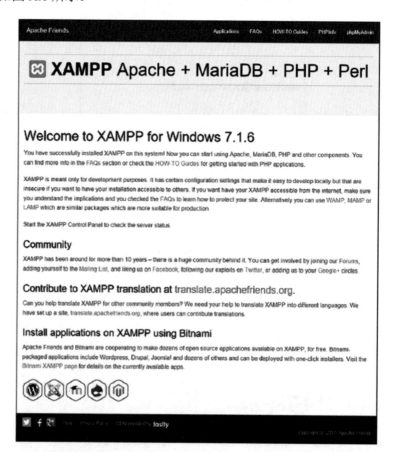

所有要做的就是这些，XAMPP 已经在你的机器上安装了 Apache、PHP 和 MySQL，并

且，你可以看到服务的状态。在浏览 http://localhost/dashboard/的时候，你可以通过页面顶部的链接来了解更多的相关信息。

确保阅读 A.5 节，了解有关保护安装 XAMPP 的机器的更多信息（即使该机器只是用于开发）。

A.4　在 Mac OS X 上安装 XAMPP

如下的说明在 Mac OS X 10.11 (El Capitan)上进行了测试，但对于其他的版本来说，它们应该是相同的。比 10.6 (Snow Leopard)更早的版本是不支持的。如果在安装过程中遇到问题，请访问针对 Mac 用户的 XAMPP FAQ。

下载 XAMPP 的最新版本。文件的命名方式类似于 xampp-osx-VERSION-NUMBER-installer.dmg。其中，VERSION-NUMBER 和绑定的 PHP 发布版本号一致。在编写本书的时候，PHP 的版本是 7.1.7，因此，XAMPP 的安装程序的文件名是 xampp-osx-7.1.7-0-installer.dmg。随后的版本可能拥有不同的文件名。

找到下载的 DMG 文件并且双击其图标，以启动该镜像。你将会看到如图 A.7 所示的界面。

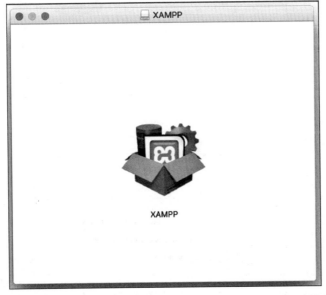

图 A.7

在加载了 DMG 镜像文件后，XAMPP 安装向导的图标显示了出来

双击安装向导的图标以启动基于向导的安装程序。根据系统的安全性设置，你可能会看到一个提示，要求你确认是否想要运行程序，因为该程序是从互联网上下载的。你可能还需要输入自己的用户名和密码，以允许安装程序访问应用程序目录。在这些提示之后，你将会看到安装程序的欢迎界面，如图 A.8 所示。

点击 Next 按钮以继续安装过程。你应该保留默认的安装选项，并且点击 Next 按钮继续进入下一个界面。此时，安装过程自动进行，如图 A.9 所示。

在 XAMPP 安装过程完全结束之前，它会询问你是否想要加载 XAMPP，如图 A.10 所示。

图 A.8

XAMPP 安装向导的
主界面

图 A.9

随着文件被解开，
XAMPP 安装程序继续

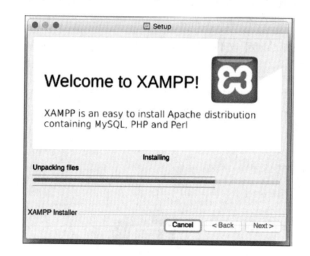

图 A.10

XAMPP 安装完成

　　一旦软件安装了，可以在/Applications/XAMPP 文件夹中找到以 manager-osx 形式出现的 XAMPP Control Panel 的链接，如图 A.11 所示。

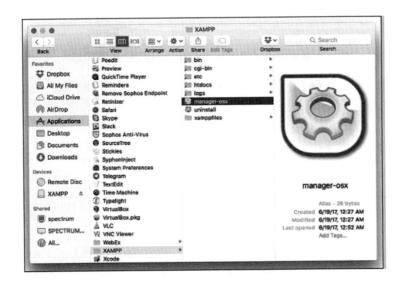

图 A.11

找到 XAMPPControl Panel 的链接

双击该链接以打开 XAMPP Control Panel，如图 A.12 所示。通过该面板，我们可以在机器上启动或停止 Apache 和 MySQL 服务器进程。如果你只是为了进行开发而在本地机器上运行这些服务器进程，并且只有当你需要它们的时候，才想要打开它们；Control Panel 允许你快速地做到这一点。

图 A.12

XAMPPControl Panel

要测试 Web 服务器是否运行，打开 Web 浏览器并且输入 http://localhost/dashboard/。XAMPP 服务的欢迎页面应该会显示出来，如图 A.13 所示。

所要做的就是这些，XAMPP 已经在你的机器上安装了 Apache、PHP 和 MySQL，在浏览 http://localhost/dashboard/的时候，你可以通过页面顶部的链接了解有关 XAMPP 的更多信息。

确保阅读 A.5 节，了解有关保护安装 XAMPP 的机器的更多信息（即使该机器只是用于开发）。

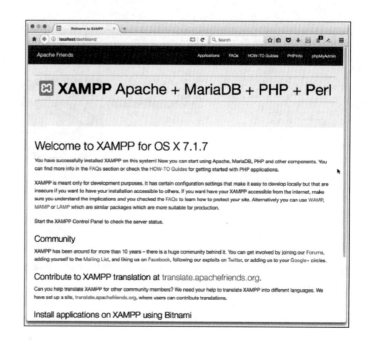

A.5　让 XAMPP 更安全

XAMPP 的主要目的是提供一种快速容易的方式，以便在开发环境中安装 Apache、MySQL 和 PHP。这种快速而容易的安装的代价之一，就是安全设置不完整，或者说，至少是将确定安全设置是否足够重要的权利交给了用户。

使用最新的安装，会有如下的一些潜在的安全问题。

➢ MySQL 管理员用户没有密码（你可以使用一个空白的密码）。

➢ 一些服务是可以通过该网络访问的，除非你通过自己的防火墙明确地禁止访问。

➢ ProFTPD（包含在软件包中的一个 FTP 服务）针对用户"daemon"使用密码"lampp"。

然而，XAMPP 为每个操作系统都提供了一种工具，我们可以运行它完成增强 XAMPP 系统安全性的过程，即便在开发环境中也是可以的。

➢ 在 Linux/UNIX 上，通过输入如下命令来运行该工具。

```
sudo /opt/lampp/lampp security
```

➢ 在 Windows 上，通过在 Web 浏览器中访问 http://localhost/xampp/index.php，并从左侧的导航菜单中选择 Security，从而打开 Security Console。

➢ 在 Mac 上，通过输入如下命令来打开一个终端窗口。

```
sudo /Applications/XAMPP/xamppfiles/xampp security
```

A.6　故障排除

如果遇到安装问题，首先检查是否严格按照本章给出的步骤进行。然后，查看位于

XAMPP Web 站点，以了解适用于这一安装包的 FAQ。

　　如果这些过程仍然不管用，并且你想要尝试其他的第三方整体安装包，那么，请自行尝试 WAMP 和 MAMP（在本附录开始处提到）。

　　你也可以尝试使用"较复杂"的安装方式，这需要使用后续的 3 个附录中介绍的扩展信息。这些附录也提供疑难解答提示，以及可以帮助解决安装问题的其他站点的链接。

附录 B

安装和配置 MySQL

在附录中，你将学习以下内容：

➤ 如何安装 MySQL；

➤ 运行 MySQL 的基本安全规则；

➤ 如何通过用户授权系统来使用 MySQL。

在本附录中，你将学习如何安装开发环境，这是相关的 3 个附录中的第一个。如果你打算使用 MySQL 和 PHP，我们首先要介绍 MySQL 的安装，因为在某些系统中编译 PHP 模块需要完成 MySQL 的安装才行。

B.1 MySQL 的当前版本和未来版本

本章的安装说明针对的是 MySQL Community Server 5.7.18，这是 MySQL 软件的当前产品版本。这个版本号可以读作"MySQL 服务器软件的主版本 5，次版本（小发布）7 的第 18 次修订"。修订版和小的发布并不遵从既定的一系列发布计划。当对代码进行扩展和修复并且进行了彻底地测试后，就会用一个新的修订号或次版本号来发布一个新的版本。

当你购买本书的时候，可能次版本号已经变成了 5.7.19 或者更高。如果是这种情况，你可以阅读 MySql 官网上关于安装问题的列表来了解安装或配置过程中的任何变化，这些过程构成了本附录的大部分内容。

尽管在两个次版本更新之间不可能所有的安装过程都要变化，但你还是应该养成习惯查看自己所安装和维护的软件的更新日志。如果在你阅读本书的时候，确实出现了一个次版本的变化，但更新日志中并没有提到安装的变化，你只需要用心记下，并且当出现在本书的安装说明和相应的图时，用新的版本号替代就行了。

B.2 如何获取 MySQL

MySQL AB 是负责开发、维护和发布 MySQL 数据库的公司的名字，经过一系列的收购之后（Sun Microsystems 收购了 MySQL AB，Oracle 公司收购了 Sun Microsystems），现在，数据库巨人 Oracle 拥有 MySQL。然而，该软件的 MySQL Community Edition 版本一直保持开源，它是由开源开发者支持的，并且可以在 MySQL 的 Web 站点免费获取。所有平台的二进制发布，用于 Mac OS X 的安装程序包，以及用于 Linux/UNIX 平台的 RPM 和源代码文件，都可以获得。

> **提示：**
> Linux 和 Mac OS X 发布通常会包含 MySQL 软件的某个版本或其他开源的 MySQL 软件，尽管在当前的发布版本之后通常会有几个修订版或者小版本。

本章的安装说明基于正式发布的 MySQL 5.5.x Community Server 版本。

B.3 在 Linux/UNIX 上安装 MySQL

Oracle 提供了最新的软件包，例如，针对基于 Red Hat/CentOS 发布的 RPMs 和针对基于 Debian/Ubuntu 发布的 DEBs，它们都可以在不同的处理器类型上运行，例如 32 位和 64 位的 x86 处理器。尽管你可以从 http://dev.mysql.com/downloads/mysql/5.7.html 下载服务器和客户端软件包，并且使用 rpm 或 dpkg 来安装它们，你必须让任何依赖性的条件都准备好。更好的选择是用你的系统在线软件包管理程序来注册 Oracle 的 MySQL 软件库。然后，可以使用诸如 yum 和 apt-get 这样的工具来安装 MySQL，并且所有的依赖性软件都会自动安装。

要针对基于 Red Hat/CentOS 的 Linux 发布注册库下载正确配置的 RPM。该文件的名称类似于 mysqlVERSION-community-release-PLATFORM.noarch.rpm，其中 VERSION 是 MySQL 的主版本号和次版本号，PLATFORM 表示操作系统。例如，针对 Red Hat Enterprise Linux 7 的文件名为 mysql57-communityrelease- el7-11.noarch.rpm。确保相应地调整名字。

然后，使用如下的命令安装 RPM：

```
sudo rpm -i mysql57-community-release-el7-11.noarch.rpm
```

要针对基于 Debian/Ubuntu 的 Linux 发布注册该库，从 http://dev.mysql.com/downloads/repo/apt 为你的系统下载正确配置的 DEB。该文件的名称类似于 mysql-apt-config_VERSION_all.deb，其中 VERSION 是配置软件包的版本号。在编写本书的时候，该文件的名称为 mysql-aptconfig_0.8.6-1_all.deb。

然后，使用如下的命令安装 DEB：

```
sudo dpkg -i mysql-apt-config_0.8.6-1_all.deb
```

配置界面如图 B.1 所示。默认的配置就很好，因此，使用箭头键来突出显示 OK 选项并且按下回车键。

图 B.1

注册 Oracle
MySQL 库的设置

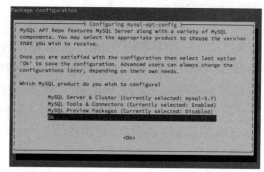

在安装了 DEB 之后，应该使用如下的命令更新包管理器的索引文件，以便它知道从新的库下载包（注意，这在 Red Hat 系统上并非必须的，因为 yum 将自动更新其索引）。

```
sudo apt-get update
```

现在该要安装 MySQL 了。在 Red Hat 上，这是通过如下的命令完成的：

```
sudo yum -y install mysql-community-server mysql-community-client
```

在 Debian/Ubuntu 上，使用如下的命令：

```
sudo apt-get -y install mysql-community-server mysql-community-client
```

当安装过程中，安装程序将会提醒基于 Debian/Ubuntu 的用户给出 MySQL 的 root 用户的一个密码，如图 B.2 所示。输入想要的密码，按下 Tab 键选中屏幕底部的<Ok>按钮并且按下回车键。

图 B.2

提示设置 root 账户
的密码

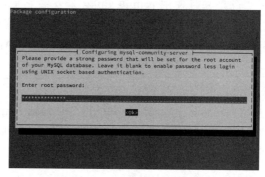

然后，将提醒你再次输入一个密码，以确保不会犯错。再一次，输入密码，选中<Ok>并且按下回车键。

基于 Red Hat/CentOS 的用户需要执行一些额外的安装步骤。首先，使用如下命令启动 MySQL 服务器：

```
sudo systemctl start mysqld
```

当 MySQL 初次启动的时候，将会为 root 账户生成一个临时密码。它会在其日志文件中记录该密码，并且你可以通过如下的命令查看该密码：

```
sudo grep 'temporary password' /var/log/mysqld.log
```

输出将会如下所示：

```
2017-06-26T17:3046.293052Z 1 [Note] A temporary password is generated for root@
```

```
localhost:
>XEsegz9q+dn
```

在这个例子中，>XEsegz9q+dn 是 root 账户的密码。要修改它，像下面这样运行 mysqladmin 命令：

```
mysqladmin password -u root -p
```

将会提示你输入临时密码，然后输入并确认新的密码。仔细地录入，因为出于安全性的原因，这些字符不会在屏幕上显示。

现在 MySQL 已经安装好了并且运行了，跳转到 B.7 "基本安全规则" 来学习如何添加密码和用户。如果在安装中碰到任何问题，请查阅 B.6 "安装故障排除" 一节。

B.4　在 Mac OS X 上安装 MySQL

Mac OS X 下的 MySQL 安装过程相当简单，有一个针对 Mac OS X 的安装包。到 MySQL 下载页面并从下拉列表中选择 Mac OS X。该文件的命名类似于 mysql-VERSION-PLATFORM.dmg，其中的 VERSION 是 MySQL 的版本号，而 PLATFORM 表示 Mac OS X 操作系统的版本。在编写本书的时候，当前的文件名为 mysql-5.7.18-macos10.12-x86_64.dmg。确保相应地调整名称。

在打开了 DMG 存档之后，你会看到一个文件夹其中有一些文件，如图 B.3 所示。

图 B.3

显示 MySQL DMG 文件夹的内容

在文件中双击*.pkg 文件，并按照如下的步骤完成安装过程。

1. MySQL 安装包自动启动（如图 B.4 所示）。点击 Continue 跳转到下一步。

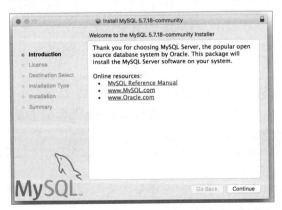

图 B.4

Mac 的 MySQL 安装程序已经启动

2. 接下来的几个界面将会包含与安装以及 MySQL 授权许可相关的通用信息。阅读这些界面的内容并点击 Continue 按钮通过它们。

3．下一步会验证安装位置选择，并且需要点击 Install 按钮来继续。此时，在这个安装过程继续进行之前，可能提示你输入管理员用户名和密码。

4．在安装过程中，将会为 MySQL 的 root 账户产生一个临时的 root 密码并且显示给你，如图 B.5 所示。记下这个密码，以便能够在安装完成后修改它。

5．MySQL 现在安装好了，并且你可以关闭安装程序并退出 DMG 文件夹。

要修改 root 账户的密码，使用 /usr/local/mysql-VERSION-PLATFORM/bin 目录下的 mysqladmin，如下所示：

```
/usr/local/mysql-5.7.18-macos10.12-x86_64/bin/mysqladmin password -u root -p
```

将会提示你输入该临时密码，然后输入并确认新的密码。小心地输入，因为出于安全性的原因，这个字符不会显示在屏幕上。

图 B.5

为该 root 账户生成
一个临时性密码

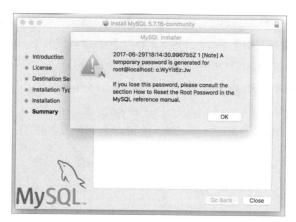

现在 MySQL 已经安装好了并且运行了，跳转到 B.7 "基本安全规则" 来学习如何添加密码和用户。如果在安装中碰到任何问题，请查阅 B.6 "安装故障排除" 一节。

B.5 在 Windows 上安装 MySQL

Windows 上的 MySQL 安装过程使用一个一体化的安装程序，来完成在 Windows Server 2003、Windows Vista 或 Windows 7 机器上 MySQL 的安装和配置过程。如下的步骤给出了在 Windows 10 上安装 MySQL 5.7.18 的详细过程，然而，不管你的 Windows 环境是什么，安装过程将遵从同样的步骤。

到 MySQL 下载页面，并且从下拉菜单选择 Windows 选项。然后，下载 Windows MSI Installer 文件。尽管这个安装程序是 32 位的，但它能够安装 32 位或 64 位的软件。当下载好这个文件之后，双击文件开始安装过程。

> **提示：**
> Windows 用户也可以使用 ZIP Archive 版本。如果你想要安装 ZIP Archive 版本，确保阅读 MySQL 手册的说明和介绍。

直接进入安装过程，按照如下的步骤进行。

1. 安装向导的第一个界面显示了许可协议，如图 B.6 所示。接受许可协议的条款，然后单击 Next 按钮继续。

图 B.6

XAMPP 安装主界

2. 在接受许可协议和条件后，将会请你选择安装方式（如图 B.7 所示）。Custom 选项允许挑选和选择要安装的 MySQL 组件，而 Full 选项则会安装 MySQL 的所有组件，范围从文档到集成了库的工具包套件。选择 Custom 安装方式，并且单击 Next 按钮继续。

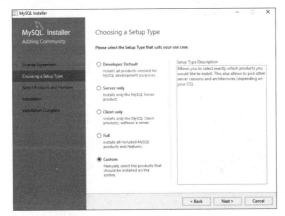

图 B.7

选择安装方式

3. 导航到产品列表，选择适合于你的系统的 MySQL 服务器版本以及想要的 MySQL Shell 版本，如图 B.8 所示。对于每一个选项，点击窗口之间的右边的箭头，以移动到选择 To Be Installed 列表。然后，点击 Next 按钮继续。

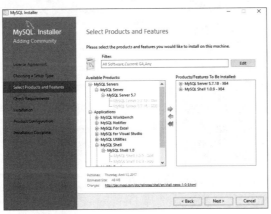

图 B.8

选择 MySQL Server 服务器和 MySQL Shell

4．安装程序将会检查，以确保已经在你的系统上安装了必要的依赖性软件，如图 B.9 所示。如果有任何的遗漏，安装程序将会自动尝试下载并安装它们。点击 Execute 按钮继续。

图 B.9

安装程序将会验证
和安装漏掉的依赖
性软件

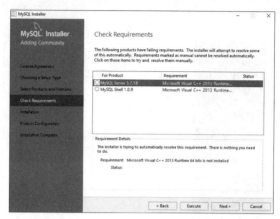

5．当依赖性软件都准备好以后，安装程序将会列出它将要在你的系统上安装的必需的应用，如图 B.10 所示。点击 Execute 按钮继续。

图 B.10

安装程序准备好安
装必需的软件

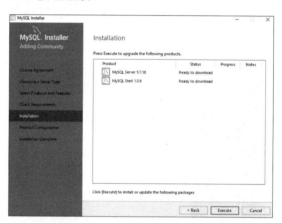

6．服务器和 shell 安装完成后，向导将引导你进行初始配置，并且创建一个根据你的特定需求而定制的 my.ini 文件。这些界面中的第一个是 Type and Networking。选择 Standalone MySQL Server 选项，如图 B.11 所示，并且点击 Next 按钮。

图 B.11

服务器将会配置为
一个独立的 MySQL
服务器

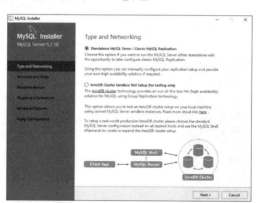

7．这个界面上的选项确定了内存、磁盘和处理器所用存储空间的分配，如图 B.12 所示。如果你想要在个人机器上将 MySQL 用于测试，选择 Developer Machine 选项。如果 MySQL

要在带有其他服务器软件的机器上运行,并且比你在个人机器上运行要占用更多的系统资源,那就选择 Server Machine 选项。如果 MySQL 是机器上的主要的服务并且占用了大量的系统资源,就选择 Dedicated MySQL Server Machine 选项。然后,点击 Next 按钮继续。

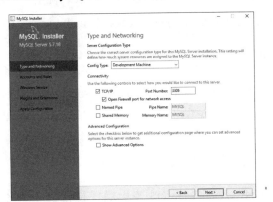

图 B.12

默认配置类型和端口设置

8. 然后,将会让你提供 root 账户的密码。拥有 root 账户的一个安全的密码,这是很重要的,因为这个账户要用来管理服务器。你也可以创建任意多个用户账户。尽管添加额外的账户是可选的(并且你稍后可以很容易地创建),但至少创建一个其他的账户以供你自己此时使用将会是方便的,如图 B.13 所示。

图 B.13

创建一个非 root 用户

9. 安装向导的提示的其他默认值都是很合适的,因此,只要点击 Next 按钮就好了,直到完成这个过程。安装向导会应用配置设置,并且你可以点击 Finish 按钮结束安装过程,如图 B.14 所示。

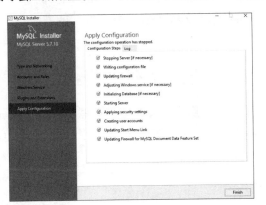

图 B.14

安装向导应用配置的选项

现在 MySQL 已经启动了,跳转到 B.7 节。如果在安装中碰到任何问题,请查阅 B.6 节。

B.6 安装故障排除

如果在 MySQL 安装过程中碰到任何问题,首先应该查看 MySQL 手册的附录。

下面只是一些常见的安装问题。

➢ 在 Linux/UNIX 和 Mac OS X 上,不正确的权限许可不允许你启动 MySQL 守护进程。如果情况是这样,确保你已经把所有者和组修改为与安装说明中相匹配的那些内容。

➢ 如果在连接到 MySQL 的时候看到了消息 Access denied,请确保你使用了正确的用户名和密码。

➢ 如果看到了消息 Can't connect to server,请确保 MySQL 守护进程在运行。

如果在阅读了 MySQL 手册的 "Problems and Common Errors" 部分之后仍然有问题,那么发送邮件到 MySQL 邮件列表可能会知道结果。你也可以从 MySQL AB 购买支持协议。

B.7 基本安全规则

不管是在 Windows、Linux/UNIX 还是 Mac OS X 上运行 MySQL,也不管是管理自己的服务器还是使用 Internet 服务提供商所提供的系统,你都必须理解基本安全规则。如果你通过 Internet 服务提供商访问 MySQL,需要注意几个服务器安全性的方面。例如,一个非 root 用户不能够修改或绕过身份验证。遗憾的是,很多 Internet 服务提供商对安全规则毫不在意,让他们的客户暴露在外,并且在很大程度上,他们没有意识到风险。

B.7.1 启动 MySQL

增强 MySQL 的安全性从服务器的启动阶段就开始了。如果你不是服务器的管理员,就不能改变服务器的安全设置,但是,你肯定可以查看服务器的安全性,并且向 Internet 服务提供商报告弱点。

如果 MySQL 安装在 Linux/UNIX 或 Mac OS X 上,主要关心的问题应该是 MySQL 守护程序的所有者,它不应该是 root。把守护程序作为一个非 root 用户的进程运行,例如 mysql 或 database,将会限制恶意用户获得访问服务器或者覆盖文件的能力。

你知道吗?

可以在 Linux/UNIX 或 Mac OS X 系统上使用 ps(进程状态)命令来验证进程的所有者。

如果看到 MySQL 在系统上作为 root 用户运行,应立即联系你的 Internet 服务提供商并且提出意见。如果你是一个服务器管理员,应该作为非 root 用户启动 MySQL 进程,或者在启动命令行里指定首选的用户名。

```
# mysqld --user=non_root_user_name
```

例如,如果你想要作为用户 mysql 运行 MySQL,使用如下命令。

```
# mysqld --user=mysql
```

然而,启动 MySQL 的推荐方法是通过 MySQL 安装的 bin 目录中的 mysqld_safe 启动脚本来进行。

```
# bin/mysqld_safe --user=mysql &
```

B.7.2 增强 MySQL 连接的安全

你可以以几种不同的方式连接到 MySQL 监视器或者其他的 MySQL 应用程序，每种方式都有安全性风险。如果你的 MySQL 安装在自己的工作站上，和那些必须使用一个网络链接连接到他们的服务器的用户相比，你可以少些担忧。

如果 MySQL 安装在工作站上，最大的安全风险就是 MySQL 监视器或 MySQL GUI 管理工具没有关注到工作站的启动和运行。在这种情况下，任何人都可以利用并删除数据，插入假的数据，或者关闭服务器。如果你必须让工作站在一个公共领域内保持无监控状态，就使用一个带有密码的屏幕保护或锁定屏幕的机制。

如果 MySQL 安装在你的网络之外的一个服务器上，连接的安全性应该受到关注。就像任何通过 Internet 的数据传输一样，数据可能被截获。如果传输是未加密的，截获数据的人就可以将它们拼接起来并使用信息。假设未加密传输的数据是你的 MySQL 登录信息，一个恶意者现在就可以伪装成你来访问数据库了。

防止这种情况发生的一种方法，就是通过一个安全的链接（例如，Secure Shell，即 SSH）来连接到 MySQL。通过 SSH，所有到远程机器的传输和来自远程机器的传输都是加密的。类似地，如果你使用一个基于 Web 的管理界面，例如 phpMyAdmin（注意，phpMyAdmin 在附录 A 所介绍的基于 XAMPP 的快速安装中，已经安装过了），或者你的 Internet 服务提供商所使用的另一种工具，请通过一个安全的 HTTP 连接来访问该工具。

在下一节中，你将会了解到 MySQL 的权限系统，这有助于使服务器获得更深层次的安全保护。

B.8 MySQL 权限系统简介

MySQL 保持了自己的一组用户账户和权限系统，这和操作系统是独立的。而且 MySQL 权限系统总是起作用的。当你第一次尝试连接 MySQL 服务器的时候，并且对于每一个后续的动作，MySQL 都会检查以下 3 件事情。

> 你从哪里访问（你的主机）？

> 你说你是谁（你的用户名和密码）？

> 允许你做什么（你的命令权限）？

所有这些信息都存储在一个名为 mysql 的数据库中，当安装 MySQL 的时候，自动创建该数据库。在 mysql 数据库中，有如下几个和权限相关的表。

> **columns_priv**——为一个表中的具体字段定义用户权限。

> **db**——为服务器上的所有数据库定义许可。

> **host**——定义连接到一个具体数据库的、可接受的主机。

> **procs_priv**——为存储例程定义用户权限。

- ➤ **tables_priv**——为一个数据库中的具体的表定义用户权限。

- ➤ **user**——为一个具体用户定义命令权限。

在本章中，当你向 MySQL 添加一些示例用户的时候，这些表将变得更为重要。现在，只需要记住这些表的存在，并且为了让用户完成操作，这些表中必须拥有相关的数据。

B.8.1　两步身份验证过程

正如你所了解的，在身份验证过程中，MySQL 检查 3 件事情。和这 3 件事情相关的动作分如下两步执行。

1. MySQL 查看你的连接所来自的主机，以及所使用的用户名和密码。如果主机允许连接，你的用户名对应的密码正确，并且用户名和分配给该主机的一个用户名匹配，MySQL 就转到第二步。

2. 对于你尝试执行的任何一条 SQL 命令，MySQL 验证你能够对该数据库、表和字段执行此操作。

如果步骤 1 失败，你将会看到一个相关的错误，并且不能继续步骤 2。例如，假设你使用一个用户名 joe 和一个密码 abc123 连接到 MySQL，并且想要访问一个名为 myDB 的数据库。如果由于如下原因导致这些连接变量的任何一个不正确，你都会接收到一条类似如下的错误消息。

- ➤ 密码不正确。

- ➤ 用户名 joe 不存在。

- ➤ 用户 joe 不能从 localhost 连接。

- ➤ 用户 joe 能够从 localhost 连接，但不能使用 myDB 数据库。

你可能看到如下的一条错误消息。

```
# mysql -h localhost -u joe -pabc123 test
Error 1045: Access denied for user: 'joe@localhost' (Using password: YES)
```

如果带有密码 abc123 的用户 joe 允许从 localhost 连接到 myDB 数据库，MySQL 将会在这个过程的第二个步骤中检查 joe 所能执行的操作。为了便于说明，假设 joe 允许查询数据但是不允许插入数据。事件和错误的序列就会如下所示。

```
# mysql -h localhost -u joe -pabc123 test
Reading table information for completion of table and column names
You can turn off this feature to get a quicker startup with -A

Welcome to the MySQL monitor. Commands end with ; or \g.
Your MySQL connection id is 12 to server version: 5.7.18-log
Type 'help;' or '\h' for help. Type '\c' to clear the buffer.

mysql> SELECT * FROM test_table;
+----+------------+
| id | test_field |
+----+------------+
```

```
| 1 | blah          |
| 2 | blah blah     |
+----+------------+
2 rows in set (0.0 sec)
```

mysql>**INSERT INTO test_table VALUES ('', 'my text');**
Error 1044: Access denied for user: 'joe@localhost' (Using password: YES)

基于操作的许可在具有多层级管理的应用程序中很常见。例如，如果已经创建了包含个人财务数据的应用程序，你必须确保对记账级别的成员只赋予 SELECT 权限，而对具有安全许可的主管级成员赋予 INSERT 和 DELETE 权限。

在大多数情况下，当你通过一个 Internet 服务提供商访问 MySQL 的时候，只有一个用户和一个数据库可供使用。默认情况下，一个用户将能够访问该数据库中所有的表，并且允许执行所有的命令。在这种情况下，作为开发者，你的职责就是通过自己的编程开发出一个安全的应用程序。

然而，如果你是自己的服务器的管理员，或者 Internet 服务提供商允许你任意添加多个数据库和用户，并且可以修改自己的用户的访问权限，下面几个小节将带你学习如何做到这些。

B.8.2 添加用户

通过一个第三方应用程序来管理服务器，这为你提供了一个简单的方法来添加用户，只要使用一个类似向导的过程或一个图形化界面。然而，通过 MySQL 监视器添加用户并不难，尤其是如果你理解了 MySQL 所使用的安全检查点，这我们刚才已经学习过。

要作为 root 用户添加一个连接到 MySQL 的新的用户账户，使用 ADD USER 命令。

语法如下所示：

ADD USER '*username*'@'*hostname*' IDENTIFIED BY '*password*';

例如，如果你想创建一个名为 john 的用户，其密码为 99hjc!5，并且你想要让这个用户能够从任何的主机连接，使用如下这条命令

ADD USER 'john'@'%' IDENTIFIED BY '99hjc!5';

注意，使用了通配符%。在这个例子中，%替代了已知世界的所有主机的一个列表，实际上，这是一个非常长的列表。

这里给出使用 ADD USER 命令添加用户的另一个例子，这一次，我们添加一个叫作 jane 的用户，其密码为 45sdg11。这个新的用户只能够从一个指定的主机连接：

ADD USER 'jane'@'janescomputer.company.com' IDENTIFIED BY '45sdg11';

如果你知道 janescomputer.company.com 的 IP 地址为 63.124.45.2。你可以在该命令的主机名部分，使用该 IP 地址作为替代，如下所示：

```
ADD USER 'jane'@63.124.45.2' IDENTIFIED BY '45sdg11';
```

关于添加用户，要注意一点，总是要使用一个密码，并且要确保使用比较好的密码。

在创建了一个用户之后，可以使用 GRANT 命令来分配用户权限。GRANT 命令的简单语法如下所示：

```
GRANT privileges ON databasename.tablename TO 'username'@'host';
```

例如，要授予 john 对 myCompany 数据库的所有权限，使用如下这条命令：

```
GRANT ALL ON myCompany.* TO 'john'@'%';
```

注意，这次使用了通配符*，它表示所有的表。*也可以用来表示所有的数据库，如下所示：

```
GRANT ALL ON *.* TO 'john'@'%';
```

这是另一个例子，授予了 jane 在 myCompany 数据库的所有的表上执行 SELECT、INSERT、UPDATE 和 DELETE 命令的权限：

```
GRANT SELECT, INSERT, UPDATE, DELETE ON myCompany.* TO 'jane'@'janescomputer.
company.com';
```

下面是我们可以授予的一些常见的权限。如果需要完整的权限列表，请参考 MySQL 手册的 GRANT 条目。

> **ALL**——授予用户所有常见权限。

> **ALTER**——用户可以改变（修改）表、列和索引。

> **CREATE**——用户可以创建数据库和表。

> **DELETE**——用户可以从表中删除记录。

> **DROP**——用户可以删除表和数据库。

> **FILE**——用户可以读取和写入文件，这个权限用来导入或转储数据。

> **INDEX**——用户可以添加或删除索引。

> **INSERT**——用户可以向表中添加记录。

> **PROCESS**——用户可以查看并停止系统进程，只有可信任的用户才能拥有此权限。

> **RELOAD**——用户可以使用 FLUSH 语句，只有可信任的用户才能拥有此权限。

> **SELECT**——用户可以从表中选取记录。

> **SHUTDOWN**——用户可以关闭 MySQL 服务器，只有可信任的用户才能拥有此权限。

> **UPDATE**——用户可以更新（修改）表中的记录。

在添加用户并授予他们权限之后，在 MySQL 监视器中执行 FLUSH PRIVILEGES 命令以加载权限表，从而让权限生效。

B.8.3　移除权限

移除权限和添加权限一样简单，只不过是使用 REVOKE 命令，而不是使用 GRANT 命令。REVOKE 命令的语法如下。

```
REVOKE privileges ON databasename.tablename FROM 'username'@'host';
```

把用户 john 向 myCompany 数据库中的 INSERT 能力收回，可以使用如下一条 REVOKE 语句。

```
REVOKE INSERT ON myCompany.* FROM 'john'@'%';
```

再一次，要让服务器知道你所做出的修改，在 MySQL 监视器中执行 FLUSH PRIVILEGES 命令。

附录 C

安装和配置 Apache

在本章中，你将学习：

➢ 如何安装 Apache 服务器；

➢ 如何对 Apache 做配置修改；

➢ Apache 的日志和配置文件存储在何处。

在本章中，我们将安装 Apache Web 服务器并熟悉它的主要组件，包括日志和配置文件。

在安装 Apache 之前，确保你当前没有在自己的机器上运行一个 Web 服务器（例如，Apache 或 Microsoft Internet Information Services 之前的一个版本）。否则，你可能需要卸载或停止已有的服务器。你可以运行数个 Web 服务器，但是，它们必须以不同的地址和端口的组合来运行。

C.1 Apache 的当前版本

当你访问 Apache HTTPD 服务器站点，将会看到关于 Apache Apache2.2.x 和 Apache 2.4.x 版本的发布声明。Apache 软件基金会（Apache Software Foundation）维护了这两个版本，但是，Apache 2.4.x 的功能包含了对过滤、缓存、负载均衡以及其他系统功能很好的支持。这也是本章中使用的版本。然而，如果你选择安装 Apache 2.2.x（或者已经在一个本地或外部开发环境中安装了这个版本），本书中所有的 PHP 和 MySQL 代码都能够像描述的那样工作。实际上，你将会发现，相当多的托管提供商仍然使用服务器的 Apache 2.0.x 版本，而不是 Apache 2.2.x，更不要说最新的 Apache 2.4.x 版本了。除非特别说明，本附录的安装说明针对 Apache HTTPD 服务器的 2.4.26 版，这是在编写本书的时候可获得的该软件的最好版本。

Apache 软件基金会（Apache Software Foundation）对包含增强安全或问题修复的升级使

用次版本号。次版本没有预定的发布计划，当对代码进行了扩展和修复并且进行了彻底地测试后，Apache 软件基金会就会用一个新的次版本号来发布一个新的版本。

当你购买本书时，有可能次版本号已经发生改变，变为 2.4.27 或更高。如果是这种情况，你应该阅读改变的列表，从下载区可以找到这个列表的链接。这些过程组成了本附录的大部分内容。

虽然在次版本升级中不太可能所有的安装说明都改变，但是应该养成始终检查自己安装和维护的软件的改变日志的习惯。如果在你阅读本书期间次版本发生了改变，但是在改变日志中没有新的安装改变记录，你只要用心记下新的版本号，并且当版本号需要出现在安装说明和相关的图中的时候，用最新版本号替换就行了。

C.2 选择合适的安装方法

当安装过程进行到适当的位置，并获得一个基本的 Apache 安装时，你有几个选择。Apache 是开源软件，这意味着你有权使用软件的全部源代码，也就是允许你编译自己自定义的服务器。另外，预先编译好的 Apache 二进制代码发布对大多数现代 UNIX 平台都可用。最后，Apache 已经捆绑到很多种 Linux 发布上，你还可以从软件供应商那里购买带有支持包的商业版。如果使用的是 Linux/UNIX，本附录中的示例将教你如何从源代码安装 Apache；如果你计划在 Windows 系统上运行 Apache，本附录中的示例将教你如何使用安装程序。

C.2.1 从源代码安装

从源代码安装将带给你最大的灵活性，因为它允许你安装一个自定义服务器，移除不需要的模块，并且用第三方模块扩展服务器。从源代码安装 Apache 使你轻松升级到最新版本并快速应用安全补丁，而由供应商提供的最新版本可能要数天甚至数周后才能发布。对于简单安装，从源代码安装 Apache 的过程并不是特别难，但是当包括第三方模块和库时，安装过程的复杂度将有所增加。

C.2.2 安装一个二进制代码版本

Linux/UNIX 二进制安装版本可以从供应商获得，也可以从 Apache 软件基金会网站下载。针对只有有限的系统管理知识的用户或者没有特别配置需要的用户，他们提供了一种简便的安装 Apache 的方法。第三方商业供应商提供一个增加了应用程序服务器、附加的模块、支持等预打包的 Apache 安装版本。Apache 软件基金会为 Windows 系统提供了一个安装程序，Windows 平台中的编译器并不如 Linux/UNIX 中的编译器常用。

C.3 在 Linux/UNIX 上安装 Apache

这部分介绍了如何在 Linux/UNIX 上安装 Apache 2.4.26 的最新版本。成功地从源代码安装 Apache 的一般步骤如下。

1．下载软件。

2．运行配置脚本。

3．编译代码并安装它。

下面的部分将详细介绍这些步骤。

C.3.1　下载 Apache 源代码

你可以在官方网站找到 Apache 源代码的几个版本，它们是用不同压缩方法打包的。发布文件首先用 tar 应用程序打包，然后用 gzip 应用程序或 bzip2 应用程序压缩。如果你已经在自己的系统上安装了 gunzip 应用程序，那么下载*.tar.gz 版本。这个应用程序在诸如 FreeBSD 和 Linux 的开放源代码操作系统中已经默认安装。如果你的系统上没有安装 gunzip，那么下载*.tar.bz2 文件（gunzip 并没有包含在多数商业 UNIX 操作系统的默认安装中）。

你想下载的文件将命名为类似 httpd-VERSION.tar.gz 的文件，其中，VERSION 是 Apache 的最新发布版本。例如，把 Apache 2.4.26 下载并存成一个名为 httpd-2.4.26.tar.gz 的文件。

C.3.2　解压源代码

如果下载了用 gzip 压缩的 tarball（带有 tar.gz 后缀），可以用 gunzip 应用程序（gzip 发布的一部分）来解压缩。

> **提示：**
> tarball 是对使用 tar 应用程序压缩软件的一个通用别名。

你可以通过输入如下命令来解压缩并拆包软件。

```
gunzip< httpd-2.4.26.tar.gz | tar xvf -
```

解压缩 tarball 创建了一个目录结构，带有名为 httpd-VERSION 的顶级目录。把当前目录切换到这个顶级目录，准备配置软件。

C.3.3　准备编译 Apache

你可以通过使用在顶级发布目录中的 configure 脚本，指定生成的二进制代码中将有哪些特性。默认情况下，把 Apache 编译为一系列静态编译的标准模块，并安装在/usr/local/apache2 目录。如果乐于使用这些设置，可以输入如下命令来配置 Apache。

```
./configure
```

然而，为给附录 D 中的 PHP 安装做准备，你需要确保把 mod_so 模块编译进 Apache。以 UNIX 共享对象（*.so）格式命名的这个模块，可以让 Apache 激活诸如 PHP 这样的动态模块。在特定位置（在本例中是/usr/local/apache2/）配置 Apache 来安装它自己，并允许使用 mod_so，输入如下命令。

```
./configure --prefix=/usr/local/apache2 --enable-so
```

configure 脚本的目的是解决关于查找库、编译时选项、特定平台差异等所有的事情，并创建一系列叫作 makefiles 的专用文件。makefiles 包含执行不同任务（例如安装 Apache）的指令，叫作 targets。这些文件由 make 应用程序来读取，它将执行这些任务。如果一切顺利，执行 configure 后你将看到一系列和刚才执行的不同检查相关的消息，并将返回到命令提示行。

```
...
configure ok
creating test/Makefile
config.status: creating docs/conf/httpd.conf
...
config.status: executing default commands
$
```

如果 configure 脚本失败，将显示警告，提醒你追查刚刚安装的其他软件，例如编译器或库。在安装所有缺少的软件并从顶级目录删除 config.log 和 config.status 文件后，你可以再次尝试 configure 命令。

> **注意：**
> 如果配置过程最终给出一个警告，显示你没有安装 APR，那么就下载 APR 和 APR-util 软件包，并且将它们解压缩到你的 httpd-VERSION 源目录的 srclib 子目录中。一旦安装了它们，再次运行配置命令。
> 类似地，如果配置过程最终给出一个警告，说你没有安装 PCRE，下载该文件，根据该 Web 站点的说明在你的系统上安装它。安装完成后，再次运行配置命令。
> 和 Apache 2.2.x 的安装过程不同，在 Apache 2.4.x 的安装过程中，这两项需求都会有所改变。

C.3.4 编译和安装 Apache

make 应用程序读取保存在 makefiles 中的信息并编译服务器和模块。在命令行输入 **make** 命令以编译 Apache。你将看到指示编译的进程的几条消息，最后将回到命令提示行。

```
make
```

编译结束后，你可以通过在命令提示行中输入 **make install** 来安装 Apache。

由于 make 会尝试在一个系统目录下（/usr/local）安装 Apache，在这一步中，你可能需要使用 sudo 或 su 来提升你的账户权限。

```
sudo make install
```

makefiles 会安装文件和目录并返回提示符。

```
...
```

```
Installing header files
Installing build system files
Installing man pages and online manual
...
make[1]: Leaving directory '/usr/local/bin/httpd-2.4.26'
$
```

正如 configure 命令中的--prefix 开关指定的那样，Apache 发布文件将在/usr/local/ apache2 目录中。要测试 httpd 二进制代码是否已经正确编译，在命令提示行输入如下命令。

/usr/local/apache2/bin/httpd -v

你将看到如下输出（你的版本和编译日期将有所不同）。

```
Server version: Apache/2.4.26 (Unix)
Server built:   June 26 2017 19:56:22
```

除非你想学习如何在 Mac OS X 或 Windows 上安装 Apache，否则请直接跳到 C.6 节学习 Apache 的配置文件的相关知识。

C.4　在 Mac OS X 上安装 Apache

你很幸运，Apache 已经安装到 Mac OS X 中。默认情况下，Apache 服务器二进制代码位于/usr/sbin/httpd。诸如 httpd.conf 等配置文件，即 Apache 的主要配置文件，保存在/etc/httpd。因为 Apache 已经安装并且完全准备好使用 PHP，请直接跳到 C.6 节学习 Apache 配置文件以及如何使用它。

> **提示：**
> 如果你想要使用针对 Mac OS X 的一次性软件包，可以像第 1 章中所介绍的那样使用 XAMPP，或者你可以安装 MAMP 软件包。

C.5　在 Windows 上安装 Apache

Apache 2.4 可以在绝大多数 Windows 平台上运行，并且提供比旧版本更佳的性能和稳定性。你可以从源代码编译 Apache，但是因为不是多数 Windows 用户都有编译器，本节用预编译的二进制文件进行安装。

Apache 软件基金会并没有针对 Windows 提供编译的二进制发布。然而，有很多知名的第三方站点为了方便那些想要运行一个 Apache 服务器版本的 Windows 用户，编译并维护了发布版。

不同的站点可能以不同的方式打包 Apache。Apache Lounge 提供可以下载和解压的 ZIP 文件，因此，安装过程实际上就只是将文件夹的内容移动到相应的目录中而已。

当你准备好了，就可以开始了。找到适用于你的系统的下载链接，并且下载 ZIP 文件。你想要下载的文件的命名方式类似于 httpd-VERSION-NN-VC-.zip。其中，VERSION 是 Apache

最新的版本。NN 表示是 32 位或 64 位的二进制文件。例如，针对使用 VC 15 了 64 位系统的
Apache 2.4.26，发布的时候文件名为 httpd-2.4.26- Win64-VC15.zip。

　　一旦下载完成了，用鼠标右键点击该文件并且从弹出的菜单中选择 Extract All…，如图
C.1 所示。

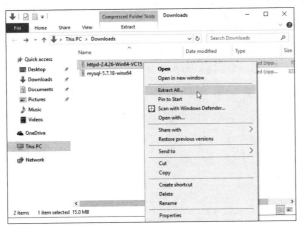

图 C.1

解压缩下载的
Apache 文件

　　将会弹出一个对话框，提示你指定解压缩的目的地。现在，保留默认的路径并且点击
Extract。该文件将会解压到当前目录下和文件命名类似的一个新的文件夹中。

　　在 Windows 解压了 ZIP 文件的内容之后，进入到这个新的文件夹中。你将会看到一个
Apache24 文件夹以及一些其他的一起发布的文件，如图 C.2 所示。

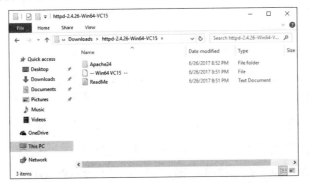

图 C.2

解压后的内容

　　用鼠标右键点击 Apache24 文件夹，并且从弹出的菜单中选择 Cut。然后，在资源管理器
的地址栏中输入 **C:**并且按下回车键，导航到 C 盘的根目录。在窗口中任意的空白区域点击
鼠标右键，并且从弹出菜单中选择 Paste，将其移动到该目录中（如图 C.3 所示）。

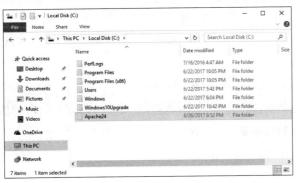

图 C.3

Apache24 文件夹
已经移动到 C 盘
根目录下之后

在下一节里，我们将学习有关 Apache 配置文件的内容，并最终启动新服务器。

C.6   Apache 配置文件结构

Apache 把它所有的配置信息都保存到文本文件中。主文件叫作 httpd.conf。这个文件包含指令和容器，它们允许定制 Apache 安装。指令（Directive）配置 Apache 的特定设置，例如授权、性能和网络参数。容器（Container）指定这些设置作用的上下文。例如，授权配置可以作用于作为一个整体的服务器、一个目录或单个文件。

C.6.1   指令

下面的规则适用于 Apache 指令语法。

➢   指令参数跟在指令名后面。

➢   指令参数用空格分隔开。

➢   参数的数量和类型根据指令的不同而不同，某些指令没有参数。

➢   一个指令占用单独的一行，但是通过在指令前一行的结尾加一个反斜杠字符（\），可以在另一行继续这个指令。

Apache 服务器文档提供了一个关于指令的快速参考。虽然稍后将学习一些基本的指令，但是你应该使用联机文档补充自己的知识。

指令的 Apache 文档通常都遵循如下格式。

➢   **Description**——这个条目提供了指令的一个简单说明。

➢   **Syntax**——这个条目解释了指令选项的格式。必需的参数以斜体显示，可选参数以斜体显示并用括号括起来。

➢   **Default**——如果指令有一个默认值，将在这里显示它。

➢   **Context**——这个条目详细介绍了可以显示指令的容器或区域。容器将在下一小节介绍。可能的值是 server config、virtual host、directory 和.htaccess。

➢   **Override**——Apache 的指令属于不同的种类。Override 字段用于指定哪个指令种类可以显示在.htaccess per-directory 配置文件中。

➢   **Status**——这个条目指明指令是否在 Apache(core)中编译，是否属于绑定模块之一（base 或 extension，取决于默认情况下是否编译它们），是多进程模块（Multi-Processing Module，MPM）的一部分，还是用 Apache 绑定但不准备用在产品服务器（experimental）中。

➢   **Module**——这个条目指明指令属于哪个模块。

➢   **Compatibility**——这个条目包含有关支持这个指令的 Apache 版本的信息。

文档中的这些项目可以找到指令更深入的解释，并且有关指令或文档的参考资料可能显示在最后。

C.6.2　容器

指令容器，也叫作段（section），限制指令作用的作用域。指令如果没有在一个容器内，则属于默认服务器作用域（server config），并且作为一个整体作用于服务器。

如下是 Apache 默认的指令容器。

➤ **<VirtualHost>**——VirtualHost 指令指定一个虚拟服务器。Apache 允许你用单个安装的 Apache 运行不同的 Web 站点。这个容器中的指令作用于一个特定的 Web 站点。这个指令接受域名或 IP 地址以及一个可选的端口作为参数。

➤ **<Directory>.<DirectoryMatch>**——这些容器允许指令作用于某一目录或者文件系统中的目录组。Directory 容器获取一个目录或目录结构参数。容器包括的指令作用于指定目录以及它们的子目录。DirectoryMatch 容器允许指定正则表达式结构作为参数。举例来说，下列内容允许 www 目录的所有二级子目录的一个匹配，它由 4 个数字组成，例如一个按年和月（0217 代表 2017 年 2 月）命名的目录。

```
<DirectoryMatch "^/www/.*/[0-9]{4}">
```

➤ **<Location>.<LocationMatch>**——这些容器允许指令作用于某个请求的 URL 或 URL 结构。它们与<Directory>类似。LocationMatch 获取一个正则表达式作为参数。例如，下列内容匹配包含"/my/data"或"/your/data"的目录。

```
<LocationMatch "/(my|your)/data">
```

➤ **<Files>.<FilesMatch>**——类似于 Directory 和 Location 的容器，Files 段允许目录作用于某个文件或文件结构。

容器包含指令，如程序清单 C.1 所示。

程序清单 C.1　示例容器指令

```
<Directory "/some/directory">
    SomeDirective1
    SomeDirective2
</Directory>
<Location "/downloads/*.html">
    SomeDirective3
</Location>
<Files "\.(gif|jpg)">
    SomeDirective4
</Files>
```

示例指令 SomeDirective1 和 SomeDirective2 将作用于/some/directory 目录及其子目录。指令 SomeDirective3 将作用于指向带有.html 扩展名的页面的 URL，这个页面位于/downloads/ URL 下。SomeDirective4 将作用于带有.gif 或.jpg 扩展名的所有文件。

C.6.3　条件评估

Apache 提供对条件容器的支持。只有当某些条件符合时，才执行这些容器中的封装指令。

➤ **<IfDefine>**——如果把一个指定的命令行开关传递给 Apache 的可执行程序，将执行这个容器内的指令。只有当把-DMyModule 开关传递给将要执行的 Apache 二进制代码时，才会执行程序清单 C.2 中的指令。可以直接在命令行传递这个开关，也可以通过修改 apachectl 脚本来传递这个开关，稍后将在 C.8 节介绍。

IfDefine 容器也接受求反的参数。也就是说，只有非-DMyModule 参数作为命令行参数传递时，<IfDefine !MyModule>段中的指令（注意叹号在 MyModule 名字之前）才执行。

➤ **<IfModule>**——只有当作为参数传递的模块出现在 Web 服务器中时，IfModule 段中的指令才会执行。举例来说，Apache 载入一个对不同 MPM 提供支持的默认 httpd.conf 配置文件。正如我们在程序清单 C.3 中见到的那样，只有属于编译到 Apache 中的 MPM 的配置才会执行。这个示例的目的是阐明将只执行指令组中的一个指令。

程序清单 C.2   IfDefine 示例

```
<IfDefine MyModule>
    LoadModule my_module modules/libmymodule.so
</IfDefine>
```

程序清单 C.3   IfModule 示例

```
<IfModuleprefork.c>
    StartServers              5
    MinSpareServers           5
    MaxSpareServers          10
    MaxClients               20
    MaxRequestsPerChild       0
</IfModule>
<IfModuleworker.c>
    StartServers              3
    MaxClients                8
    MinSpareThreads           5
    MaxSpareThreads          10
    ThreadsPerChild          25
    MaxRequestsPerChild       0
</IfModule>
```

C.6.4   ServerRoot 指令

ServerRoot 指令获取一个单个的参数：一个指向服务器作用目录的目录路径。其他指令中的所有相对路径引用都是相对于 ServerRoot 的值。如果你在 Linux/UNIX 上从源代码编译 Apache，如本附录前面所述，ServerRoot 的默认值是/usr/local/apache2。对于 Mac OS X 用户，ServerRoot 的默认值是/Library/WebServer。如果使用的是 Windows 安装程序，ServerRoot 的默认值是 C:\Apache 24。

C.6.5   per-directory 配置文件

Apache 使用 per-directory 配置文件来允许指令在主配置文件 http.conf 之外存在。这些专用文件可以存放到文件系统中。如果请求一个文档，而该文档保存在包含上述专用文件之一的一个目录中或者它下面的任何子目录中，Apache 将处理这些专用文件的内容。所有适用的 per-directory 配置文件的内容将会合并处理。例如，如果 Apache 接收到一个对/usr/local/apache2/htdocs/index.html 文件的请求，它将在/、/usr、/usr/local、usr/local/apache2 和/usr/local/apache2/htdocs 目录中，按照顺序查找 per-directory 配置文件。

> **注意：**
> 启用 per-directory 配置文件会有性能损失。Apache 必须执行大量磁盘操作来查找每个请求中的这些文件，即使这些文件不存在。

默认把 per-directory 配置文件称为.htaccess，这样叫法是有历史原因的。它们最初用于保护对包含 HTML 文件的目录的访问。

AccessFileName 指令允许你把 per-directory 配置文件名从.htaccess 改为其他的名字。它接受一个文件名列表，当查找 per-directory 配置文件时 Apache 将使用该列表。

要确定一条指令是否可以在 per-directory 配置文件中覆盖，检查指令语法定义的 Context: 字段是否包含.htaccess。Apache 指令属于不同的组，就像在指令语法说明中的 Override 字段中指定的那样。Override 字段可能的值如下。

- **AuthConfig**——授权指令。
- **FileInfo**——控制文档类型的指令。
- **Indexes**——控制目录索引的指令。
- **Limit**——控制主机访问的指令。
- **Options**——控制指定目录特性的指令。

通过使用 AllowOverride 指令，可以控制哪个指令组能够显示在 per-directory 配置文件中。AllowOverride 也能获取一个 All 或 None 参数。All 意味着属于所有组的指令都能显示在配置文件中。None 意味着在一个目录以及它的所有子目录中禁用 per-directory 配置文件。程序清单 C.4 展示了如何作为一个整体对服务器禁用 per-directory 配置文件。这提升了性能，也是默认的 Apache 配置。

程序清单 C.4 禁止 per-directory 配置文件

```
<Directory />
    AllowOverride none
</Directory>
```

C.7 Apache 日志文件

默认情况下，Apache 包含两个日志文件。access_log 文件用于跟踪客户请求；error_log 文件用于记录重要事件，例如错误或者服务器重新启动。这些文件从你第一次启动 Apache 时就存在了，这些文件在 Windows 平台下名为 access.log 和 error.log。

C.7.1 access_log 文件

当客户从服务器请求一个文件时，Apache 记录与这个请求相关的参数，包括客户的 IP

地址、请求的文档、HTTP 状态码和当前时间。程序清单 C.5 显示了示例日志文件条目。

程序清单 C.5　access log 条目示例

```
127.0.0.1 - - [26/Jun/2017:20:12:18 -0700] "GET / HTTP/1.1" 200 44
127.0.0.1 - - [26/Jun/2017:20:12:18 -0700] "GET /favicon.ico HTTP/1.1" 404 209
```

C.7.2　error_log 文件

error_log 文件包含错误信息、启动信息和服务器生命周期中的其他重大事件。当你使用 Apache 遇到问题时，这是首先应该查看的地方。程序清单 C.6 展示了 error_log 条目示例。

程序清单 C.6　error_log 条目示例

```
Starting the Apache2.4 service [The Apache2.4 service is running.]
Apache/2.4.26 (Unix) configured -- resuming normal operations
[Mon Jun 26 20:29:34 2017] [notice] Server built: Jun 26 2017 19:56:22
[Mon Jun 26 20:29:34 2017] [notice] Parent: Created child process 3504
[Mon Jun 26 20:29:35 2017] [notice] Child 3504: Child process is running
[Mon Jun 26 20:29:35 2017] [notice] Child 3504: Acquired the start mutex.
```

C.7.3　其他文件

httpd.pid 文件包含运行 Apache 服务器的进程 ID 号。可以手动使用这个号码发送信号给 Apache，接下来的一节将详细介绍它。scoreboard 文件是 Linux/UNIX Apache 上的当前配置文件，基于进程的 MPM 用这个文件和它们的子进程通信。一般来说，不需要考虑这些文件。

C.8　Apache 相关命令

Apache 发布包含几个可执行程序。这一节只介绍服务器二进制程序和相关脚本。

C.8.1　Apache 服务器二进制程序

Apache 可执行程序在 Linux/UNIX 和 Mac OS X 中叫作 httpd，在 Windows 中叫作 httpd.exe。它接受几个命令行选项，参见表 C.1 中的说明。你可以通过在 Linux/UNIX 上输入 **/usr/local/apache2/bin/httpd-h**，在 Mac OS X 上输入 **/usr/sbin/httpd-h**，或在 Windows 上从命令行提示输入 **httpd.exe -h**，来获取一个完整的选项列表。

表 C.1　httpd 选项

选项	意义
-D	允许传递一个可以用于<IfDefine>段处理的参数
-l	列出编译进服务器的模块
-v	显示版本号和服务器编译时间
-f	如果和编译时默认值不同，允许传递 httpd.conf 的位置

Apache 运行后，可以在 Linux/UNIX 和 Mac OS X 上使用 kill 命令来发送信号给 Apache 父进程。信号提供一种发送命令给进程的机制。要发送一个信号，执行下列命令。

```
Kill->SIGNAL pid
```

在这个语法中，pid 是进程 ID 号，SIGNAL 是下列内容之一。

- **HUP**——停止服务器。
- **USR1** 或 **WINCH**——温和地重新启动；使用哪个信号取决于在什么操作系统下。
- **SIGHUP**——重新启动。

如果对配置文件做了某些变化并且想让它们立即生效，你必须发信号通知 Apache 配置文件已经发生变化。通过停止并启动服务器或发送一个重新启动的信号，你可以做到这一点。这告诉 Apache 重新读取它的配置文件。

普通的重新启动会导致服务的瞬间暂停。温和地重新启动采取了一种不同的方法：服务于一个客户的各个线程或进程将继续执行当前请求，但当它结束时，它将被终止，并用一个采用新配置的新线程或新进程代替它。这允许 Web 服务器实现没有停机时间的无缝操作。

在 Windows 上，你可以使用 httpd.exe 可执行程序发信号给 Apache。

- **httpd.exe -k restart**——告诉 Apache 重新启动。
- **httpd.exe -k graceful**——告诉 Apache 温和地重新启动。
- **httpd.exe -k stop**——告诉 Apache 停止。

你可以在开始菜单项中访问 Apache 安装程序创建的这些命令的快捷方式。如果把 Apache 作为一项服务安装，可以通过使用 Windows 服务界面启动或停止 Apache：在控制面板中选择管理工具并点击服务图标即可。

C.8.2 Apache 控制脚本

尽管在 Linux/UNIX 上使用 httpd 二进制代码控制 Apache 是可能的，但是推荐使用 apachectl 工具。apachectl 支持程序把通用功能包装到一个易于使用的脚本中。要使用 apachectl，输入如下命令。

```
/usr/local/apache2/bin/apachectl command
```

在这个语法中，command 可以是 stop、start、restart 或 graceful。你也可以编辑 apachectl 脚本的内容以添加额外的命令行选项。某些 OS 发布提供另外的脚本来控制 Apache，请检查发布中包含的文档。

C.9 第一次启动 Apache

在启动 Apache 之前，你应该检查最基本的信息设置已经在 Apache 配置文件 httpd.conf 中完成了。下面一节将介绍配置 Apache 并启动服务器所需的基本信息。

C.9.1 检查你的配置文件

你可以用自己喜欢的文本编辑器编辑 Apache httpd.conf 文件。在 Linux/UNIX 和 Mac OS X 中，它可能是 vi 或 emacs。在 Windows 中，可以用记事本或写字板。必须记住把配置文件存为纯文本格式，这是 Apache 唯一能够识别的格式。

第一次启动 Apache 只有两个参数需要修改：服务器的名字以及它要监听的地址和端口。服务器的名字是当 Apache 需要引用它自己时使用的一个参数，例如重定向请求的时候。

Apache 通常可以从机器的 IP 地址算出它的服务器名，但这不是绝对的。如果服务器没有一个有效的 DNS 条目，你可能需要指定机器的 IP 地址中的一个。如果服务器没有连接到网络（你可能想在一台独立的机器上测试 Apache），你可以使用值 127.0.0.1，这是一个回送地址（loopback address），默认端口号是 80。如果已经有一个服务器运行在机器的 80 端口上，你可能需要改变这个值；或者如果你在 Linux/UNIX 和 Mac OS X 系统上没有管理员权限，只有 root 用户可以绑定到保留端口（那些小于 1024 的端口），那可能也需要改变这个端口号。

你可以用 Listen 指令改变监听地址和端口值。Listen 指令获取一个端口号或用冒号分隔开的一个 IP 地址和一个端口。如果只指定了一个端口，Apache 将在机器中所有可用的 IP 地址上监听对那个端口的请求。如果还提供了一个 IP 地址，Apache 将只监听那个地址和端口的组合。例如，Listen 80 告诉 Apache 在所有 IP 地址上监听对 80 端口的请求。Listen 10.0.0.1:443 告诉 Apache 只监听 10.0.0.1 上的 443 端口。

ServerName 指令允许你定义服务器名字，服务器将把这个名字报告给所有自引用的 URL。这个指令接受一个 DNS 名字和一个可选的端口，两者用冒号分隔开。确定 ServerName 有一个有效值。否则，服务器将不能正常运行，例如产生错误的重定向。

在 Linux/UNIX 和 Mac OS X 平台上，你可以使用 User 和 Group 指令来指定服务器将作为哪个用户和组 ID 运行。nobody 或 www-data 用户对于大多数平台而言是一个好的选择。然而，在 HP-UX 平台用这个 nobody 用户 ID 会出现问题，所以必须创建并使用一个不同的用户 ID，例如 www。

C.9.2 启动 Apache

要在 Linux/UNIX 上启动 Apache，切换到包含 apachectl 脚本的目录并执行下面的命令。

```
/usr/local/apache2/bin/apachectl start
```

如果 Apache 要监听一个小于 1024 的端口，你将需要使用 su 或 sudo 来提升账户的权限：

```
sudo /usr/local/apache2/bin/apachectl start
```

Mac OS X 用户可以在提示符输入如下的命令：

```
/usr/sbin/httpd
```

要在 Windows 上手动启动 Apache，在开始菜单中的 Apache HTTP Server 2.4 程序组中，在 Control Apache Server 目录下点击 Start Apache in Console 链接。如果把 Apache 作为服务安

装，必须启动 Apache 服务。

如果一切顺利，你可以使用浏览器访问 Apache。显示一个默认安装页面，如图 C.4 所示。如果不能启动 Web 服务器或显示一个错误页面，请参阅后续的 C.10 一节。确定你在 Listen 指令中指定的端口之一上访问 Apache——通常是 80 或 8080 端口。

图 C.4

已经安装了 Apache

C.10　故障排除

下面的小节介绍了第一次启动 Apache 时可能遇到的几个常见问题。

C.10.1　未安装 Visual C 库（在 Windows 上）

在 Windows 上，如果在编译的时候需要 Visual C 库，却发现并没有安装它的话，Apache 可能会无法成功启动。如果没有安装 Visual C 库的话，你将会看到如图 C.5 所示的一条消息。

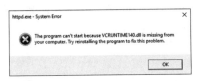

图 C.5

未安装 Visual C 库

要解决这个问题，需要下载并安装所缺的库。对于 VC14 和 VC15，可以从 Microsoft 下载库安装程序。

C.10.2　已经存在一个 Web 服务器

如果机器上已经有一个服务器在运行了，并且在监听 IP 地址和端口的相同的组合，Apache 不能成功启动。你将会在错误日志文件中得到一个条目，它表明了 Apache 不能绑定到该端口：

```
[crit] (48)Address already in use: make_sock: could not bind...
[alert] no listening sockets available, shutting down
```

要解决这个问题，需要停止运行的服务器或者修改 Apache 的配置，以监听一个不同的端口。

C.10.3　不允许绑定到端口

如果没有管理员权限并试图绑定到一个保留端口（在 0 到 1024 之间），你将得到一条如下的错误信息：

```
[crit] (13)Permission denied: make_sock: could not bind to address 10.0.0.2:80
[alert] no listening sockets available, shutting down
```

要解决这个问题，就必须在启动 Apache 之前，使用 su 或 sudo 提升你的用户权限或改变端口号，8080 是一个经常使用的非保留端口。

C.10.4 拒绝访问

如果没有权限读取配置文件或写入日志文件，你可能不能启动 Apache 且将会得到一个如下的错误信息：

```
(13)Permission denied: httpd: could not open error log file
```

如果编译和安装 Apache 的用户和试图运行它的用户不是同一个用户，可能会导致这个问题。

C.10.5 错误组设置

你可以配置 Apache 在某个用户名和组下运行。对于运行中的服务器用户名和组，Apache 有默认值。有时默认值并不正确，你将得到一个包含 setgid: unable to set group id 的错误。

要在 Linux/UNIX 和 Mac OS X 上解决这个问题，必须在配置文件中把 Group 指令的值修改为一个正确的值，为已有的组检查/etc/groups 文件。

附录 D

安装和配置 PHP

在本章中，你将学到：

➢ 如何安装 PHP；

➢ 如何测试 PHP 的安装；

➢ 出错的时候如何寻求帮助。

在本章中，你将会获取、安装和配置 PHP，并且对 Apache 的安装做出一些基本的改变。

D.1　PHP 的当前版本和未来版本

本章中的安装说明针对 PHP7.1.6，这是该软件的当前版本。

PHP Group 使用修订和小版本的发布来更新所包含的安全性扩展或 bug 的修复。这些发布并不遵从一套发布时间规划，当扩展或修复添加到代码中并经过彻底的测试之后，PHP Group 就使用新的修订号发布一个新的版本。

当你购买本书的时候，小版本可能已经变化到 7.1.7 或更高版本。如果是这种情况，你应该阅读变化列表，来了解关于安装/配置过程变化的信息。这些过程是本附录的主要内容。

尽管在两个次版本更新之间不可能所有的安装过程都要变化，但你还是应该养成习惯查看自己所安装和维护的软件的更新日志。如果在你阅读本书的时候，确实出现了一个次版本的变化，但更新日志中并没有提到安装的变化，你只需要用心记下，并且当出现在安装说明和相应的图中的时候，用新的版本号替代就行了。

D.2　在带有 Apache 的 Linux/UNIX 上编译 PHP

在本节中，我们将看到在带有 Apache 的 Linux/UNIX 上安装 PHP 的过程。这个过程对于任何类似 UNIX 的操作系统来说多少都有些相同。尽管你可能能够为自己的系统找到 PHP 的预编译的版本，但是从源代码编译 PHP 还是给了你对于构建到自己的二进制文件中的功能的较大控制权。

到 PHP 的主页下载 PHP 发布文件，并且找到 Downloads 部分。找到最新版本的源代码，例如，我们使用的是 7.1.6。你的发布的名字将会类似 php- VERSION.tar.gz，其中 VERSION 是最近的发布版本号。这个文档将会是一个压缩的 tar 文件，因此，我们需要解压缩它。

```
gunzip < php-7.1.6.tar.gz | tar xvf -
```

解压缩该文件将会创建一个目录结构，其中，最顶级的目录名为 php-VERSION。将你的当前目录修改到顶级目录，以准备好配置软件。

在你的发布目录下，可以找到一个名为 configure 的脚本。当从命令行运行 configure 脚本的时候，这个脚本会接受所提供的额外信息。这些命令行参数控制着 PHP 将要支持的功能。在这个例子中，我们将会包含在 Apache 和 MySQL 的支持下安装 PHP 所需的基本选项。稍后，我们还将讨论一些可用的 configure 选项，在本书中，它们都是相关的。

```
./configure --prefix=/usr/local/php \
--with-mysqli=/usr/local/mysql/bin/mysql_config \
--with-apxs2=/usr/local/apache2/bin/apxs
```

> **注意**:
> 如果你将 MySQL 或 Apache 安装到了与这里的配置所给出的路径不同的位置，那么，确保在命令中用相应的目录路径进行替换。
> 如果你通过本书附录 B 所介绍的 Oracle 库安装了 MySQL，你还需要安装 mysql-community-dev 软件包，以确保 mysql_config 可用。

脚本运行之后，会返回到命令提示行。

```
...
creating libtool
appending configuration tag "CXX" to libtool
Generating files
configure: creating ./config.status
creating main/internal_functions.c
creating main/internal_functions_cli.c
+--------------------------------------------------------------------+
| License:                                                           |
| This software is subject to the PHP License, available in this     |
| distribution in the file LICENSE. By continuing this installation  |
| process, you are bound by the terms of this license agreement.     |
| If you do not agree with the terms of this license, you must abort |
| the installation process at this point.                            |
+--------------------------------------------------------------------+

Thank you for using PHP.

config.status: creating php7.spec
```

```
config.status: creating main/build-defs.h
config.status: creating scripts/phpize
config.status: creating scripts/man1/phpize.1
config.status: creating scripts/php-config
config.status: creating scripts/man1/php-config.1
config.status: creating sapi/cli/php.1
config.status: creating sapi/cgi/php-cgi.1
config.status: creating ext/phar/phar.1
config.status: creating ext/phar/phar.phar.1
config.status: creating main/php_config.h
config.status: executing default commands
$
```

> **注意:**
>
> 如果配置脚本失败并且返回如下错误
>
> `xml2-config not found. Please check your libxml2 installation.`
>
> 那么你可以使用系统的包管理器来安装它。Debian/基于 Ubuntu 系统的用户应该运行 sudo apt-get install libxml2-dev 命令，并且 Red Hat/CentOS 用户应该运行 sudo yum install libxml2-devel 命令。

从命令提示行执行一条 make 命令，接着执行 make 命令。这些命令将会完成 PHP 的编译和安装过程，并且返回命令提示行。

```
...
Generating phar.php
Generating phar.phar
invertedregexiterator.inc
clicommand.inc
pharcommand.inc
directorytreeiterator.inc
directorygraphiterator.inc
phar.inc

Build complete.
Don't forget to run 'make test'.
$
```

然后，执行一条 make install 命令。这里，根据你通过 configure 脚本所指定的目标安装位置的不同，你可能需要使用 sudo 或 su 来提升账户的权限。

```
sudo make install
```

你还需要确保两个非常重要的文件复制到正确的位置。首先，使用如下命令来把 php.ini 的推荐版本复制到其默认位置。稍后我们将在本附录中学习有关 php.ini 的更多知识。

```
sudo cp php.ini-development /usr/local/php/lib/php.ini
```

接下来，如果安装过程没有把 PHP 共享对象文件复制到 Apache 安装目录中的正确位置（通常安装程序会复制 PHP 共享对象文件，从 make install 命令的输出可以看到），那你需要执行如下命令。

```
sudo cp libs/libphp7.so /usr/local/apache2/modules/
```

你现在应该可以配置和运行 Apache 了，但是，在直接开始 D.2.2 小节之前，让我们先介绍一些额外的配置选项。

D.2.1 额外的 Linux/UNIX 配置选项

在前面的一节中，当运行 PHP configure 脚本的时候，我们可以包含一些命令行参数来确定 PHP 引擎将要包含的那些功能。configure 脚本本身给出了一个可用选项的列表，包括我们所使用过的那个列表。从 PHP 发布的目录，输入如下命令。

```
./configure --help
```

这条命令产生一个长长的列表，以便你将其存入到文件并且在空闲的时候阅读它。

```
./configure --help > configoptions.txt
```

如果在 PHP 安装之后发现还有额外的功能想要添加到 PHP 中，只需要再次运行配置和编译过程。这么做将会生成一个新版本的 libphp7.so，并且将其放置到 Apache 的目录结构中。你所需要做的只是重新启动 Apache 以载入新文件。

D.2.2 在 Linux/UNIX 上集成 PHP 和 Apache

要确保 PHP 和 Apache 能够协同工作，我们需要检查 httpd.conf 配置文件并且潜在地向其中添加一些项目。首先，看看如下的一行内容。

```
LoadModule php7_module          modules/libphp7.so
```

如果这行内容没有出现，或者在这行的开头出现了一个 "#" 号，你必须添加一行或者删除这个 "#" 号。这一行告诉 Apache 使用 PHP 编译过程所创建的 PHP 共享对象文件（libphp7.so）。

接下来，查找如下内容。

```
#
# AddType allows you to add to or override the MIME configuration
# file mime.types for specific file types.
#
```

在这一部分内容后面添加如下一行。

```
AddType application/x-httpd-php .php
```

这条语句确保了 PHP 引擎将会解析以.php 和.html 扩展名结尾的文件。你所选择的文件名可能有所不同。

保存这个文件，然后重新启动 Apache。当你查看自己的 error_log 的时候，应该会看到如下的一行：

```
[Fri Jun 30 18:03:47 2017] [notice] Apache/2.4.26 (Unix) PHP/7.1.6 configured
```

PHP 现在已经是 Apache Web 服务器的一部分了。如果你想要了解如何在 Mac OS X 平台上安装 PHP，请继续阅读。否则，可以跳到 D.6 节。

D.3　在 Mac OS X 上安装 PHP

在带有 Apache 的 Mac OS X 上安装 PHP 有几个不同的选项，包括前面小节所介绍的从源代码编译。一些用户可能会发现，最简单的方法是从一个预编译的二进制包来安装 PHP，例如，MacPorts，它是一次性安装包 XAMPP 的一部分（参见附录 A 的介绍），或者 MAMP。然而，如果你习惯使用命令行，我建议你按照 D.2 节的说明来进行。

D.4　在 Windows 上安装 PHP

在 Windows 上安装 PHP 也只需要下载发布文件而已。要下载 PHP 发布文件，请到 PHP 的主页按照链接找到 Downloads 页面。找到线程安全的 ZIP 包的最新版本，例如，我们使用的是 7.1.6。你下载的发布的名字将会类似于 php-VERSION.zip，其中 VERSION 是最近的发布版本号。

用鼠标右键点击文件夹，并从弹出的菜单中选择 Extract All…，如图 D.1 所示。

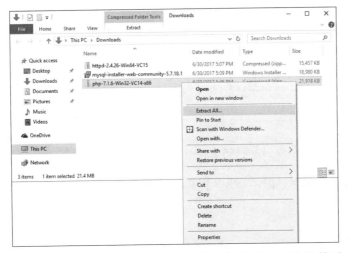

图 D.1

解压下载的 PHP 文件夹

将会弹出一个提示，让你指定解压缩的目标位置。将路径修改为 **C:\php** 并点击 Extract 按钮，如图 D.2 所示。这个文件将会解压缩为 C 盘的根目录下的一个名为 php 的新的文件夹。

接着，访问 C:\php\目录并把文件 php.ini-recommended 复制为 php.ini。

为了获得和 Apache 一起使用的 PHP 的基本版本，我们需要对 Apache 配置文件做一些细微的修改。

> **提示：**
> 在一些 Windows 系统上，你可能需要设置一个明确的环境变量，以便让 PHP 正确地运行；即便你不确定这个变量是否是必需的，设置它也不会引起什么危害，因此，没有理由不这么做。要了解将 PHP 目录添加到 PATH 环境变量的更多信息，参见 PHP FAQ 的相关条目。

图 D.2

指定解压缩文件的
目标位置

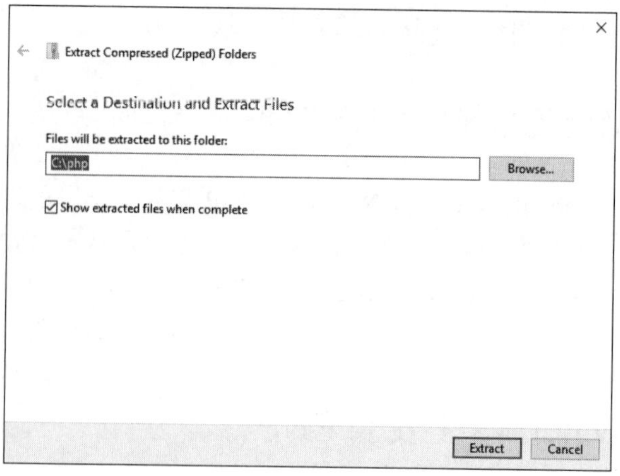

在 Windows 上集成 PHP 和 Apache

要确保 PHP 和 Apache 能够协同工作，我们需要对 httpd.conf 配置文件添加一些项目。首先，找到 httpd.conf 配置文件如下的部分。

```
# Example:
# LoadModule foo_module modules/mod_foo.so
#
LoadModule access_module modules/mod_access.so
...
#LoadModule vhost_alias_module modules/mod_vhost_alias.so
```

在这部分的末尾，添加如下内容。

```
LoadModule php7_module C:/php/php7apache2_4.dll
```

此外，添加如下的内容以确保 Apache 知道 php.ini 的位置。

```
PHPInDir"C:/php/"
```

接下来，找到如下的部分。

```
#
# AddType allows you to add to or override the MIME configuration
# file mime.types for specific file types.
#
```

在这部分的末尾添加下面的一行。

```
AddType application/x-httpd-php .php
```

这条语句确保了 PHP 引擎可以解析以 .php 和 .html 扩展名为结尾的文件。你对文件名的选择可能有所不同。

保存 httpd.conf 文件，然后重新启动 Apache。服务器启动后应该没有警告，PHP 现在已经是 Apache Web 服务器的一部分了。

D.5　php.ini 基础

当你编译或安装了 PHP 之后，仍然可以使用 php.ini 文件来改变其行为。在 Linux/UNIX 系统上，这个文件的默认位置是/usr/local/php/lib，或者是在配置时所使用的 PHP 安装位置的 lib 子目录。在 Windows 系统中，这个文件应该在 PHP 目录中，或者在 Apache httpd.conf 文件中的 PHPIniDir 值所指定的另外一个目录中。

php.ini 文件中的指令有两种格式：值和标记。值指令的格式是一个指令名以及一个等号隔开的一个值。可能的值对于不同的指令来说各有不同。标记指令的格式是一个指令名以及一个等号隔开的一个正的或负的项。正的项包括 1、On、Yes 和 True；负的项包括 0、Off、No 和 False；空白忽略。

> **提示：**
> 在 Windows 系统上，重要的是为 extension_dir 指令提供正确的值。如果你将 PHP 安装在 C:\php 位置，那么，extension_dir 的值应该是 "C:\php\ext"。

你可以随时改变 php.ini 的设置，但是改变之后，需要重新启动服务器以便让改变生效。在这里，不妨花点时间阅读一下自己的 php.ini 文件，看看可以配置的项目有哪些。

D.6　测试安装

测试 PHP 安装的最简单的方法就是使用 phpinfo()函数创建一个小的测试脚本。这个函数将会产生一个长长的配置信息列表。打开文本编辑器并输入如下的命令行。

```
<?php phpinfo(); ?>
```

把这个文件保存为 phpinfo.php，并且将其放置到 Web 服务器的文档根目录下，即 Apache 安装的 htdocs 子目录或者 Mac OS X 上的/Library/WebServer/Documents。使用 Web 浏览器访问该文件，你应该会看到如图 D.3 所示的内容。

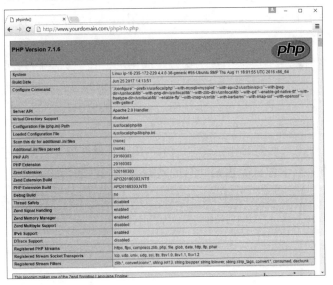

图 D.3

phpinfo()的结果

phpinfo()具体的输出取决于你的操作系统、PHP 版本以及配置选项。

D.7 获取安装帮助

通过 Internet 获取帮助总是很方便,尤其是对于涉及开源软件的问题。然而,在点击发送按钮之前,不妨稍等片刻。不管你的安装、配置或编程问题看上去如何难以解决,但肯定不会只有你才遇到这种情况。可能有人已经解决了你的问题。

当我们遇到困难,首先应该求助的资源就是 PHP 官方网站(尤其是使用说明手册)。如果在这里没有找到答案,别忘了 PHP 站点是可以搜索的。你所寻求的参考说明有可能隐藏在一个发布消息中或者在一个常见问题解答文件中。你也可以在 PHP 官方网站搜索邮件列表文档。这些文档凝聚了 PHP 社区的很多智慧,并且提供了非常多的信息资源。不妨花点时间尝试几个搜索关键词的组合。

如果确定自己的问题没有被解决过,可以向 PHP 社区提出问题并得到服务。你可以加入到 PHP 邮件列表。尽管这些列表常常具有很大的信息容量,但你还是可以从中学到很多。如果你专门从事 PHP 脚本编程,至少应该订阅一个摘要列表,当你订阅了和自己相关的列表,可以考虑发布你的问题。

当你发布一个问题的时候,包含尽可能多的信息是个不错的想法,但不要像写小说似的长篇累牍。通常需要提供如下的相关信息。

➢ 你的操作系统类型。

➢ 你所运行或安装的 PHP 版本。

➢ 你的配置选项。

➢ 在安装失败之前的 configure 或 make 命令的任何输出。

➢ 引发问题的代码的一个相对完整的示例。

为什么所有这些都和在一个邮件列表张贴问题有关呢?首先,培养研究技能会对你大有裨益。一个好的研究者通常能够快速而高效地解决问题。在一个技术列表中张贴一个幼稚的问题,往往会需要等待而得到的只是一条消息或者两个引用而已,它们只能够让你知道应该首先从哪里去查找问题的答案。

其次,别忘了一个邮件列表并不像一个技术支持呼叫中心。没有人会因为回答你的问题而得到报酬。尽管如此,你还是会看到一个令人难忘的智慧和知识的宝库,其中包括一些 PHP 的创造者的思想。一个好的问题及其解答将会被存档,以帮助其他的程序员。多次询问已经解答的问题则只会增加更多的噪音。

尽管如此,不要担心把问题张贴到邮件列表中。PHP 开发者是一群文明而乐于助人的人,而且通过让问题引起社区的注意,你可能也帮助其他人解决了同样的问题。